建设项目与规划水资源论证典型案例汇编(二)

李福林　范明元　陈学群　田婵娟　张可嘉　编

黄河水利出版社
·郑州·

内 容 提 要

本书以2019年至2021年初山东省水利职工技术协会会员单位完成的建设项目和规划水资源论证案例报告成果为主体，选取有地方特色的典型建设项目、规划水资源论证案例成果报告共16篇，通过高度凝炼形成汇编，内容涵盖了地表水、地下水、客水、再生水、矿井水、地热水及多水源等水资源论证以及工业、城乡生活、农业等各行业用水类型，展示了山东省境内不同区域、不同行业、不同类型水资源论证主要环节的成果。案例论证成果不仅代表了近年来山东省水资源论证的科研水平，而且反映了山东省各行业现阶段水资源论证的条件、深度和广度，可为广大从业者提升论证水平提供有益借鉴。

本书可供建设项目和规划水资源论证从业人员，相关领域研究人员和管理人员阅读参考。

图书在版编目(CIP)数据

建设项目与规划水资源论证典型案例汇编. 二/李福林等编. —郑州：黄河水利出版社，2022. 6

ISBN 978-7-5509-3314-9

Ⅰ. ①建… Ⅱ. ①李… Ⅲ. ①基本建设项目-水资源管理-论证-案例 Ⅳ. ①TV213. 4

中国版本图书馆CIP数据核字(2022)第103718号

组稿编辑：王路平　电话：0371-66022212　E-mail：hhslwlp@126. com
田丽萍　66025553　912810592@qq. com

出 版 社：黄河水利出版社　网址：www. yrcp. com
地址：河南省郑州市顺河路黄委会综合楼14层　邮政编码：450003
发行单位：黄河水利出版社
发行部电话：0371-66026940、66020550、66028024、66022620(传真)
E-mail：hhslcbs@126. com
承印单位：河南瑞之光印刷股份有限公司
开本：787 mm×1 092 mm　1/16
印张：24. 5
字数：570千字
版次：2022年6月第1版　印次：2022年6月第1次印刷

定价：180. 00元

前 言

水是万物之母、生存之本、文明之源。当前,我国水资源不足的问题依然十分突出,水安全形势依然严峻。山东是我国北方最缺水的省份之一,水安全保障面临诸多挑战。党的十八大以来,习近平总书记明确提出“节水优先、空间均衡、系统治理、两手发力”的治水思路,为新时期水资源合理开发、优化配置、高效利用、有效管理指明了方向。根据《中华人民共和国水法》、《取水许可和水资源费征收管理条例》和《建设项目水资源论证管理办法》等有关法规及文件规定,组织开展建设项目与规划水资源论证,是贯彻落实最严格水资源管理制度的重要措施和强化节水的重要环节。在此过程中,高质量编制建设项目与规划水资源论证报告书,是推进该项工作的前提基础,也是广大基层水资源论证从业单位及其报告编制人员的技术难点所在。

山东省水利职工技术协会成立于 1992 年,是经山东省水利厅审查同意、省民政厅批准设立的具有独立法人资格的社会团体,会员单位涉及水利管理、科研、教育、生产等多方面的事业、团体、企业。自 2019 年 4 月新一届理事会成立以来,进一步明确协会的宗旨是:广泛团结水利行业管理人员、科技人员和从业人员,开展水利管理、科研、教育和生产活动,促进技术进步,服务于广大水利职工、服务于水利工作发展、服务于经济社会发展。为适应省内水资源论证业务快速发展的需要,进一步激发广大水利青年科技工作者的创新思维和动力,协会于 2021 年 6 月再一次组织开展水资源论证优秀案例征集及结集出版活动。该活动甫一开始,就得到了广大会员单位的积极响应,共收到自荐和推荐优秀案例成果报告 100 多项,经秘书处初选、专家评审,共有 16 项论证报告脱颖而出,最终入选结集出版。

纳入本案例集的论证报告成果,以 2019 年至 2021 年初会员单位完成的建设项目和规划项目水资源论证报告成果为主体,涵盖地表水、地下水、客水、再生水、矿井水、地热水及多水源等水资源论证以及工业、城乡生活、农业等各行业用水类型,集中展示了他们的论证实力和报告编制水平。提供案例的单位和主要完成人有(以案例编排为序):

山东省水利科学研究院,刘海娇、管清花和常雅雯;

山东省鲁南地质工程勘察院(山东省地质矿产勘查开发局第二地质大队),付一夫和黄鹤湾;

山东水文水环境科技有限公司,王通、周肆访和白建锋;

山东省地质矿产勘查开发局第二水文地质工程地质大队(山东省鲁北地质工程勘察院),邓荣庆、王学鹏和王炜龙;

滨州市水文中心,常成、张利红和单桂梅;

烟台市水文中心,赵洁、闫少华和潘忠海;

水发规划设计有限公司,杨东东、刘烨和陈起川;

泰安市水利勘测设计研究院,陈冲、杨松和侯文斌;

济宁市顺利水资源技术信息咨询有限公司,孙庆义和黄春秋;

山东绿景生态工程设计有限公司,韩宪猛和满凯;

山东水之源水利规划设计有限公司,武惠娟和祝得领;

山东新汇建设集团有限公司,常兵兵和袁野;

济南兴水水利科技有限公司,王林海、杨朔和王效宸;

枣庄市水利勘测设计院,闫丽娟、程飞和韩顺渊;

淄博金轩资源环境技术开发有限公司,姜玉旺、张惠、谭啟晨和陈良;

山东瀛寰水利服务有限公司,王仲业和马明茹。

在此对为本案例集付出劳动的单位和参与人员一并表示衷心感谢!我们相信,示范的力量是无限的,更多的从业单位会从案例的观摩和学习中受益;同时,“赠人玫瑰,手有余香”,做出贡献的单位和个人也终将得到回报。

本次《建设项目与规划水资源论证典型案例汇编(二)》的内容体系和组编方法,是在首次结集出版的基础上进一步改进形成的。尽管参与组织和编写的人员尽了最大的努力,但限于认识与实践水平,难免还会存在一些不足之处,希望广大读者批评指正。

编者

2022 年 5 月

目　录

案例1　广饶县水源置换供水工程水资源论证

刘海娇　管清花　常雅雯

山东省水利科学研究院

1　项目简介

建设项目位于广饶县,设计供水规模为15.0万 m^3/d,具体包括管道工程和水厂工程,主要为广饶县的工业供水。根据《取水许可和水资源费征收管理条例》(国务院第460号令)、《建设项目水资源论证管理办法》(水利部、国家计委第15号令)等有关规定,业主单位于2020年8月委托甲级资质单位开展水资源论证报告书的编制工作。2021年6月,报告书通过了山东省水利厅组织的专家技术评审。

经论证,建设项目取水水源为高店水库调蓄的引江水,考虑水厂自用水量、制水损失、沿途输水损失、规划年需水规模等,取水量为3 045.18万 m^3/a。建设项目供水用户全部为工业用水户,水源地供水水质符合《地表水环境质量标准》(GB 3838—2002)Ⅳ类水标准,建设项目出厂水质达到《地表水环境质量标准》(GB 3838—2002)Ⅳ类水的水质要求,满足工业用水水质要求。本项目退水由两部分组成,一是水厂厂区生活污水经预处理后进入城市污水管网,二是供水范围内用水户间接退水经市政污水管网收集后排至各企业原排放污水处理厂处理达标排放。

依据相关要求,项目论证确定分析范围为广饶县所辖行政区域;取水水源论证范围为高店水库及其来水范围;取水影响论证范围为高店水库库区及供水范围;退水影响论证范围为工程供水覆盖范围内污水收集管网、污水处理厂、排污管道、排污口及相关河道水功能区。在论证时以2019年为现状水平年,以2022年为规划水平年。

2　建设项目用水合理性分析

本工程为广饶县境内的稻庄镇工业园区、大王经济开发区、广饶街道、广饶经济开发区的部分企业提供工业生产用水。

2.1　用水节水工艺和技术分析

2.1.1　生产工艺分析

1.水质处理工艺

本工程水源为高店水库引江水,用水户主要为工业用水,根据高店水库原水水质特点,主要是悬浮物及浊度不能满足工业用水要求,个别对其他水质指标要求非常高的工业企业一般都自备处理设施,本次工程单独建设工业用水管网,不与生活用水管网连接,综合考虑,本次水处理的目标主要是浊度及悬浮物等,并对出水进行消毒处理,保证管网中的余氯要求。另外,在处理过程中会产生污泥,因此水厂设计安装污泥处理系统。水处理工艺采用:水厂原水→预氧化池预处理→混凝沉淀池→V 形滤池→次氯酸钠消毒→清水池→供水泵房→工业用户。工业水厂处理工艺流程详见图 1。

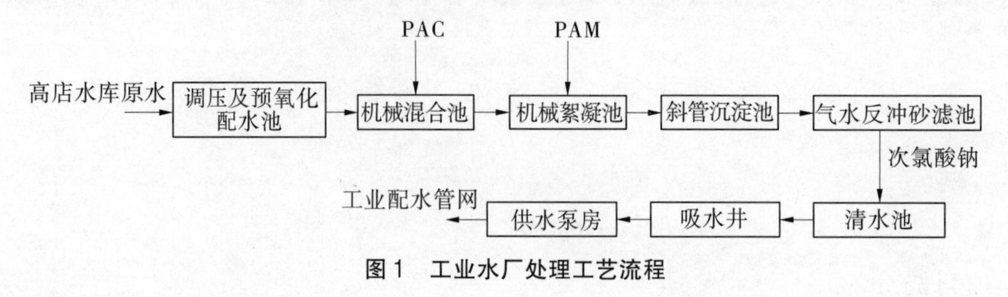

图 1　工业水厂处理工艺流程

2. 污水污泥处理工艺

本工程污泥脱水采用板框压滤机,脱水后泥饼含水率在 60%以下,给水厂固废处理执行《一般工业固体废物储存、处理场污染控制标准》(GB 18599—2001)。该工程脱水污泥属于一般工业固体废物,对城市生活垃圾填埋场的正常运行影响很小,脱水泥饼外运。污泥处理工艺:剩余污泥→污泥浓缩池→污泥均质池→板框压滤机→泥饼外运。

2.1.2　用水工艺分析

本工程建成完成后,水厂取水经水质处理达标后用于工业供水。污水经市政污水管网收集后进入污水处理厂处理达标后排放,不改变现状排放方式。

水质处理过程中的污泥水经过浓缩、脱水处理后,水质需满足《城市污水再生利用 城市杂用水水质》(GB/T 18920—2002)要求。浓缩、脱水后的泥饼外运。项目用水工艺基本流程详见图 2。

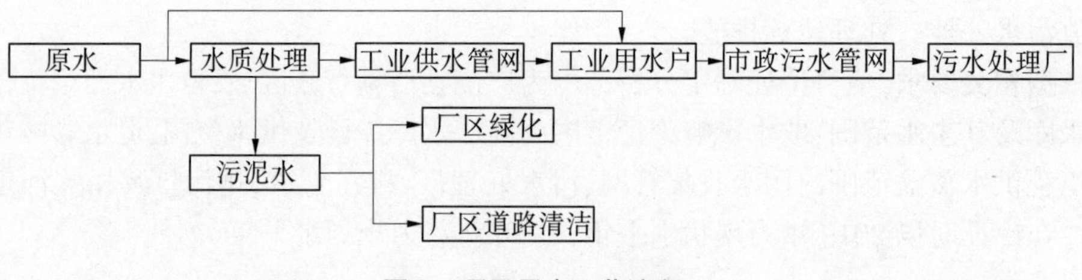

图 2　项目用水工艺流程

2.1.3　节水技术分析

供水系统中的节水,是节水工作中重要的一个环节。供水过程中由于制水工艺、材料的设备、质量、管道材质、施工质量等问题,水浪费现象仍比较严重。本项目在实际运营过程中将采用各项技术提高节水水平。

1. 管道管理技术

采取各种有效措施提高管道材质,加强施工质量管理。供水工程中凡新增设的输、配水管线,建设单位必须制作规范,材质较好、漏损低、压力符合要求、使用年限长作为管道选择的质量标准。在施工当中要加强质量管理,严格执行国家供水管道施工规范。

2. 计量设备管理技术

水表和流量计是供水工程中的重要计量设备,它的精确度和灵敏度直接影响到整个供水系统漏水情况的判断质量，也是造成漏、窃水的主要原因之一。定期更换不符合节水要求的计量设备。

3. 形成管理维护责任制

做到供、用水各环节有专人负责管理，出现问题有专人进行维护，建立完善的使用水管理体制，层层落实，各司其职，真正把水资源保护落到实处。定期对管水人员组织开展自我学习和集中培训活动，增强管水人员的责任感和业务能力，发现问题和不足，及时解决和弥补。

2.2　用水过程和水量平衡分析

2.2.1　供水管网覆盖范围

本项目建成后，管网覆盖范围包括稻庄镇工业园区、大王开发区、广饶街道工业区、广饶开发区西南片区。

2.2.2　管网覆盖范围企业取水及其许可情况

管网覆盖范围内的企业均开采自备井解决企业的现状用水，该部分企业主要有化工、造纸、热电等行业，自备井开采主要解决该部分用户的企业生产用水。管网覆盖范围内取得自备井开采取水许可批复的企业共计32家，2018年地下水年取水量为2 924.65万 m^3；2019年地下水年取水量为2 718.72万 m^3。现状年管网覆盖范围内企业地下水取水许可量共3 065.64万 m^3。规划年管网覆盖范围内企业地下水取水许可量共2 942.94万 m^3。

水源置换工程建成后，将置换管网覆盖范围内32家企业的地下水，减少地下水开采量以及关停部分企业自备井，进一步降低广饶县的地下水开采量，促进广饶县的水资源合理开发利用。

2.2.3　各用水环节分析

建设项目用水环节分为三个部分：一是原水管道供水，二是工业水厂自用水，三是公共管网水供水。本次原水用水户和水厂公共管网内用水户需水量按照规划水平年企业的取水许可量考虑。

1. 原水管道供水

两家企业取用原水需水量为325万 m^3/a。

2. 工业水厂自用水

工业水厂厂区用水主要为厂区员工生活用水、绿化用水以及道路清洁用水等，其中厂区员工生活用水由市政生活用水管网供给，厂区绿化用水及道路清洁用水等由厂区回用水供给。

工业水厂厂区占地面积约43 906 m^2，其中建筑物面积约23 953 m^2，绿化面积约12 294 m^2，道路面积约为540 m^2。工业水厂投产运营后，水厂及其附属设施定员共计45人。

1）工业水厂厂区生活用水量（外购水）

工业水厂厂区内生活用水主要为职工生活用水，厂区内及其附属设施定员共计45人，年工作365 d，预计厂区内职工生活用水量为821.25 m^3/a（合2.25 m^3/d）。用水水质需满足《生活饮用水卫生标准》（GB 5749—2006）的要求。生活用水由广饶县自来水公司公共管网水供给。

2)工业水厂厂区绿化用水量

根据工业水厂区内用地类型可知,水厂厂区内绿化面积约为 12 294 m^2,绿化周期按每 3 d 喷洒一次,预计厂区内绿化用水量为 2 999 m^3/a,绿化用水由厂区回用水供给。

3)工业水厂厂区道路清洁用水量

根据工业厂区内用地类型可知,水厂厂区内道路面积约为 540 m^2,道路清洁周期按每 3 d 洒扫一次,预计水厂厂区内道路清洁用水量为 132 m^3/a,道路清洁用水由厂区回用水供给。

由此可见,工业厂区内预计用水量共计 3 952.25 m^3/a,其中厂区员工生活用水量为 821.25 m^3/a(外购水),厂区绿化用水量为 2 999 m^3/a(回用水),厂区道路清洁用水量为 132 m^3/a(回用水)。

3. 公共管网水供水

公共管网水取用水户为 30 家,总用水量为 2 617.94 万 m^3/a。

2.2.4 水量平衡分析

通过上述供水工程取用水情况分析,统计各用水环节水量平衡关系,详见表 1。

表 1 水量平衡表　　单位:万 m^3/a

序号	用水项	用水量	进水量				出水量		
			外购水	新水量	串联回用量	合计	串联排放量	消耗量	排放量
1	厂区生活用水	0.08	0.08			0.08	0.07	0.02	
2	化粪池	0.07			0.07	0.07	0.06	0.01	
3	原水管道输水	3 045.18		3 045.18		3 045.18	2 992.97	52.21	
4	原水用水户	325.00			325.00	325.00	142.47	182.53	
5	工业水厂水质处理	2 692.80			2 692.80	2 692.80	2 692.80		
6	公共管网输水	2 663.21			2 663.21	2 663.21	2 617.94	45.27	
7	管网内工业用水户	2 617.94			2 617.94	2 617.94	757.16	1 860.78	
8	浓缩脱泥处理	29.59			29.59	29.59	26.04	3.55	
9	泥饼外运	0.90			0.90	0.90		0.90	
10	厂区绿化用水	0.30			0.30	0.30		0.30	
11	厂区道路清洗	0.01			0.01	0.01		0.01	
12	污水处理厂	899.69			899.69	899.69		134.95	764.74
合计		12 274.77	0.08	3 045.18	9 229.51	12 274.77	9 229.51	2 280.53	764.74

2.3 用水水平评价及节水潜力分析

2.3.1 用水水平指标计算与比较

1. 输水损失计算与比较

本项目输水管道漏损率约为 1.7%。从水库到工业水厂管道长约 19 km,采用管径为 DN1 200 的球墨铸铁管,通过比较相关经验参数可知,本工程项目管道输水损失较为合理。

2. 产水率计算与比较

产水率是指单位时间内生产出的合格成品水占同时间段内水用量的百分比,其计算公式如下:

$$V = Q_{产} / Q_{新}$$

式中:V 为产水率(%);$Q_{产}$ 为产水量,m^3;$Q_{新}$ 为新水用量,m^3。

通过上述计算可知,工业水厂进水量为 2 692.80 万 m^3/a,产水量为 2 663.21 万 m^3/a,经核算,水厂产水率为 98.9%。通过分析水源水质资料可知,高店水库地表水基本能够满足《地表水环境质量标准》(GB 3838—2002)Ⅳ类水要求,根据《山东省饮用水生产企业产水率、饮料生产企业原料水比率标准》(DB37/T 1639.10—2019)中以地表水为水源、日处理规模5万 t/d 以上的自来水厂要求,当水源地水质为Ⅲ类水时产水率应不小于94%。因此,本项目水厂产水率较为合理。

3. 管网漏损率计算与比较

漏损率是指管网漏损水量与供水总量之比,通常用百分比表示。其计算公式如下:

$$R_{WL} = (Q_s - Q_a) / Q_s \times 100\%$$

式中:R_{WL} 为漏损率(%);Q_s 为供水总量,万 m^3;Q_a 为用户用水量,万 m^3。

通过上述计算可知,原水管网自高店水库取水量 3 045.18 万 m^3/a,用水户利用水量为 2 992.97 万 m^3/a,管道漏失率为 1.7%。工业水厂供入管网总量为 2 663.21 万 m^3/a,管网覆盖范围内用水户用水量为 2 617.94 万 m^3/a,经核算,管网漏损率约为 1.7%,满足《城镇供水管网漏损控制及评定标准》(CJJ 92—2016)中城镇供水管网基本漏损率一级评定标准。可见,本项目管网漏失率较为合理。

4. 用水户用水水平与比较

本项目工业水厂取水水源为高店水库地表水,供水对象为供水范围内的企业自备井置换水,故本次主要对厂区内用水、供水管网范围内生产用水指标进行分析,具体如下。

1)工业水厂厂区用水水平分析

(1)生活用水指标分析。工业水厂厂区生活用水水源为外购水,预计职工生活用水量为 2.25 m^3/d,项目职工定员人数 45 人,水厂正式投产后运行天数 365 d。经过计算分析,项目厂区职工生活用水定额为 50 L/(人·d),符合《建筑给排水设计规范》(GB 50015—2019)中企业职工用水定额 30~50 L/(人·d)的要求。厂区职工生活用水符合相关规范要求,用水水平较为合理。

(2)绿化用水指标分析。本项目厂区绿地总面积 12 294 m^2,每 3 d 浇洒一次,每年浇水时间按 122 d 计,厂区绿化用水量为 2 999 m^3/a,经核算,厂区绿化浇灌用水定额约为 2.0 L/(m^2·d),符合《建筑给排水设计规范》(GB 50015—2019)中绿化浇灌用水定额 1.0~3.0 L/(m^2·d)的要求,厂区绿化用水较为合理。

(3)道路清洁用水指标分析。本项目厂区道路面积为 540 m^2,全年平均按每 3 d 清洁洒扫一次,则每年道路清洁时间按 122 d 计,厂区道路清洁用水量为 132 m^3/a,经核算,厂区内道路清洁用水定额约 2.0 L/(m^2·d),符合《建筑给排水设计规范》(GB 50015—2019)中道路用水定额为 2.0~3.0 L/(m^2·d)的要求,故厂区道路清洁用水较为合理。

可见,规划净化水厂厂区内用水指标符合相关规范要求,用水水平较为合理。

2)供水管网范围内生产用水水平分析

供水管网范围内生产用水水平根据2019年供水管网内工业增加值用水量核算相关用水水平。2019年供水管网范围内工业增加值约为290亿元,2019年供水管网范围内工业用水总量约为3 908万 m^3。经计算,供水管网覆盖范围内万元工业增加值用水量约为13.4 m^3,则供水管网范围内生产用水水平优于《规划和建设项目节水评价技术要求》中的华北地区平均水平,但用水效率不高,用水水平还有待进一步提高。

3)供水管网范围内典型企业用水水平分析

本项目供水管网范围内用水户主要有32家,其中原水用户2家、管网水用户30家。本次论证,生产用水合理性分析采用典型分析法,选取供水区域内用水较大的2家企业进行典型企业用水合理性分析。通过分析,用水定额均符合《民用建筑节水设计标准》(GB 50555—2010)、《建筑给排水设计规范》(GB 50015—2019)以及《山东省节水型社会建设技术指标》等相关规范要求,可见,本项目工业水厂厂区内用水、供水管网范围内用水均较为合理,用水指标符合相关技术规范要求。

2.3.2　污水处理及回用合理性分析

根据用水平衡分析及项目退水特点可知,本项目退水为工业水厂厂区自身退水和供水管网范围内用水户间接退水。

(1)工业水厂厂区自身退水:厂区污水主要包括厕所水、淋浴水等生活污水以及水质处理过程中的排泥水,其中生活污水收集至化粪池,后排入城市污水管网;水厂内生产排泥污水入沉淀池后上清液部分用于厂区绿化用水和道路清洁用水,剩余部分全部回用制水,生产产生的排污泥经过浓缩、脱水后形成泥饼,由相应环保处理机构定期回收利用。

(2)供水管网范围内用水户间接退水,为工业生产废污水,生产废污水经市政污水管网收集后进入污水处理厂集中处理达标后排放。

2.4　项目取用水量核定

2.4.1　项目合理用水量核定

供水工程供水范围内的32家企业承诺自愿放弃工业地下水取水和地下水取水许可证,供水工程成功申请许可证并达到供水条件时,承诺按照相关要求实现管网对接,并在水行政主管部门的监督下,对现存的工业自备井进行现场封停,并签订了承诺书同意水源置换。

现状年管网覆盖范围内企业地下水取水许可量共3 065.64万 m^3。规划年管网覆盖范围内企业地下水取水许可量共2 942.94万 m^3,规划年广饶县尚不具备扩大再生水利用的条件,因此考虑取水许可的变化,规划年企业合理用水量为2 942.94万 m^3。

通过对本项目用水水量平衡计算以及用水水平评价,本项目用水过程中各项用水指标均符合相关规范要求,用水较为合理。原水取用水户取水量为325万 m^3/a、厂区生活用水量为0.082万 m^3/a(外购水),公共管网内企业用水量为2 617.94万 m^3/a。

2.4.2　项目合理取水量核定

综上,通过考虑工业供水管网的漏损、水厂制水损失以及取水管道输水损失等,经过合理分析计算,本项目合理的取水总量为3 045.18万 m^3/a(合8.343万 m^3/d),折算到南水北调工程广饶段输水渠道北分水口的取水量为3 480万 m^3/a,生活用水量0.082万

m^3/a(外购水)。

3　取水水源论证

3.1　取水水源方案确定

本项目为工业水源转换工程,取水水源由地表水替代地下水,因此根据广饶县水资源开发利用现状及水利工程现状,项目潜在的供水水源有当地地表水、地下水、跨流域调水(引黄水与引江水)、再生水。

受水资源特点、地理环境及工程布局等因素限制,当地地表水不能直接作为本项目供水水源。本项目作为水源置换工程,取水水源为由引江水置换地下水,地下水不宜作为本项目生产取水水源。广饶县目前尚未配套建成再生水厂,受用水水质等条件的限制,近期不具备扩大再生水利用的条件,再生水不能作为本项目生产取水水源。目前,引黄水已无剩余的指标,引黄水不能作为本项目取水水源。引江水可利用指标为3 500万 m^3,根据水源置换要求,引江水指标优先用于置换地下水,因此引江水可作为本项目的取水水源。

3.2　取水水源论证

本次论证根据高店水库的引水情况和调度运行指标,对高店水库进行典型年调节计算,分析按95%供水保证率时,在确定的引江量水量指标3 500万 m^3 的情况下,高店水库是否可以满足本项目的需水要求。同时对高店水库、工业水厂等的水质进行分析,论证项目取水的可行性和可靠性。

3.2.1　高店水库概况

高店水库位于陈官乡高店村南,原设计总库容1 100万 m^3,水库围坝为均质土坝,平均坝高5.7 m,坝顶高程为9.5~9.9 m。水库平均库底高程为4.0 m,死水位为4.9 m,水库死库容222万 m^3,设计蓄水位为8.1 m,围坝轴线长6 792 m。现状水库建有引、提、放功能于一体的枢纽建筑物一组,于1997年6月建成并投入使用。2015年,广饶县水利局对高店水库实施增容工程,围坝顶高程由8.8~9.0 m加高至13.5 m,设计蓄水位由8.10 m加高至11.79 m,相应最大库容2 302万 m^3,设计死水位4.0 m,死库容230万 m^3,水库调节库容2 072万 m^3。现状水库建有引、提、放功能于一体的枢纽建筑物。水库有北进水枢纽1座,南出水泵站1座,配套水库管理、观测、维护设施。

水库北进水枢纽位于围坝设计桩号6+457处,包括提水泵站1座、水闸7座,设计流量12.0 m^3/s。水库南出水泵站位于高店水库西坝南部、水库围坝与截渗沟之间,泵站设计流量2.32 m^3/s。泵站主要由穿坝涵洞(含进水闸)、压力水箱、进水池、泵房、机组设备及管道、管理房(含配电室)等部分组成。泵站出水钢管与水源置换供水工程引水管线相接。

3.2.2　高店水库来水量分析

高店水库原设计水源包括长江水、黄河水及支脉河地表水。但受黄河水资源超载治理要求限制,目前该水库引黄河水用于向工业生产供水已得不到允许;而支脉河雨洪水资源受来水影响较大,且现状引水条件不足。为此,本次论证仅考虑长江水源。

1. 长江水源分析

南水北调东营市配套工程包括输水工程和调蓄工程两部分,其中输水工程包括自胶东干渠东营分水口至各调蓄水工程(水库)之间的输水干线、分水渠及沿线建筑物工程。东营市配套工程分为2个供水单元,即胶东干渠以北的中心城区、垦利供水单元和胶东干渠以南的广饶供水单元,分别对应北分水口、南分水口。

北分水口位于胶东干渠与东青高速路交会处西侧约1.2 km处左岸,结构形式为2孔矩形开敞式水闸,设计流量13.0 m^3/s,年引水天数为172 d,年引水量为1.75亿 m^3,保证率为95%。输水干线自北分水口至四干渠段,总长20.6 km,设计引江流量13.0 m^3/s。高店输水支线总长5.3 km,设计引江流量10.0 m^3/s。

长江水供水保证高,设计供水目标即城市及工业用水,因此长江水可作为广饶县工业水源。但是,受引水时间限制,长江水需进行调蓄后才可作为工业用水水源。广饶县分配引江水指标3 500万 m^3。

2. 高店水库可引江水量分析

根据上述分析,高店水库自东营市配套工程中心城区供水单元北分水口引江取水,引江水量3 500万 m^3。

3.2.3 用水量分析

1. 水库水面降水量与蒸发损失水量

水库降水增加水量与水面蒸发损失量等于各月水库降水量和水面蒸发量乘以相应水库水面面积,根据高店水库水位-库容-面积曲线可读出不同库容对应的水库水面面积,即可求出不同库容对应水库降水量和水面蒸发量。

2. 水库渗漏损失水量

水库渗漏损失水量包括水库坝体及坝基渗漏损失水量之和。水库渗漏损失水量按月初库容与月末库容平均值的0.5%计算。

3. 主要用水户用水量

高店水库主要用水户为本供水工程。本供水工程通过原水管线供给用水户原水,通过净水厂处理后供给用水户管网水。供水工程的取水总量为3 045.18万 m^3/a。根据供水工程供水管网内企业的实际取水量,将3 045.18万 m^3/a按比例分配到各月,详见表2。

表2 用水户取水量月分配情况 单位:万 m^3

月份	1	2	3	4	5	6	7
水量	266.55	240.75	266.55	255.96	264.50	255.96	245.04
月份	8	9	10	11	12	合计	
水量	245.04	237.13	258.68	250.33	258.68	3 045.18	

4. 用水保证率

企业用水户用水保证率为95%。

3.2.4 高店水库调节计算

本次论证是按95%供水保证率时,在确定的引江量水量指标3 500万 m^3 的情况下,高店水库是否可以满足需水要求。

1. 调节计算原理与方法

1)调节计算原理

根据水量平衡原理,调节计算公式为

$$\Delta W = W_{入} - W_{供} - W_{蒸} - W_{渗}$$

式中:ΔW 为水库蓄变水量,万 m^3;$W_{入}$为入库水量,万 m^3;$W_{供}$为水库供水量,万 m^3;$W_{蒸}$为水库水面蒸发损失量,万 m^3;$W_{渗}$为水库渗漏量,万 m^3。

2)调节计算方法

采用典型年法完全年调节计算,调算时段为月,调算时以供定蓄,水库蓄满为止,不发生弃水。根据高店水库实际情况,考虑水库水质及安全运行水位限制,水库调算的起调库容为230万 m^3,最大允许库容为2 302万 m^3,死库容为230万 m^3,考虑从分水口到高店水库5%的损失量,高店水库最大入库水量为3 325万 m^3。

3)水库蓄水过程

高店水库按照南水北调山东段统一划定的时段引水、蓄水。

2. 水库调节计算

根据充库过程及水库用水量和蒸发、渗漏损失水量,按完全年调节的方法,考虑蒸发、渗漏等因素影响对高店水库进行多次调节计算,最终确定蒸发渗漏损失最小的方案为高店水库的最佳供水方案。

根据高店水库的调节计算可知,高店水库可以满足本项目生产取水量为3 045.18万 m^3/a 的要求,保证率95%。高店水库入库水量3 322万 m^3/a,从北分水口取水量为3 500万 m^3/a,引江天数38.45 d。

3.3 水资源质量评价

根据某公司2021年引江水样进行检测的结果,在检测的24项指标中,除总氮外,其他主要指标均满足《地表水环境质量标准》(GB 3838—2002)Ⅲ类水标准。现状水质可以满足工业水厂供水原水水质要求。

根据某公司水质检测中心2021年对高店水库出水口处的地表水的水质检测报告,除总氮外,其他主要指标均符合《地表水环境质量标准》(GB 3838—2002)的Ⅲ类水标准。

根据某公司对2021年工业水厂的出水水质检测报告,除总氮外,工业水厂出水其他主要指标符合《地表水环境质量标准》(GB 3838—2002)的Ⅲ类水标准。

3.4 取水口位置合理性分析

本工程从高店水库南出水泵站取水,经调查,该取水口周边没有排污口,取水水质有保证。另外,对第三方取水也不会造成影响。因此,该取水口位置设置是合理的。

4 取水影响论证

本项目取水水源为高店水库调蓄引江水,项目取水影响主要从以下几个方面进行分析:一是取水对区域水资源的影响,二是取水对水功能区的影响,三是取水对其他用水户的影响。

4.1 项目取水对区域水资源的影响

本项目每年合理的取水量为3 045.18万 m^3,需通过高店水库调引3 480万 m^3 引江水,根据前述分析,广饶县剩余指标为 3 500 万 m³,能够满足项目取用水需求。

综上,本项目用水总量符合广饶县用水总量控制指标的要求,项目建设符合国家产业政策、区域总体规划及水资源规划要求,项目建成后,将有效缓解广饶县水资源供需矛盾,逐步减少地下水开采量,优化供水结构,对区域水资源的可持续开发利用具有重要的意义。

4.2 项目取水对水功能区的影响

本项目以高店水库调蓄的引江水作为取水水源,不占用当地水资源量,对河道水功能区基本无影响。

本项目从高店水库取水,水质目标为Ⅳ类。取水口下游无水功能区,因此不会对水功能区产生影响。

4.3 项目取水对其他用水户的影响

本项目取用高店水库调蓄的引江水,对于高店水库增容工程取水论证中考虑的其他用水户,其暂未提出取水申请,其相关权益,由县里统筹解决。未来条件成熟后,高店水库仍按原批复引水和供水。因此,本项目取水符合广饶县用水总量控制指标,不占其他各地市用水指标,对其他用水户用水不会产生影响。

5 退水影响论证

5.1 退水方案

5.1.1 退水系统及其组成

本项目退水主要包括工业水厂自身退水和用水户间接退水两部分。

(1)工业水厂厂区自身退水:厂区污水主要包括厕所废水等生活污水,水厂生活污水经预处理后(化粪池)进入城市污水管网后进入污水处理厂处理;水厂内生产排泥污水入沉淀池后上清液部分用于厂区绿化用水和道路清洁用水,剩余部分全部回用制水,生产产生的排污泥经过浓缩、脱水后形成泥饼,由相应环保处理机构定期回收利用。

(2)供水范围内用水户间接退水,为企业生产废污水,间接退水经市政污水管网收集后排至各企业原排放污水处理厂处理达标排放。

5.1.2 退水处理方案和达标情况

1. 退水处理方案

本项目厂区自身生活退水和用水户间接退水(生产废污水)经市政污水管网收集后排至各个污水处理厂或自身污水处理站处理达标排入相关水域或水功能区。

本项目退水范围内涉及污水处理厂 6 座、企业自身污水处理站 3 家。据现状统计,6 个污水处理厂污水处理能力达 19.8 万 m³/d,允许排放量为 13.44 万 m³/d;3 家污水处理站污水处理能力达 8.4 万 m³/d,允许排放量为 4.69 万 m³/d。

2. 污水接纳分析及处理后达标情况

本项目供水区内的各污水处理厂运行稳定,出水水质达到《城镇污水处理厂污染物排放标准》(GB 18918—2002)的一级 A 标准。

5.2 退水对水功能区的影响

本项目退水范围涉及小清河、预备河、织女河、阳河 4 个水功能区,分别为小清河广饶农业用水区、预备河广饶农业用水区、织女河广饶农业用水区和阳河广饶农业用水区。本项目退水主要为间接用水户退水,不新增退水,因此不增加COD和氨氮的排放总量,对水功能区影响较小。

5.3　退水对水生态的影响

本项目的用水户在用水过程产生退水,退水首先排入污水处理厂,经污水处理厂处理后排入相应的河道。正常排污情况下污水处理厂外排水不会改变河段的河势,对河段水文情势无明显影响。总体而言,正常排放情况下对水生生物群落和水生态环境影响较小。

5.4　退水对其他用水户的影响

在污水处理站正常运转实现稳定达标排放时对下游工业、农业用水影响较小,入河排污口设置后对河道防洪和河道内建筑工程均影响较小。

5.5　退水口设置合理性分析

本项目产生退水主要来源于用水户,退水为本项目供水区内企业用水户产生的污水,此部分污水经市政管网统一收集后进入污水处理厂,处理后分别通过管道排入相应的排水河道,退水符合广饶县规划。因此,本项目无直接退水口,退水口设置合理。

案例2　梁山县第二水厂建设项目水资源论证

付一夫　黄鹤湾

山东省鲁南地质工程勘察院(山东省地质矿产勘查开发局第二地质大队)

1　项目简介

梁山县某公用供水企业具有供水资质,现有城区供水水厂——凤园水厂,占地11亩(1亩=1/15 hm^2,全书同),位于凤园路北段凤山脚下,供水水源井7眼(正常使用5眼,备用2眼),1993年建成投产,取用裂隙岩溶地下水,现取水许可为690万 m^3/a。

该公司凤园水厂现有水源井全部位于中心城区凤山、龟山脚下,与人类活动影响密切相关,已不符合梁山县最新城市发展规划和环保要求。近年来水源井水质逐渐恶化,处理工艺复杂、成本高、产水率低。随着梁山县城市建设的发展,该公司供水管网扩建延伸,服务人口增长,凤园水厂供水规模已不能满足梁山县近远期城区供水规划需求。为优化水源井布局、保障城区用水安全和提高供水服务质量,拟在新城区杏花村路北侧新建第二水厂,水源地选择在城区外围运河以东、柳长河(南水北调输水干渠)以西的小安山镇魏庄—南张庄村一带,11眼水源井建设现已全部完成,取用第四系孔隙地下水。该水厂建成投产后将关闭凤园水厂水源井(作为应急备用水源井,仅在应急状态下临时启用)。

本项目有10眼水源井位于东平湖滞洪区内,项目取水范围满足《黄河取水许可管理实施细则》第七条“(二)洛河故县水库库区、东平湖滞洪区(含大清河)、沁河紫柏滩以下干流、金堤河干流北耿庄至张庄闸”的要求,由黄河水利委员会全额审批。

本项目水资源论证工作等级为一级。本次论证将2018年作为现状水平年,2025年作为规划水平年。

2　项目取水合理性分析

2.1　与产业政策的相符性

随着梁山县城区建设的快速发展,需水用户逐渐增加,现状管网已不能满足城区发展的需要,增大管网供水能力、保障优质水源供给城市居民,成为梁山县城市基础设施建设的首要任务。该公司通过新建净水厂为梁山县公共供水事业的发展奠定了坚实的基础。本项目践行了国家新时期“两手发力”的治水思路,充分发挥了市场和政府作用,为构建充满活力、富有效率、更加开放、有利于科学发展的水治理体制机制创造了良好条件。

本项目的建设属城市供水管网扩建改造工程,符合国家发改委《产业结构调整指导目录(2019年本)》中“鼓励类”第二十二类“城镇基础设施”第7条“城镇安全饮水工程、供水水源及净化厂工程”的产业发展要求,且符合梁山县城市发展规划要求,对改善和提高居民生活饮用水质量具有重要意义。工程实施后，将在梁山县中心城区范围内形成更完善的供水管网体系，提高公共供水普及率，对于城市的发展具有积极作用。

2.2　与相关规划的相符性

依据《梁山县国民经济和社会发展第十三个五年规划纲要》和《梁山县城市总体规划(2010—2030)》，梁山县中心城区主要包括水泊街道办事处和梁山街道办事处，总面积 89.86 km^2，是梁山县政治、经济、文化、旅游以及交通枢纽中心。中心城区是水资源短缺的地区，区域内必须实行最严格的水资源管理制度，加快由供水管理向需水管理转变，不断完善并全面贯彻落实水资源管理的各项法律、法规和政策措施，项目的建设符合梁山县城市发展规划。

建设项目通过新建净水厂、旧管网改造、延伸供水管网等工程性措施，一是为适应城市新区扩展对公共资源的需求，提升城市基础设施建设水平，改善居民饮水条件；二是为了解决中心城区城市人口增长对地下水资源的需求，确保居民生活用水正常供给。本项目从优化城市供水环境角度出发，进一步扩展城市供水范围及供水对象，从水源、水质、水量等各个方面，强化供水安全保障措施，切实维护和改善城市供水环境，符合中心城市水资源条件，也符合相关规划要求。

2.3　水资源管理“三条红线”指标及其落实情况

2.3.1　用水总量控制符合性分析

根据济宁市水利局《关于印发各县市区2018年度水资源管理控制目标的通知》，梁山县用水控制指标为3.31亿 m^3/a，其中地表水2 300万 m^3/a、地下水8 800万 m^3/a、引黄22 000万 m^3/a。依据《济宁市水资源公报(2018年)》，2018年梁山县地表水开采量为0，地下水开采量为8 498.1万 m^3/a，引黄18 636.5万 m^3/a，合计27 214.6万 m^3/a。可以看出，2018年梁山县各水源实际用水量均在控制指标范围内，现状年地下水有301.9万 m^3 的盈余。

2018年梁山县城区公共供水管网覆盖总人口约15万人，总供水量723.97万 m^3/a。第二水厂建设完成后，规划取水总量900.4万 m^3/a，关闭凤园水厂水源井作为备用井，供水井全部置换为新建水源地供水井，供水对象为规划年城区范围内23万居民的生活、公共服务业、建筑业用水等。规划年预测新增用水量176.43万 m^3。梁山县引黄指标2.2亿 m^3/a，现状年引黄水量为18 636.5万 m^3/a，尚有3 363.5万 m^3/a 的盈余。梁山县将严格管控地下水开采使用，建筑业、农业、工业、生态用水提倡优先使用地表水以及污水处理厂中水，保证梁山县地下水总量能够满足本项目规划年2025年用水需求，且保证梁山县地下水用水量不超用水总量控制红线。

2.3.2　用水效率控制符合性分析

根据济宁市水利局《关于印发各县市区2018年度水资源管理控制目标的通知》，梁山县万元工业增加值用水量控制目标较2015年下降幅度为31%，则梁山县现状年万元工业增加值用水量控制目标为3.38 m^3，现状年万元工业增加值实际用水量为3.54 m^3，相差0.16 m^3，但仍明显优于济宁市万元工业增加值平均水平(12.61 m^3)。梁山县工业用水水平较高的主要原因在于梁山县工业企业主要涉及汽车制造、食品加工、生物科技、印刷出版、新型涂料等产业，基本没有传统型高耗水类及火电类的工业企业。

2.3.3 水功能区限制纳污符合性分析

根据济宁市水利局《关于印发各县市区2018年度水资源管理控制目标的通知》,梁山县纳入考核的水功能区为梁济运河济宁调水水源保护区,监测站点为郭楼闸,总监测频次12次,控制目标为达标率83.3%。依据《山东省水利厅关于2018年1—12月份水功能区水质状况的通报》,梁山县所涉及监测站点的水质状况较优,均达到了控制目标的要求。

3 项目用水合理性分析

3.1 建设项目用水环节分析

本项目拟由分散在梁山县城东部沿魏庄村—南张庄一带的11眼水源井取水,通过输水管道输水送至山东某水务有限公司新建净水厂,经过次氯酸钠消毒处理后通过二级泵房加压进入公共供水管网,最终用于居民生活、建筑业、公共服务业等用水。用水环节主要分为水源井至水厂的输水损失、水厂水处理工艺损失、供水管网漏失和用水户用水消耗。

3.2 近三年梁山城区公共供水情况分析

3.2.1 2016~2018年实际取水量与供水量

根据该公司提供的近三年取水量统计资料,2016~2018年凤园水厂总取水量分别约为529.82万m^3、577.40万m^3、723.97万m^3,实际供水量分别为441.20万m^3、504.37万m^3、615.29万m^3,总体呈现增长趋势(见表1)。主要原因是近几年梁山县城区建设向外扩张进程较快,城市功能不断完善,使公共供水管网进一步延伸,供水对象增加。

表1 2016~2018年梁山县凤园水厂取水量与供水量统计

项目	2016年	2017年	2018年
实际取水量/m^3	5 298 167	5 774 013	7 239 727
输水损失率/%	1	1	1
实际供水量/m^3	4 412 032	5 043 701	6 152 900
产水率/%	84.12	88.23	85.85

3.2.2 2016~2018年公共售水情况分析

根据该公司提供的近三年来公共售水量统计资料(见表2),2016~2018年城区供水管网覆盖区域售水量分别约为391.66万m^3、418.63万m^3、510.69万m^3,与水源地取水量增长趋势一致。

表2 2016~2018年梁山县凤园水厂售水量统计

项目	2016年	2017年	2018年
实际供水量/m^3	4 412 032	5 043 701	6 152 900
供水管网漏失率/%	11.23	17.00	17.00
实际售水量/m^3	3 916 561	4 186 272	5 106 907

3.3　规划公共需水情况分析

3.3.1　预测原则

本项目需水量预测主要是基于项目区现状供用水量情况,使预测结果尽可能接近实际,且符合相关规划要求。

3.3.2　分类预测

1. 居民生活需水预测

依据公式法进行预测,考虑的因素是用水人口和需水定额。

计算公式为

$$Q_{生} = Nq$$

式中:$Q_{生}$为城区居民生活需水量;N为规划供水人口数(2025 年);q为人均需水定额。

梁山县城区现状年人均生活用水量为 61.86 L/(人·d),供给人口约 15 万,现状供水管网约 41 km,供水覆盖范围主要为旧城区。规划水平年第二水厂新建供水管网 43.4 km,新建管网与现凤园水厂供水管网相连接,供水范围覆盖整个梁山县城区(旧城区、新城区和新城商务区,见表 3),在梁山县城区形成环状供水管网。目前管网敷设情况为已确定了输水管道施工沿线青苗赔偿标准,已完成放线并准备施工材料,完成了厂区树木的清理及赔偿、厂区施工围挡及土地平整工作,完成铺设新城区供水主管道 10 km,剩余部分管道正在施工,预计 2020 年底完成。

表 3　第二水厂主要供水单元

供水范围	供水单元
旧城区	东至东外环、西至西外环、北至北外环位山局汽修厂、南至南外环整个旧城区
新城区	名仕城、运河花园、德馨花园、杏花村社区、龙城公馆、龙城水景园、龙城御园、东方学府、惠馨园、流畅河社区等
新城商务区	东方现代城、东方维也纳、伦达御景园、东方国际、东方华城、锦绣华府、香溪湾南区、东方国际世家、鑫悦家庭、东方现代城(二期)、荣兴府、紫荆光电城、阳光城市花园、浙江商城、锦绣商城等

人口规模预测采用综合增长率法。计算公式为

$$P_{t} = P_{0}(1 + r)^{n}$$

式中:P_{t}为预测目标年末人口规模;P_{0}为预测基准年人口规模;r为人口平均增长率;n为预测年限。

2016 年中心城区人口近 14 万,现状年 2018 年中心城区人口为 15 万,2019 年中心城区人口为 16.5 万,截至 2020 年中心城区人口接近 18 万,近五年人口增长率约 1.06%,以 2019 年为预测基准年,代入数据,至规划水平年 2025 年梁山县中心城区人口预测为 23.41 万,本次规划采取保守值 23 万。根据本预测方法预测 2030 年中心城区人口为 31.32 万,根据《梁山县城市总体规划(2010—2030 年)》,远期至 2030 年,中心城区人口 30 万,计算结果相差不大,预测结果可信。考虑到节水器具普及率的提高、节水意识的增强以及居民生活条件的改善等因素确定规划水平年人均生活需水定额为 65.0 L/(人·d)。

综上所述,预测规划水平年梁山县公共供水管网覆盖区居民生活需水量为545.6万m^3/a。

2.建筑业需水预测

根据《济宁统计年鉴(2016—2018年)》,近三年梁山县建筑业生产总值分别为8.3亿元、8.67亿元和8.97亿元,呈缓慢增长,年递增率平均为3.96%,预测规划年2025年梁山县建筑业总产值将达到11.77亿元。近三年梁山县建筑业用水量分别为59.00万m^3/a、52.10万m^3/a和98.00万m^3/a,建筑业万元增加值用水量分别为7.11 m^3、6.01 m^3和10.93 m^3,现状水平年建筑业万元增加值用水量较大与梁山县城区大规模建设发展有关,考虑到梁山县建筑业现已平稳发展,规划水平年2025年建筑业万元增加值用水量取近三年较小值6.0 m^3,梁山县建筑业需水量预测值为70.6万m^3/a。

3.公共服务业需水预测

根据《济宁统计年鉴(2016—2018年)》,近三年梁山县公共服务业生产总值分别为93.05亿元、101.78亿元和109.33亿元,年递增率平均为8.4%,预测规划年2025年梁山县公共服务业总产值将达到192.28亿元。近三年梁山县公共服务业用水量分别为72.50万m^3/a、83.40万m^3/a、74.00万m^3/a,万元增加值用水量分别为0.78 m^3、0.82 m^3和0.68 m^3,现状年用水量较小,考虑到节水器具普及率逐渐提高,规划水平年第三产业万元增加值用水量将降低,取值0.60 m^3。则规划水平年梁山县城市供水管网覆盖区公共服务业需水量为115.3万m^3/a。

4.预测结果

综合以上分析结果,预测规划水平年梁山县城市供水管网覆盖区需水总量为731.5万m^3/a(见表4)。

表4 梁山县供水管网覆盖区生活(含公共)需水量预测 单位:万m^3/a

年份	居民生活	建筑业	公共服务	合计
2025	545.6	70.6	115.3	731.5

3.4 水量平衡分析

本项目属城市公共供水工程,从水源地取水至用水户用水的过程中,主要存在水源地至水厂的输水损失、水厂处理损失和供水管网漏失三部分。

(1)本项目拟新建的梁山县新城区水厂位于水源地以西2 km左右,输水管线长度较短,估算输水损失量占水源地取水总量的1%。

(2)由于本区地下水水质条件良好,制水水厂经过简单加氯、消毒等措施后,即输水至城市公共供水管网,净水工艺简单,水厂制水损失量较小,按3%计,即产水率为97%。

(3)梁山县近期正在实施供水管网延伸及旧管网升级改造工程,实施日期2018~2020年,预测规划年梁山县城市公共供水管网漏失率为10%。

(4)水源地输水过程、水厂处理过程、供水过程和用户使用过程中存在不可预见水量,考虑到本项目为新建项目,同时考虑到节水器具普及率的提高以及用水户节水意识的增强,不可预见水量损失取6%。

通过对规划水平年梁山县城市公共供水的分析,在计算各种损失量后(见表5),预测本项目取水量为900.4万m^3/a。

表5　本项目取水量预测

规划年	需水量/万m^3	供水管网漏失率/%	产水率/%	输水损失/%	不可预见损失率/%	取水量/万m^3
2025	731.5	10.0	97	1	6	900.4

因此,预测规划水平年山东某水务有限公司向梁山县中心城区内23万居民生活、建筑业、公共服务业等供水900.4万m^3/a(合2.47万m^3/d)的规模是基本合理的。

3.5　用水水平评价

3.5.1　供水管网漏失率分析

供水管网漏失率是指水资源从供水水厂至用户过程中的损失值,是供水水厂经济运营的关键指标。2018年济宁各县(市、区)城市公共供水管网漏失率平均值为15.09%,梁山县现状年公共管网漏失率为17%。梁山县近期正在实施供水管网延伸及旧管网升级改造工程,预测规划水平年梁山县城市公共供水管网漏失率为10%。与《山东省节水型社会建设技术指标》(2006年)、《山东省水资源综合利用中长期规划》(2016年)相关指标对比见表6。可以看出,规划年梁山县城市公共供水管网漏失率满足《山东省水资源综合利用中长期规划》(2016年)指标值,且高于济宁市现状水平。

表6　城市公共供水管网漏失率分析对比

分类	城市公共供水管网漏失率/%
山东省节水型社会建设技术指标	8
山东省水资源综合利用中长期规划指标	10
济宁市现状水平	12.74
梁山县现状水平	17
梁山县规划指标	10

3.5.2　居民生活用水定额和综合生活用水定额分析

根据《室外给水设计规范》(GB 50013—2018),梁山县属于二区、Ⅰ型小城市范畴,居民生活用水定额50~100 L/(人·d)、综合生活用水定额70~150 L/(人·d)。《山东省城市生活用水量标准》(DB 37/T 5015—2017)中山东省居民生活用水定额为70~120 L/(人·d)、综合生活用水定额85~140 L/(人·d)。

本项目居民生活用水定额是在现状用水量的基础上拟定的,并充分考虑节水器具普及率的提高、节水意识的增强以及居民生活条件的改善等因素确定为65.0 L/(人·d);综合生活用水定额按需水总量731.5万m^3/a及供水人口23万计算,结果为87.14 L/(人·d)。由此可见,用水定额总体上属中等水平,说明本项目拟定的用水指标是合理的。

3.5.3　制水水厂产水率

山东省市场监督管理局发布的《山东省饮用水生产企业产水率标准、饮料生产企业原料水比率标准》(DB37/T 1639. 10—2019)包括饮用净水、纯净水、矿泉水和自来水 4 种类型的生产企业产水率标准。

产水率指单位时间内生产出的合格成品水占同时间段内新水用量的百分比。其中，以地下水为水源的自来水生产企业产水率标准根据日产水量和用水水质而不同，其中日产水量 5 万 t 以上的用水水质Ⅰ、Ⅱ、Ⅲ类分别对应的水质标准为不低于 99%、98%和 97. 5%；日产水量 0. 5 万 t 以上 5 万 t 以下的用水水质Ⅰ、Ⅱ、Ⅲ类分别对应的水质标准为不低于 98. 5%、97. 5%和 97%。

本项目第二水厂以地下水为水源，日产水量在 0. 5 万 t 以上 5 万 t 以下，水质为Ⅲ类，该水厂为新建水厂，产水率设计为 97%，符合自来水生产企业产水率标准。

4 取水水源论证

4. 1 水源方案比选及合理性分析

梁山县现有水源条件主要包括梁山泊水库地表水、东平湖水、梁山县境内地表河流、南水北调水、引黄水和地下水。

4. 1. 1 梁山泊水库目前不具备城市供水水源功能

梁山泊水库位于梁山县水泊街道办事处境内、梁山山体南侧，此工程自 2013 年 7 月成功完成蓄水，水源来自黄河。整个工程占地面积 2 800 亩，设计库容 700 万 m^3，现状年水深 5. 2 m，水面面积 2 000 亩，库容 670 万 m^3。工程建成后与梁山风景区融为一体，形成湖光山色、观光揽胜的一处新的旅游景点。2015 年“梁山泊国家湿地公园”通过评审，梁山泊水库是其中重要的组成部分。因此，梁山泊水库的主要作用为改善全县水生态环境，带动景区、城区建设，促进经济社会与资源环境协调发展，不具备城市居民生活供水水源功能。

4. 1. 2 梁山县境内地表河流水质较差

2018 年 4 月对梁山县 5 条主要河流(环城水系、琉璃河、流畅河、金码河、郓城新河)进行了取样分析，监测分析项目包括 pH、氯化物、硫酸盐、总氮、总磷、化学需氧量、五日生化需氧量、铁、氟化物等 29 项。监测结果显示，环城水系和郓城新河水质情况一般，达到《地表水环境质量标准》(GB 3838—2002)Ⅳ类标准；其余 3 条河流(琉璃河、流畅河、金码河)水质情况均较差，因 COD 或总磷超标为Ⅴ类水，因此梁山县境内地表河流不具备作为居民生活饮用水的源水条件。

4. 1. 3 规划年南水北调水源指标未分配给梁山县

目前，受调水沿线城市缺水程度不同等因素的影响，南水北调东线一期、二期工程梁山县暂未取得引江水指标。按照济宁市水利局《关于南水北调后续工程供水范围及调江水量的确认报告》(济水发规字〔2015〕8 号)以及梁山县人民政府关于引用南水北调东线二期工程用水量的函，结合有关县(市)实际情况，对供水范围及调江水量进行调配，通过建设梁山县南水北调东线配套工程，规划自邓楼闸处沿梁济运河埋设输水管道至梁山泊平原水库蓄水，预计远期规划水平年(2035 年)可为梁山县提供 600 万 m^3 的供水保障。因此南水北调水源不具备向本项目供水的基本条件。

4.1.4　东平湖水

东平湖隶属东平湖管理局管辖,梁山县未取得分配指标,因此东平湖水不具备向本项目供水条件。

4.1.5　引黄水

梁山县引黄水主要用于黄灌区农业灌溉,梁山县相继完成了陈垓灌区9期、国那里灌区5期续建配套与节水改造项目工程建设任务,衬砌渠道总长度139.8 km,新建、改建配套建筑物651座。根据《济宁市水利局关于印发各县市区2016—2018年度水资源管理控制目标的通知》,近三年梁山县引黄水量控制指标均为22 000万m^3,根据《济宁市水资源公报》(2016—2018),梁山县实际引黄水量分别为19 661万m^3、19 587万m^3和18 636.5万m^3,现状水平年剩余引黄水量为3 363.5万m^3,尚具有扩大引黄水量的能力。

根据《梁山县城市给水专项规划》,远期规划在送水一干渠南侧新建一座地表水库,库容750万m^3,在新建地表水库附近新建一座地表水厂,水源即为引黄水。此为远期规划工程,规划内容中只提及2030年建设成规模为6万m^3/d的地表水供水工程,为满足梁山县远期城市发展需水需求,向中心城区供水1万m^3/d,向乡镇供水5万m^3/d。因该项工程规模较大、投资较多,具体关于该工程的地表水库建设、地表水厂建设和相应的引水设施建设等尚未做具体规划。该工程具体何时投产建设、运行尚未可知,因此利用引黄水源建设的地表水供水工程不能解决梁山县近期供水需求。

4.1.6　现有水源地不满足梁山县近远期城市发展需求

(1)凤园水厂现有7眼水源井,取用裂隙岩溶水作为供水水源,取水地点位于梁济运河以西,凤山、龟山脚下。取水井深174.86~330.00 m,静水埋深16~26 m,含水层岩性一般为泥质条带灰岩,顶、底板埋深70.2~291.7 m,含水层厚度在16~83 m,取水层位70~300 m,水源井水量均可达到140 m^3/h(合3 360 m^3/d),为富水性较好区。

公共用水不仅要求水量的高保障率,对水质的要求也很严格。根据现状凤园水源地取水水样分析结果,水质硬度和溶解性总固体均超标,其指标未达到《地下水质量标准》(GB/T 14848—2017)Ⅲ类水标准,且水源井水质超标项总硬度和溶解性总固体逐年上升,水质恶化较为严重,水质软化处理工艺复杂、成本较高,已不适合作为梁山县近远期规划供水水源。

(2)随着梁山县城市建设的发展,城区人口快速增长,用水需求量增多。现凤园水厂水源井共7眼,正常开采5眼(2眼备用),开采量约2万m^3/d,已接近水源地最大开采能力,不适合继续增大开采量,现供水规模已不能满足中心城区快速发展需求。

(3)该水源地位于梁山县中心城区,水源井分别位于黄河河务局、凤园水厂、自来水公司、凤山公园和凤山旅店内。公园和旅店为人类频繁出入场所,水源地已受到污染威胁,与人类活动影响存在一定关联;水源地保护工作开展较为困难,不符合梁山县城市发展规划和《集中式饮用水水源地规范化建设环境保护技术要求》(HJ 773—2015)。

4.1.7　新建水源地具备长期持续开采条件

1.水源地选择的合理性分析

为进一步改善农村居民饮用水条件,促进城乡统筹发展,实现水资源统一调配,梁山县于2016年全面实施农村饮水安全工程建设,规划新建水厂3处(鹿吊水厂、干鱼头水厂和戴那里水厂)、改扩建水厂 4 处(唐楼水厂、拳铺水厂、辛兴屯水厂和徐楼水厂),旨在全面完成农村集中供水工程建设任务。目前,投产运行的水厂为鹿吊水厂、唐楼水厂、拳铺水厂、辛兴屯水厂和徐楼水厂,干鱼头水厂和戴那里水厂已完成水源井建设,尚未投产运行。该工程水源井分布于各水厂周边,均取用松散岩层孔隙地下水,这些农村集中供水工程的相继建成导致第二水厂水源地建设可选区域有限。

总体来看,梁山县东部韩岗—袁口一带,属单井涌水量大于 2 000 m^3/d 的强富水区;向西至安庄、梁山县城一带,属单井涌水量 1 000~2 000 m^3/d 的较强富水区;梁山县城以西至小路口—赵堌堆—黑虎庙一带为单井涌水量 500~1 000 m^3/d 的较弱富水区;而在耿楼—倪楼一带,单井涌水量一般小于 500 m^3/d,为弱富水区;西部靠近黄河的小路口—赵堌堆—黑虎庙一带,为黄河故道,单井涌水量一般在 1 000~2 000 m^3/d,为较强富水区。

综合考虑梁山县饮用水供水规划,根据梁山县当地水文地质条件以及本项目取水需求,降低输水损失等因素,新建水源地选择在城区外围,京杭运河与柳长河之间(魏庄—南张庄一带),属单井涌水量 1 000~2 000 m^3/d 的较强富水区;新建水源地距离第二水厂约 2 km,可减少输水损失;该区域主要为农耕地,受人类活动影响相对较小,有利于水源地保护工作的开展。

2. 新建水源地可持续开采性分析

根据该区勘察资料分析,该水源地含水层岩性一般为中细砂、中粗砂、粗砂,分选性较好,磨圆度较高,透水性好,砂层厚度在 20~40 m,单井涌水量 1 000~2 000 m^3/d,为富水性较好区。静水位埋深一般为 5~12 m,年变幅一般为 3~5 m,且流域间地下水源补充量大,对地下水位影响较小。该区域地下水含水层的调蓄能力较强,补给径流条件好,地下水交替迅速,具备长期持续开采条件。

目前,在该水源地已完成 10 眼水源井的勘探工作,同时在第二水厂内已完成 1 眼水源井勘探工作,水量均可达到 120 m^3/h(合 2 880 m^3/d),地下水源丰富,根据现状新建水源地取水水样分析结果,各水源井水质指标均达到《地下水质量标准》(GB/T 14848—2017)Ⅲ类水标准。本项目设计 11 眼供水水源井,水源地正常运行后,开启 9 眼水源井(2 眼备用),能够满足本项目日供水量 2.47 万 m^3 的用水需要。

综上所述,按照"优水优用"的水资源开发利用原则,结合当地水资源实际情况,本项目取用小安山镇魏庄—南张庄村一带孔隙地下水相对比较合理。

4.2 地质与水文地质条件分析

4.2.1 地质条件

论证区内地层主要为古生界的寒武系、奥陶系灰岩和新生界的第四系松散岩类地层。区内第四系松散岩层广泛存在,北部小安山一带丘陵、残山出露有古生界寒武系张夏组地层。现由老到新分述如下。

1. 古生界

1)寒武系($\in$)

(1)下寒武统($\in_1$):下部为深灰色致密块状结晶灰岩,上部为暗紫红色砂质云母页岩及紫红色砂岩互层,分布在论证区北部的小安山一带,总厚度 174~209 m。

(2)中寒武统($\in_2$):中下部为厚层灰黑色结晶灰岩及猪肝色云母砂质页岩;上部为

厚层灰黑色鲕状灰岩及致密状灰岩,成西南—东北向条带状分布在梁山县城南一带,厚度139~274 m,与下寒武统整合接触。

2)奥陶系(O)

下奥陶统(O_1):主要隐伏于论证区北部小安山附近一带,岩性以厚层含燧石结核白云质灰岩为主,底部为中厚层竹叶状白云质灰岩,厚度大于205 m。

2. 新生界第四系(Q)

区内松散层广泛分布,由于地处鲁中山前冲洪积平原与黄河冲平原叠交地带,松散层堆积物是由山前冲洪积物及黄河泛滥沉积物、湖泊静水沉积物所组成的。松散层沉积厚度受构造和古地形的控制,东北部较薄,一般为50~100 m,局部大于100 m;西部较厚,一般为200~400 m。

(1)下更新统(Q_1)。灰绿色,以黏土质砂、黏土、粉质黏土为主,含锰核、钙质结核及团块,厚度173~214 m。

(2)中更新统(Q_2)。棕黄色、灰绿色为主,岩性主要为粉质黏土及黏土,夹多层黏土质砂,含较多钙质结核及少量铁色锰质结核,厚度约70 m。

(3)上更新统(Q_3)。灰绿色、黄褐色及锈黄色,以粉质黏土及黏土质砂为主,夹少量中细砂及粉土,富含钙质结核,局部有较大的钙质团块,少量铁锰结核,厚度为79~91 m。

(4)全新统(Q_4)。黄色、灰黄色粉土及粉质黏土,夹多层粉细砂,并夹有1~3层灰黑色淤泥质粉质黏土层,含钙核,厚度10~40 m。

图1为XC01水源井钻孔柱状图。

4.2.2　水文地质条件

1. 基本条件

根据地下水的赋存条件、水力联系及不同岩性的组合关系,论证区含水岩组主要为松散岩类孔隙水含水岩组、碳酸盐岩类裂隙岩溶水含水岩组。论证区范围内碳酸盐岩类裂隙岩溶水含水岩组富水性较差,实际供水意义不大,研究程度较低,不是本次论证工作的目标含水层。

论证区位于汶河冲洪积扇的尾部扇缘,穿插有黄河冲积物,第四系松散堆积物广布全区。根据本项目在论证区范围内小安山镇魏庄—南张庄村一带施工的水源井资料,含水层岩性以细砂、中砂、粗砂为主,一般3~8层,总厚度20~40 m,其底板埋深125~140 m,水位埋深5.58~12.32 m,单井涌水量在1 079.9~2 195.9 m^3/d,富水性较强。水化学类型主要是HCO_3—Ca型,TDS一般为500~600 mg/L,水质较好。

图2为水源地附近水文地质剖面图。

论证区内主要有2条边界河道(梁济运河和柳长河)。梁济运河北起北宋金河入口,南入南四湖,全长87.8 km,流域面积3 306 km^2,其中,梁山县境内长度46.3 km,流域面积908 km^2,属淮河流域南四湖水系,现已成为南四湖湖西地区一条具有防洪除涝、引水灌溉、输水、航运等多功能的综合利用河道,也是京杭大运河的重要组成部分。柳长河北起东平湖八里湾闸,向南于张桥闸入梁济运河,河长20.2 km,流域面积214.0 km^2。梁山县境内长度18.25 km,流域面积174.0 km^2。目前南水北调东线输水干线柳长河段输水长度19.26 km,其中利用柳长河的八里湾村至王庄闸长14.46 km的老河道段,从王庄闸

XC01 号孔

钻孔柱状图

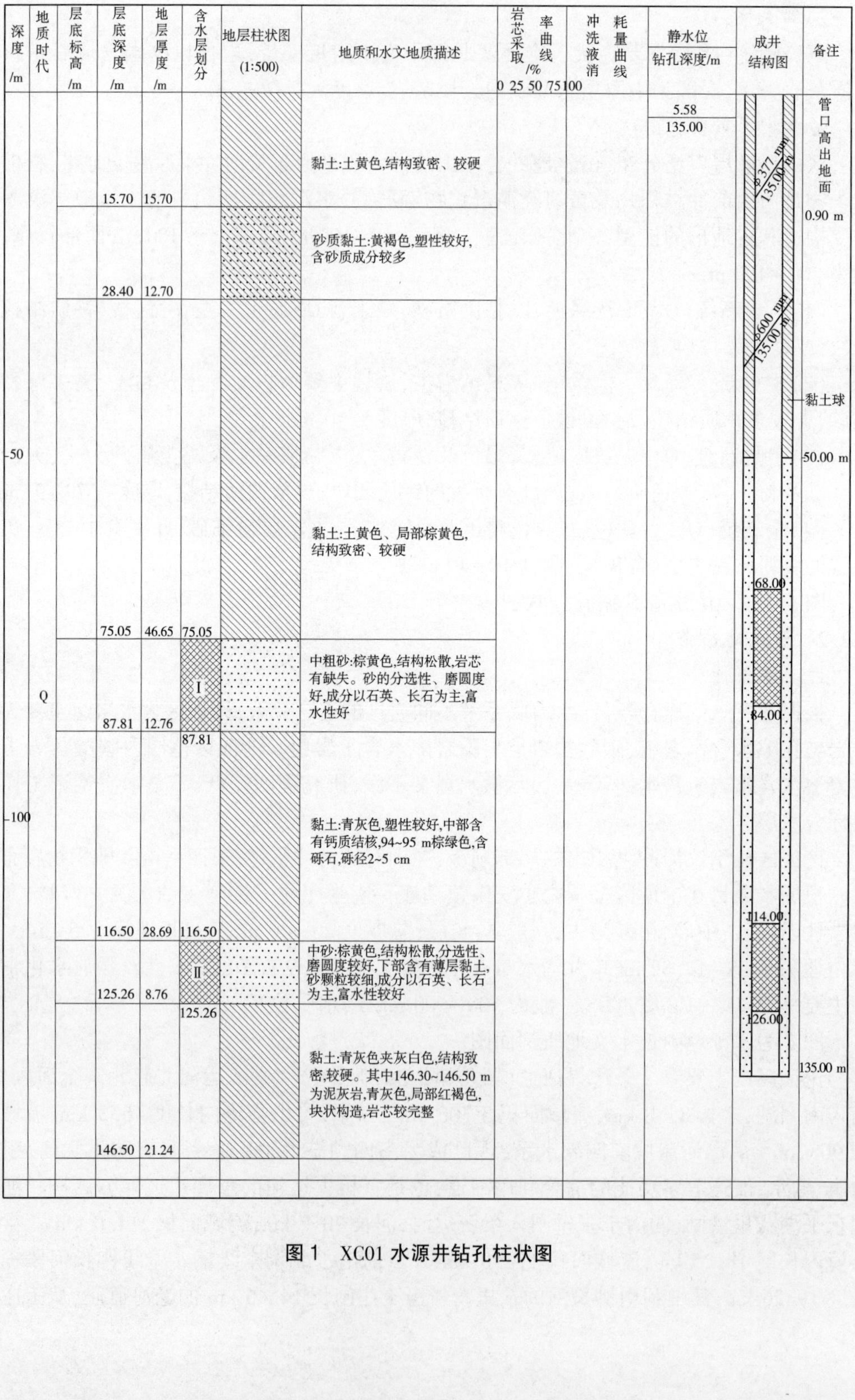

深度/m	地质时代	层底标高/m	层底深度/m	地层厚度/m	含水层划分	地层柱状图(1:500)	地质和水文地质描述	岩芯采取率曲线/% 0 25 50 75 100	冲洗液消耗量曲线	静水位 钻孔深度/m	成井结构图	备注
			15.70	15.70			黏土:土黄色,结构致密、较硬			5.58 135.00	φ377 mm 135.00 m	管口高出地面 0.90 m
			28.40	12.70			砂质黏土:黄褐色,塑性较好,含砂质成分较多				φ600 mm 135.00 m	黏土球
50			75.05	46.65	75.05		黏土:土黄色、局部棕黄色,结构致密、较硬				68.00	50.00 m
	Q		87.81	12.76	Ⅰ 87.81		中粗砂:棕黄色,结构松散,岩芯有缺失。砂的分选性、磨圆度好,成分以石英、长石为主,富水性好				84.00	
100			116.50	28.69	116.50		黏土:青灰色,塑性较好,中部含有钙质结核,94~95 m棕绿色,含砾石,砾径2~5 cm				114.00	
			125.26	8.76	Ⅱ 125.26		中砂:棕黄色,结构松散,分选性、磨圆度较好,下部含有薄层黏土,砂颗粒较细,成分以石英、长石为主,富水性较好				126.00	135.00 m
			146.50	21.24			黏土:青灰色夹灰白色,结构致密,较硬。其中146.30~146.50 m为泥灰岩,青灰色,局部红褐色,块状构造,岩芯较完整					

图1　XC01 水源井钻孔柱状图

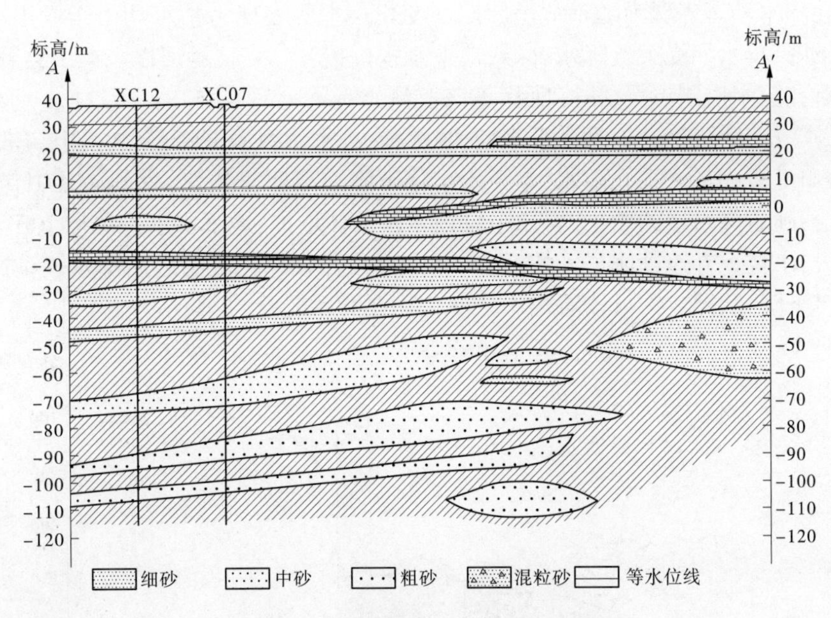

图2 水源地附近水文地质剖面图

至自司垓闸的4.8 km新开挖段。论证区内京杭运河长度12.35 km,柳长河长度17.35 km,河道常年有水,汛期地表水补给地下水,水质达到《地表水环境质量标准》(GB 3838—2002)Ⅲ类水质标准。

2. 补径排条件

1)地下水补给

论证范围内松散岩类孔隙水的补给来源主要有大气降水、河流入渗、灌溉回渗。其中大气降水和河流入渗是松散岩类孔隙水的主要补给来源。区内地表岩性大多为粉土及粉质黏土,其结构松散,渗透性好,加之地形平坦,地表径流少,为大气降水补给创造了有利条件。区内西接梁济运河,东邻柳长河,地表水资源丰富,渗漏量较大。论证区内农田灌溉用水量较多,区内每年都通过引渠和开采部分地下水进行灌溉,因此农田灌溉回渗水是本区松散岩类孔隙水的又一补给来源,其补给量的大小与灌溉水量的大小及次数密切相关。

2)径流条件

受地势影响,论证区内地下水总体北东向南西径流,论证区范围是鲁中南汶河山前冲洪积扇区,补给源分布面广,径流途径短,含水层颗粒较粗,水力坡度较大,地下水运动较快。

3)排泄条件

本区第四系松散层孔隙水的主要排泄方式为人工开采,区内地下水开采主要为生活用水和农田灌溉用水。其次的排泄方式为侧向径流向梁济运河排泄。

3. 水位动态特征

地下水水位动态是地下含水层水量收支平衡状况的直接反映,其变化受补给、排泄因素的共同制约,在时间和空间上均呈现一定规律的变化。

本区孔隙水动态表现为随季节呈周期性变化。主要表现为枯水期由于农田灌溉,地下水水位下降;丰水期受大气降水补给,地下水水位抬升。京杭运河以东梁山县韩垓镇政府院内设有孔隙水监测点梁 ZS1,现状年该监测点地下水埋深 5. 84~9. 21 m,水位标高 30. 00~33. 07 m(见图 3)。1 月为平水期,降水稀少,水位缓慢下降,至 3 月上旬进入枯水期,由于农田灌溉大量开采孔隙水,地下水水位下降速度明显加快,直到 4 月中旬水位下降到最低值;随着降水量的增加,含水系统内水量总体增加,地下水水位缓慢上升,到 8 月降雨量增大,水位上升速度明显加快,至 10 月中旬达到最高水位;之后降水逐渐减少,水位开始缓慢下降,从图 3 中可以看出水位变化存在滞后现象。

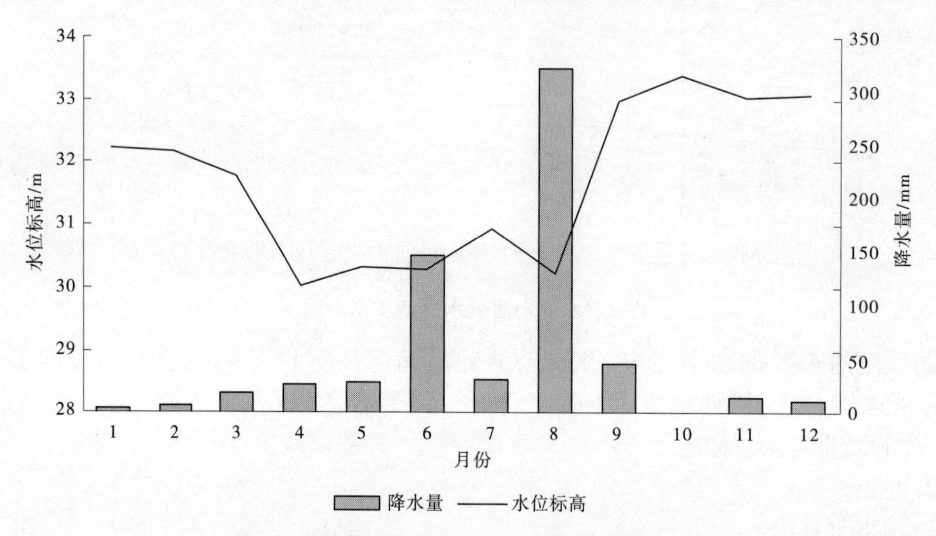

图 3　现状年(梁 ZS1)孔隙水水位动态变化曲线

孔隙水多年动态类型与年动态类型相似,也受降水量与开采量的共同影响。2016~2018 年梁山县年降水量分别为 577. 4 mm、563. 8 mm 和 654. 9 mm,从京杭运河以东监测点梁 ZS1 近三年地下水水位动态监测曲线(见图 4)可以看出,丰水期时水位总体上升,枯水期时水位总体下降;枯水期的水量损失,在遇丰水期时可得到全部补偿,具有良好的多年调节功能。

从图 4 中可以看出,该区域地下水水位略有升高,除受降水量与开采量影响外,与该地区地表水对地下水的补给也存在关联。随着《解决京杭运河堵航问题的方案》的正式启动,交通运输部交海发〔2017〕73 号文件下达了关于修订《京杭运河通航管理办法(试行)》的通知。梁济运河梁山—南旺段进行了开挖清淤,目前正在进行南旺—济宁段清淤工作,梁济运河水位明显升高。河道清淤和运河水位调高,对孔隙地下水的渗漏补给量增加,地下水水位上升。

4. 3　地下水资源量分析

4. 3. 1　水文地质参数的确定

水文地质参数主要包括渗透系数 K、导水系数 T、降水入渗补给系数 α 及灌溉入渗补给系数 β 等,是进行水资源评价和开发利用与管理调度的科学依据。

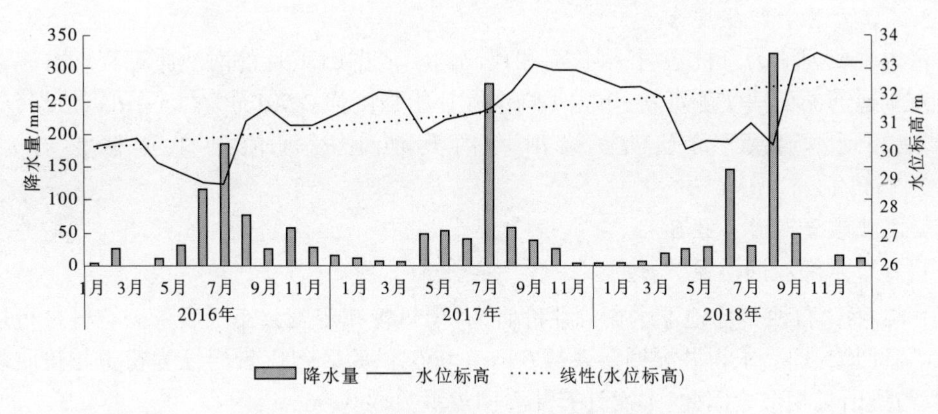

图 4　近三年孔隙水(梁 ZS1)水位动态变化曲线

1. 降水入渗补给系数 α

降水入渗补给系数是指降水入渗补给量与相应降水量的比值。影响 α 值大小的因素很多,主要包括包气带岩性、地下水水位埋深、降水量大小和强度、地形地貌、植被及地表建筑设施等。结合《山东省梁山县水文地质调查报告》以及“梁山县农业区划工作成果”所选用的参数值,确定论证区内第四系孔隙松散岩层的多年平均降水入渗补给系数为 0.20。

2. 渗透系数 K、导水系数 T

渗透系数为水力坡度等于 1 时的渗透速度,影响渗透系数 K 值大小的主要因素是岩性及其结构特征。导水系数 T 在数值上等于渗透系数 K 与含水层厚度 M 的乘积。根据本项目水源井单井抽水试验成果计算得出的水文地质参数见表 7,其中 XC01、XC03 和 XC12 号 3 眼水源井计算结果较其他 8 眼井差别较大,本次参数取值为其中 8 眼水源井平均值,求取渗透系数和导水系数均值为 15.24 m/d、505.34 m^2/d。

表 7　水源井水文地质参数统计

孔号	K/(m/d)	M/m	T/(m^2/d)
XC01	24.98	21.52	537.57
XC03	9.61	42.10	404.58
XC04	12.89	40.40	520.76
XC05	17.37	19.80	343.93
XC07	11.52	38.30	441.22
XC08	15.09	37.60	567.38
XC09	17.88	33.80	604.34
XC10	13.90	42.90	596.31
XC11	19.32	21.90	423.11
XC12	8.09	43.02	348.03
XC13	13.98	39.03	545.64
平均	15.24	33.16	505.34

3. 河流渗漏补给强度 λ

区内主要河流为京杭运河、柳长河和代码河。依据山东省鲁南地质工程勘察院多年来对京杭运河断面法实测资料,单宽平均渗漏补给强度为 2 501 $m^3/(km \cdot d)$;依据《鲁西平原地下水资源评价研究》梁山境内其他地表河流的单宽侧渗补给量为 1 205 $m^3/(km \cdot d)$。

4. 农业灌溉回渗系数 β

1)地下水灌溉回渗系数 $\beta_{井}$

1984 年,"鲁西平原地下水资源评价研究"项目曾在定陶县东王店乡杨坑村进行过地下水灌溉回渗试验,求得井灌回渗系数 $\beta_{井}=0.066$,试验区包气带岩性为粉土与粉质黏土互层,与梁山县相似。因此,本次计算井灌回渗系数取 0.066。

2)引黄灌溉回渗系数 $\beta_{黄}$

1982 年,菏泽刘口灌区进行过大面积的引黄灌溉回渗试验,试验区包气带岩性为粉土,地下水水位为 2 m,求得的引黄灌溉回渗系数 $\beta_{黄}=0.20$。试验区与梁山县引黄灌区条件近似。因此,本次计算引黄灌溉回渗系数取 0.20。

4.3.2　地下水补给资源量计算

1. 降水入渗补给量 Q_s

采用降水入渗补给系数法计算:

$$Q_s = \alpha PF/365$$

式中:α 为降水入渗补给系数,取 0.2;P 为有效降水量,mm;F 为论证区面积,取 84.38 km^2。

根据梁山县水文站 1980~2018 年长系列降水资料,多年平均降水量为 576.26 mm,根据《梁山县水资源中长期综合规划(2016—2035)》,计算有效降水量为平均降水量的 78%,则 $Q_s=2.09$ 万 m^3/d。

2. 河道渗漏补给量 Q_d

论证区内主要有 3 条边界河道(京杭运河、柳长河和代码河),论证区内京杭运河长度 12.35 km,柳长河长度 17.35 km,代码河长度 3.48 km。补给时间按汛期的 3 个月计算。因此,论证区内地表水的渗漏补给量为 1.39 万 m^3/d(见表 8)。

表 8　论证区各河流渗漏补给量统计

河流名称	京杭运河	柳长河	代码河	合计
计算区长度/km	12.35	17.35	3.48	—
渗漏补给系数/[万 $m^3/(d \cdot km)$]	0.250 0	0.120 5	0.120 5	
区内补给量/(万 m^3/d)	0.770 0	0.52	0.10	1.39

3. 侧向径流补给量 Q_j

论证区地下水总体上由北东向南西径流,北部和东部边界处对论证区形成侧向补给。其侧向径流补给量采用下式计算:

$$Q_j = TBI$$

式中:Q_j 为地下水侧向径流补给量;I 为地下水水力坡度;T 为导水系数,m^2/d;B 为侧向补给边界长度,m。

导水系数取505.34 m^2/d,概化后侧向径流补给边界总长度为12.56 km,地下水平均水力坡度为0.78‰,则侧向径流补给量为0.50万m^3/d。

4.灌溉回渗补给量$Q_{灌}$

农业灌溉回渗补给量采用回渗系数法计算:

$$Q_{灌}=\beta Q$$

式中:Q为农业灌溉用水量,m^3/d;β为灌溉水回渗系数。

论证区内耕地面积为11.96万亩,根据《济宁市水资源公报》(2018年),全县现有耕地总面积97.55万亩,有效灌溉面积85.97万亩,占比88.13%,本次有效灌溉面积占比取用该计算值。梁山县现状年农田灌溉综合亩均用水量为266.14 m^3,则论证区农业灌溉用水量为2 805.21万m^3/a(合7.69万m^3/d)。

梁山县农田灌溉用水以引黄水为主、地下水为辅。根据《济宁市水资源公报》(2018年),现状年梁山县农田灌溉地下水用水量为4 914.65万m^3,采用面积比拟法计算论证区内农田灌溉用水量为602.55万m^3/a,则引黄水用水量为2 202.66万m^3/a。根据上述确定的灌溉回渗系数,计算出论证区内灌溉回渗量为:地下水灌溉回渗量$Q_{井}=0.11$万m^3/d;地表水灌溉回渗量$Q_{黄}=1.21$万m^3/d;灌溉回渗总量$Q_{灌}=Q_{井}+Q_{黄}=1.32$万m^3/d。

5.总补给资源量

根据以上计算结果,论证区多年平均天然补给量为各补给项之和:

$$Q_{补}=Q_s+Q_d+Q_j+Q_{灌}$$

论证区第四系孔隙水多年平均补给量为5.29万m^3/d(见表9)。

表9　论证区第四系孔隙水多年平均补给量　单位:万m^3/d

补给项	降雨入渗	河道渗漏	侧向补给	灌溉回渗	合计
补给量	2.08	1.39	0.50	1.32	5.29

4.3.3　排泄量计算

1.地下水侧向径流排泄量Q_j

由本区等水位线图可以看出,孔隙水的侧向流出边界主要为南西方向靠梁济运河地段,概化后侧向径流排泄边界长度为13.17 km,地下水平均水力坡度为1.95‰,导水系数取505.34 m^2/d,则侧向径流排泄量为1.29万m^3/d。

2.潜水蒸发量$Q_{潜}$

根据实地踏勘,论证区内地下水埋深一般在5~8 m,埋深大于3 m时蒸发量忽略不计。故本次排泄资源量计算不考虑论证区潜水蒸发量。

3.地下水开采量Q_k

论证区范围内地下水开采主要包括村镇生活取水、农业井灌取水及乡镇工业企业用水等。论证区范围内农业开采井较少,主要分布在水源地以东及东南1 100 m距离引黄灌渠较远的区域;由于梁山县城乡供水一体化项目尚未完成,该区域村民主要通过村内自备井集中供水,基本每个村庄均有1~2眼供水井,井深与本项目水源井相近。论证区所在范围辖属小安山镇,与小安山镇范围基本相当,故本次计算以现状年小安山镇地下水开采量作为论证区地下水开采量指标。

(1)论证区范围内现状年人口约4.76万,其中非农业人口约8 100,根据2018年《济宁市水资源公报》梁山县用水指标,城镇居民生活用水定额指标为77.69 L/(人·d),城镇公共用水定额指标为18.94 L/(人·d),农村生活用水定额指标为58.99 L/(人·d),则论证区范围内村镇生活取水量为0.31万m^3/d。

(2)水文计算论证区内农业井灌用水量为602.55万m^3/a(合1.65万m^3/d)。

(3)论证区分布的工业企业较少,用水户主要包括梁山金洲实业有限公司、小安山矿产资源开发公司等,估算论证区现状地下水开采量为0.50万m^3/d。

综上所述,论证区第四系孔隙水多年平均排泄量为3.75万m^3/d,见表10。

表10　论证区第四系孔隙水多年平均排泄量　　单位:万m^3/d

排泄项	侧向排泄	村镇生活	井灌开采	工业企业	合计
排泄量	1.29	0.31	1.65	0.50	3.75

论证区多年平均补给量为5.29万m^3/d,排泄量为3.75万m^3/d,补给量大于排泄量,补排差为1.54万m^3/d。根据该区域孔隙水地下水水位动态监测结果,近三年地下水水位动态特征表现为略有上升,与计算结果相符。

4.4　地下水可供水量计算

地下水可开采量是指在可预见的时期内,通过经济上合理、技术上可行的措施,在不引起生态环境恶化的条件下,允许从含水层中获取的最大水量。计算方法采用可开采系数法。

利用可开采系数法计算地下水可开采量,一般采用如下公式:

$$Q_{可} = \eta Q_{补}$$

式中:$Q_{可}$为地下水可开采量,万m^3/d;η为地下水可开采系数;$Q_{补}$为地下水总补给量,万m^3/d。

根据前述分析结果,现状条件下论证区第四系孔隙地下水总补给量为5.29万m^3/d。其中,地下水灌溉回渗补给量0.11万m^3/d属于重复计算,应当扣除。扣除后的孔隙地下水资源量为5.18万m^3/d。结合《山东省水资源综合规划》(2007),山前平原区地下水可开采系数取值范围为0.70~0.85,由于本区地处地下水排泄区,增加开采后可加大上游补给区的径流补给,减少下游向梁济运河的径流排泄,且本区地下水井数量较多,具有充足的开采条件,本次评价取较大值0.85,则论证区第四系孔隙地下水可开采量为4.40万m^3/d。现状条件下已开采资源量为2.46万m^3/d,有1.94万m^3/d的剩余可开采资源量(见表11)。

表11　论证区地下水采补平衡分析　　单位:万m^3/d

多年平均补给量	灌溉回渗量	地下水资源量	可开采系数	可开采量	论证区已开采量	剩余可开采量
5.29	0.11	5.18	0.85	4.40	2.46	1.94

根据前文论述,本项目建成后总取水量为 900.40 万 m^3/a(合 2.47 万 m^3/d)。新增取水后将袭夺额外补给量,截取减少的天然排泄量,论证区尚有侧向排泄量 1.29 万 m^3/d、剩余可开采资源量 1.94 万 m^3/d,合计 3.23 万 m^3/d。可以满足本项目取水量的要求。

4.5　开采后的地下水水位预测

根据区内水文地质条件,考虑承压水补给量、开采方案等因素,承压水开采井采用干扰井群法计算降深,降深采用水位叠加理论计算公式,群井开采状态下,地下水为非稳定流运动。因此,承压井采用非稳定流干扰井降深计算公式为

$$S_i = \frac{0.183}{T} \sum_{i=1}^{n} Q_i \ln \frac{2.25St}{r_i^{\ 2}}$$

式中:Q_i 为抽水量,m^3/d;t 为自然抽水开始到计算时刻的时间,d;r_i 为计算点到抽水井的距离,m;T 为含水层导水系数,m^2/d;S_i 为含水层释水系数。

根据该项目水源井单井抽水试验计算结果,单井涌水量为 115 m^3/h(合 2 760 m^3/d)时计算影响半径约 228 m,因此本项目水源井井距设计为大于 450 m,因实际施工条件及地方关系协调等因素制约,部分水源井井距稍小(见表 12)。

表 12　水源井井距统计　　单位:m

抽水孔号	XC01	XC03	XC04	XC05	XC07	XC08	XC09	XC10	XC13
XC01	0.180 5	434	661	1 109	388	1 263	697	1 469	1 054
XC03	434	0.180 5	818	893	493	1 182	629	1 466	1 405
XC04	661	818	0.180 5	806	331	735	399	853	715
XC05	1 109	893	806	0.180 5	765	437	445	775	1 497
XC07	388	493	331	765	0.180 5	879	332	1 086	947
XC08	1 263	1 182	735	437	879	0.180 5	580	339	1 310
XC09	697	629	399	445	332	580	0.180 5	839	1 109
XC10	1 469	1 466	853	775	1 086	339	839	0.180 5	1 253
XC13	1 054	1 405	715	1 497	947	1 310	1 109	1 253	0.180 5

含水层导水系数 T 按每眼供水井抽水试验所求得的数值,水源地含水层以细砂、中砂和粗砂为主,释水系数取经验值 0.15(见表 13)。该项目最终核定取水总量为 900.40 万 m^3/a(合 2.47 万 m^3/d),水源地正常开采运行后,9 眼水源井同时供水,平均单井取水量为 115 m^3/h(合 2 760 m^3/d),则 9 眼水源井可供水量为 2.48 万 m^3/d,可以满足本项目取水需求。

表 13 水源井参数统计

抽水孔号	K/(m/d)	M/m	T/(m^2/d)	Q_i/(m^3/d)
XC01	24.98	21.52	537.57	2 760
XC03	9.61	42.10	404.58	2 760
XC04	12.89	40.40	520.76	2 760
XC05	17.37	19.80	343.93	2 760
XC07	11.52	38.30	441.22	2 760
XC08	15.09	37.60	567.38	2 760
XC09	17.88	33.80	604.34	2 760
XC10	13.90	42.90	596.31	2 760
XC13	13.98	39.03	545.64	2 760

根据预测结果(见表 14)可知,水源地开采运行 1 年,各水源井承压水头下降速率变化最大,最大降深为 16.48 m,改变了区内承压水流场,使承压水补给能力增强。1 年后承压水头下降速率逐渐变缓,水源地运行 5 年后,各水源井最大降深为 16.27~22.95 m,水源井静水位为 5.58~11.21 m,含水层顶板埋深均大于 40 m,各水源井动水位最大埋深为 22.27~32.91 m(见表 15),未达到含水层顶板,因此该水源地开采运行到规划年是安全的,取水是有保证的。

表 14 水源地各时段开采运行最大水位降深预测 单位:m

抽水孔号	XC01	XC03	XC04	XC05	XC07	XC08	XC09	XC10	XC13
365 d	12.76	14.60	14.39	16.48	16.17	12.62	14.33	10.68	9.80
730 d	15.55	17.39	17.18	19.27	18.96	15.41	17.12	13.47	12.59
1 095 d	17.18	19.02	18.81	20.90	20.60	17.04	18.75	15.10	14.22
1 460 d	18.34	20.18	19.97	22.06	21.75	18.20	19.91	16.26	15.38
1 825 d	19.23	21.08	20.88	22.95	22.65	19.10	20.81	17.17	16.27

表 15 水源地开采运行 5 年水位降深预测统计 单位:m

抽水孔号	XC01	XC03	XC04	XC05	XC07	XC08	XC09	XC10	XC13
XC01	8.13	1.79	1.44	1.01	1.87	0.91	1.39	0.78	1.05
XC03	2.21	10.65	1.52	1.43	2.07	1.12	1.81	0.89	0.94
XC04	1.47	1.29	8.38	1.30	2.05	1.38	1.89	1.25	1.40
XC05	1.30	1.57	1.71	12.43	1.77	2.49	2.46	1.76	0.92
XC07	2.18	1.94	2.34	1.51	9.81	1.37	2.34	1.16	1.29
XC08	0.88	0.93	1.30	1.70	1.16	7.73	1.48	1.90	0.85

续表 15

抽水孔号	XC01	XC03	XC04	XC05	XC07	XC08	XC09	XC10	XC13
XC09	1.28	1.35	1.69	1.60	1.82	1.41	7.28	1.15	0.94
XC10	0.74	0.75	1.14	1.21	0.97	1.82	1.16	7.37	0.86
XC13	1.04	0.81	1.36	0.76	1.13	0.87	1.00	0.91	8.02
降深	19.23	21.08	20.88	22.95	22.65	19.10	20.81	17.17	16.27
静水位	5.58	9.74	7.37	7.93	10.26	7.68	7.68	11.21	6.00
动水位	24.81	30.82	28.25	30.88	32.91	26.78	28.49	28.38	22.27

将开采井群概化为大井，以 2.48 万 m^3/d 的水量开采，以预测承压开采井群最大降深为大井的降深，根据库萨金公式计算最大影响半径为 1.53 km，计算后的结果一般取计算值的 2~5 倍，参考区域含水层岩性情况下影响半径经验值与采用本公式计算得出的影响半径倍比关系，本次取 2 倍值，则最大影响半径为 3.06 km。需要说明的是，水源地东侧临近柳长河，西侧临近梁济运河，河道常年有水，按定水头边界处理(见图 5)。

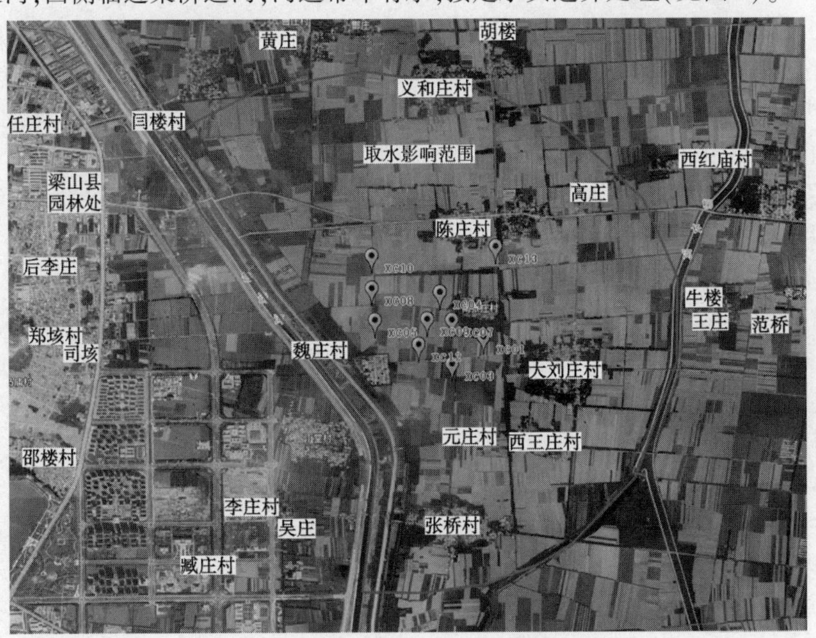

图 5　水源地开采运行影响范围图

4.6　水质分析

评价标准：《地下水质量标准》(GB/T 14848—2017)Ⅲ类水标准。

评价资料：2020 年 5 月 11 眼水源井取样分析资料。

评价指标：地下水质量常规 39 项指标。

根据《地下水质量标准》(GB/T 14848—2017)对水源地第四系孔隙水进行评价。水源地孔隙地下水无色、无味、无嗅、透明、无悬浮物和肉眼可见物，地下水质量常规 39 项指标均符合地下水质量Ⅲ类水标准规定,达标率100%。

5　取水影响论证

5.1　对水资源的影响

2018年梁山县各水源实际用水量均在控制指标范围内,合计有5 885.4万m^3的盈余。现状年地下水总量有301.9万m^3的盈余,本项目核定取水量为900.40万m^3/a,第二水厂投产运行后凤园水厂关闭,减采723.97万m^3/a,即本项目建成后实际新增地下水指标量为176.43万m^3/a。新增指标后,梁山县现状年地下水总量控制指标剩余为125.47万m^3/a,尚有一定盈余,对地表水总量控制指标没有影响。

论证区地下水由北东向南西径流,水源地开采运行后,区内地下水承压水流场改变,承压水补给能力增强,侧向排泄损失量减少。水源地运行5年后,水源地开采运行最大影响半径为3.06 km,各水源井最大降深为16.27~22.95 m,水源井静水位埋深为5.58~12.32 m,动水位最大埋深为22.27~32.91 m,含水层顶板埋深大于40 m,未达到含水层顶板,因此该水源地开采运行到规划年是安全的,对区域地下水利用条件、含水岩组结构影响较小。

水利部2016年《关于加强水资源用途管制的指导意见》提出统筹生活、生产和生态用水,要优先保障城乡居民生活用水,将保障城乡居民生活用水作为水资源用途管制的第一目标,严格饮用水水源地保护,基本原则是以人为本、服务民生,节水优先、注重保护。

本项目调整水源井布局,逐步实现梁山县城市规划区一体化供水的目标,具有较强的可操作性和可行性,有利于水资源优化配置,符合最严格的水资源管理制度实施意见及"优水优用"的水资源开发利用原则。

5.2　对水功能区的影响

梁山县被纳入监测的水功能区为梁济运河济宁调水水源保护区,距离本项目水源地井群约800 m。本项目取用第四系孔隙地下水,地下水与地表水存在一定水力联系和相互转化关系,水源地开采运行后将截取地下水向梁济运河的径流排泄量,因此该项目取水将减少对水功能区水量补给,而对水功能区水质无影响。随着京杭运河的通航,梁济运河水位调高,本项目截取的径流排泄量对梁济运河水量影响较小,因此本项目取水对水功能区影响较小。

5.3　对生态系统的影响

本项目投产运行后关闭凤园水厂水源井,减少中心城区地下水开采,对梁山县城市生态系统建设起到积极作用。梁山县将通过水系连通工程补给各河流生态水量,解决枯水期断流问题,保障河流生态用水需求,通过水系生态保护工程防洪排涝、改善河流生态环境。

本项目取用孔隙地下水,水源地及其周边没有生态湿地,没有渔牧养殖区,项目取水不涉及水生态问题,不会对水生态产生影响。论证区内第四系松散层分布较广,第四系厚度大于100 m,下伏为寒武系中上寒武统碳酸盐岩,裂隙岩溶发育较差,通过野外调查及查阅区内地质、水文地质、工程地质及地质环境监测资料,论证区未有地面沉降地质灾害发生的记录。论证区第四系厚度大,砂层松散且透水性好,富含孔隙水,该区域地下水含水层的调蓄能力较强,补给径流条件好,地下水交替迅速,具备长期持续开采条件。本项目取水量较小,且梁山县建立了完善的生态系统保护措施,本项目取水对生态环境地质影响较小。

5.4　对其他用户的影响

5.4.1　对农灌井的影响

项目所在区域的农灌井取水层位较浅,井深50~80 m,多为浅层地下水,本项目对取水层段以上通过黏土球进行封堵,止水深度40~65 m。新建水源井取水含水层与农灌井存在部分重叠联系,本项目取水对影响范围内农灌井正常取水会产生影响。经实地调查,影响范围内农灌井较少,主要灌溉方式为引黄灌溉,因此本项目取水对当地农业灌溉取水影响较小。

5.4.2　对其他用户自备井的影响

本项目取水水源地位于梁山县小安山镇魏庄—南张庄村一带,周边为村庄居民区和农田,水源地开采运行后影响范围约3.06 km。影响范围内主要村庄为义和庄、高楼村、南张庄村、魏庄村、大刘庄村、王庄村和东张桥村等,以上村庄饮用水水源来源于村内自备井,水源地开采后会对以上村庄自备水源井产生一定影响。该区域地下水水源补充量大,地下水含水层调蓄能力较强,补给径流条件好,地下水交替迅速,水源地开采对村内自备井出水量影响较小。

根据与水源地距离远近不同,村内自备水源井承压水头会出现不同程度下降。南张庄村位于水源地井群内,水源地开采运行后对该村庄水源井影响最大。水源地开采运行1年,该村庄水源井承压水头下降速率变化最大,最大降深为7.37 m,1年后承压水头下降速率逐渐变缓,5年后最大降深为13.79 m。其他村庄水源井位于水源地外围,受水源地开采影响比南张庄村小,影响降深为0~13.79 m。

6　退水影响论证

6.1　退水方案

6.1.1　退水系统及其组成

本项目产生的污废水直接进入污水收集管网,退水系统主要由城市污水收集管网、污水处理厂、中水回用和截污导流工程四部分组成。

城市公共生活污废水经污水管网收集后送至梁山某水务有限公司(梁山县污水处理厂)统一处理。处理后的水质达到《城镇污水处理厂污染物排放标准》(GB 18918—2002)一级A标准要求,部分退水被回用,剩余通过梁山县截污导流工程进入环城水系,回用于生态、绿化、道路喷洒以及农业灌溉等。环城水系概况如下:

环城水系由梁山县城区北部的龟山河、西部的西环城河、南部的流畅河组成,既是护城河又是防洪排涝河,全长20.3 km。2015年初,县委、县政府确定从整个城市建设的全局考虑环城水系建设,统筹南水北调、铁水联运、运河水质净化、城区治污项目的实施,将环城水系综合治理项目定位为改善城区面貌的市政工程、净化水质的环保工程、防洪排涝的水利工程、居民休闲的景观工程、造福百姓的民心工程,该项目建设总投资 5.06 亿元,分三期工程进行实施。

以“创造安全、稳定、健康的基础水环境,打造亲切自然、可达性强的滨水绿带,创造积极的精神文化场所”为目标进行设计,提出了“十里健康水岸”的设计理念。在河道两侧埋设截污管道,把进入河道的污水截流,通过污水管道进入污水处理厂,然后通过河道清淤、疏浚、整形、两岸绿化,注入清水,打造景观。采用深浅不一的两套河道体系,既能满足城市防洪排涝的要求,还具有水体自净功能。

6.1.2　退水总量、主要污染物排放浓度及排放规律

规划水平年梁山县取水总量为 900.4 万 m^3/a,输水损失 1%,产生率为 97%,则第二水厂制水产生退水量为 26.74 m^3/a,该部分水作为污废水排入城市公共供水管网;梁山县城市公共供水管网需水量预测值为 731.5 万 m^3/a。参考《济宁市水资源公报》(2018 年)耗水率统计数据,梁山县城区居民生活污废水排放系数取 69.7%、公共服务业污废水排放系数取 80.0%、建筑业废水排放系数取 10.0%,则预测退水总量为 473.29 万 m^3/a(合 1.29 万 m^3/d)。因此,本项目退水总量为 500.03 万 m^3/a(合 1.37 万 m^3/d)。

生活污水主要污染物为化学需氧量、生化需氧量、氨氮、氮、硫、磷等。梁山某水务公司处理后的出水水质指标执行《城镇污水处理厂污染物排放标准》(GB 18918—2002)一级 A 标准。目前已安装了 COD、NH_3—N 在线自动检测仪,并与省、市环保部门联网。出水控制指标:COD≤50 mg/L、NH_3—N≤5(8) mg/L,排放规律为连续、集中排放。

6.1.3　退水处理方案和达标情况

1. 污水处理厂建设情况

梁山县污水处理厂属淮河流域水污染防治和南水北调防治重点项目,担负着梁山县城区污水的净化任务。2007 年 9 月建设完成 2 万 m^3/d 污水处理工程,2008 年建设完成了 1 万 m^3/d 再生水利用工程,“十二五”期间投资 4 200 万元完成了 3 万 m^3/d 污水处理扩建和升级改造工程建设并投入使用。

2014 年 5 月由梁山某水务有限公司接管运营。目前,该公司污水处理规模为 5 万 m^3/d,深度处理系统规模为 4 万 t/d,敷设污水管网 150 余 km,年减排 COD 3 500 余 t,减排 NH_3—N 450 余 t。现状年日均处理污水量约 2.48 万 m^3/d。处理后的退水经回用后通过梁山县截污导流工程进入环城水系对其进行截、导、蓄、用。

为进一步提升出水水质,梁山某水务有限公司实施了污水深度处理改造工程,强化了已有生化处理系统,新建了 A^2/O 工艺(Anaerobic-Anoxic-Oxic,厌氧-缺氧-好氧法),具有良好的脱氮除磷效果。增设了“机械混凝-无阀滤池-二氧化氯消毒”的处理工艺,使出水水质稳定达到《城镇污水处理厂污染物排放标准》(GB 18918—2002)一级 A 标准。

2. 污水处理工艺

生活污废水总的特点是氮、磷的含量高,且污泥较多,根据这些特点,梁山某水务有限公司处理工艺采用生物脱氮除磷工艺(A^2/O 工艺)。该工艺各反应器单元功能

及工艺特征如下：

(1)厌氧反应器：原污水及从沉淀池排出的含磷回流污泥同步进入该反应器，其主要功能是释放磷，同时对部分有机物进行氨化。

(2)缺氧反应器：污水经厌氧反应器进入该反应器，其首要功能是脱氮，硝态氮是通过内循环由好氧反应器送来的，循环的混合液量较大，一般为2*Q*(*Q*为原污水量)。

(3)好氧反应器——曝气池：混合液由缺氧反应器进入该反应器，其功能是多重的，去除BOD、硝化和吸收磷都是在该反应器内进行的，这三项反应都是重要的，混合液中含有NO—N，污泥中含有过剩的磷，而污水中的BOD(或COD)则得到去除，流量为2*Q*的混合液从这里回流到缺氧反应器。

(4)沉淀池：其功能是泥水分离，污泥的一部分回流厌氧反应器，上清液作为处理水排放。

3.污水接纳能力分析及处理后的达标情况

目前，梁山某水务有限公司污水处理能力达到5万m^3/d，现状年日均处理污水量约2.48万m^3/d，预测规划水平年本项目污废水退水总量为500.03万m^3/a(合1.37万m^3/d)，现状年污废水退水总量为305.07万m^3/a(合0.84万m^3/d)，新增污废水退水量0.53万m^3/d，本项目运行实施后新增排污指标后未超过污水处理厂设计规模，污水处理厂完全具备接纳处理生活退水排放量的能力。

据现场调查，梁山某水务有限公司出水口处设置了一处生物指示池，池内放养有多种常见鱼类，池体进、出口与排污渠相通，水流能够保证连续流畅地通过生物指示池以实时反映外排水水质达标情况。

6.2　对水功能区的影响

本项目所产生的退水经污水处理厂深度处理后通过梁山县截污导流工程进入环城水系，回用于城区绿化、道路喷洒、景观用水以及农业灌溉等，退水依靠环城水系自然消耗，不排入水功能区，因此本项目退水对功能区影响轻微。

6.3　对水生态的影响

本项目所产生的退水经污水处理厂深度处理后通过梁山县截污导流工程进入环城水系，回用于城区绿化、道路喷洒、景观用水以及农业灌溉等。2018年4月对梁山县环城水系进行了取样分析，监测分析项目包括pH、氯化物、硫酸盐、化学需氧量、五日生化需氧量、总磷、铁、氟化物、氰化物、挥发酚等29项。根据检测评价结果，环城水系水质达到《地表水环境质量标准》(GB 3838—2002)Ⅳ类标准，对区域水生态影响较小。

6.4　对其他用水户的影响

通过本项目所产生的退水经污水处理厂深度处理达标后部分回用于电厂冷却水、工企业低质用水等，剩余退水通过梁山县截污导流工程进入环城水系，对区域内其他用水户影响较小。

案例 3　平阴县农村集中供水工程水资源论证

王　通　周肆访　白建锋

山东水文水环境科技有限公司

1　总论

平阴县根据中央、省、市农村工作会议和全国农村水利工作会议关于加强农村基础设施建设、加大扶贫攻坚力度、把解决农村饮水作为一项政治任务的指示精神,平阴县县委、县政府结合平阴县实际情况,实施了平阴县“村村通”自来水工程和城乡供水一体化工程。该工程于 2006 年建成,现有 6 个镇级供水站,由平阴县某公司运营。平阴县水务局于 2014 年 12 月颁发的取水许可证批准平阴县某公司年取地下水总指标为 367 万 m^3。据统计,至此本项目已运行 10 余年,2018 年该项目日供水量为 1.56 万 m^3。

随着平阴县经济社会水平的迅速提高,特别是各镇发展规划的实施,城镇居住人口增加,工业企业入驻、扩建规划等,当地用水需求量增加。据调查,2018 年本项目实际取水量为 568.1 万 m^3,其中在用水高峰期该项目供水总量可达到 2.5 万 m^3/d,供水管网末端用水户在高峰期无水可用,孔村镇供水站、孝直镇供水站等出现水资源“供不应求”的局面。由此可见,平阴县某公司各镇供水站的供水指标无法满足各镇城乡居民和企业的正常生活和生产用水需求。为此本项目在原取水指标和供水范围内企业自备井封停置换水量的基础上,增加 471.1 万 m^3/a 取水指标,即 1 019.9 万 m^3/a,以提高平阴县各镇城乡居民的生活质量和满足经济发展用水需求,合理配置水资源,实现国民经济的可持续发展。

经核算,平阴县某公司规划年取水水量为 1 019.9 万 m^3,较现状年取水量增加 451.8 万 m^3(供水范围内企业自备井取水许可证置换水量为 181.8 万 m^3),取水水源为当地裂隙岩溶地下水,为此需要对本项目进行水资源论证工作,对取水水源的可供水量和水质向本项目供水的可行性、可靠性进行分析论证,为其办理取水许可提供技术依据。

根据《建设项目水资源论证导则》(GB/T 35580—2017),结合本工程的取水规模、用途、平阴县水资源开发状况、本项目取退水影响的程度与范围以及水功能区管理等方面,确定本工程水资源论证工作等级为二级;依据本项目所在区域的水文情势和项目实际供水需求,选取 2018 年为现状水平年,2020 年为规划水平年;按照项目所在区域确定分析范围为平阴县。本项目属于农村供水工程,以各镇当地地下水为取水水源,结合本项目各水源地的位置、目标含水层组及其空间分布特征等特点确定本项目的取水水源论证范围分别为平阴单斜构造岩溶水水文地质亚区的平阴块段、孔村块段和东阿块段,长清—孝里水文地质单元的安城块段,取水影响范围为各水源地所在的水文地质单元。结合本项目及用水户退水情况,确定本项目退水影响论证范围为龙柳河东阿镇农业用水区。

2　项目概况

2.1　项目基本情况

平阴县某公司农村集中供水工程分别在安城镇、玫瑰镇、东阿镇、孔村镇、孝直镇、洪范池镇建设供水站，各镇供水站以地下水为取水水源。该项目属于《产业结构调整指导目录》(2021 年版)第一类鼓励类第二项第三条：城乡供水水源工程项目，符合国务院办公厅《关于加强饮用水安全保障工作的通知》和山东省人民政府办公厅《关于进一步加强饮用水安全保障工作的通知》等文件要求。本项目通过“村村通”自来水工程，实现集中开采、联合调度、高效配水、安全用水，符合《济南市水资源综合利用优化配置方案》《平阴县水资源综合利用中长期规划(2016—2030 年)》《平阴县城市给水工程专项规划》等相关水资源规划、配置和管理要求。

本项目共涉及 6 个镇级供水站、14 个水源地、3 个加压泵站，供水管网长度约 400 km，各镇供水站及各镇水源地之间均有供水管网连通，已实现城乡供水一体化。据统计，本项目各镇供水站总设计供水规模为 5.0 万 m^3/d，现状年平均日供水量为 1.56 万 m^3，在用水高峰期日供水量最大可达到 2.5 万 m^3。本项目各镇供水站建设情况及现状年实际供水量详见表 1。

表 1　平阴县某公司和各镇供水站基本情况

本项目	镇级行政区	镇级供水站	水源地	抽水井数目/眼	设计供水能力/万 m^3/d	现状年实际取水量/万 m^3	规划年供水量/万 m^3
平阴县某供水有限责任公司	安城镇	安城镇供水站	安城水源地	2	1.0	101.03	222.96
			北栾水源地	3			
			东风水源地	3			
	孝直镇	孝直镇供水站	孝直水源地	5	0.8	154.96	220.23
	洪范池镇	洪范池镇供水站	丁泉水源地	3	0.3	8.59	45.02
			杨河水源地	4			
	东阿镇	东阿镇供水站	小屯水源地	3	1.0	44.78	110.27
			南市水源地	3			
	玫瑰镇	玫瑰镇供水站	夏沟水源地	2	0.3	26.17	84.77
	孔村镇	孔村镇供水站	孔村水源地	3	1.6	232.57	336.65
			合楼水源地	4			
			李沟水源地	2			
			小峪水源地	1			
			大荆山水源地	1			
合计	—	—	—	39	5.0	568.1	1 019.9

2.2 规划年取用水情况

2.2.1 用水情况

本项目主要向安城镇、玫瑰镇、东阿镇、孔村镇、孝直镇、洪范池镇的居民生活和企业生产供水,包含生活用水、企业生产用水、管网漏失水量。经核算,规划年本项目供水范围内的居民生活需水量为567.7万 m^3,企业生产需水量为188.81万 m^3,供水范围内企业自备井取水许可证置换水量为181.8万 m^3,总需水量为938.31万 m^3;管网漏失水量为81.59万 m^3,则规划年本项目年需取水量为1 019.9万 m^3。

2.2.2 取水情况

本项目年取水量为1 019.9万 m^3,日均取水量为2.79万 m^3,较现状年增加取水量451.8万 m^3,其中城乡居民生活取水量为617.0万 m^3(包含管网漏失水量),企业生产用水取水量为205.2万 m^3(包含管网漏失水量),供水范围内企业自备井取水许可证置换水量为197.7万 m^3(包含管网漏失水量),供水保证率要求达到95%。本项目以当地地下水为取水水源,地下水水质要求达到《地下水质量标准》(GB/T 14848—2017)Ⅲ类水质标准要求。

2.3 退水情况

本项目在运行过程中仅有输水过程中的渗漏水和水厂职工产生的生活污水。退水主要是各用水户的生活污水和工业废水。根据《平阴县水资源综合利用规划(2016—2030年)》和《平阴县城乡污水统筹规划》(2017—2030),规划年平阴县各镇分别建设污水处理厂,主要处理各镇农村居民生活污水和当地企业生产废水。因此,规划年各镇区污水由污水管网收集系统收集后排入各镇规划建设的污水处理厂处理,经处理后部分中水回用,剩余部分达标外排。

3 水资源及其开发利用状况分析

3.1 平阴县项目基本情况

平阴县地处济南市西南处,是山东省济南市的市郊县,东连肥城市,南邻东平县,东北与长清区接壤,西北与东阿县隔黄河而相望。全境东西宽37 km,南北长50 km,面积714.95 km^2。县域地势南高北低,中部隆起。平阴县地层区划属华北地层大区、晋冀鲁豫地层区、鲁西地层分区中的泰安地层小区。地层发育不全,出露于地表和地质勘查钻孔揭露有古生界地层和新生界第四系松散堆积层。平阴县地属暖温带季风型大陆性气候区,四季分明,暖湿交替。平阴县地处黄河流域,河流分过境河流与境内河流。黄河、汇河属于过境河流,境内河流主要有浪溪河、玉带河、龙柳河、锦水河、安栾河等,均属于季节性河流。

全县人口37.5万,其中城镇人口为10.6万,农村人口为26.9万。耕地面积50.1万亩,有效灌溉面积28.02万亩。全县国内生产总值284.9亿元,其中第一产业国内生产总值为29.9亿元,第二产业国内生产总值为162.4亿元,第三产业国内生产总值为92.6亿元。经济结构调整稳步进行。

3.2 水资源状况

平阴县多年平均降水量为621.8 mm,受地理位置、地形等因素的影响,总体分布趋势是自中部向四周递减。平阴县地表水资源量为9 588万 m^3,地下水资源量为11 362.7万 m^3,重复水量为4 328.1万 m^3,水资源总量为16 622.6万 m^3。平阴县水资源时空分布特征，具有年际变化大、年内分配不一和地域分布不均等特点。

3.3　水资源开发利用现状分析

根据 2014～2018 年《平阴县水资源公报表》统计分析平阴县地表水供水量、地下水供水量和其他水源供水量。平阴县 2014～2018 年平均供水量 11 147 万 m^3，其中地表水供水量 4 119 m^3，占总供水量的 36.95%；地下水供水量 6 612 万 m^3，占总供水量的 59.32%；其他水源供水量为 416 万 m^3，占总供水量的 3.73%，见图 1。

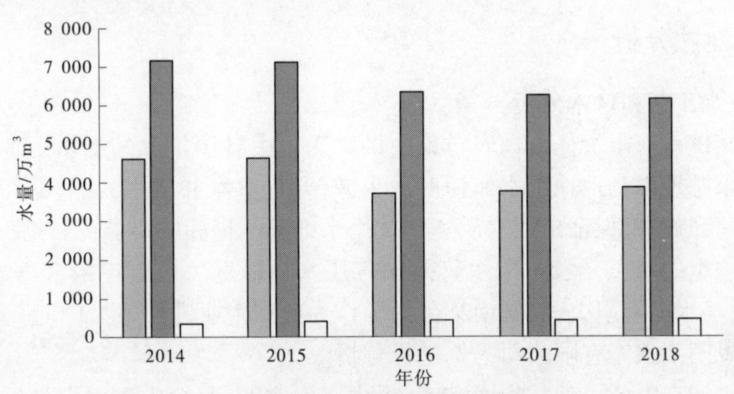

图 1　2014～2018 年平阴县各水源供水量柱状图

平阴县工业万元增加值取水量、居民生活人均用水量和农田灌溉水有效利用系数等指标符合《山东省节水型社会建设技术指标》及相关规范的要求。城市供水管网漏失率、农田灌溉亩均用水量与《山东省节水型社会建设技术指标》相比，还存在一定差距，节水水平有待进一步提高。

3.4　水资源供需平衡分析

根据《平阴县国民经济和社会发展“十三五”规划纲要》、《平阴县水资源综合规划》等资料，按照现状水平年（2018 年）和规划水平年（2020 年）进行水资源供需平衡分析。根据平阴县现状年和规划年供需水量预测结果分析可知，在 2018 年，当保证率为 50%和 75%时水资源供需基本平衡，尚有余水，在保证率为 95%时，缺水量为 1 318 万 m^3，缺水率为 11.18%；在 2020 年，当保证率为 50%和 70%时水资源供需基本平衡，尚有余水，在保证率为 95%时，缺水量为 1 648 万 m^3，缺水率为 13.23%，详见表 2。

表 2　平阴县不同水平年水资源供需平衡分析成果

水平年	保证率/%	可供水量/万 m^3	需水量/万 m^3	余缺水量/万 m^3	余缺水率/%
2018	50	12 865	11 445	1 420	12.40
	75	12 865	11 789	1 076	9.13
	95	10 471	11 789	−1 318	−11.18
2020	50	13 200	11 984	1 217	10.15
	75	13 200	12 454	746	5.99
	95	10 806	12 454	−1 648	−13.23

3.5　水资源开发利用潜力分析

根据《济南市城乡水务局关于印发〈各县区2018年度水资源管理控制目标〉的通知》和《平阴县2018年水资源公报表》对比分析可知,平阴县2018年用水总量有2 034万m^3的指标余量,万元国民生产总值用水量、万元工业增加值取水量和农田灌溉水有效利用系数符合控制目标要求,2018年平阴县地表水功能区水质达标率为100%,符合控制目标要求。

4　用水合理性分析

4.1　用水节水工艺和技术分析

平阴县某供水有限责任公司农村集中供水工程由各镇供水站的水源地供水,其中各镇供水站的水源地以当地地下水作为取水水源,通过取水井取水,经过滤净化消毒,以去除水中的细菌和病毒,保证出厂水质达到饮用水细菌学指标的要求;消毒后的出厂水由泵房提升达到一定的水压,经输、配水管网向各用水户输送。根据各用水户的实际用水情况,选择平阴某水泥有限公司、济南某公司等作为典型企业进行用水户生产和用水工艺分析。下面以平阴某水泥有限公司为例进行分析。

平阴某水泥有限公司是某集团实施"做大水泥主业,整合山东水泥市场"发展战略的重要组成部分。平阴某水泥有限公司采用先进的新型干法水泥生产工艺生产线,采用烟煤为燃料,配料采用四组分,即石灰石、粉煤灰、钢渣和砂岩。其用水主要包括生产和生活用水,其中生产用水由水泥生产线用水和的用水环节分为熟料消耗用水、生料磨用水、增湿塔用水、化验室用水、办公区用水、窑托轮冷却水补给水,余热发电生产用水为凝汽器冷却用水、化学制备用水、循环冷却用水等,职工生活用水,道路喷洒和绿化区用水等用水工艺。

4.1.1　水泥生产线用水

水泥生产线设备冷却水采用循环系统。循环给水经循环给水泵加压送至各车间用水点,循环回水通过循环回水管网压力回流至冷却塔,冷却后返回循环水池。为了保证循环给水系统的水质,部分循环水采取旁滤处理,并在循环给水系统内适当补充新鲜水。当个别用水点水压不能满足要求时,采取局部加压方式加以解决。

4.1.2　余热发电用水

原水经机械过滤器、活性碳过滤器预处理后进入化学水装置,达标后的除盐水作为发电系统的补充水补入除氧器。经除氧后的给水由锅炉给水泵送至AQC炉的省煤器段。进入AQC炉的给水经炉内低温段与烟气进行热交换,生产190 ℃左右的热水;190 ℃左右的热水按一定比例分别进入AQC炉、SP炉的锅筒及发电机厂房内的闪蒸器,热水在AQC炉、SP炉中经过蒸发段、过热段被加热后,AQC炉产1.27 MPa、330 ℃的过热蒸汽,SP炉得到1.27 MPa、310 ℃的过热蒸汽,经集汽缸混合主蒸汽温度在318 ℃左右进入汽轮机主进汽口,供汽轮机做功发电;进入闪蒸器的热水,经过闪蒸作用,产生0.196 MPa、119 ℃的低压饱和蒸汽和热水,闪蒸热水流至除氧器,闪蒸饱和蒸汽则通过汽轮机的补汽口进入汽轮机进行膨胀做功发电,经汽轮机做功后的蒸汽进入凝汽器冷凝成凝结水后,由凝结水泵送出,送至给水母管,再由锅炉给水泵将除氧后的冷凝水和补充水直接送至

AQC 炉,完成一个汽水循环。

4.1.3　生活、绿化和路面冲洗用水

主要用于厂内职工日常生活用水,其水源全部为市政自来水。厂内绿化和路面冲洗用水,该部分水源主要为污水处理站处理后的回用水。

4.2　用水过程和水量平衡分析

4.2.1　现状年用水分析

根据平阴县某公司提供资料统计,2016 年用水户实际用水量为 367.0 万 m^3,2017 年实际用水量为 410.0 万 m^3,2018 年实际用水量为 507.2 万 m^3,详见表 3。

表 3　2016~2018 年本项目供水范围内用水户实际用水量统计

年份	总用水量/万 m^3	用水量/万 m^3		年增加用水量/万 m^3
		生活	生产	
2016	367.0	206.3	160.7	0
2017	410.0	235.9	174.1	43.0
2018	507.2	271.0	236.2	97.2

注:水量为用水户实际用水量,未考虑管网漏失水量;其中生产为本项目向企业供自来水量。

2018 年平阴县某公司实际年供水量为 568.10 万 m^3,日供水量为 1.56 万 m^3,其中城镇居民生活供水量为 38.77 万 m^3,农村居民生活供水量为 232.23 万 m^3,向企业生产供自来水量为 236.2 万 m^3,管网漏失水量为 60.90 万 m^3,具体详见表 4。

表 4　2018 年本项目各镇供水站供水量统计　　单位:万 m^3

各镇供水站	居民生活用水		企业生产	管网漏失量	总供水量
	城镇居民	农村居民			
安城镇供水站	3.78	44.13	43.2	9.92	101.03
玫瑰镇供水站	3.47	18.63	1.4	2.67	26.17
东阿镇供水站	8.07	23.96	7.6	5.15	44.78
洪范池镇供水站	2.22	5.53	—	0.84	8.59
孔村镇供水站	13.81	56.57	138.0	24.19	232.57
孝直镇供水站	7.42	83.41	46.0	18.13	154.96
平阴县某公司	38.77	232.23	236.2	60.90	568.10

注:企业生产为本项目供自来水量,部分企业具有自备井取用地下水。

由于本项目各镇供水站相对独立供水,为客观分析各用水户的用水水平,需分别对各镇供水站的现状年用水情况进行用水合理性分析。下面以安城镇供水站为例进行分析。

安城镇供水站位于安城镇,现有 3 个水源地,分别为北栾水源地、安城水源地、东风水源地;各水源地分别建有过滤净化消毒和给水加压泵房,供水管道总长度约 60 km,给水管网覆盖镇区及各行政村,向当地居民及企业供水。2018 年安城镇供水站服务范围内共有 43 个村、26 家企事业单位,实际供水人口为 3.48 万,其中城镇人口 0.12 万,农村人口

为3.36万。2018年该供水站实际供水量为101.03万 m^3,其中居民生活供水量为47.91万 m^3,企业生产供自来水量为43.20万 m^3,管网漏失损失量为9.92万 m^3,见表5。

表5 安城镇供水站2018年供水量统计

类别	用水户名称	自来水供水量/万 m^3
居民	城镇居民	3.78
	农村居民	44.13
	小计	47.91
企业	平阴某水泥有限公司	34.57
	其他企业	8.63
	小计	43.20
供水管网漏失		9.92
合计		101.03

注:企业生产为本项目供自来水量,部分企业具有自备井取用地下水。

1.居民生活用水分析

经计算,安城镇供水站供水范围内城镇居民人均综合生活用水量86.3 L/d,农村居民人均综合生活用水量36.0 L/d,均低于《山东省节水型社会建设技术指标》和《山东省城市生活用水量标准》(DB37/T 5105—2017)中对城镇居民和农村居民人均综合用水定额的规定。

2.企业生产用水分析

2018年安城镇供水站的供水范围内企业生产用自来水量为43.2万 m^3,选择平阴某水泥有限公司为代表进行用水水量平衡分析。

根据平阴某水泥有限公司提供数据可知,2018年该公司年产熟料682.3万t,年产水泥152.5万t,年处理生活垃圾27.6万t,年发电1.93亿kW·h。现状年该公司用水总量为77.69万 m^3,其中市政自来水量为34.57万 m^3,地下水量为43.12万 m^3。2018年该公司生产水泥年用水量为9.6万 m^3。经计算,该公司单位产品用水量为0.063 m^3/t。该公司现状年用水水量平衡图见图2。

4.2.2 规划年用水量分析

规划年,本项目供水范围扩大,实施水源置换,各镇需水量增加。为此需合理核算本项目各镇供水站规划年需水量,以确定平阴县某公司的总体供水规模。通过对本项目各镇供水站的城乡居民生活用水、企业用水和企业自备井置换水量统计核算可知,2020年,本项目供水范围内城镇居民人数为3.861 1万人,农村居民人数为19.484 08万人,居民生活年需水量为567.70万 m^3,企业需水量为188.81万 m^3,注销取水许可证置换水量为181.8万 m^3,则本项目供水范围内总需水量为938.31万 m^3。本项目供水管网漏失率按8%计算,供水管网漏失水量为81.59万 m^3。因此,本项目规划年需取水量为1 019.90万 m^3(日均2.79万 m^3),具体见表6。

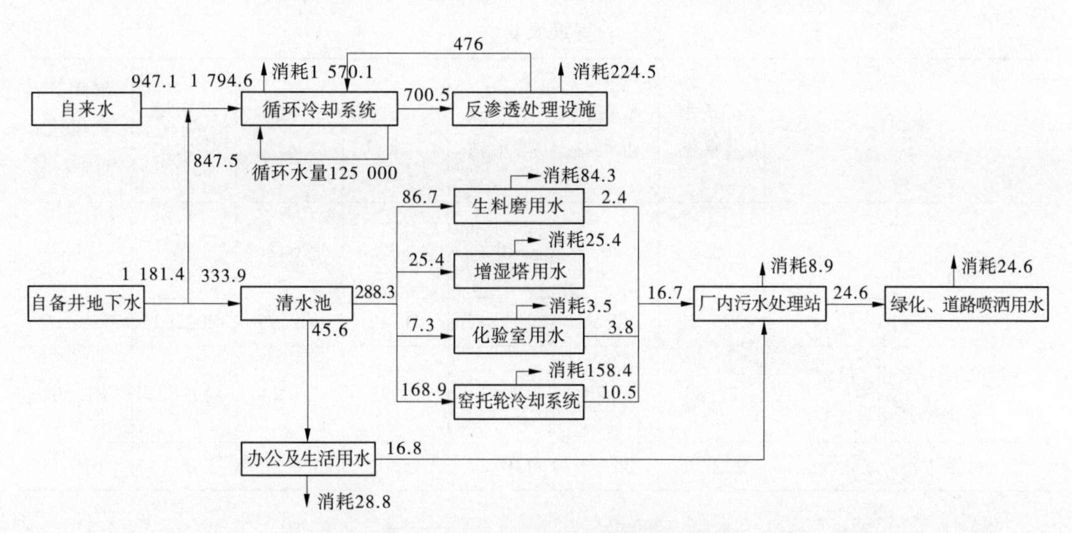

图2　平阴某水泥有限公司现状年用水水量平衡图　（单位：m^3/d）

表6　本项目规划年总供水量预测成果

项目			安城镇供水站	玫瑰镇供水站	东阿镇供水站	洪范池镇供水站	孔村镇供水站	孝直镇供水站	平阴县某供水有限公司
供水人数/万人	城镇	现状年供水人口	0.12	0.13	0.29	0.08	0.44	0.25	1.31
		规划年供水人口	0.631 9	0.552 1	0.694 7	0.281 3	0.897 1	0.804	3.861 1
	农村	原供水人口	3.36	1.59	2.32	0.42	3.34	5.48	16.51
		规划年供水人口	3.513 6	2.59	3.196 8	1.42	3.218	5.546 4	19.484 8
居民生活用水定额/[L/(人·d)]	城镇居民		100	100	100	100	100	100	100
	农村居民		60	60	60	60	60	60	60
居民生活用水量/万 m^3	城镇居民		23.06	20.15	25.36	10.27	32.74	29.35	140.93
	农村居民		76.95	56.72	70.01	31.15	70.48	121.46	426.77
	小计		100.01	76.87	95.37	41.42	103.22	150.81	567.70
企业用水量/万 m^3	自来水		34.51	1.12	6.08	—	110.30	36.80	188.81
	中水		8.69	0.28	1.52	—	27.70	9.20	47.39
	小计		43.2	1.4	7.6	—	138	46	236.2

续表 6

项目	安城镇供水站	玫瑰镇供水站	东阿镇供水站	洪范池镇供水站	孔村镇供水站	孝直镇供水站	平阴县某供水有限公司
置换原取水许可证水量/万 m^3	70.6	0	0	0	96.2	15	181.8
小计	205.12	77.99	101.45	41.42	309.72	202.61	938.31
管网漏失水量/万 m^3(漏损率按 8%计)	17.84	6.78	8.82	3.60	26.93	17.62	81.59
总供水量/万 m^3	222.96	84.77	110.27	45.02	336.65	220.23	1 019.90

4.3 用水水平评价及节水潜力分析

根据《建设项目水资源论证导则》(GB/T 35580—2017)对本项目现状年和规划年的用水水平进行分析评价。

4.3.1 现状年

通过对本项目现状年用水水平分析可知,本项目供水范围内城镇居民人均综合生活用水量 81.1 L/d,农村居民人均综合生活用水量 38.5 L/d,均低于《山东省节水型社会建设技术指标》和《山东省城市生活用水量标准》(DB37/T 5105—2017)中对城镇居民和农村居民人均综合用水定额的规定;供水管网整体漏失率为 10.7%,优于《室外给水设计规范》(GB 50013—2006)规定的 10%~12%的要求,劣于《山东省节水型社会建设技术指标》规定的 8%要求。据核算分析,2018 年本项目整体供水范围内万元工业增加值取水量为 8.36 m^3,优于 2018 年平阴县万元工业增加值取水量 8.4 m^3。

4.3.2 规划年

规划年,本项目供水范围内的农村居民生活人均用水量 60 L/d,城镇居民生活人均综合用水量 100 L/d,符合《山东省节水型社会建设技术指标》和《山东省城市生活用水量标准》(DB37/T 5105—2017)中规定的居民人均综合用水定额标准。规划年本项目供水管网漏失率按 8%计算,符合《室外给水设计规范》(GB 50013—2006)规定的 10%~12%的要求。本项目整体供水范围内的企业生产用水水平基本符合《山东省重点工业产品取水定额(第 1 部分:烟煤和无烟煤开采洗选等 57 类重点工业产品)》中规定的取水定额要求和济南市水资源管理控制目标要求。

综上所述,规划年本项目整体供水范围内用水户的用水水平较高,符合省市相关取用水规范标准要求。

4.4 项目用水量核定

根据本项目规划年用水水平分析和需水量核算确定本项目规划年取水量为 1 019.9 万 m^3,其中供水范围内城乡居民生活需水量为 567.7 万 m^3,企业生产需水量为 188.81 万

m^3,供水范围内企业自备井取水许可证置换水量为181.8万m^3,管网漏失水量为81.59万m^3。经对比可知,规划年本项目取水量和论证前取水方案的取水量一致。

5　节水评价

根据《水利部办公厅关于印发〈规划和建设项目节水评价技术要求〉的通知》(办节约〔2019〕206号)和《规划和建设项目节水评价技术要求》对本项目现状年及规划年的供用水水平和节水潜力进行分析评价。

平阴县某公司农村集中供水工程为满足平阴县各镇居民生活和企业生产用水需求,以当地裂隙岩溶地下水为取水水源,保障农村居民饮水安全而建设,有利于提升平阴县农村供水的安全、可靠性,以缓解平阴县各镇生活和公共用水供需矛盾。

通过对本项目现状年供水范围内用水户的用水水平分析可知,城乡居民生活用水水平符合《山东省节水型社会建设技术指标》和《山东省城市生活用水量标准》(DB37/T 5105—2017);供水管网漏失率优于《室外给水设计规范》(GB 50013—2006),但低于《山东省节水型社会建设技术指标》规定的8%要求;工业用水水平符合《山东省重点工业产品取水定额(第1部分:烟煤和无烟煤开采洗选等57类重点工业产品)》中规定的取水定额要求和平阴县水资源管理控制目标要求。

规划年,本项目总供水量为1 019.90万m^3/a,其中城乡居民生活供水量567.70万m^3/a,企业生产供水量为188.81万m^3/a,注销取水许可证置换水量为181.8万m^3/a,供水管网漏失水量为81.59万m^3/a。经分析,本项目各镇供水站供水范围内城乡居民生活用水水平符合《山东省节水型社会建设技术指标》和《山东省城市生活用水量标准》(DB37/T 5105—2017);供水管网漏失率符合《山东省节水型社会建设技术指标》规定的8%要求;工业用水水平符合《山东省重点工业产品取水定额》中规定的取水定额要求和平阴县水资源管理控制目标要求。因此,规划年本项目各镇供水站的供水范围内用水户的用水水平较高,需水量和供水量预测成果合理。

依据本项目现状年用水情况,提出了供水管网的修缮改造、向各用水户全面推广使用节水型器具、计量设施的安装、严格实行“三同时”制度、制定节水制度,实行计划用水、加大再生水、雨水等常规水源的利用等节水保障和管理措施,以进一步降低管网漏失率,提高用水户的用水水平和节水效率。

6　地下水取水水源论证

本项目取水水源地位于泰山背斜西翼岩溶水水文地质区平阴单斜构造岩溶水水文地质亚区的不同水文地质单元内。据分析,安城镇供水站各水源地属于长清孝里水文地质单元安城块段(简称安城块段),孔村镇供水站和孝直镇供水站各水源地属于平阴单斜构造岩溶水水文地质亚区孔村块段(简称孔村块段),洪范池镇供水站和东阿镇供水站各水源地属于平阴单斜构造岩溶水水文地质亚区东阿块段(简称东阿块段),玫瑰镇供水站各水源地属于平阴单斜构造岩溶水水文地质亚区平阴块段(简称平阴块段)

6.1　水源方案比选及合理性分析

根据济南市的用水战略“优先利用地表水、积极引用客水、合理开发利用地下水、大力开展节约用水”,结合平阴县水资源配置和本项目各镇供水站当前的取用水情况及周边区域水源可利用条件确定本项目以当地裂隙岩溶地下水作为取水水源。根据各镇供水站的水源地位置、目标含水层组及其空间分布特征等确定本项目的取水水源论证范围分别为平阴块段、安城块段、孔村块段和东阿块段。

6.2　地质与水文地质条件分析

平阴县在大地构造单元上位于中朝准地台(Ⅰ级)鲁西断隆(Ⅱ级)鲁中隆起(Ⅲ级)平阴凸起(Ⅳ级)区,长清断裂以西。本项目各镇供水站以当地裂隙岩溶地下水为取水水源,各论证区域属于泰山背斜西翼岩溶水水文地质区的平阴单斜构造岩溶水水文地质亚区。根据要求分别对各论证区域的地质与水文地质条件进行分析。

6.2.1　平阴块段

平阴块段属于泰山背斜西翼岩溶水水文地质区的平阴单斜构造岩溶水水文地质亚区,其北部和西部以黄河为界,南部边界为李沟岩脉,东部以黄山岩脉和孝直断裂为界,区域面积为243.897 km^2。平阴块段地层区划属华北地层大区晋冀鲁豫地层区鲁西地层分区中的泰安地层小区,该块段地层发育不全,出露的和钻孔揭露的有古生界地层和新生界第四系松散堆积层。本单元含水岩组划分为第四系松散岩类孔隙含水岩组和碳酸盐岩类裂隙岩溶含水岩组两大类。平阴块段岩溶地下水在天然条件下,是自东南向西北的侧向径流排泄,在现状开采条件下,以人工开采排泄为主,其次为侧向径流排泄,即向聊城市东阿县排泄地下水。

6.2.2　安城块段

安城块段根据《济南市地下水资源评价》及济南市水文地质单元划分可知,该块段属于长清—孝里水文地质单元的西南部区域。该块段也属于泰山背斜西翼岩溶水水文地质区,其北部以黄河为界,西部以黄山岩脉为界,东部和南部边界以平阴县行政区域边界为界,区域面积为157.8 km^2。安城块段地层区划属华北地层大区晋冀鲁豫地层区鲁西地层分区中的泰安地层小区,地层发育不全,出露的和钻孔揭露的有古生界地层和新生界第四系松散堆积层。本单元含水岩组划分为第四系松散岩类孔隙含水岩组和碳酸盐岩类裂隙岩溶含水岩组两大类。该区域浅层孔隙水含水层与岩溶水含水层水力联系密切,地下水水位动态变化具有明显的一致性。安城块段地下水以大气降水入渗补给为主,还有地表水的渗漏、上游地区的地下水侧向径流及农业灌溉水入渗等。

6.2.3　孔村块段

孔村块段根据《济南市地下水资源评价》及济南市水文地质单元划分可知,该块段属于泰山背斜西翼岩溶水水文地质区的平阴单斜构造岩溶水水文地质亚区。该块段西部以孝直断裂为界,其余以平阴县行政区域边界为界,区域面积为135.08 km^2。孔村块段属于山前冲洪积平原,位于肥城盆地的西边缘。该块段地层区划属华北地层大区晋冀鲁豫地层区鲁西地层分区中的泰安地层小区,地层发育不全,出露的和钻孔揭露的有古生界地层和第四系地层。该区域含水岩组划分为第四系松散岩类孔隙含水岩组和碳酸盐岩类裂隙岩溶含水岩组。孔村块段地下水流向总体上为由西北向东南。据调查，目前孔村块段岩溶地下水排泄以人工开采排泄为主，其次为侧向径流排泄，即在该块段的东部边界通过侧向径流向肥城市排泄地下水。

6.2.4　东阿块段

东阿块段属于泰山背斜西翼岩溶水水文地质区的平阴单斜构造岩溶水水文地质亚区，其西部以黄河为界，北部边界为李沟岩脉，东部以孝直断裂为界，南部以平阴县行政区域为界，区域面积为178.174 km^2。东阿块段地属泰山背斜北翼岩溶水水文地质区的平阴单斜构造岩溶水水文地质区，该区域含水岩组划分为第四系松散岩类孔隙含水岩组和碳酸盐岩类裂隙岩溶含水岩组。该块段地下水在天然条件下，是自东南向西北的侧向径流排泄，在现状开采条件下，以人工开采排泄为主，其次为侧向径流排泄，即在沿黄区域、李沟岩脉的西部区域为向下游排泄地下水。

6.3　地下水资源量分析

根据第6.2节内容对平阴块段、安城块段、孔村块段和东阿块段的地层岩性、水文地质、补径排条件等的分析，结合本项目各镇供水站各水源地分布情况和取用水量，分别计算平阴块段、东阿块段、孔村块段和安城块段的地下水资源量。

通过对论证区域地下水系统的地下水补给条件分析可知，该地下水系统补给项由大气降水入渗补给量、侧向径流补给量、地表水渗漏补给量和农业灌溉入渗补给量四项构成。通过对各水文地质单元地下水补给量和排泄量计算可知，论证区域地下水总补给水量为12 646.2万 m^3，其中平阴块段地下水补给量为4 956万 m^3，东阿块段地下水补给量为3 370.4万 m^3，孔村块段地下水补给量为2 418.5万 m^3，安城块段地下水补给量为2 890.8万 m^3，重复计算水量为989.5万 m^3/a；论证区域地下水总排泄水量为11 841.2万 m^3，其中人工开采水量为6 161.0万 m^3，侧向径流排泄水量为5 043.5万 m^3，泉排泄水量为636.7万 m^3。通过均衡分析计算，论证区域地下水相对均衡差为6.37%，符合计算要求(小于±10%)，即在多年平均状态下，论证区地下水系统基本处于水量均衡状态。

6.4　裂隙岩溶地下水可开采量

论证区域裂隙岩溶地下水可开采量取决于大气降水入渗补给和北部黄河对地下水补给。根据地下水补给量计算结果，论证区地下水可开采量为8 852.3万 m^3/a，其中平阴块段地下水可开采量为2 776.6万 m^3/a，安城块段地下水可开采量为2 023.6万 m^3/a，孔村块段地下水可开采量为1 693.0万 m^3/a，东阿块段地下水可开采量为2 359.3万 m^3/a。论证区现状年地下水实际开采量为6 161万 m^3/a，其中平阴块段现状年地下水开采量为2 092万 m^3/a，安城块段现状年地下水开采量为1 171万 m^3/a，孔村块段现状年地下水开采量为1 317万 m^3/a，东阿块段现状年地下水开采量为1 581万 m^3/a。平阴县自来水公司规划取水量为1 324.1万 m^3，其现状年取水量为942.3万 m^3(已包含在6 161万 m^3)，较现状年增加取水量为381.8万 m^3；其他企业的取水量为286万 m^3。因此，论证区地下水总剩余可开采量为1 918.2万 m^3/a，其中平阴块段地下水剩余可开采量为197.5万

m^3/a,安城块段地下水剩余可开采量为 746.5 万 m^3/a,孔村块段地下水剩余可开采量为 376.0 万 m^3/a,东阿块段地下水剩余可开采量为 598.2 万 m^3/a。

经对比分析可知,平阴块段、安城块段、孔村块段和东阿块段的地下水剩余可开采量可满足平阴县某公司农村集中供水工程各镇供水站的取水需求。

6.5 开采后地下水水位预测分析

根据本项目取水方案(详见表6)可知,规划年本项目年取水量为 1 019.90 万 m^3,较现状年增加取水量为 451.8 万 m^3/a。结合本项目取水方案及现状年各镇供水站当地地下水监测数据分析,各镇供水站增加取水后的地下水变化及影响范围。

本项目的各镇供水站水源地已进行多年开采,各水源地水位稳定。为此依据论证区域地下水水位监测数据分别选择 2015 年(年降水量为 568.4 mm)和 2018 年(年降水量为 623.4 mm)进行当地地下水流场变化分析,确定本项目取水在不同年份情况下对当地地下水水位的影响。

通过对各镇供水站水源地的地下水水位数据分析,各水源地的附近的地下水位动态变化稳定,变化幅度较小,未出现水位持续下降问题。规划年,各水源地取水井增加取水量较小,单井取水影响半径较小,各水源地之间相互影响较小。目前平阴县已将各镇供水站的各水源地设置了水源地保护区,据调查各水源地的影响范围均在水源地保护区范围内,同时各水源地的开采影响范围内无其他开采井和地下水用水户,对其他用户基本无影响。

6.6 地下水水质分析

2019 年,平阴县某公司委托山东某水质检测有限公司对各水源地的原水和供水站出水进行水质检测。根据检测结果分析,孝直水源地、小屯水源地、南市水源地、北栾水源地的地下水水质符合《地下水质量标准》(GB/T 14848—2017)Ⅲ类水质标准,符合集中式生活饮用水水源水质要求;其余水源地水质符合《生活饮用水卫生标准》(GB 5749—2006)水质标准,满足本项目各镇供水站的取水水质要求。

6.7 取水可靠性分析

本项目以当地裂隙岩溶地下水为供水水源,各镇供水站的水源地分别位于平阴单斜构造岩溶水水文地质亚区不同块段内,均接受大气降水、地表水渗漏等补给,是平阴单斜构造岩溶地下水循环、径流和富集储存的主要场所。根据平阴县地质勘查资料和各水源地相关资料分析可知,该区域裂隙、岩溶发育强烈,岩溶地下水的补给、循环条件优越,含水层的富水性强,补给源充沛,具有较大的开采潜力,适合集中开采。本项目各水源地的取水能力可满足本项目规划年取水需求;同时各水源水质符合本项目取水要求。因此,本项目以当地裂隙岩溶地下水为取水水源是可靠的。

7 取水影响论证

7.1 对区域水资源的影响

本项目为进一步落实平阴县农村供水“一体化”和“村村通”工程,以满足当地农村居民和企业的用水需求，保障居民用水安全为前提。据分析，当地裂隙、岩溶发育强烈，岩溶地下水的补给、循环条件优越，含水层的富水性强，补给源充沛，具有较大的开采潜力，适合集中开采。本项目以当地裂隙岩溶地下水为取水水源，符合当地水资源规划配置方案，优水优用，对保障平阴县农村用水饮水安全将产生积极的影响，对区域水资源宏观配置、优化调度、高效利用将起到推动作用。

7.2　对水功能区的影响

本项目以地下水作为取水水源，取水不涉及地表水功能区。因此，本项目取水对当地水功能区影响较小。

7.3　对生态系统的影响

据分析，本项目各取水水源地所在水文地质单元接受大气降水、地表水和地下水侧向径流补给，当地裂隙、岩溶发育强烈，岩溶地下水的补给、循环条件优越，含水层的富水性强，补给源充沛。结合平阴县地下水水位历年监测数据分析可知，当地地下水水位动态变化稳定；各水源地增加的取水量均在各水源地的开采能力范围内。因此，本项目取水对当地生态系统影响较小。

7.4　对其他用水户的影响

本项目各水源地均位于平阴县的富水地段，地下水埋深较浅，地下水储存丰沛，各水源地自运行以来，地下水水位较稳定，年际变化幅度较小，未出现水位持续下降问题。本项目各水源地影响范围内无其他开采井和地下水用水户，对其他用户基本无影响。

本项目各镇供水站取水水源地位于平阴单斜构造岩溶水水文地质亚区内，该水文地质单元属于独立于济南泉域的地下水系统，两个水文地质单元具有独立边界和补径排条件，相互联系较小。因此，本项目取水对济南泉域影响较小。

综上分析，本项目新增取水对其他用水户的影响较小。

8　退水影响论证

8.1　退水方案

本项目以地下水为取水水源，经各镇供水站取水、净化消毒后通过加压和管道输送至各用水户。本项目运行过程仅有输水过程中的渗漏水和水厂职工的生活污水，退水主要是供水范围内各用水户的生活污水和生产废水。本项目规划年退水量为0.112万m^3，供水范围内用水户退水量为509.8万m^3。

根据《平阴县城乡污水统筹规划》(2017—2030)，将完善平阴县城镇污水管网建设，保证城镇污水全部排入污水处理厂处理，严禁污水直排。平阴县统筹规划在各镇分别建设污水处理厂6座，设计日处理污水总量2.13万m^3/d。因此，规划年本项目供水范围内的污水经污水管网收集后排入各镇规划建设的污水处理厂进行净化处理，回用后达标外排。

8.2　对水功能区的影响

规划年，本项目供水范围内的用水户的污废水经污水管网收集后排入当地规划建设的污水处理厂净化处理,出水水质符合水功能区水质标准,回用后达标排放。因此本项目用水户的退水对水功能区影响较小。

8.3 对水生态的影响

本项目供水范围内用水户产生的污水排入污水处理厂净化处理,经处理后达到当地水功能区水质标准后回用排放。因此,本项目用水户退水对水生态影响较小。

8.4 对其他用水户的影响

本项目供水范围内各用水户的退水经污水处理厂净化处理,回用后达标外排,对下游工业、农业用水影响较小。

8.5 入河排污口(退水口)设置方案论证

本项目为农村集中供水项目,本身不设入河排污口,报告不作论述。

案例4　山东省某小区地热供暖项目水资源论证

邓荣庆　王学鹏　王炜龙

山东省地质矿产勘查开发局第二水文地质工程地质大队(山东省鲁北地质工程勘察院)

1　总论

1.1　水资源论证的目的和任务

1.1.1　水资源论证的目的

本次地热井水资源论证工作的目的是:在全面调查分析论证范围内水资源开发利用现状的基础上,对建设项目从取用水合理性、取用水水量水质、取退水影响等方面进行论证评价,分析建设项目供水的可行性、合理性和可靠性,以及建设项目退水对水环境和周边各方的影响,提出水资源保护的措施与建议,为业主办理取水许可证提供依据。

1.1.2　水资源论证的任务

(1)对项目所在地区域地热水资源状况和开发利用现状进行分析。

(2)对建设项目的地热水取水量、取水地点与取水方式进行分析,评价其合理性。

(3)对建设项目供暖过程中地热水的水质、用水量的可靠性、合理性进行评价。

(4)分析论证企业取水和退水对环境的影响程度,对第三方的影响补偿措施进行评价。

(5)根据项目特点,结合项目地区实际情况,提出合理的的水资源保护措施。

1.2　工作等级与水平年

1.2.1　工作等级

依据《建设项目水资源论证导则》(GB/T 35580—2017)关于水资源论证等级的划分原则,以及本项目的取水规模、用途,德州市地热资源开发状况和开发利用程度,综合确定水资源论证等级。

取水水源为馆陶组地下热水,地热资源开发利用程度为有潜力区,因此确定等级为三级;本次工作论证区地热水资源丰富,日最大取水量为 1 530.96 m^3,确定论证等级为三级;区内馆陶组热储岩性主要为浅灰色、灰白色细砂岩和中粗砂岩,砂岩成岩性差,矿物成分以石英为主,含少量黑色燧石及暗色矿物呈疏松状,分选性一般,孔隙度大,一般为20%~35%,具有良好的储水空间,因此其供水水文地质条件为中等,确定论证等级为二级;从项目的取退水影响分析,水资源利用、生态、退水污染类型等项指标均为二级。综合以上分析,确定本项目水资源论证工作等级为二级。

1.2.2　水平年

根据《建设项目水资源论证导则》(GB/T 35580—2017)的规定,并结合水文资料的实际情况,经综合考虑,本次选取2018年作为现状水平年。

根据《建设项目水资源论证导则》(GB/T 35580—2017):对于蓄水、公共供水、引调水等工程建设项目,还应确定规划年。本项目不属于蓄水、公共供水、引调水等建设项目,因此不再确定规划水平年。

1.2.3　水资源论证范围

1. 分析范围

根据《建设项目水资源论证导则》(GB/T 35580—2017):应以建设项目取用水有直接影响关系的区域为基准,结合流域区域取用水总量控制和水功能区限制纳污管理要求,确定分析范围。

本项目位于山东省德州市中心城区。为了充分了解建设项目区域地层岩性、地质构造、水文地质条件、地热地质条件、水文地质边界条件,地下水的补、径、排条件,以及对建设项目取用水合理性分析和取退水影响论证的需要,同时考虑到区内地热资源开发现状,确定本次分析范围为德州市中心城区,总面积539 km^2。

2. 论证范围、取水和退水影响范围

本项目取水水源为水文家园地热井,综合考虑水源工程位置及供水范围、水资源开发利用程度、建设项目取用水可能的影响范围,按照便于水量平衡分析、突出重点、兼顾一般的原则,以水文地质边界条件划定为原则,同时兼顾项目区新近系馆陶组热储层边界条件。经查阅相关地热地质资料,论证范围所在的水文地质单元较大。根据《建设项目水资源论证导则》(GB/T 35580—2017)规定,当水文地质单元较大时,可适当扩大项目影响范围作为项目论证范围。依据水文家园小区地热井的影响范围及矿区范围综合确定,把该项目地热井的矿区范围作为本项目的取水水源论证范围及取水、退水影响范围。矿区范围由6个拐点坐标圈定,极值坐标范围为 X:4 148 005.59~4 149 005.61,Y:39 438 752.36~39 439 752.39,面积为0.824 8 km^2。

2　建设项目概况

2.1　基本情况

本项目建设有2眼地热井,1采1灌,用于水文家园小区供暖。2眼地热井均位于水文家园小区,开采井至回灌井相距180 m。

开采井成井于1997年,回灌井成井于2016年,取水许可证欲过期,现在属于延续取水许可手续。

延续依据:山东省国土资源厅、水利厅鲁国土资规〔2018〕2号文件对“纳入整改的地热井取水许可审批按照取水井设置的权限,办理完善取水审批手续;2018年1月1日后新建或扩建地热取水井的,由省级水行政主管部门审批取水许可”;《转发省国土资源厅、省水利厅〈关于切实加强地热资源保护和开发利用管理的通知〉》(德国土资发〔2018〕11号);《关于印发〈德州市地热资源开发秩序清理整顿工作方案〉的通知》(德国土资发〔2018〕24号);根据《德州市地热资源开发利用专项规划》(2018—2022年),该项目位于规划范围内,符合规划。

根据《德州市地热资源开发利用专项规划》(2018—2022 年),该项目采矿权为山东省鲁北地质工程勘察院德地热井 1 号,开采规模为大型,本项目符合规划。

根据 2018 年 6 月由山东省地质矿产勘查开发局地热清洁能源创新团队提交的《山东省地热清洁能源综合评价图集》,由图 1 知,水文家园小区地热井位于德州地热田范围内,德州市现状地热水量为 17.79 万 m^3/d,供暖面积 1 107 万 m^2/a;回灌条件下地热水开采潜力为 58.21 万 m^3/d,供暖面积 3 709 万 m^2/a。

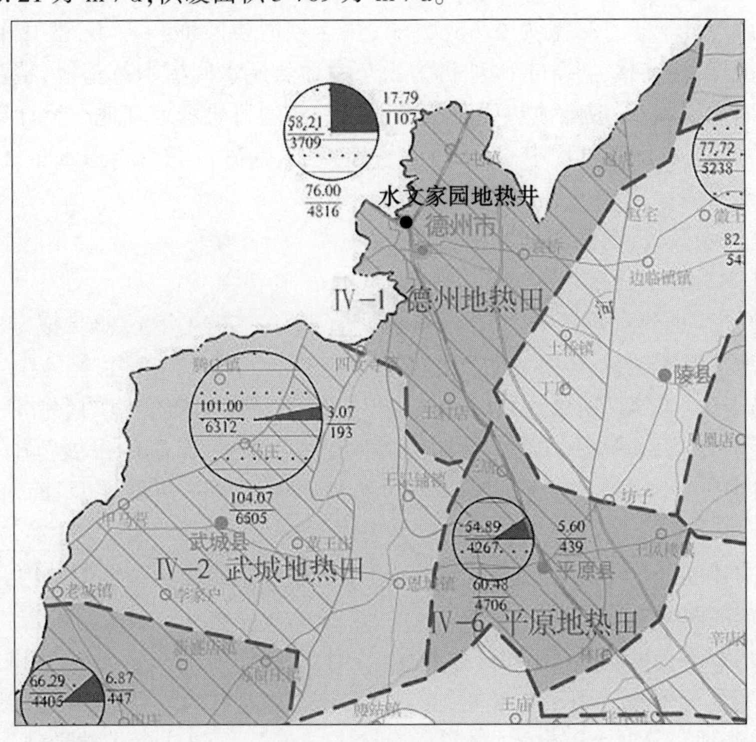

图 1　地热田分布

由于当时城市集中供暖管道还没有铺设到小区位置,为解决小区供暖问题,1997 年 3 月小区施工凿地热开采井 1 眼。为响应国家政策要求,山东省地质矿产勘查开发局以《关于下达 2016 年度局水工环地质勘查项目任务书的通知》(鲁地字〔2016〕93 号),于 2016 年 10 月委托山东省鲁北地质工程勘察院施工凿地热回灌井 1 眼。

开采井成井于 1997 年,井深 1 479.72 m,利用热储层厚度为 132 m,地热井出口水温为 55 ℃,涌水量 113 m^3/h;回灌井成井于 2016 年,井深 1 536.44 m,地热井出口水温为 57 ℃,涌水量 92.24 m^3/h。

本项目供暖采用 1 眼地热井对小区住宅进行供暖,供暖时间为每年 11 月 1 日至次年 3 月 25 日,供暖期 145 d,供暖方式有直供和间供两种,现有泵房设备除砂器 1 台、粗细精过滤设备 2 台、排气罐 1 台、供水管道等。本项目回灌采用 1 眼地热井同层回灌,回灌井的注水层与开采井的取水层均为馆陶组。

水文家园内有另 1 眼地热井,即德热 1-1 井,位于德热 1 井正北方向 65 m 处,该井于

2005 年 3 月 26 日施工完成,成井深度 1 557 m。起初为德热 1 井的回灌井,后因回灌量小、需加压回灌,回灌成本高、效果不显著等原因,租赁予德州市嘉年华国际商务会馆,主要用于洗浴、理疗,开采量较小, 2018 年洗浴停业,此井废弃,现作为德热 1 井的观测井,做研究用。

水文家园小区总供暖面积为 5.7 万 m^2,其中 1#~7#楼、单身楼、沿街楼采用暖气片供暖(见图 2),面积为 3.6 万 m^2,供暖指标采用 50 W/m^2 标准;8#~10#楼和北办公楼采用地板辐射供暖,面积为 2.1 万 m^2,供暖指标采用 45 W/m^2 标准。

原取水许可证上年开采量为 6.66 万 m^3,由于当时供暖面积很小,就几个住宅楼,后来增加了沿街楼、住宅楼,再加上本项目为山东省地热尾水回灌示范基地,结合供暖需求,开展生产性回灌试验,形成集地热回灌产学研于一体的科研示范基地。经计算,项目年开采量 22.20 万 m^3,在供暖过程中,除少量的管道损失、除砂过滤后年退水量 21.83 万 m^3,基本达到全部回灌。

2.2 项目与产业政策、有关规划的相符性分析

2.2.1 与产业政策相符性

根据《德州市地热资源开发利用专项规划》(2018—2022 年),初步拟定本项目为合理开发利用地热资源项目,不属于《产业结构调整指导目录(2019 年本)》中"淘汰类"及"限制类",属于"允许类"项目。同时,2006 年 1 月 1 日起颁布实施的《中华人民共和国可再生能源法》已将地热能的开发与利用明确列入新能源所鼓励的发展范围。地热水抽取后通过管网进入小区住宅供暖,尾水经回灌井回灌至同一热储层,具有环保、节能的特点。

本项目的建设符合国家能源政策导向,开发利用地热能是调整能源结构,发展新型能源和替代传统能源的典型方式。

根据山东省国土资源厅、山东省水利厅《关于切实加强地热资源保护和开发利用管理的通知》(鲁国土资规〔2018〕2 号):纳入整改的地热水井取水许可审批按照取水井设置时的权限,办理完善取水审批手续;2018 年 1 月 1 日后新建或者扩建地热取水井的,由省级水行政主管部门审批取水许可。由于本项目开采井均成井于 1997 年,故现在属于补办取水许可手续。

2.2.2 与有关规划的相符性

根据《德州市地热资源开发利用专项规划》(2018—2022 年),该项目位于规划范围内,符合规划。

2.3 建设项目取用水情况

取水水源类型:地热水。

取水地点:德州市水文家园小区院内。

取水水源:本项目取水水源为德州市水文家园小区 1 眼地热开采井,开采井地理坐标为东经 116°18′48.97″,北纬 37°27′58.60″。

取水规模:①根据项目运营情况,用于小区供暖,开采的地热水经过换热器换热,尾水过滤后,经回灌系统同层回灌。综合近几年供暖季情况,取水周期定为每年 11 月 1 日至次年 3 月 25 日,全年供暖共计 145 d,日取水量 1 530.96 m^3,年取水量 22.20 万 m^3。②年

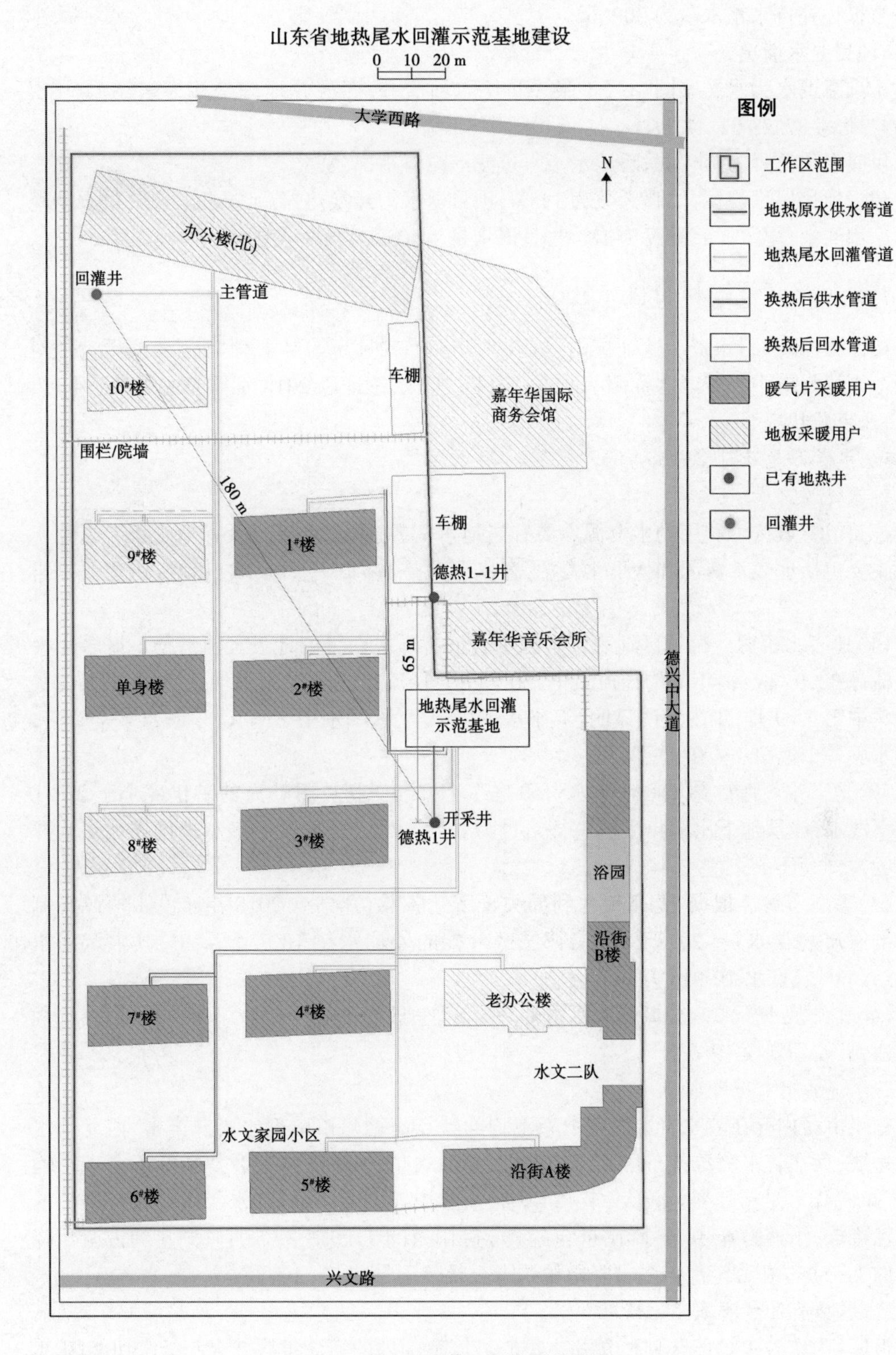

图2　示范工程位置平面图

需采暖循环补自来水水量为 500 m^3。

2.4 项目退水情况

本项目退水为水文家园小区 1 眼采暖尾水回灌井,回灌井地理坐标为东经 116°18′43.94″,北纬 37°28′02.41″。

供暖退水流程为:小区采暖尾水→水过滤等设备→回灌井。

建设项目退水规模:供暖天数为 145 d,项目退水为经换热器后的尾水,设计供暖期间尾水全部回灌,尾水回灌温度为 18 ℃,日退水量 1 505.76 m^3,年退水量 21.83 万 m^3。

3 水资源及其开发利用状况分析

按照《建设项目水资源论证导则》(GB/T 35580—2017)的要求,本项目水资源论证对分析范围德州市中心城区水资源状况进行分析。本次论证以 2018 年作为现状水平年。

3.1 水资源状况

3.1.1 水资源量及时空分布特点

1. 水资源总量

德州市德城区可利用的水资源主要有当地水资源、客水资源以及其他水源。当地水资源主要包括地表水资源和地下水资源,客水资源是黄河水、长江水,其他水源主要是再生水。

(1)地表水资源。德城区地表水资源主要来自降水产生的地表径流。德城区多年平均径流深 32.9 mm,多年平均径流量 1 750 万 m^3,径流年内分配极不均匀,80%以上的径流量集中于 6~9 月,年内呈明显的“春季水少多干旱,秋季水少多晴天,夏季水多常有涝,冬季水少多干燥”的季节分配特点。

(2)地下水资源。德城区地下水资源是逐年可以得到更新补充的矿化度小于 2 g/L 的地下淡水,浅层地下水多年平均总补给量为 6 777 万 m^3。德城区多年平均当地水资源总量为 8 550 万 m^3。

(3)客水资源。根据《德州市水利局关于下达各县(市、区)2018 年年度水资源控制目标的通知》(德水资〔2018〕9 号),德城区分配的外调水量 18 734 万 m^3,其中黄河水 7 816 万 m^3、长江水 10 918 万 m^3。

(4)非常规水资源。德城区有污水处理厂 8 座,日处理规模 29 万 t;再生水回用工程有 3 座,日处理规模 19.5 万 t。

2. 水资源时空分布特点

德州市境内存在着水资源时空分布不均的特点。德州市南部水资源丰富,西北部水资源短缺,存在着水资源分布地区不均衡性,德城区的产水系数为 0.136,低于全市平均值 41.6%;降水量年际变化较大,丰水年和枯水年周期变化明显,降水年内分布有明显的季节性特点,汛期为 6~9 月,降雨量约占全年降雨量的 77.0%,3~5 月降雨量约占全年降雨量的 11.8%,10 月至次年 2 月降雨量约占全年降雨量的 11.2%。

3.1.2 水功能区水质及变化情况

根据《山东省水功能区划》,德州市中心城区范围内的河流隶属 2 个一级水功能区。

3.2　地热资源开发利用现状分析

3.2.1　德州中心城区地热资源

德州中心城区深层地热水的热源主要来自上地幔传导热流和地壳深部的正常传导热流。

德州中心城区在大地构造单元上属德州潜凹陷。区域在中生代燕山运动和新生代喜马拉雅运动时期产生了多级断裂,如沧东断裂,这些断裂主要发育方向为北北东、东东向,它们除本身提供一定的摩擦热能外,主要是沟通了上地幔的岩浆热源。另外,区内沉积的巨厚新生代地层,在地质历史时期中普遍经历了重力压密成岩过程,放出了大量的热能。

德州中心城区地热水除少量沉积物沉积时保留下来的沉积水和封存水外,绝大部分为在沉积物形成后漫长的地质时期中,由远、近山区的侧向径流补给。根据区域古地理条件推测,补给区可能在南部的泰沂山区或西部的太行山区,大气降水垂直入渗后,沿热储层水平方向经深部循环补给。

德州中心城区馆陶组地热水清澈透明,口感咸,无异味,无肉眼可见物,井口水温50~60 ℃。地热水抽至孔口时呈浅乳白色,并混杂有许多小水珠,经短时间静置后变成无色透明。由于铁离子含量较高,地热水放置一段时间后呈微黄色,水化学类型为 $Cl \cdot SO_4$—Na 型。

3.2.2　地热资源开发利用现状分析

德州中心城区地热资源属低温地热资源温水-温热水型,热储类型为新生界碎屑岩层状孔隙型,具分布广泛、温度较高和易于开发的特点。从技术经济条件及中心城区具体地热地质条件出发,目前可供开发利用的最佳热储目的层为新近系馆陶组热储。德州中心城区地热资源的开发带动了房地产、疗养娱乐、旅游服务等行业的发展,取得了显著的社会效益、经济效益和环境效益。

德州市持证地热矿山为26个。距离R05水文家园小区开采井周边最近的地热井为R14学府家园地热井,相距1 040 m(见图3)。

3.2.3　地热水资源开发利用中存在的问题

地热资源开发的环境影响主要有开采地下热水引起的降落漏斗、热污染和水化学污染等。

1. 热污染

热污染是由地热资源的利用效率较低,供暖尾水排放温度较高引起的。目前本区地热水的利用主要以供暖为主,排放温度18~35 ℃,其排放量相对整个德城区的生活及生产废水的水量是相当少的,同时由于地下管道中生活及生产废水的冷却作用,本区地热利用废水对周围环境造成热污染的较小。

2. 水化学污染

水化学污染主要指热水利用后的尾水中的化学元素对周围环境的影响。本区地下热水中不含有毒有害物质,水质洁净透明,属咸水,现在地热水要求进行回灌对周围水域或环境造成负面影响小。

3. 地下热水降落漏斗

区内馆陶组热储层埋深在1 000 m以下,为正常的固结地层,地下热水以静储量为

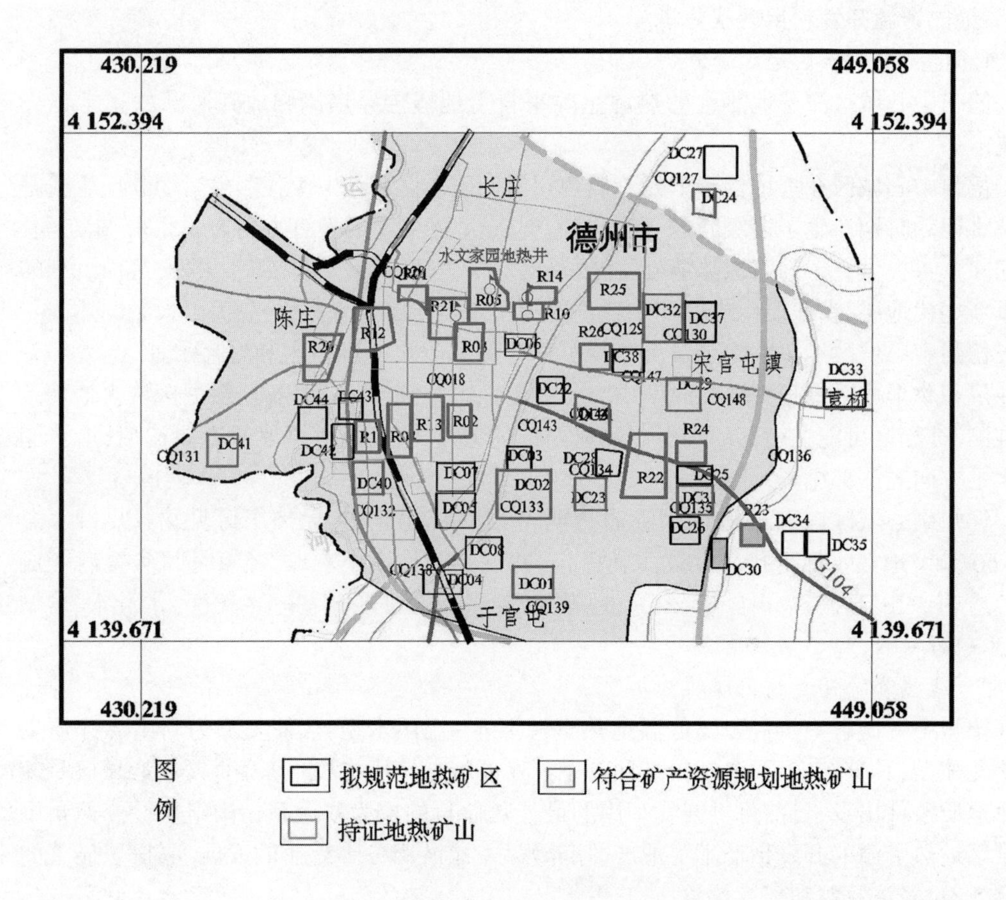

图3 德州中心城区部分地热井分布图

主,径流滞缓,补给途径远,属消耗型水源。由于城区中心地热井较为密集,开采量较大,目前地热水由城区周边向城区中心汇流。地热水头压力会随着地热水的持续开采而不断下降,若过量开采地下热水,会引起水位逐年下降而形成地下热水降落漏斗。

德州中心城区地热井水位的波动主要受人为开采的影响,年内季节性变化明显。地热水的动态变化表现为在冬季采暖季水位下降,非采暖季水位又略有回升,但水位整体呈下降趋势。

区内地热井在目前开采条件及对尾水进行回灌的情况下,对区域地下热水水位影响较小。

4 节水评价

4.1 用水工艺分析

潜热水泵提取地热水经输水管道至除砂器、一二级板式换热器,入户供暖,回水达到18 ℃后,送往一级粗过滤器、二级精过滤器、排气灌,尾水全部回灌至回灌井。

本项目供暖运行期间抽水与回灌始终保持水量平衡。同时,供暖系统为封闭型水循环系统,热量交换过程中几乎不消耗水资源,且无废水排放,为一项绿色环保型地热资源综合利用项目。项目用水工艺能够做到"取热不取水",符合国家可持续发展的要求,符合德州市的水资源条件。因此,本项目用水工艺是合理的,也是可行的。

4.2　项目合理用水量分析

4.2.1　用水环节分析

本项目用水环节主要为地热水取水换热环节、采暖水循环环节。

1. 地热水取水换热环节

水文家园小区采用暖气片和地板辐射两种方式进行取暖,总供暖面积5.7万 m^2,其中暖气片采暖3.6万 m^2,所需热量为1 800 kW(采暖热指标取50 W/m^2 标准);地板辐射采暖2.1万 m^2,所需热量为945 kW(采暖热指标取45 W/m^2)。

根据《城镇供热管网设计规范》(CJJ 34—2010),建筑总供暖热负荷公式为

$$Q_h = q_h A \times 10^{-3}$$

式中:Q_h 为采暖设计热负荷,kW;q_h 为采暖热指标,W/m^2;A 为采暖建筑物的供暖面积,m^2。

即 $Q_h = 2\ 745$ kW。

本项目供暖采用直供和间供两种方式,所需地热水水量可按下式计算:

$$G = 3.6 \frac{Q_h}{C(t_1 - t_2)}$$

式中:G 为所需地热水资源量,m^3/h;Q_h 为用热工程最大热负荷,kW;C 为水的比热容,4.186 8 kJ/(kg·℃);t_1 为地热水出水温度,℃,$t_1 = 55$ ℃;t_2 为地热水尾水温度,℃,$t_2 = 18$ ℃。

经计算得:$G = 63.79$ m^3/h $= 1\ 530.96$ m^3/d,即小区每天所需热水量为1 530.96 m^3,合22.20万 m^3/a(采暖天数145 d)。

2. 采暖水循环环节

市政管网水经过采暖水循环泵加压,吸取一、二级板式换热器热量后,入户供暖,在采暖户放热后,循环回水再次进入采暖循环泵。由于为内循环,循环过程中水的损失,主要为跑、冒、滴、漏和采暖户循环的损失,用水量较小,年用水量约为500 m^3。

4.2.2　小区合理用水量分析

水文家园小区采用1采1灌供暖,即采用开采井供暖,采用回灌井对井同层回灌,小区供暖每小时总用水量63.79 m^3,日用水量1 530.96 m^3,年用水量22.20万 m^3。

4.3　用水过程和水量平衡分析

4.3.1　各用水环节水量分析

本项目取水水源为德城区水文家园小区地热开采井。项目满足供热负荷标准时最大取水量为63.79 m^3/h,日取水量1 530.96 m^3,取水周期为每年11月1日至次年3月25日,共145 d,年用水量为22.20万 m^3,供暖尾水进行同层回灌。

1. 两级除砂

地热水开采出来后,经除砂,除去地热水中的悬浮物、较大的颗粒状物质,防止回灌井

的堵塞。整个过程用水 63.29 m^3/h,消耗量 0.50 m^3/h。

2. 换热器换热

地热水经两级除砂后进入板式一、二级换热器进行换热和入户供暖,用水量 63.19 m^3/h,消耗量 0.10 m^3/h。

3. 尾水两级过滤

供暖后形成的尾水经过两级过滤后可将地热尾水中大部分悬浮物、微生物除去,进而有效防止物理堵塞和生物堵塞。最后,尾水全部通过回灌装置回灌。用水量 62.74 m^3/h,消耗量 0.45 m^3/h。

4.3.2 水量平衡分析

本项目近三年的供暖情况如下:

2018 年供暖季基本情况:持续运行 115 d,平均开采量 64.15 m^3/h,平均回灌量 54.84 m^3/h;总开采量 17.71 万 m^3,总回灌量 15.14 万 m^3。

2019 年供暖季基本情况:持续运行 130 d,平均开采量 63.33 m^3/h,平均回灌量 62.46 m^3/h;总开采量 19.76 万 m^3,总回灌量 19.46 万 m^3。

2020 年供暖季基本情况:持续运行 145 d,平均开采量 61.41 m^3/h,平均回灌量 60.69 m^3/h;总开采量 21.46 万 m^3,总回灌量 21.17 万 m^3。

本项目整个循环过程除管道损失和除砂、过滤外,几乎不消耗地下水资源。

4.4 用水水平评价

4.4.1 用水水平指标计算与比较

本项目 1997 年建成,正常情况下每小时取水量 63.79 m^3,日取水量 1 530.96 m^3,年取水量 22.20 万 m^3。

本项目退水温度 18 ℃,每小时退水量 62.74 m^3,日退水量 1 505.76 m^3,年退水量 21.83 万 m^3,供暖尾水除管道损耗和除砂、过滤的 1.05 m^3/h 外,基本全部回灌。符合《德州市地热资源管理办法》(德政办发〔2017〕19 号)回灌水排放温度不得高于 30 ℃的要求。

本项目采暖水年总损耗量 0.37 万 m^3,占总用水量的 1.7%,年回灌量为 21.83 万 m^3,灌采比为 98.3%,回灌率为 99.3%。符合山东省国土资源厅、山东省水利厅《关于切实加强地热资源保护和开发利用管理的通知》(鲁国土资规〔2018〕2 号),开采孔隙热储型地热资源的回灌率不低于 80%的要求。

依据国家标准或行业标准规定,并结合本地区水资源和水环境状况,综合分析项目用水指标是合理的。

4.4.2 退水处理及回灌合理性分析

本项目地热水在取退运行中,除沉砂、过滤损失外,地热尾水全部进行原水同层回灌,项目不产生污、废水,不外排。因此,本项目退水处理是合理的,尾水全部进行同层回灌是合理的。

4.5 节水评价

4.5.1 节水技术分析

本着节约用水、一水多用和循环使用的原则,需采用以下节水措施:

(1)项目取水要安装计量装置,便于管理。

(2)管道要采用耐腐蚀的材质,并做好管道的密封措施,防止管道的水量漏失。

(3)做好水源热泵机组和回灌处理设备的选型工作,既满足工艺研究需求又要有效地实现地热水资源充分循环利用,做好设备检查维修,防止"跑、冒、滴、漏"现象发生。同时要做好非供暖季水源热泵机组的维护工作,保证设备的水循环率在使用时达到要求,在条件许可的情况下要更新设备,提高用水循环率。

(4)做好回灌井的管理工作,保证回灌在密闭条件下进行,防止水量损失和水质污染。

(5)根据供暖水温和气温适当调节开采量,避免浪费地热资源。

4.5.2　节水潜力分析

建设项目所取的地热水开采后,经过两级除砂后用于供暖,尾水经过两级过滤处理除去损耗后剩余尾水全部回灌。整个过程在相对封闭的环境下进行,地热水的损耗小。因此,本项目的节水潜力较小。

业主提出所需的取水量为65 m^3/h,而根据计算得出满足供热负荷标准时最大取水量为63.79 m^3/h,故核定的项目取水量为63.79 m^3/h。

4.5.3　节水效果评价

1. 节水量分析

根据采暖热指标推荐值,本项目采用地板辐射供暖的居住区采取了节能措施,供暖指标取45 W/m^2,采暖热指标比较小,得出的需水量比较小,减少了地下水的开采量。

2. 节水经济效果评价

由于采用了节能措施,减少了地下水开采量和供水成本。又由于进行了回灌,未排入污水管网,减少了污水处理成本,提高了用水效益。

3. 节水社会效果评价

地热开发利用具有良好的社会效益,根据有关资料,每燃烧1 t煤将产生30 kg SO_2、9 kg氮氧化合物,7 kg煤尘、300 kg灰渣,而利用地热资源将大量减少有毒物质、废弃物的产生,对改善生态环境及提高人民生活水平是非常有益的。

4. 节水生态环境效果评价

由于地热尾水进行了回灌,未排入城市污水管网,降低了尾水的排放温度,减少了对生态环境的热污染和城市污水排放量及对周边地下水水生态环境的影响。

5　取水水源论证

5.1　水源配置合理性及水源方案

5.1.1　水源方案

由于项目区位于集中供暖管网之外的区域,本项目现状采用地热直供和间供两种方式供暖,地热尾水进行回灌,在项目区建设2口地热开采井,一采一灌,其中1口地热开采井作为项目供水水源。

水文家园小区1#~7#楼、单身楼、沿街楼采用暖气片供暖,间供方式,由自来水入户循环供暖;8#~10#楼和北办公楼采用地板辐射供暖,直供方式,由地热水入户供暖,以低温水为热媒,通过埋设在室内混凝土地板中的耐热聚乙烯管(PE-RT 管)把地板加热,40~60 ℃的低温地热水在管内循环流动,加热整个地面,使表面温度上升 25~29 ℃,然后通过辐射和对流方式均匀地向室内散发热量。供暖管材为耐热聚乙烯 PE-RT 管,具有耐高温、耐腐蚀的特点,不会发生腐蚀现象。供暖后地热尾水的排放温度大多高于《污水排入城镇下水道水质标准》(GB/T 31962—2015)中的规定,直接排放会导致周边环境温度上升,破坏水体的生态平衡,从而产生热污染。把尾水进行全部回灌,则可以有效缓解热污染。

5.1.2 合理性分析

德州中心城区地热资源属于中低温地热资源,资源储量丰富,开发利用程度较高。在地热资源勘查开发利用规范管理方面取得了显著成绩,为德城区建设节约型社会、发展循环经济、改善能源结构做出了重要贡献。

本项目用水政策符合有关规定。地热能与煤炭、石油、天然气等传统能源相比,具有洁净、高效、投资少、见效快和可持续利用的特点。以地热能替代传统能源能更好地改善人民的生活质量,具有良好的经济效益和社会效益。

本项目已有地热井的水量、水质稳定,保障程度高,符合德州中心城区水资源合理配置的要求。

5.2 地下水取水水源论证

5.2.1 地质、水文地质条件分析

1. 地层

区内自中、新生代以来,受燕山运动和喜马拉雅运动的影响,地壳运动总的趋势是以下降为主,长期接受沉积,沉积了巨厚的新生界地层,厚度达 3 000 多 m,其下为中生界地层。在 3 000 m 深度范围内的地层主要有第四系平原组、新近系明化镇组、馆陶组,古近纪东营组、沙河街组和孔店组,现由老到新简述为:古近系孔店组($E_{1-2}k$)、古近系河街组($E_{2-3}s$)、古近系东营组(E_3d)、新近系馆陶组(N_1g)、新近系明化镇组(N_2m)、第四系平原组(Qpp)。

2. 地质构造

(1)区域构造单元划分。本区在大地构造单元上位于华北板块(Ⅰ级)、华北坳陷区(Ⅱ级)、临清坳陷(Ⅲ级)、德州潜断陷(Ⅳ级)的次级构造单元德州潜凹陷(Ⅴ级)内。

(2)区域断裂活动。区域断裂主要为沧东断裂和边临镇-羊二庄断裂。

3. 地热地质形成条件分析

地下水具较高的热容量,是良好的载热体,借助于地下水的运动和热对流传导方式,热量便在地下储集层中得以迅速传递。因此,地下水的侧向径流或垂直渗透均可带走或带来热量,使地温场发生明显变化,地热水的形成一般与盖层(保温层)、热储空间、热源和热水补给源等因素有关。

(1)热储盖层。本区地热为热传导型,可将第四系平原组视为热储盖层,厚 250~300 m,岩性由黏性土、砂性土夹松散砂层组成,其密度小、导热性能差、热阻大,是天然的良好热储保温层。

(2)热储层。根据热储的地层时代、含水空间、岩性、结构、厚度、热水的物理化学性

质和水文地质特征等因素,在3 000 m深度内可划分8个热储层(组),按热储的地层时代由新至老依次为:

Ⅰ.新近系明化镇组上段孔隙-裂隙型热储层(组);

Ⅱ.新近系明化镇组下段孔隙-裂隙型热储层(组);

Ⅲ.新近系馆陶组孔隙-裂隙型热储层(组);

Ⅳ.古近系东营组孔隙-裂隙型热储层(组);

Ⅴ.古近系沙河街组孔隙-裂隙型热储层(组);

Ⅵ.白垩系-侏罗系裂隙型热储层(组);

Ⅶ.二叠系-石炭系裂隙型热储层(组);

Ⅷ.奥陶系-寒武系碳酸岩岩溶-裂隙热储层(组)。

本区热储层为新近系馆陶组孔隙-裂隙型热储层(组)。

(3)热源。本区的热源主要来自上地幔传导热流和地壳深部的正常传导热流。区域在中生代燕山运动和新生代喜马拉雅运动时期,凹陷内产生了多级断裂,如沧东断裂、边临镇-羊二庄断裂,并伴有四期岩浆入侵活动,这些断裂对地壳深部和上地幔的岩浆热源起到了重要的沟通和传导作用,并可能构成地下热流的良好通道。这些热源产生的热量在上覆巨厚的松散沉积物盖层的阻热保温作用下,在热储层的孔隙、裂隙中储存下来。

(4)地热流体的补给来源。本区地下热水属大气成因,具有大陆溶滤水的特征,主要接受大气降水补给。据推测,补给区可能在东南部的泰沂山区或西部的太行山区。

综上所述,大气降水在东南部、西部山区汇集成地表径流后,在漫长的地质年代中,在水头差位能的作用下,沿断裂带或岩层的孔隙向深处运移,被围岩加热成为地下热水,并与围岩发生水盐反应,溶解了大量的微量元素成分。受热的地下水由密度差异引起的自然对流,加上补给区水头差的驱动,使地下水得以缓慢地进行循环交替运动,将地热水在孔隙-裂隙中存储下来。

(5)地温梯度。

论证区恒温带深度为20 m,恒温带温度为12.9 ℃,计算公式为

$$\frac{\Delta t}{\Delta h}=\frac{t-t_0}{d-h}$$

式中:$\frac{\Delta t}{\Delta h}$为地温梯度,℃/100 m;$t$为井口水温,℃;$t_0$为恒温带温度,℃,当地平均气温12.9 ℃;$d$为取水层段平均深度,m;$h$为恒温带深度,m,一般取20 m。

由此计算得本区地温梯度为3.0 ℃/100 m。

4.馆陶组热储水文地质条件分析

根据钻探及地球物理综合测井解释资料,馆陶组热储含水层厚度一般为150~220 m,以灰白色含砾粗砂岩及砂砾岩为主,夹棕红色泥岩;含砾砂岩分选性较差,磨圆度中等,胶结性较差;砾石粒径1~10 mm,呈次棱角—次圆状,以石英、黑色燧石为主,孔隙度大,一般为24%~30%。

区内馆陶组热储含水层富水性较强,地热井单井出水量较大,一般地热井单位涌水量4.15~6.55 m³/(h·m),水温52~59 ℃,地热水矿化度3~6 g/L,水化学类型为Cl—Na

型。馆陶组是德州中心城区目前主要的地热开采层,也是本次开采的主要目的含水层。

5.2.2 地热水资源量分析

1. 地热水可开采量分析

根据《地热资源地质勘查规范》(GB/T 11615—2010)的有关规定:对单个地热开采井,应依据井产能测试资料按井流量方程计算单井的稳定产量,或以抽水试验资料采用内插法确定,计算使用的压力降低值一般不大于 0.3 MPa,最大不大于 0.5 MPa,年压力下降速率不大于 0.02 MPa。产能测试水位降深 30.0 m 时的地热开采量为允许可开采量。以抽水试验资料内插法(水位降深 30.0 m),初步确定开采井单井可开采量为 119 m^3/h,所以地热井允许开采量设为 119 m^3/h,年允许开采量为 41.41 万 m^3,此量大于项目年合理用水量 22.20 万 m^3,地热井能够满足项目供暖的用水需求。

2. 地热水资源量和热储层热量分析

根据热储层含水层组的空间分布特征、地下取水井分布情况及其影响范围等因素,确定建设项目论证范围面积为 0.824 8 km^2。

论证区地热水有一定的开采量,主要排泄方式是人工开采,根据《地热资源地质勘查规范》(GB/T 11615—2010),适用热储法计算项目论证区地热水资源量和热储中储存的热量。

$$Q = Q_r + Q_w$$

$$Q_r = Ad\rho_r c_r(1 - \varphi)(t_r - t_0)$$

$$Q_L = Q_1 + Q_2$$

$$Q_1 = A\varphi d$$

$$Q_2 = ASH$$

$$Q_w = Q_L c_w \rho_w (t_r - t_0)$$

式中:Q 为热储中储存的热量,J;Q_r 为岩石中储存的热量,J;Q_w 为水中储存的热量,J;Q_L 为热储中储存的水量,m^3;Q_1 为截至计算时刻,热储孔隙中热水的静储量,m^3;Q_2 为水位降低到目前取水能力极限深度时热储所释放的水量,m^3;A 为计算区面积,m^2;d 为热储厚度,取 132 m;φ 为热储岩石的空隙度,取 25%;t_r 为热储温度,℃,取 55 ℃;t_0 为当地年平均气温,℃,取 12.9 ℃;ρ_r 为热储岩石密度,kg/m^3,取 2.6×10^3 kg/m^3;ρ_w 为地热水密度,kg/m^3,取 $0.985\ 7\times10^3$ kg/m^3;c_r 为热储岩石比热,J/(kg · ℃),取 0.878 kJ/(kg · ℃);c_w 为水的比热,J/(kg · ℃),取 4.18 kJ/(kg · ℃);S 为热储层弹性释水系数,取 2.54×10^{-4};H 为计算起始点以上水头高度,取 132.66 m。

论证区地热水资源量为

$$Q_L = Q_1 + Q_2 = 2.737 \times 10^7\ m^3$$

热储层热量计算结果:

$$Q = Q_r + Q_w = 1.263 \times 10^{16}\ J$$

依据以下公式,计算地热井可开采量所采出的热量:

$$W_t = 4.186\ 8Q(t - t_0)$$

式中:W_t 为热功率,kW;Q 为地热流体可开采量,L/s;t 为地热流体温度,℃;t_0 为当地年平均气温,℃;4.186 8 为单位换算系数。

地热流体年开采累计可利用的热能量按下式估算：

$$\sum W_t = 86.4\,DW_t/K$$

式中：$\sum W_t$ 为开采一年可利用的热能，10^6 J；86.4 为单位换算系数；D 为全年开采日数（按 24 h 换算的总日数），取 145 d；W_t 为热功率值，kW；K 为热效比（按燃煤锅炉的热效率 0.6 计算）。

本开采井允许开采量为 119 m^3/h，合 33.06 L/s。公式计算开采 50 年的采出热量为 $\sum W_t = 0.607\times10^{16}$ J。

本开采井实际开采量为 63.79 m^3/h，合 17.72 L/s，公式计算开采 50 年的采出热量为 $\sum W_t = 0.1325\times10^{16}$ J。

5.2.3　开采后的地下水水位预测

目前，该项目开采井静水位 80 m，根据地热供暖原理和用水特性，本项目取用水仅是为了充分利用地热水的地温资源，用打井的方式取水，通过供暖系统与水进行能量交换后，回灌入地下同层位，整个过程是封闭的，并实行同层抽取、同层回灌的模式，不改变地下水类型，基本不消耗地下水资源。在实际运行过程中，仅在取水井和回灌井附近的局部产生一定的水位改变，而对区域和周边的地下水水位基本不产生影响，开采后区域地下水水位仍会保持原来的运动状态，不会发生明显改变。

建议建设单位在项目建成运行期间，要定期对地下水水位、水温、水质等变化情况进行监测。水位、水温每月监测 2 次，水质在供暖季开始和结束各监测 1 次。若发现异常，应及时报告主管部门。

5.2.4　地下水水质分析

经过一个供暖季的地热尾水回灌，采取开采井回灌试验前、中、后期地热水各 1 件，进行水质全分析；采取回灌井回灌试验前洗井水 1 件，供暖尾水 1 件，回扬水 1 件。现将水质分析报告中的主要离子浓度、pH 和矿化度统计，见表 1 和表 2。

表 1　开采井不同回灌时期地热水水质分析对比

采样时间		Na^+/(mg/L)	K^+/(mg/L)	Ca^{2+}/(mg/L)	Mg^{2+}/(mg/L)	Cl^-/(mg/L)	SO_4^{2-}/(mg/L)	HCO_3^-/(mg/L)	全硬度/(mg/L)	pH	矿化度/(mg/L)
回灌前期	2019-11-23	1 628.00	14.15	108.22	24.30	2 171.31	643.6	231.88	370.30	7.93	4 856.03
回灌中期	2020-01-21	1 682.50	13.55	104.21	24.30	2 162.45	706.04	237.98	360.29	7.89	4 960.95
回灌后期	2020-03-16	1 589.70	10.10	104.21	25.52	2 118.14	662.81	213.57	365.29	7.63	4 755.82
中期变化率/%		3.35	−4.24	−3.71	0	−0.41	9.70	2.63	−2.70	−0.50	2.16
后期变化率/%		−2.35	−28.62	−3.71	5.02	−2.45	2.98	−7.90	−1.35	−3.78	−2.06

表 2 回灌井不同回灌时期地热水水质分析对比

采样时间		Na^+/(mg/L)	K^+/(mg/L)	Ca^{2+}/(mg/L)	Mg^{2+}/(mg/L)	Cl^-/(mg/L)	SO_4^{2-}/(mg/L)	HCO_3^-/(mg/L)	全硬度/(mg/L)	pH	矿化度/(mg/L)
回灌前期	2019-09-23	1 579.75	13.00	102.20	26.73	2 029.51	674.82	244.08	365.29	8.03	4 697.89
回灌中期	2020-01-21	1 682.50	14.05	104.21	25.52	2 153.59	686.83	231.88	365.29	7.67	4 928.04
回灌后期	2020-04-25	1 631.00	15.25	102.20	23.09	2 127.00	708.44	231.88	350.28	7.69	4 872.31
中期变化率/%		6.50	8.08	1.97	−4.53	6.11	1.78	−5.00	0	−4.48	4.90
后期变化率/%		3.24	17.31	0	−13.62	4.80	4.98	−5.00	−4.11	−4.23	3.71

水质分析结果表明,地热水主要是含无机盐的水溶液,除二氧化硅这些盐均能离解形成电导率很高的离子溶液,因此德热 1 井中的地热水就是强电解质溶液。由于胶体处在高温的电解质溶液中,稳定性很差,因此地热水的组成元素主要是呈离子状态迁移的。其中,Na^+、K^+、Ca^{2+}、Mg^{2+}、Cl^-、SO_4^{2-}、HCO_3^- 七种离子分布最为广泛,含量占 90%以上。

整个回灌试验中,除 K^+变化率较大(>20%)外,开采井地热水主要离子浓度变化率均小于 10%,这是由于 K^+的吸附能大,更易被土壤和岩石所吸附。一价碱金属的化合物通常容易溶解,如 NaCl、KCl、Na_2SO_4 等,而 Cl^-和 Na^+的迁移能力很强。除 K^+变化率较大外,回灌井地热水主要离子浓度变化率均小于 10%。在整个回灌过程中,矿化度变化率 3.71%,可以说通过 4 年的回灌试验,开采井热水与回灌井热储层热水不断混合,尾水回灌不会对热储层水质产生影响。

本项目地热尾水采用回灌方式全部回灌至回灌井,可以有效缓解热污染,不会因直接排放导致的周边环境温度上升,不会破坏周边水体的生态平衡,不会对生态环境造成影响。由于为直接回灌,地热水质基本无变化。

5.2.5 取水可靠性分析

1. 地热水量分析

根据论证区地热水水量的分析计算可知,论证区的地热水静储量为 2.737×10^7 m^3。本项目建成后地热井实际用水量为 1 530.96 m^3/d,年取水量 22.20 万 m^3,根据项目用水量计算得出开采 50 年的取水量为 1.11×10^7 m^3(在不考虑回灌的情况下),占论证区静储量的 40.6%。因此,论证区的地热水静储量可以满足本项目的取水要求。

2. 热储量分析

根据以上计算结果,热储层中存储的热量为 1.263×10^{16} J。该项目按开采 50 年计算,允许采出热量为 0.607×10^{16} J,实际采出热量为 0.325×10^{16} J。实际采出热量小于允许采出热量,实际所采热量仅占论证区热储量的 25.7%。论证区的地热储量完全可以满足本项目的供热要求。

3. 可靠性分析

根据该项目的地热水量和地热储量的分析可知，项目开采50年取水量占论证区地热水静储量的40.6%，所采热量占论证区热储量的25.7%，无论是地热水静储量还是地热水热储量均可满足本项目的取用水需求。目前本项目论证区地热井在回灌情况下，影响范围内无其他地热水开采，因此不存在井间距影响，该地热井的开采具有较好保障，地热资源开发利用具有可持续性。地热井回灌后水质、水位基本不变。

综合以上项目区地热水水量、水质及热量的分析，本项目的取水水源可行可靠。

6　取水影响论证

本项目建成后实际日最大取水量为1 530.96 m³，年取水量为22.20万m³。本项目取水地点为水文家园小区地热井。

6.1　对水资源的影响

该项目所取热水全部用于小区供暖，地热井的开采会降低区域所赋存的地热水可供水量。项目日最大取水量1 530.96 m³，年取水量22.20万m³，地热尾水除沉沙过滤损耗外，全部同层回灌，对区域地热水资源可利用量基本无影响。

地热水的开采会引起深层地下水水位逐年降低，地热水的动态变化表现为冬季采暖季水位下降，非采暖季水位又略有回升，但水位整体呈下降趋势。本项目取用水仅是为了充分利用地热水的地温资源，它是用打井的方式取水，通过供暖系统与水进行能量交换后，复回灌入地下同层位，整个过程是封闭的，并实行同层抽取、同层回灌的模式，不改变地下水类型，基本不消耗地下水资源。在实际运行过程中，仅在取水井和回灌井附近的局部产生一定的水位改变，而对区域和周边的地下水水位基本不产生影响，开采后区域地下水水位仍会保持原来的运动状态，不会发生明显改变。

地热井开采温度为55 ℃左右，供暖循环后尾水温度为18 ℃，实现全部回灌。由于周边暂无其他回灌井，故本开采井的回灌对区域水温基本无影响。

地热水开采后进入供暖系统循环，尾水直接回灌至回灌井，地热水水质基本不变，各离子含量基本没有变化，对区域的水质基本无影响。

综上所述，本项目取地热水对区域地热水水量、水位、水温、水质基本无影响。

6.2　对水功能区的影响

本项目以项目区地热水为取水水源，不直接从河道取水，不会对当地地表水功能区产生影响。

6.3　对水生态的影响

由于项目尾水全部同层回灌，所以项目取水对深层水文地质条件的改变影响轻微，不会诱发地面沉陷等地质灾害，不会对区内水生态环境产生大的影响。

同时，项目的供暖尾水采取同层回灌方式直接回灌至馆陶组热储层，对周边环境影响不大。

6.4　对其他用水户的影响

由于地热井开采井寿命一般为50~100年，本次开采井影响半径取50年。

根据《地热资源地质勘查规范》(GB/T 11615—2010)，对盆地型地热田，可按下式估

算地热井开采对热储的影响半径,并视其为单井开采权益保护半径:

$$R = \sqrt{\frac{7\ 250Qf}{0.15H\pi}}$$

式中:R 为地热井开采 50 a 排出热量对热储的影响半径,m,年开采时间 145 d;Q 为地热井产量,m^3/d,取水量按单井 1 530.96 m^3/d 计算;f 为水比热与热储岩石比热的比值,取 4.76;H 为热储层厚度,取 132 m。

计算分析可知,在不回灌的情况下供暖用水量开采 50 a,其单井取水影响半径为 922 m。本项目周边最近的地热井距离为 1 040 m,大于影响半径 922 m,又由于进行了回灌,取水不会对其他用水户造成影响。因此,项目的取水不会对其他用水户造成影响。

综上所述,本项目取水会减少区域地热水资源富余可供水量,由于项目运行期间尾水全部回灌,对热水资源进行补水、地层补热,年运行时间为供暖季,其他时间均不运行,因此项目区地下水环境每年有足够的恢复期,不会引起热突破,影响较小,不会对区域水功能区产生影响,不会对附近其他用水户产生影响,不涉及影响补偿问题。

7 退水影响论证

7.1 退水方案

7.1.1 退水系统及组成

本项目采暖地热井工程退水系统为地热水供暖后尾水回灌系统。

地热水回灌系统:供暖尾水经过一级粗过滤器、二级精过滤器,尾水年退水量为 21.83 万 m^3,经排气灌、回灌装置进行同层回灌至开采层。

7.1.2 退水总量、主要污染物排放浓度和排放规律

项目运行期间地热水经过除砂和两级过滤等工序用于冬季供暖,项目退水为供暖尾水,年退水量 21.83 万 m^3。尾水经过两级过滤处理达标后再经过回灌装置同层回灌至开采层,尾水回灌时温度为 18 ℃,地热水作为传递热量的介质,供暖进出水质无明显变化,只是地热水挟带热能的消耗,供暖尾水在每年的供暖期进行回灌,由于取水水质与退水水质基本相同,因此不会对地下水动态平衡产生影响,不会引起地下水水质变化。

7.1.3 退水处理方案和达标情况

项目退水为供暖尾水,供暖尾水同层回灌,如果地热水不经处理直接回灌,退水中有少量砂粒颗粒和沉淀物,容易发生回灌井的堵塞现象,例如物理堵塞(砂粒堵塞)和化学沉淀堵塞(铁质钙质盐类沉淀)。因此,在回灌前安装过滤设备,经常检查过滤设备、定期更换滤料,保持回灌水体的清洁,地热尾水经过滤处理后,全部同层回灌。项目运行过程中,沉砂、过滤损失的水,与泥沙等混合,该部分水经过沉淀、下渗、蒸发,全部损失,不需要进行污水处理。

7.2 供暖退水回灌可行性分析

7.2.1 地热尾水回灌试验

“山东省地热尾水回灌示范基地建设”项目,是山东省地质矿产勘查开发局以鲁地字〔2015〕40 号文和鲁地字〔2016〕93 号文批准的水工环地质勘查项目,由山东省地质矿产勘查开发局第二水文地质工程地质大队承担该项目的实施。示范基地建筑面积 422 m^2。

本次回灌试验场地选取在水文队老办公院内,新施工 1 眼大口径填砾地热回灌井,回灌层位为新近系馆陶组,并配备完善的地热供暖及回灌系统,满足小区供暖和洗浴需求。回灌试验共采用 1 眼开采井(德热 1 井),1 眼回灌井,两井直线距离 180 m(见图 4)。

图 4　山东省地热尾水回灌示范基地展厅及展板总体

本次开展馆陶组砂岩热储生产性回灌与示踪试验回灌试验,自 2016 年 11 月 25 日至 2017 年 4 月 30 日,持续回灌 5 个月以上(156 d),回灌试验相对稳定,回灌压力变化不大,回灌水温在 32~53 ℃,回灌量在 28~65 m^3/h,平均 51.5 m^3/h。整个回灌试验期间,开采井抽水量基本稳定,为 60~80 m^3/h,平均 71.9 m^3/h,供暖尾水回灌率 98%以上,回灌量平均 51.55 m^3/h,灌采比为 90.6%。回灌水量产生少量损失,可能是回灌过程中停电、回灌井淤堵、回扬和除砂排水、管道泄漏以及住户私自使用等因素造成的。排除管道跑冒滴漏、除砂排水及住户私自使用外,无供暖尾水排放,实现供暖后尾水 100%回灌。供暖季回灌曲线平稳(见图 5~图 7),回灌能力有保障。

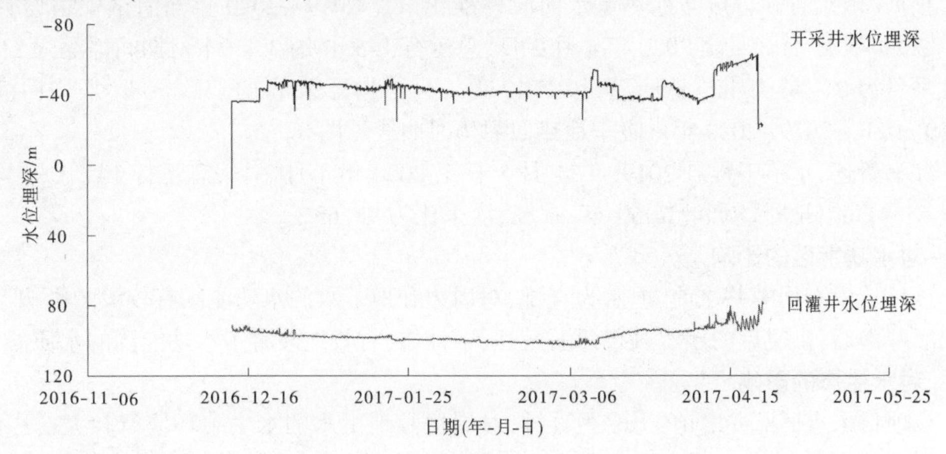

图 5　示范工程采灌井水位埋深对比

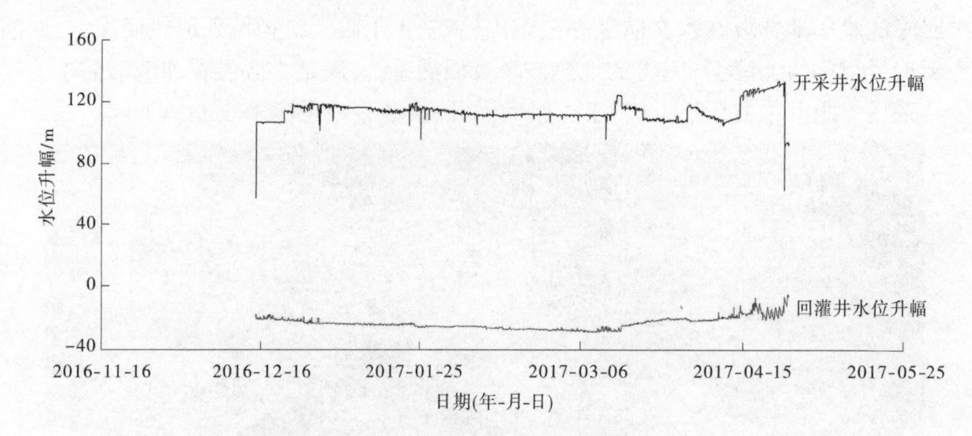

图6　示范工程采灌井水位升幅对比

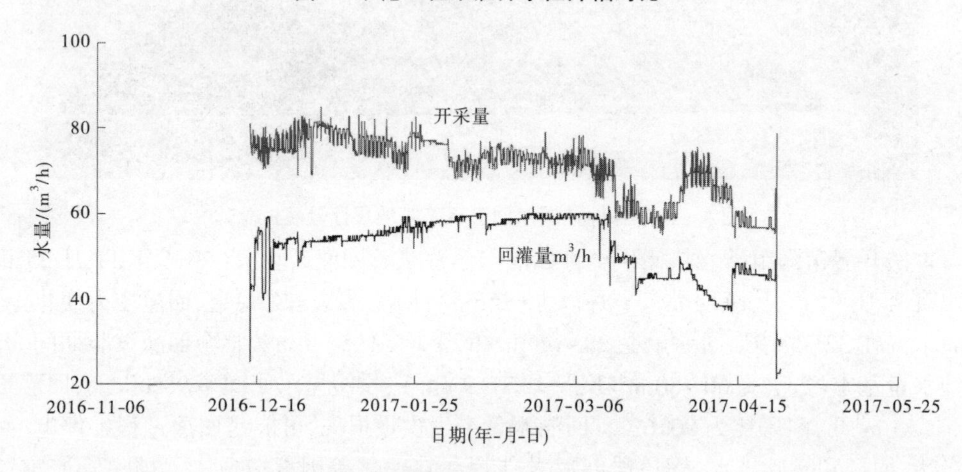

图7　示范工程采灌井开采量回灌量对比

7.2.2　可行性分析

根据《山东省砂岩热储地热尾水回灌标准化试点 2019—2020 年回灌试验报告》:试点于 2019 年 11 月 8 日至 2020 年 4 月 2 日,总运行 145 d(约 3 456 h),期间停灌约 21 h。总开采量为 21.46 万 m^3,总回灌量 21.17 万 m^3;平均开采量 61.41 m^3/h,平均回灌量 60.69 m^3/h。2019~2020 年供暖季地热回灌历时曲线见图 8。

综上所述,示范工程自 2019 年 11 月 8 日至 2020 年 4 月 2 日,总运行 145 d,平均开采量 61.41 m^3/h,平均回灌量 60.69 m^3/h;灌采比为 98.65%。

7.3　对水功能区的影响

该项目没有回灌井之前,退水为直排,对周边和地下水的水功能区有较大的影响。采用回灌井之后,供暖后的尾水进行回灌处理,不外排,有效地改善了水功能区的水质。

7.4　对水生态的影响

该项目未有回灌井之前,退水为直排,对周边和地下水的水生态环境有较大的影响。采用回灌井之后,由于项目只取热量,供暖后的尾水直接进行同层回灌,退水对周边和地下的水生态环境基本无影响。

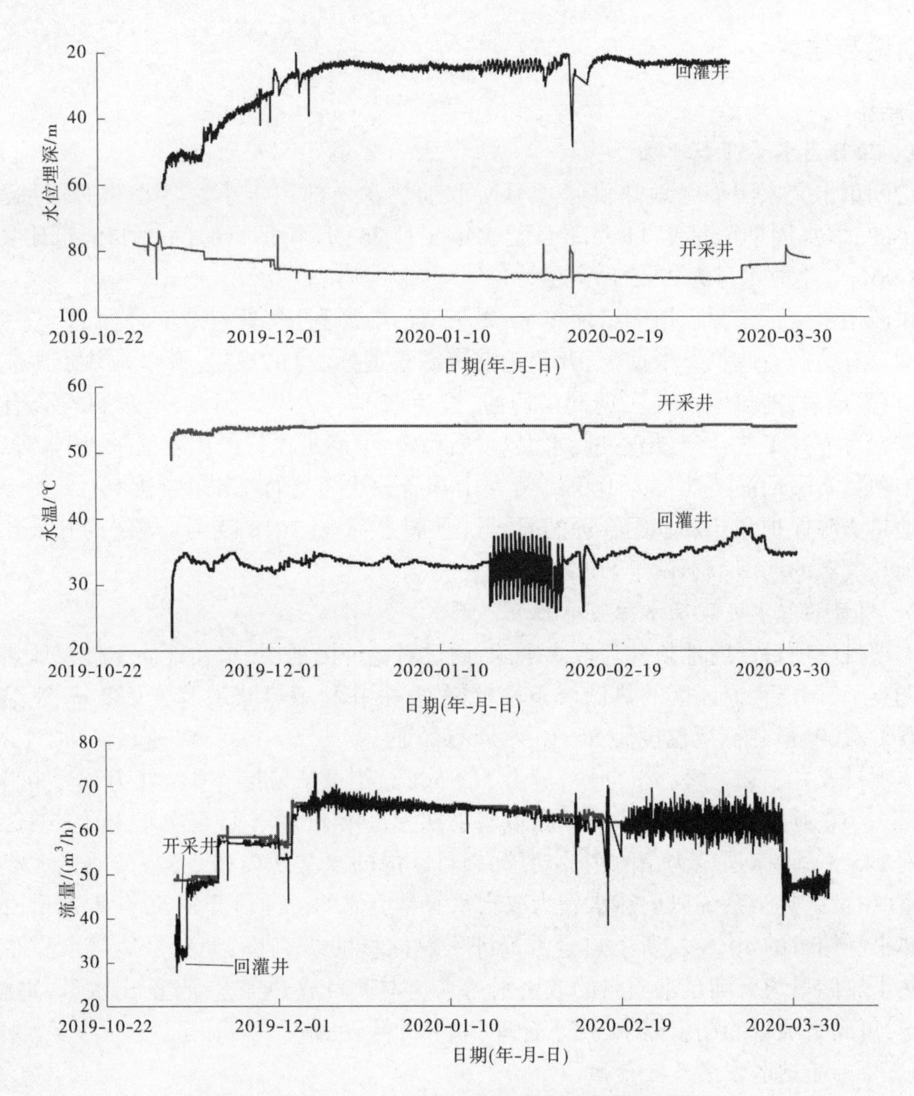

图8　试点2019~2020年供暖季地热回灌历时曲线

7.5　对其他用水户的影响

本项目退水为供暖后的尾水，尾水进行回灌处理，且项目回灌退水范围内无其他取水用户，因此退水不会对其他用水户造成影响。

7.6　退水口设置方案论证

本项目最终退水为供暖尾水，退水口为回灌井，供暖尾水全部回灌至相同地热储层，且项目回灌退水范围内无其他取水用户，不会影响其他用户取水。因此，本次论证认为退水口设置合理。

8　结论与建议

8.1　结论

8.1.1　项目用水量及合理性

德州市水文家园小区地热供暖项目所取地热水全部用于小区冬季供暖,供暖面积5.7万m^2,取水周期为每年11月1日至次年3月25日,年运行时间为145 d,日取水量1 530.96 m^3,年取水量为22.20万m^3。

供暖用水全部来源于馆陶组地热水,属于清洁能源利用,具有节能环保的生态效益,符合国家有关产业政策。根据《德州市地热资源管理办法》的规定:开采地热资源应采灌结合,以灌定采,地热尾水要实现同层回灌,避免地下水污染。因此,本项目符合有关规划。本项目成井工艺合理,出水量、水温、水质稳定,可满足项目的用水需求,用水合理。

本项目实际回灌率几乎为100%,符合山东省国土资源厅、山东省水利厅《关于切实加强地热资源保护和开发利用管理的通知》(鲁国土资规〔2018〕2号)规定的开采孔隙热储型地热资源的回灌率不低于80%的要求。

8.1.2　项目的取水方案及水源可靠性

本项目以项目区内地热井为取水水源,通过对论证区地层、水文地质条件及地热地质条件调查了解分析,论证区的热储层条件较好,开采井利用热储层厚度132 m,地温梯度为3.0 ℃/100 m,热储层温度为55 ℃,水温有保证。

本项目成井工艺合理,允许开采量为119 m^3/h,年可开采量为41.41万m^3,能满足年取水量22.20万m^3的需水要求。项目取水周期为每年11月1日至次年3月25日,年运行时间145 d。取水层位为馆陶组热储层,项目区内的水文地质条件较好,地热水资源储量丰富,项目区热泵系统以地热水作为取水水源是可靠的。项目开采50年取水量占论证区地热水静储量的40.6%,所采热量占论证区热储量的25.7%,无论是地热水静储量还是地热水热储量均可满足本项目的取用水需求。本项目成井工艺合理,出水量、水温、水质稳定,可满足项目的用水需求,用水合理,取水可行、可靠。

8.1.3　项目的退水方案及可行性

本项目最终退水为供暖尾水,退水口为回灌井,位于德州市水文家园小区。供暖尾水回灌至地热储层,且项目回灌退水范围内无其他取水用户,不会影响其他用户取水。因此,本次论证认为项目退水方案合理。

8.1.4　取水和退水影响补救与补偿措施

本项目取用地热水资源,与地表水及浅层地下水之间没有直接的水力联系,不存在与工农业用户争水问题,不会对工农业取水户造成影响,因此不必进行补偿。

本项目退水为供暖尾水,尾水通过尾水管网收集后,经过尾水处理装置处理达标后,通过回灌装置回灌至回灌井。尾水不外排,不会对周边环境造成较大影响。项目退水不存在补偿。

8.2　存在的问题及建议

8.2.1　存在的问题

(1)本项目取用地热水,若对开采井、回灌井的污染防护不当,有可能造成地热水水源污染。

(2)抽水、回灌过程中管网密集,容易出现“跑、冒、滴、漏”现象。

8.2.2　建议

(1)由于地热水有一定的腐蚀性,利用过程中对供暖设备和管道应注意防腐,加强对管网的检查,避免出现管网漏失,定期做好设备的检修和维护工作。

(2)建立突发事故应急预案,完善应急措施,建设事故处理期能容纳事故期间退水量的蓄水池,确保在事故发生时供暖尾水不外排。

(3)开采地热资源的采矿权人按照相关文件要求,加强对水位、水量、水温、水质的监测工作,掌握地热水水位压力场、流场、水化学场动态变化特征,发现异常,查找原因,及时采取措施。将监测数据定期或实时向自然资源和水利部门报送。对年开采地热水 10 万 m^3 以上的取、用水户,应当建设远程在线水量计量监测设施,并与国家水资源管理信息系统联网。

案例5 雁洲湖水库建设工程水资源论证

常 成 张利红 单桂梅

滨州市水文中心

1 引言

阳信县位于山东省滨州市北部,地处黄河三角洲腹地,地理位置优越。阳信县境内有德惠新河德州农业用水区、勾盘河阳信农业用水区、东支流阳信农业用水区和白杨河阳信工业用水区4个水功能区,各水功能区水质均不能满足人畜生活用水水源地要求,大部分地表水资源仅能用于部分农业灌溉和河道生态用水。阳信县现有幸福水库、仙鹤湖水库和雾蓿洼水库3座引黄平原水库,水库供水功能为全县供给人畜生活用水和工业用水。3座水库供水厂现已并网运行,联合供水,自来水主管线已覆盖阳信县主城区及各村镇,实现了城乡供水一体化。

为了给阳信县的社会经济发展提供强有力的水资源保护,阳信县水利局拟建设雁洲湖水库。该工程位于河流镇境内,以雾蓿洼水库北坝作为隔坝,新建东、西坝和北坝。隔坝设置连通涵洞,雁洲湖水库通过雾蓿洼水库入库泵站引黄河水,经连通涵洞实现雾蓿洼水库与雁洲湖水库联合调蓄。雁洲湖水库建成后与雾蓿洼水库共用供水泵站,与幸福水库、仙鹤湖水库和雾蓿洼水库一起承担全县城镇及农村居民生活用水、大小牲畜用水以及工业用水。

2 建设项目概况

2.1 基本情况

山东省阳信县雁洲湖水库建设工程位于县城东南12 km,河流镇境内。水库具体位置为:东支流以南、温水东线以北、侯家坞村以西、邢家坞村以东,雾蓿洼水库北侧。水库取水口位于小开河输沙渠左岸、桩号36+000处,经引水渠(温水东线)引水入库。

项目性质为新建。

该工程总占地2 315.3亩;施工期临时占地50.0亩。施工安排合理,布局紧凑,土地利用率较高。库区附近土地均为低产田或低洼盐碱地,工程施工占地补偿费用较低,且迁占工作好做。建设项目平面布置图见图1。

2.2 建设规模及实施意见

雁洲湖水库设计库容954.96万m^3,设计库底高程3.70 m(1985国家高程基准,下同),设计蓄水位13.03 m,设计库容954.96万m^3;死水位5.00 m,相应死库容116.98万m^3;调节库容837.98万m^3,年调蓄水量1 468.8万m^3,年可供水量1 098万m^3。

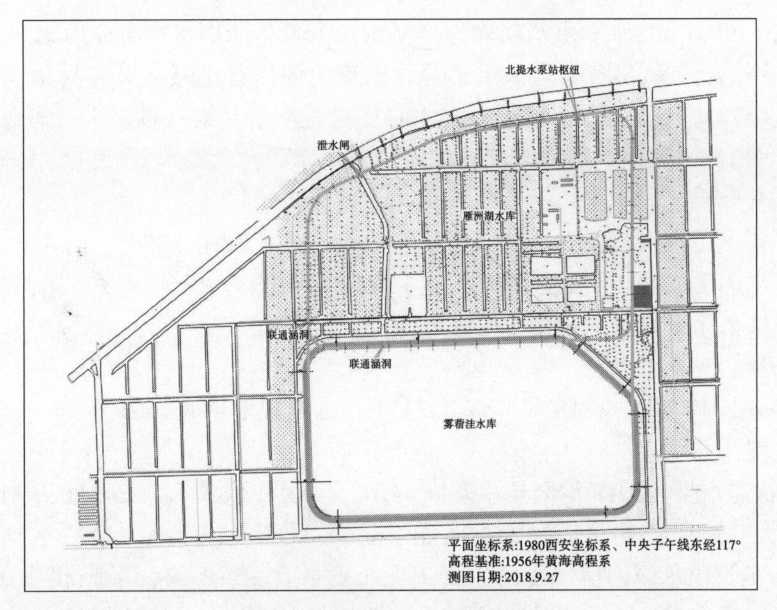

图1　建设项目平面布置图

主要建筑物4座,包括北提水泵站枢纽、泄水闸、一二期工程联通建筑物和二三期工程联通建筑物。依据《平原水库工程设计规范》(DB 37/1342—2009),水库工程规模为小(1)型,工程等别为Ⅳ等,水库围坝及主要建筑物级别为4级,次要建筑物级别为5级。

3　用水合理性分析

3.1　用水合理性分析

3.1.1　设计供水量核算

1. 现状水源及供水情况

(1)幸福水库位于阳新县城东北约2.5 km处,距簸箕李二干渠(兴福河)700 m,库区南靠阳城三路,北临阳劳路、簸箕李二干渠三分干,东至河东三路,西达新大济路。水库占地面积1 320亩,设计库底高程5.35 m,设计蓄水位10.35 m,设计总库容350万m^3;死水位5.60 m,相应死库容20万m^3;兴利库容330万m^3。利用提水泵站充库,提水泵站设计流量8 m^3/s。

(2)仙鹤湖水库又名第二幸福水库,位于阳新县城东北约3.0 km处,距簸箕李二干渠(兴福河)2.0 km,库区南靠河流镇七里坦村,北临阳劳路、簸箕李二干渠三分干,东至新大济路,西侧为耕地,面积3 870亩。水库设计库底高程6.00 m,设计蓄水位11.00 m,设计总库容650万m^3;死水位6.50 m,相应死库容70万m^3;兴利库容580万m^3。利用提水泵站充库,提水泵站设计流量10 m^3/s。

(3)雾宿洼水库位于东支流以南、温水东线以北、侯家坞村以西、邢家坞村以东。水库南坝沿滨阳路布置,库区占地面积2 041.37亩,设计库底高程3.7 m,设计蓄水位13.03 m,设计库容911.17万m^3;死水位5.0 m,相应死库容110.58万m^3;兴利库容800.59万m^3,入库泵站设计流量10.0 m^3/s。

(4)现状水源供水量。阳信县现有3座引黄平原水库,设计总库容约1 911万m^3,兴利库容 1 710.59 万 m³,水库供水功能为全县供给人畜生活用水和工业用水。3 座水库供水厂现已并网运行,联合供水,自来水主管线已覆盖阳信县主城区及各村镇,实现了城乡供水一体化。2018 年 6 月 27 日,山东省水利厅批复阳信县第一自来水公司取水许可证,批复水量 2 742 万 m³,该水量为阳信县境内 3 座水库联合调蓄水量。

2. 需水量预测

1)水库供水范围

雁洲湖水库建成后与阳信县现有 3 座水库联合调度,承担全县城镇及农村居民生活用水,大、小牲畜用水以及工业用水的供水任务。

2)水平年

现状年取 2017 年。规划水平年取 2023 年。远期规划年取 2035 年。

3)需水量预测

(1)现状需水量。2017 年全县总人口 44.33 万,其中农业人口 24.11 万、非农业人口 20.22 万。大牲畜存栏 29.85 万头,小牲畜存栏 54.11 万头。

2017 年项目供水区阳信县境内主要工业企业共计 15 家。经调查,供水区内工业用水户工业增加值 42.30 亿元。根据阳信第一自来水公司供水量统计资料,2017 年工业原水供水量 537 万 m³。

(2)规划年需水量。水库供水范围规划水平年 2023 年社会经济各部门用水指标和社会经济情况见表 1、表 2,全县规划年需水量见表 3。

表 1 规划水平年 2023 年社会经济各部门用水指标

水平年	生活用水/[L/(d·人)]		万元工业增加值取水量/m³	牲畜/[L/(d·头)]	
	城镇	农村		大	小
2023	120	80	8.3	40	15

表 2 规划水平年 2023 年社会经济基本情况统计

水平年	人口/万		工业增加值/亿元	牲畜/万头	
	城镇	农村		大	小
2023	28.64	26.86	192.9	36.95	65.89

表 3 规划水平年 2023 年需水量

单位:万 m³

水平年	生活需水量		工业需水量	牲畜	总需水量
	城镇	农村			
2023	1 254	784	1 601	900	4 540

(3)远期规划年需水量。水库供水范围远期规划年 2035 年社会经济各部门用水指标和社会经济情况见表 4、表 5,全县规划年需水量见表 6。

表4　远期规划年2035年社会经济各部门用水指标

水平年	生活用水/[L/(d·人)]		万元工业增加值取水量/m^3	牲畜/[L/(d·头)]	
	城镇	农村		大	小
2035	120	85	8.0	45	20

表5　远期规划年2035年社会经济基本情况统计

水平年	人口/万		工业增加值/亿元	牲畜/万头	
	城镇	农村		大	小
2035	46.69	30.72	222.6	40.62	69.31

表6　远期规划年2035年需水量　单位:万 m^3

水平年	生活需水量		工业需水量	牲畜	总需水量
	城镇	农村			
2035	2 045	953	1 781	1 173	5 952

4)供需平衡分析

阳信县现有污水处理厂5座,日处理能力8.55万t。现状年全县工业污水和生活废水集中处理量3 121万 m^3,但全县污水回用设施配套不完善,现状年暂未有效利用,仅作为河道生态补水使用。根据《阳信县国民经济和社会发展第十三个五年规划纲要》规划的水利建设目标:加大污水回用配套设施建设力度,力争2020年污水综合回用率达到35%,中水回用量达到700万 m^3,2035年中水回用量达到1 200万 m^3。经处理后的中水可用于工业冷却水、城区道路冲刷、浇洒绿地、冲厕、河道景观、生态用水和农业灌溉。阳信县污水处理厂基本情况详见表7,供需平衡分析成果见表8。

表7　阳信县污水处理厂基本情况

名称	位置	处理工艺	处理能力/(t/d)	年可处理水量/万 m^3
阳信县污水处理厂	信城街道办	二级处理	30 000	1 095
阳信县新城污水处理厂	阳信县开发区	二级处理	15 000	548
阳信县河流镇东方污水处理厂	河流镇府前街南侧	二级处理	7 000	256
阳信县河流镇陆港物流园区污水处理厂	阳信县陆港物流园区	A^2+O	30 000	1 095
阳信县刘庙片区污水处理厂	阳信县刘庙片区	A^2+O	3 500	128
合计			85 500	3 121

表 8 供需平衡分析成果

单位:万 m^3

水平年	需水量				供水量				余缺水量
	工业	居民生活	牲畜	合计	现有	雁洲湖	中水	合计	
2017	537	1 255	732	2 524	2 742	0		2 742	218
2023	1 601	2 039	900	4 540	2 742	1 098	700	4 540	0
2035	1 781	2 998	1 173	5 952	2 742	2 010	1 200	5 952	0

3.1.2 用水水平及合理性分析

1. 工业用水分析

万元 GDP 取水量、万元工业增加值取水量为评价和考核区域总体用水效率的控制指标。现状年阳信县万元 GDP 取水量为 99.58 m^3;万元工业增加值取水量 13.37 m^3;规划水平年阳信县万元工业增加值取水量 8.3 m^3。

万元 GDP 取水量是地区综合用水指标,本节分析工业用水水平,建议去掉该指标。分析全县的万元工业增加值取水量指标,补充与相关指标及节水型社会建设指标的对比分析,评价工业用水的合理性。

由此可见,水库供水区用水指标符合“滨州市水利局《滨州市水利局关于印发各县区2017 年度水资源管理控制目标的通知》(滨水资字〔2017〕14 号)”的要求。

2. 居民用水分析

雁洲湖水库供水范围内,现状水平年农村居民生活用水定额 71.59 L/(人·d),规划水平年农村居民生活用水定额 80 L/(人·d),远期规划水平年农村居民生活用水定额 85 L/(人·d);现状水平年城镇居民生活用水定额 84.69 L/(人·d),规划水平年城镇居民生活用水定额 120 L/(人·d),远期规划水平年城镇居民生活用水定额 120 L/(人·d)。因此,居民生活用水量符合《山东省节水型社会建设技术指标》中山东省城镇居民生活用水量 120 L/(人·d)的要求。

综上所述,通过对项目区范围内居民生活用水定额和工业用水定额的分析,论证认为雁洲湖水库建设项目的用水是合理的。

3.1.3 用水合理性分析

阳信县辖区内地下水矿化度高,不能利用。地表径流较少且缺少拦蓄工程,利用率低,全县工农业和国民经济的发展主要依靠黄河水资源的支撑。现状年可供水量基本与需水量持平,随着经济社会的发展,现有 3 座水库将不能满足工业、居民生活迅猛发展的需要,严重制约着区内的发展。因此,建设雁洲湖水库增加黄河水调蓄能力,实行分区域、分行业供水,是保障全县用水的必由之路,项目用水符合当地水资源实际情况,取水是合理的。

3.2 节水潜力分析与节水措施

3.2.1 节水潜力分析

1. 传输过程节水

根据《节水灌溉规范》(SL 207—98),主要考虑从黄河到水库及水库到用水户之间的输、配水过程中的水量损失,输水系统通过渠道防渗和发展管道输水技术来实现增节水潜力,应对传输渠道进行衬砌或条件允许采用管道输水,并建设河道拦蓄水工程,收集利用灌溉回归水。

2. 各用水户节水潜力

居民生活、牲畜用水、工业用水是雁洲湖水库的用水大户。各企业应加强节水工程建设,进行工业节水技术改造,提高用水效率,全面推行各种节水技术、设备和器具普及使用。居民供水管网设施改造,降低管网损失率,居民在日常生活中应提高节水意识,采用节水技术和器具,提高水量利用效率,节约用水。建立稳定的节水投入保障机制和良性的节水激励制度以增进节水工作的顺利进行。

3. 中水回用节水

随着经济的发展,城乡污废水的排放量在不断增加,开展中水回用,具有一定的节水潜力。发展水的清洁生产,大力开展废污水回收再生利用,发展水资源高效利用,应用系统工程方法进行清洁水生产与高效用水技术集成,生产符合不同用途的中水。一部分作为城市的杂用水和工业的回收再用;另一部分也可用于回灌地下水,恢复地下水水位与修复地下水。

3.2.2　节水潜力分析

节水措施主要包括工程措施和管理措施,建议采取以下措施:

(1)项目建设过程中,严格落实各项节水措施,提高管材、附件和施工质量,安装节水型的器具。

(2)加强生活用水管理,杜绝跑、冒、滴、漏,降低输水管网漏损,鼓励节约用水。

(3)建立健全用水管理机制,建立合理的水价形成机制和水费计收使用管理办法。

(4)建立健全农业节水政策法规和技术规范,加强节水知识教育,提高用水户节水意识。

(5)搞好节水宣传,提高节水意识,做好节水基础管理工作和科研成果的转化,提高科学用水水平。

(6)鼓励企业用水户采用节水新技术、新工艺和节水设备的研究、开发与应用。

(7)对厂区各类用水进行全面规划、综合平衡和优化比较,采用多种措施,以达到经济合理、一水多用、综合利用的要求,提高重复用水率。

(8)兴建和完善污、废水处理设施,对工业废水和生活污水进行处理再利用,提高再生水利用率,减少污、废水对水环境的影响。

3.3　合理取用水量

雁洲湖水库建成后与雾蓿洼水库共用供水泵站,与幸福水库、仙鹤湖水库和雾蓿洼水库一起承担全县城镇及农村居民生活用水、工业用水,为满足水库供水范围内城镇及农村居民生活用水、大小牲畜用水以及工业用水需求,按照 2023 年需水量确定雁洲湖水库合理取水量。规划水平年农村居民生活用水定额 80 L/(人·d),规划水平年城镇居民生活用水定额 120 L/(人·d),远期规划水平年农村居民生活用水定额 85 L/(人·d),远期规划水平年城镇居民生活用水定额 120 L/(人·d)。居民生活用水量符合《山东省节水型社会建设技术指标》中山东省城镇居民生活用水量 120 L/(人·d)的要求,经计算生活用水合理需水量为 315.2 万 m^3。规划水平年阳信县万元工业增加值取水量 8.3 m^3。远期规划水平年阳信县万元工业增加值取水量 8.0 m^3。

因此,雁洲湖水库规划年 2023 年合理年取用水量为 1 098 万 m^3,其中人畜用水量为 496.2 万 m^3,工业用水量 601.8 万 m^3;远期规划年 2035 年合理年取用水量为 2 010 万 m^3,其中人畜用水量为 1 429 万 m^3,工业用水量 581 万 m^3,供水保证率为 95%。

4　建设项目取水水源论证

4.1　可供水量计算

4.1.1　来水量分析

1. 黄河来水量分析

根据利津站长系列实测资料分析,由于受降水丰枯变化和上、中游引黄水量逐年增加的影响,利津站来水量基本上呈逐年减少的趋势。从 1950~2015 年多年平均情况看,利津站平均年来水量为 309.99 亿 m^3。

黄河来水不但受水文气象自然因素的影响,而且在很大程度上还受到水利工程和流域治理等下垫面条件的影响,从而使不同年代天然径流系列与实测径流系列有较大差异。因此,所选资料系列应具代表性、一致性,尽可能地代表现状水平,既包含天然径流丰、平、枯系列变化,又反映已建水利工程的影响,也考虑到上游流域引用水量相对稳定。为此,选用利津站 1980~2015 年来水系列作为黄河径流的代表系列。经频率适线分析,得到黄河利津站多年平均径流量 189.60 亿 m^3,$P=50\%$时径流量为 162.30 亿 m^3,$P=75\%$时径流量为 106.60 亿 m^3,$P=95\%$时径流量为 61.10 亿 m^3。频率适线分析成果见图 2。

2. 山东省引黄供水调度原则

山东省引黄供水调度管理工作实行统一调度、总量控制、以供定需、分级管理、分级负责的原则。优先满足居民生活和重点工业用水,合理安排农业用水,统筹兼顾上下游、左右岸、地区之间和部门之间用水,同时留有必要的河道输沙用水和生态环境用水。2010 年,山东省发布了"十二五"用水总量控制指标,山东省从黄河干流引水分配指标为 65.03 亿 m^3,分配给滨州市 8.57 亿 m^3,滨州市分配给阳信县 1.00 亿 m^3。

3. 利津站可引水量分析

1)引黄天数分析

黄河可引水天数主要受黄河水位、流量、含沙量及冰凌因素的影响,同时受灌溉用水等人为因素的影响。根据利津站水文资料和现有工程运行情况,拟定以下可引水控制条件:

(1)根据多年引黄经验,为减少引沙量,减轻渠道淤积和泥沙处理负担,黄河水流含沙量大于 30 kg/m^3 时不引水。

(2)根据山东黄河河务局 2002 年 5 月编制的《黄河下游水量调度责任制(试行)》,为保证黄河不断流,确保利津站断面流量不低于 80 m^3/s,利津站最小可引水流量采用 80 m^3/s,即小于 80 m^3/s 时不引水。

(3)根据防汛规定,为确保防洪安全,黄河流量大于 5 000 m^3/s 时不引水。

(4)冰凌期一般发生在 12 月、1 月、2 月 3 个月内,冰凌期从冰凌开始至结束可分为

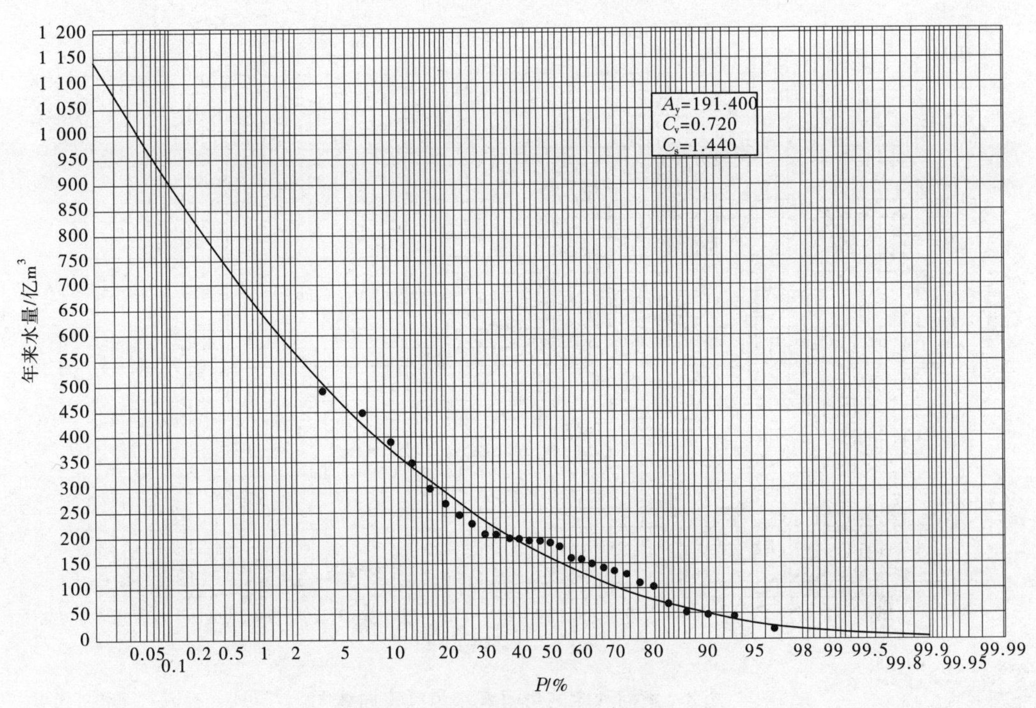

图2　黄河利津站频率曲线图

岸冰、淌凌流冰、封冻、开河4个阶段。根据引黄经验：在岸冰、封冻期可引水，当发生冰塞、冰坝、冰滑动时容易对引水建筑物造成损坏，不宜引水，因此拟定黄河流冰期（含冰塞、冰坝、冰滑动）不引水，封冻期可引天数按封冻期的50%考虑。

（5）黄河调水调沙期间不引水。2002年黄河开始第一次调水调沙试验时间为2002年7月4~15日，历时11 d；第二次调水调沙试验于2003年9月6~18日进行，历时12 d；第三次调水调沙试验于2004年6月19日至7月13日，分两阶段进行，总历时19 d；第四次调水调沙试验于2005年6月16开始，历时28 d；在以上可引水条件的基础上，扣除调水调沙时段。

根据上述可引水条件，对黄河利津站1980年7月至2015年6月实测水文资料进行统计分析，得到利津站历年逐月可引水天数。

2）利津站可引黄水量分析

根据利津站1980年7月至2015年6月实测流量、含沙量、冰情及调水调沙资料，确定逐年统计可引黄水量。

3）不同保证率利津站可引水天数和可引黄水量分析

对历年可引水天数进行从大到小排序，计算历年可引水天数经验频率，点绘各可引水天数经验频率点据，利用“多项式”对经验频率点据进行拟合。

根据拟合曲线求出50%、75%、95%和97%保证率时，利津站可引水天数分别为272 d、218 d、106 d和89 d。

采用P－Ⅲ型频率曲线，取$C_s/C_v=2.0$，对现状条件下的利津站可引黄水量系列进行频率适线，见图3。

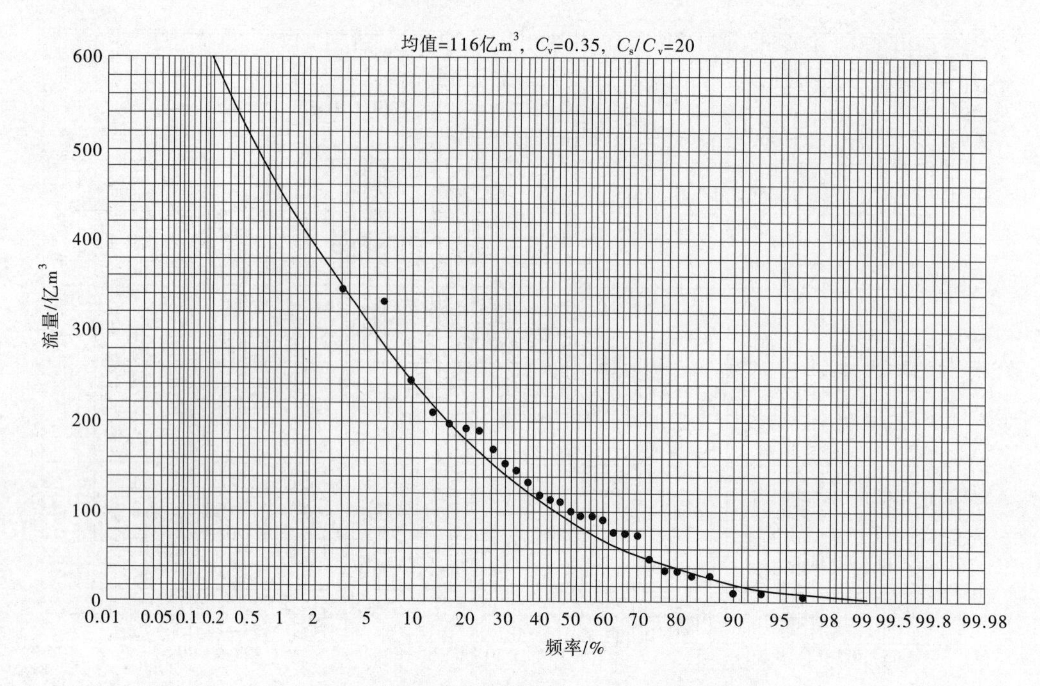

图 3　黄河利津站可引黄水量频率曲线图

4.1.2　小开河引黄闸可引水量分析

1. 基本情况

小开河引黄灌区位于山东省北部,黄河下游左岸,地处黄河三角洲腹地,纵贯山东省滨州市中部,是全省大型引黄灌区之一。灌区范围南起黄河,北至无棣县德惠新河,东以秦口河、西沙河为界紧邻韩墩灌区,西与簸箕李、白龙湾、大崔灌区接壤。地理坐标东经117°42′~118°04′,北纬37°17′~38°03′。包括滨州市的滨城区、惠民县、阳信县、沾化区、无棣县 5 个县(区),共有 18 个乡镇 667 个自然村,总人口 43.87 万,控制土地面积224.73 万亩,其中耕地面积 123.4 万亩,设计灌溉面积 110 万亩。

雁洲湖水库取水水源为小开河引黄灌区输沙渠。小开河引黄闸位于黄河下游左岸大堤 253+887、里则镇小开河村东兰家险工 33 号处。该闸建于 1997 年,为 6 孔 3 m×3 m 的钢筋混凝土方涵,闸底板高程 12.63 m,设计流量 60 m³/s,相应大河流量 218 m³/s,水位15.22 m;校核流量 85 m³/s,相应大河流量 336 m³/s,水位 15.78 m。该闸位于利津水文站上游 27 km。小开河引黄灌区输水干线自南向北分为输沙渠、沉沙池、输水渠三部分。干渠全长 91.5 km,其中输沙干渠 51.3 km,沉沙池 4.16 km,输水渠 36.04 km;骨干建筑物 145 座,支渠 66 条,长 330 km;沉沙池 2 400 亩,共有支渠 27 条,口门 39 座。小开河引黄灌区 1997 年开始建设,2001 年骨干工程全部完工,小开河引黄闸设计流量 60 m³/s,加大引水流量 85 m³/s,设计年引水量 3.08 亿 m³。自对黄河水量进行统一调度,小开河引黄灌区按分配指标引水。

2. 灌区分配黄河水量

小开河引黄闸位于黄河利津水文站上游,区间的引黄工程包括胜利闸、曹店闸、宫家闸、麻湾闸、打渔张闸、韩墩闸、张肖堂闸等。从引水安全角度出发,本次论证认为小开河引黄闸引水是在满足区间现状用水条件下进行的,因此区间现状引黄水量不予还原,以利津站可引水量代表小开河引黄闸位置黄河干流可引水量。黄河水为灌区的主要水源。根据山东省水利厅、山东黄河河务局《关于印发山东境内黄河及所属支流水量分配暨黄河取水许可总量控制指标细化方案的通知》(鲁水资字〔2010〕3号),分配给山东的黄河可引水量干流水量指标65.03亿m^3,支流水量指标4.97亿m^3。根据滨州市水利局文件滨水资字〔2017〕14号文关于印发《滨州市关于印发各县区2017年度水资源管理控制目标的通知》,滨州市分配引黄水量8.57亿m^3,占全省引黄分配水量的13.14%。

3. 可引水天数及可引水量分析

距离小开河灌区引黄闸最近的水文站是上游泺口站和下游利津站,距离利津水文站更近。考虑利津水文站在下游,以利津站可引水量及可引水天数代替小开河灌区引黄取水口可引水量和可引水天数应该是偏于安全的。考虑水文、气象自然变化和人为因素影响,选定黄河利津站1980~2015年共36年来水资料系列作为小开河引水口黄河实测径流的代表系列。为了更准确地确定引水天数,拟定以下可引水控制条件:

(1)为减少引沙量,减轻渠道淤积和泥沙处理负担,黄河水流含沙量大于30 kg/m^3时不引水。

(2)为保证黄河不断流,确保利津站断面流量不低于50 m^3/s,利津站最小可引水流量采用50 m^3/s,即小于50 m^3/s时不引水。

(3)根据防汛规定,为确保防洪安全,黄河流量大于5 000 m^3/s时不引水。

(4)冰凌期一般不引水,封冻期可引水天数按封冻期的50%考虑。

(5)黄河调水调沙期间不引水。

根据95%保证率可引水天数和小开河引黄闸引水能力,计算小开河引黄闸引水量,并与利津站可引水量比较,两者取较小者作为小开河引黄闸可引水量。

4. 供水水源报告

水源水质的好坏主要取决于上游汇入水的天然化学成分、泥沙纯度以及人类活动造成的污染程度。根据山东省水环境监测中心滨州市分中心检测报告,小开河引黄渠首水质pH为8.20,COD为18.5~20 mg/L,氨氮为0.12~1.0 mg/L。雁洲湖水库取水口位于输沙渠桩号36+000处(原温水东线引水闸处),因小开河输沙渠渠道已衬砌,且沿线无排污口,水质无污染,与渠首水质相同。水质符合《地表水环境质量标准》(GB 3838—2002)的Ⅲ类水标准,满足生产、生活和灌溉用水水源要求。

5. 灌区分配黄河可供水量

引黄水为灌区的主要水源。根据水利部黄河水利委员会1990年《关于黄河可供水量分配方案的通知》,黄河天然径流量580亿m^3,为保证河道淤积量每年不大于4亿t,至少需要冲沙水量200亿~240亿m^3(主要为汛期洪水),因此黄河总可引水量不过370亿m^3,分配给山东的黄河可引水量为70亿m^3。根据关于印发《滨州市关于印发各县区2017年度水资源管理控制目标的通知》(滨水资字〔2017〕14号文),滨州市分配引黄水量8.57亿m^3,占全省引黄分配水量的13.14%。滨州市分配给小开河引黄灌区的引黄水量为1.9亿m^3,该水量为控制灌区的基本水量。项目区地处黄河入海口,根据多年灌区实际运行情况,黄河来水量较大,争得黄河部门同意,在满足黄河冲沙水量要求前提下也可相机引用部分水量。

6. 引水、输水条件分析

小开河引黄闸建成于 1997 年,1998 年年底试运行,1999 年正常运行。小开河灌区投入运行以来,年平均引水 29 171 万 m^3,年均引水 123.3 d。2002 年引水量最大达 44 003 万 m^3。年均实际引水量仅占多年平均可引水量(14.40 亿 m^3)的 20.28%。

黄河多年含沙量统计资料表明,自 2000 年小浪底水库建成后,黄河含沙量大大减少。根据小开河引黄闸引水口黄河 2011~2015 年含沙量统计情况分析,雁洲湖水库充库时间和充库流量采用加权平均计算。雁洲湖水库空库期小开河引黄闸引水口黄河平均含沙量为 3.35 kg/m^3。黄河水自小开河引黄闸流经 36.0 km 小开河灌区输沙渠和 5.94 km 温水东线引水渠,通过提水泵站提水入库。经过输沙渠和引水渠的沉沙作用,到达水库处的含沙量小于 1.5 kg/m^3。

据以上分析,根据黄河来水情况及灌区科学调度,加强管理,平常年份,水库的充库水源、含沙量满足充库要求。

7. 项目区黄河水资源可利用量分析

小开河灌区干渠上游段设计引水流量 35~60 m^3/s,下游段设计引水流量 30 m^3/s。小开河灌区现状年实际灌溉面积 123.4 万亩,灌区涉及滨州市开发区、滨城区、惠民县、阳信县、沾化县和无棣县,灌溉面积分别为 1.78 万亩、9.46 万亩、7.1 万亩、26.45 万亩、24.94 万亩、53.68 万亩。

小开河引黄闸 2012~2016 年多年平均引黄水量 20 859 万 m^3,基本与灌区分配的引黄指标一致,其中开发区、滨城区、惠民县、阳信县、沾化县和无棣县多年平均用水量分别为 844 万 m^3、4 039 万 m^3、1 515 万 m^3、5 434 万 m^3、2 713 万 m^3、6 313 万 m^3。阳信县工农业生产、生活用水主要依靠黄河水。根据近 5 年的引水实测统计资料,阳信县小开河灌区输沙渠共计引黄水量 2.72 亿 m^3,年均引水量 5 434 万 m^3。

雁洲湖水库从小开河输水渠引水,该段输水渠输水能力 30 m^3/s,雁洲湖水库入库泵站提水能力 10 m^3/s。雁洲湖水库可引水量需考虑小开河引黄闸引水能力、小开河干渠沿线各县(区)用水量、小开河输沙渠输水能力、雁洲湖水库泵站提水能力等综合因素确定。

首先以小开河引黄闸可引水量,扣除根据小开河逐月可引水量进行月分配后的阳信县上游各县(区)多年平均引黄水量,作为阳信县可从小开河引黄闸的可引水量,然后计算下游输水渠输水能力和雁洲湖水库泵站提水能力,取上述三者水量的最小者作为雁洲湖水库可引水量。经分析,雁洲湖水库可引水量为 9 159 万 m^3。

目前,阳信县仅雾蓿洼水库工程自小开河灌区输沙渠引水,雁洲湖水库工程建成后继续延续该水源。由于阳信县黄河水量指标是有限的,为农村居民和企业供水后,势必会挤占部分农业用水量,但农业灌溉可以利用当地地表水,同时通过灌区续建配套与节水改造工程,提高农业用水效率,减少农田灌溉用水量。

通过以上分析,阳信县雁洲湖水库调蓄水量是有保证的。

4.1.3　雁洲湖水库水量调蓄计算

1. 调蓄原则、供水标准及用水规模

(1)调蓄原则:协调处理好来水和用水之间在水量和时间上的关系,尽量扩大调蓄系数,减小库容,降低工程造价,满足用水要求。水库供水对象为阳信县全县城乡居民生活、牲畜用水及工业用水。

(2)供水保证率:95%。

(3)用水规模:规划水平年 2023 年供水量 1 098 万 m^3,远期规划年 2035 年供水量 2 010 万 m^3。

2. 降水补给及蒸发、渗漏损失量

1)降水补给及蒸发损失水量

降雨量采用阳信县气象站 1952~2008 年逐月实测降雨资料,多年平均降水量 563.0 mm,95%保证率年降水量 320.68 mm,95%保证率降水量与阳信县 1965 年实测降水量相近,采用同倍比法计算逐月降水量。

蒸发量采用阳信县气象站 1952~2008 年逐月实测蒸发资料并换算为大水体蒸发成果,多年平均蒸发量 1 295 mm。

水库蒸发损失水量采用水库月水面蒸发量与月平均水库水面面积的乘积计算,降雨补给量采用上表所列降水深乘水库上口面积,经计算全年水库降雨补给水量 42.2 万 m^3,蒸发损失水量 152.6 万 m^3。

2)渗漏损失水量计算

水库的渗漏包括坝体渗漏损失和坝基渗漏损失,根据土工实验室数据,坝址区地下水为第四系孔隙潜水,各层渗透系数 $1.33\times10^{-4}\sim4.10\times10^{-3}$ cm/s,具中等透水性,无相对不透水层,可视为均质透水体。

根据《平原工程设计规范》,通过坝体土工膜防渗层的渗水量由通过土工膜本身的渗量和土工膜铺设施工缺陷(孔洞)所造成的渗漏量两部分构成。

3. 水库调蓄计算

1)来水量

依据前述黄河来水分析,保证率 95%时小开河引黄闸可引水 106 d。

2)用水量

依据水资源平衡分析,规划水平年 2023 年水库年供水量 1 098 万 m^3,其中工业用水 601.8 万 m^3,居民生活用水 315.2 万 m^3,畜牧用水 181.0 万 m^3。远期规划年 2035 年水库年供水量 2 010 万 m^3,其中工业用水 581 万 m^3,居民生活用水 975 万 m^3,畜牧用水 454 万 m^3。

3)水库特征曲线

水库特征曲线是反映水库水位、水面面积及水库库容之间的关系曲线,采用 1/1 000 地形图按工程总体布置计算而得。雁洲湖水库计算成果见图 4,雾宿洼水库计算成果见图 5。

4)雁洲湖水库特征指标

坝顶高程 14.10 m,库底高程 3.70 m,设计蓄水位 13.03 m,死水位 5.0 m,设计库容 954.96 万 m^3,死库容 116.98 万 m^3。

5)水库调节计算

雁洲湖水库与雾宿洼水库共用入库泵站与供水泵站,两座水库之间通过涵洞连通,需

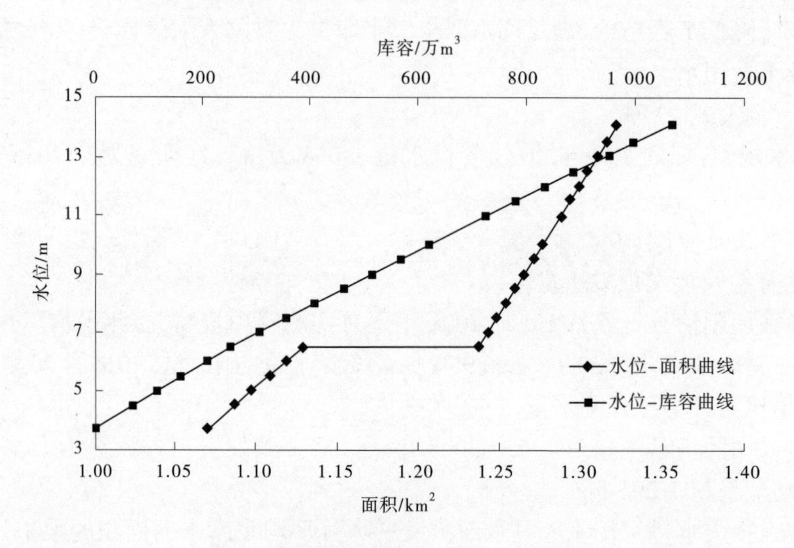

图4 雁洲湖水库水位-面积-库容曲线

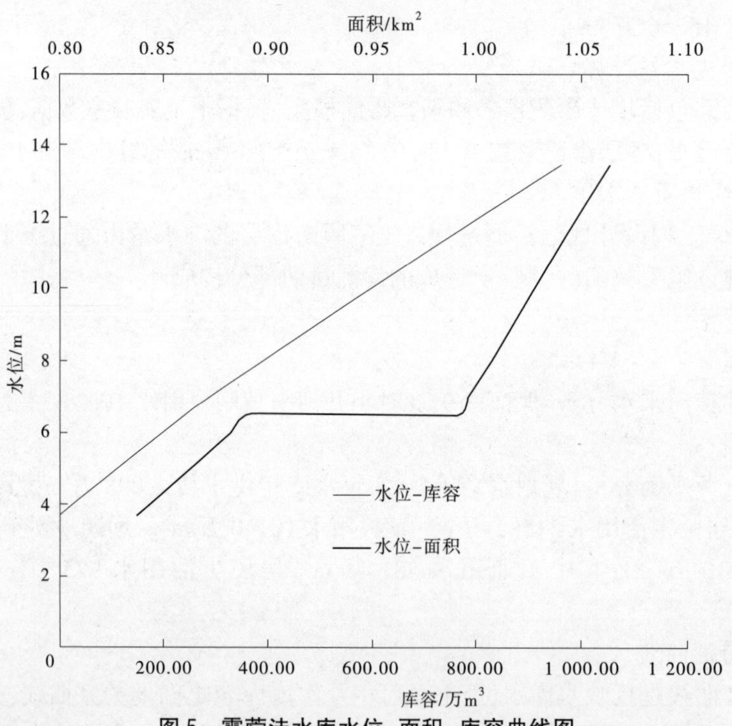

图5 雾蓿洼水库水位-面积-库容曲线图

进行雁洲湖水库与雾蓿洼水库联合调蓄。与幸福水库、仙鹤湖水库和雾蓿洼水库一起承担全县城镇及农村居民生活用水、大小牲畜用水以及工业用水的供水任务。幸福水库、仙鹤湖水库和雾蓿洼水库等3座水库可供水量2 742万m^3,幸福水库设计库容350万m^3,仙鹤湖水库设计库容650万m^3,雾蓿洼水库设计库容911万m^3,雾蓿洼水库供水量1 341.4万m^3,雁洲湖水库供水量1 098万m^3。

根据小开河灌区引水情况和水库综合利用的特征,确定该水库为非完全年调节水库,采用典型年法，根据来水量，对库区逐月用水量、蒸发量及渗漏损失进行调节计算。同时考虑灌区现有条件的引、输水能力，在灌区可引水天数控制范围内，错开农田灌溉高峰期、高含沙汛期、枯水期和干渠清淤期，相机引蓄。

由本次调节计算知，雁洲湖水库建成后，95%枯水年引水充库时间为 15.5 d，年调蓄水量 1 468.8 万 m^3，能够满足工业、居民生活、畜牧业共计年供水 1 098 万 m^3 的要求。远期规划水平年 95%枯水年引水充库时间为 27 d，年调蓄水量 2 332.8 万 m^3，能够满足工业、居民生活、畜牧业共计年供水 2 010 万 m^3 的要求。

本次调算结果与《山东省阳信县雁洲湖水库建设工程可行性研究报告》的调蓄结果存在差异，考虑阳信县水资源状况和供水区经济社会发展等综合因素，采用本次调蓄成果。

4.2　水资源质量评价

4.2.1　黄河水质分析

采用 2019 年 2 月 12 日滨州黄河浮桥监测断面的黄河水质来分析小开河引黄闸的水质状况。评价标准执行《地表水环境质量标准》(GB 3838—2002)。

水体水质检测报告及评价成果见表 9、表 10。

表 9　黄河水质监测成果

检测项目	检测依据	监测结果
pH	GB/T 6920—1986	8.5
氨氮	GB/T 7479—1987	<0.05
铬(六价)	GB/T 7467—1987	<0.004
挥发酚	GB/T 7490—1987	<0.002
汞	SL 327.2—2005	<0.000 01
砷	SL 327.1—2005	0.000 4
氰化物	GB/T 7486—1987	<0.004
高锰酸盐指数	GB/T 11892—1989	2.4
溶解氧	GB/T 7479—1987	10.1
五日生化需氧量	GB/T 7488—1987	1.0

表 10　黄河水质评价成果

项目	含量	单位	类别
pH	8.5		Ⅰ
氨氮	<0.05	mg/L	Ⅰ
铬(六价)	<0.004	mg/L	Ⅰ
挥发酚	<0.002	mg/L	Ⅰ
汞	<0.000 01	mg/L	Ⅰ

续表 10

项目	含量	单位	类别
砷	0.000 4	mg/L	Ⅰ
氰化物	<0.004	mg/L	Ⅰ
高锰酸盐指数	2.4	mg/L	Ⅱ
溶解氧	10.1	mg/L	Ⅰ
五日生化需氧量	1.0	mg/L	Ⅰ
综合评价			Ⅱ

从表 10 中可看出,在参加评价的 10 个水质参数中,除高锰酸盐指标符合地表水环境质量标准的Ⅱ类标准,其他参数均符合Ⅰ类标准。因此,根据综合评价方法,小开河引黄闸取水口黄河水质达到Ⅱ类标准。

4.2.2 小开河灌区水质分析

采用 2019 年 1 月 6 日小开河张东公路桥水质监测结果分析小开河引黄灌区的水质状况。评价标准采用《地表水环境质量标准》(GB 3838—2002)。水体水质检测报告及评价成果见表 11、表 12。

从表 12 中可看出,在参加评价的 10 个水质参数中均符合生活饮用水标准。因此,根据综合评价方法,小开河引黄闸取水口黄河水质达到Ⅲ类标准。

表 11 小开河引黄闸监测成果

检测项目	检测依据	监测结果
pH	GB/T 6920—1986	8.5
氯化物	GB/T 11896—1989	1 660
氨氮	GB/T 7479—1987	0.16
六价铬	GB/T 7467—1987	<0.004
挥发酚	GB/T 7490—1987	<0.002
汞	SL 327.2—2005	<0.000 01
砷	SL 327.1—2005	<0.000 2
氰化物	GB/T 7486—1987	<0.004
高锰酸盐指数	GB/T 11892—1989	5.8
氟化物	GB/T 7483—1987	0.85
化学需氧量	GB/T 7488—1987	20

表 12　小开河引黄闸水质评价成果

项目	含量	单位	类别
pH	8.5		Ⅰ
氨氮	0.16	mg/L	Ⅱ
铬(六价)	<0.004	mg/L	Ⅰ
挥发酚	<0.002	mg/L	Ⅰ
汞	<0.000 01	mg/L	Ⅰ
砷	<0.000 2	mg/L	Ⅰ
氰化物	<0.004	mg/L	Ⅰ
高锰酸钾指数	5.8	mg/L	Ⅲ
氟化物	0.85	mg/L	Ⅰ
化学需氧量	20	mg/L	Ⅲ
综合评价			Ⅲ

4.3　取水口合理性分析

山东省阳信县雁洲湖水库取水口位于小开河输沙渠分水闸,经温水东线过滨阳路穿涵,由入库泵站提水入库。此处河段河床稳定,无明显冲淤现象。取水口附近无其他取水口,不会对其他用户造成影响。因此,取水口设计合理。

4.4　取水可靠性与可行性分析

4.4.1　取水可靠性分析

山东省阳信县雁洲湖水库建设工程规划水平年全年调蓄水量 1 468.8 万 m^3,远期规划年调蓄水量 2 332.8 万 m^3。水库取水口为小开河输沙渠分水闸,经温水东线过滨阳路穿涵,由入库泵站提水入库。通过对黄河来水、小开河引黄灌区供水能力、雁洲湖水库调蓄计算与水质分析及计算,小开河引黄灌区作为水库用水水源是可靠的。

4.4.2　取水可行性分析

通过以上黄河来水、小开河引黄灌区供水能力、雾蓿洼水库和雁洲湖水库调蓄计算与水质分析及计算,小开河引黄灌区可以满足水库规划水平年 2023 年调蓄水量 1 468.8 万 m^3,远期规划年 2035 年调蓄水量 2 332.8 万 m^3 的要求,水量、水质是有保障的。

5　建设项目取水影响分析

5.1　对区域水资源的影响

5.1.1　取水对黄河的影响

水库年取黄河干流水量 1 615.7 万 m^3,1980~2015 年黄河年平均径流量达 189.60 亿 m^3,年引水量仅占 0.07%,且引水时黄河流量均在 80 m^3/s 以上,不会对黄河生态造成影响。

5.1.2　取水对小开河引黄灌区的影响

雁洲湖水库通过小开河引黄灌区引蓄黄河水,水库工程建成后,新增引黄指标

1 468.8 万 m^3,其引黄水量在滨州市分配给阳信县的 1.15 亿 m^3 引黄指标中解决。根据《滨州市水利局关于印发各县区 2017 年度水资源管理控制目标的通知》(滨水资字〔2017〕14 号文),分配给阳信县的用水总量控制指标为:地表水 4 287 万 m^3、地下水 1 965 万 m^3、黄河水 10 000 万 m^3,合计 16 252 万 m^3。阳信县将总量控制指标分水源、分用途(工业、生活、农业、生态)进行了分配,其中工业用黄河水控制指标为 2 200 万 m^3,生活(含畜牧业)用黄河水控制指标为 7 750 万 m^3,合计 9 950 万 m^3,剩余引黄指标 50 万 m^3。雁洲湖水库新增引黄指标可通过利用现状引黄水剩余指标,改善阳信县农业灌溉方式及灌溉水源,由农业灌溉所占引黄水量中调剂和地表水源置换方案解决。雁洲湖水库的建设取水对小开河灌区阳信县境内农业灌溉造成一定影响。

因此,本项目新增的引水指标挤压小开河灌区上游及阳信县的部分灌溉用水,影响灌区正常的农业灌溉,但可以通过高标准年建设提高农业灌溉水利用系数与灌溉用水保证率。

5.1.3 对水库周边的影响

坝体、坝基均采取防渗措施后,水库渗漏量很少,为防止坝外少量的渗水抬高地下水水位,造成水土次生盐碱化,围坝外均设截渗沟。利用东、西两面的原灌排河道作为水库的天然截渗沟;北侧、西北侧利用东支流作为水库的截渗沟;南侧利用原雾宿洼水库北坝作为隔坝。控制外坝脚距截渗沟近坝侧堤肩 20 m。截渗沟形成闭合圈,汇水可通过现有河(渠)系汇水排入东支流。因此,水库建设对周边基本无不利影响。

5.2 对第三者的影响

5.2.1 项目对幸福水库的影响分析

雁洲湖水库建成后与雾宿洼水库共用供水泵站,与幸福水库、仙鹤湖水库和雾宿洼水库一起承担全县城镇及农村居民生活用水、大小牲畜用水以及工业用水的供水任务。减少其他水库供水压力,缓解了供需矛盾。其他水库在现有库容,引、供水设施不变的情况下,有利于改善供水水质、提高供水保证率。

5.2.2 项目对用水户的影响分析

雁洲湖水库建成后,改善了全县供水格局,增加了调蓄黄河水的能力,提高了供水保证率。原由幸福水库、仙鹤湖水库、雾宿洼水库供水的居民用水户改由雁洲湖水库供水,水质得到改善、水量保障程度得到提高。雁洲湖水库建成后,其他水库向县城区工业供水,供水压力减小,供水保证率得到提高,更好地保障城区工业用水安全。雁洲湖水库供水对保障全县国民经济的可持续发展,改善群众生产、生活条件,具有重要作用,对用水户基本无影响。

5.2.3 项目对农业灌溉的影响

阳信县农业用水水源主要是黄河水、当地地表水和地下水。雁洲湖水库规划水平年年调蓄黄河水量 1 468.8 万 m^3,水库取水通过小开河引黄干渠输水,水库取用黄河水量挤占了部分阳信县农业灌溉黄河水指标,会给农业灌溉取水带来一定影响,但引黄水量在阳信县黄河水控制指标范围内,应对农业灌溉给予补偿,以减轻对农业灌溉用水户的影响。项目取用黄河水主要通过对阳信县灌区水资源的优化配置予以实现,即通过农业节水或替代水源、提高农业灌溉水利用系数、提高水资源利用效率等措施将部分农业用水转变为工业用水和生活用水，项目取水后，经过种植结构调整、节水灌溉等措施，农业需水量完全可以得到满足，同时已考虑到其他用水户的用水要求，其他用水也可以得到保障，总的来说，本项目取水不会对其他用水户取水产生太大影响。

5.2.4　结论

经分析论证，雁洲湖水库通过小开河引黄灌区取用黄河水，水量、水质有保障，对区域水资源、用水户基本无影响，对农业用水户有一定影响。

5.3　取水影响补偿方案建议

5.3.1　影响补偿原则

(1)坚持“水资源的可持续利用”的方针和开源、节流、治污并举，节水治污优先的原则。

(2)坚持开发、利用、节约、保护水资源和防治水害综合利用的原则。

(3)坚持水量与水质统一的原则。

(4)坚持取水权有偿转让原则，建立健全保护水资源、恢复生态环境的经济补偿机制。

5.3.2　影响补偿方案建议

1. 剩余引黄指标

根据《滨州市水利局关于印发各县区 2017 年度水资源管理控制目标的通知》(滨水资字〔2017〕14 号文)，2017 年阳信县用水总量控制中引黄水量的控制指标为 10 000 万 m^3；根据《滨州市二〇一七年水资源公报》，2017 年阳信县引黄水量实际供水量为 9 950 万 m^3，剩余引黄指标 50 万 m^3。

2. 农田节水方案

根据 2012 年 6 月滨州市水利局、滨州市发展和改革委员会、滨州市财政局、滨州市农业局、滨州市国土资源局联合编制的《滨州市“旱能浇、涝能排”高标准农田建设规划》，阳信县水利、农业、国土等部门 2016～2020 年规划新增、提升标准农田 24 片，面积共计 23.14 万亩。

现状阳信县境内引黄灌区灌溉水利用系数为 0.62，高标准农田建成后灌溉水利用系数可提高至 0.68，阳信县用水总量控制中引黄水量的控制指标为 1.0 亿 m^3。根据《滨州市水利局滨州市财政局关于 2017 年度农田水利项目县建设实施方案的批复》(滨水农字〔2016〕25 号文)，项目实施后可恢复和改善灌溉面积 2.83 万亩，新增节水灌溉面积 2.83 万亩，年可节水 529.7 万 m^3；《山东省水利厅关于 2018 年新增农田水利项目县建设方案的批复》(鲁水农字〔2017〕39 号文)，2018～2020 年共新增、恢复、改善灌溉面积 7.3 万亩，年新增节水能力 716 万 m^3，据此估算，阳信县 2016～2020 年引黄灌区内高标准农田建设可节约引黄水量 1 245.7 万 m^3，节约水量可用于雁洲湖水库调蓄。

根据《阳信县农田水利项目县 2016 年度项目验收总结报告》2016 年度节水灌溉工程位于阳信县金阳街道办事处，涉及 35 个村庄，人口 1.45 万，耕地面积为 2.82 万亩。根据《滨州市水利局滨州市财政局关于 2017 年度农田水利项目县建设实施方案的批复》(滨水农字〔2016〕25 号)，2017 年度建设节水灌溉面积 3.83 万亩，位于商店镇；参照《山东省水利厅关于 2018 年新增农田水利项目县建设方案的批复》(鲁水农字〔2017〕39 号)，

2018 年度高效节水灌溉实施翟王镇大田管灌、翟王镇大棚滴灌以及商店镇、洋湖乡、水落坡镇扶贫 3 个项目区,共涉及节水灌溉面积 2.27 万亩;2019 年度高效节水灌溉实施商店镇大田管灌、水落坡镇大田管灌和翟王镇大棚滴灌 3 个项目区,共涉及节水灌溉面积 2.60 万亩;2020 年度高效节水灌溉实施流坡坞镇大田管灌和翟王镇大棚滴灌 2 个项目区,共涉及节水灌溉面积 2.42 万亩。

3. 地表水源置换方案

阳信县地表水源主要通过境内河道拦河闸拦蓄,境内现有拦河闸 8 座,其中秦口河 3 座(黄家井闸、二十里堡闸、后周闸)、东支流 1 座(董庙闸)、白杨河 2 座(白杨河闸、王集闸)、德惠新河 1 座(王杠子闸)、商东河 1 座(戚家闸),拦河闸总设计蓄水能力达 1 700 万 m^3。以上拦河闸建设年代久远,工程使用年限长,均存在许多问题,达不到设计拦蓄能力,致使供水能力不足,地表水无法充分利用。

根据《滨州市"十三五"水利发展规划》,"十三五"期间阳信县拟对境内德惠新河王杠子闸,勾盘河二十里堡闸、黄家井拦河闸、后周拦河闸,商东河戚家闸,东支流董庙拦河闸进行除险加固,恢复境内拦河闸设计拦蓄能力 1 700 万 m^3,年可实现供水量 3 400 万 m^3。另外,全县现有水窖、坑塘蓄水工程共 146 座,设计蓄水能力为 460 万 m^3,年可实现供水量 920 万 m^3。地表水总供水能力 4 320 万 m^3。

根据《滨州市水利局关于印发各县区 2017 年度水资源管理控制目标的通知》(滨水资字〔2017〕14 号文),2017 年阳信县用水总量控制中地表水控制指标为 4 287 万 m^3;根据《滨州市二〇一七年水资源公报》,2017 年阳信县地表水实际供水量为 3 746 万 m^3,富余地表水指标 541 万 m^3。

为响应"优水优用,劣水劣用,水尽其用"的分质供水新思路,科学利用水资源。参照阳信县水利局 2017 年度取用水总量控制指标分配方案(阳水指字〔2017〕1 号),阳信县境内地表水主要用于农业灌溉。拟将阳信县富余地表水置换部分引黄灌区内农业灌溉用黄河水,以解决全县黄河水超引问题。置换水量 500 万 m^3,涉及引黄灌区农田灌溉面积约 2.2 万亩。

通过以上工程措施的实施,阳信县可压减黄河水约 1 795.7 万 m^3,至本报告规划年时,阳信县年引黄河水量可以满足项目需水要求,未超出指标。

6　建设项目退水的影响分析

6.1　退水系统及组成

项目建设期间,产生的退水主要为两部分,分别为生产废水和生活污水,施工生产废水主要来自砂石料冲洗、筑坝填筑、池内材料的浸泡、基坑排水、混凝土拌和和养护等施工过程,这部分废水泥沙悬浮物含量高、无毒,主要在水库围坝、引水渠、入库泵站、滨阳路涵洞、泄水闸、出库闸等建筑物施工场地。施工期间生活污水主要包括施工人员淋浴、洗涤、粪便污水及食堂污水等生活排水。污水中的主要污染物来源于排泄物、食物残渣、洗涤剂等的有机物,污水中的 BOD_5、COD 及大肠杆菌含量较高。

项目建成后运行期,根据建设项目工程布置及建设特点,水库年引水量 1 468.8 万 m^3,除蒸发渗漏外,全部用于居民生活、畜牧及工业用水,水库本身无退水。水库人畜生活污水属于非点源排放；人畜生活污水排入规划建设的镇街小型污水处理厂，经处理达标后，用于周边道路喷洒及城镇绿化等；水库管理人员排放的生活污水经处理达标后，与雨水一起用于水库周边草皮及乔灌木绿化等。

6.2　退水总量、主要污染物排放浓度和排放方式

6.2.1　项目施工期退水

施工生产废水根据相关工程生产废水排放量统计，施工中每立方米混凝土产生废水约6.0 m^3，本工程混凝土及钢筋混凝土浇筑量2.88万 m^3，生产废水排放量17.28万 m^3。

生活污水按日均340人计，施工人员人均用水量80 L/d，生活污水日排放量为27.2 m^3/d，生活污水中含COD、BOD_5，其中COD按40 g/(人·d)计，BOD_5按30 g/(人·d)计，生活污水中COD、BOD_5的每日排放量分别为1.09 kg和0.82 kg。

6.2.2　项目运行期退水

1. 水库渗漏对水环境的影响

水库采用围坝护砌板下铺设复合土工膜防渗，下接坝基塑料薄膜平铺及垂直截渗，外坡设排水设施，且周边设有截渗沟，不会对周边环境产生影响。

2. 水库工业退水对水环境的影响

规划水平年2023年水库所供工业用水户用水量为601.8万 m^3，本报告按用水量的20%估算退水量，工业退水量约为120.36万 m^3。农村生活用水退水比较分散，生活退水量按用水量的80%估算，全县生活退水量约为396.96万 m^3，总退水量为517.32万 m^3。

远期规划年2035年水库所供工业用水户用水量为581万 m^3，本报告按用水量的20%估算退水量，工业退水量约为116.2万 m^3。农村生活用水退水比较分散，生活退水量按用水量的80%估算，全县生活退水量约为780万 m^3，总退水量为896.2万 m^3。

主要污染物及排放浓度COD<500 mg/L，氨氮(以N计)<45 mg/L，日退水规律为连续排放。

3. 人畜生活污水对水环境的影响

人畜生活污水通过城镇污水管网汇集至规划的城镇小型污水处理厂，经处理达标后，用于周边道路喷洒及城镇绿化等，不会对周边环境产生影响。

4. 管理人员的生活污水对水环境的影响

根据工程管理设计，工程定员编制为16人。用水标准按110 L/(人·d)，排水量按用水量的80%计算，水库管理区每日生活污水量为1.4 m^3，生活污水经处理达标后，与雨水一起用于水库周边草皮及乔灌木绿化等，不会对周边环境产生影响。

6.3　退水处理方案

6.3.1　供水区内污水处理厂简介

阳信县现有大型污水处理厂5座，各污水处理厂均已取得环保部门批复。全县污水日处理能力达8.55万t，年可处理污水量3 121万 m^3。各污水处理厂采用二级处理和A^2+O工艺，退水执行《城镇污水处理厂污染物排放标准》(GB 18918—2002)一级A标准，现状处理后的中水就近排往附近的河道作为生态补水。未来各污水处理厂将配套中水回用设施，经处理后的中水可用于工业冷却水、城区道路冲刷、浇洒绿地、冲厕、河道景观和生态用水。

6.3.2 处理方案

生产废水中主要包括混凝土拌和系统冲洗和混凝土养护废水。

混凝土浇筑养护废水主要污染指标为悬浮物,且呈碱性,其 pH 可达 9~12。养护 1 m^3 混凝土产生 0.35 m^3 的碱性废水。此外,混凝土拌和系统的转筒和料灌冲洗也将产生不少碱性废水。碱性废水若直接排放,对周围土壤产生不利影响,不利于施工迹地的恢复。如流入河流,则影响河道水质。建议加酸中和并经沉淀处理后,上清液进行回用。

废水中的主要污染物为细砂、泥沙、悬浮物、石油类和少量 COD 等,较易沉淀。针对上述特点采用混凝沉淀法进行处理,在废水排放量集中在浇筑区设沉淀池共 1 个,沉淀时间不少于 2 h,沉淀后上清液进行回用,用于工程洒水等,沉淀物定期人工清理。根据施工组织设计,设沉淀池 1 个。处理工艺见图 6。

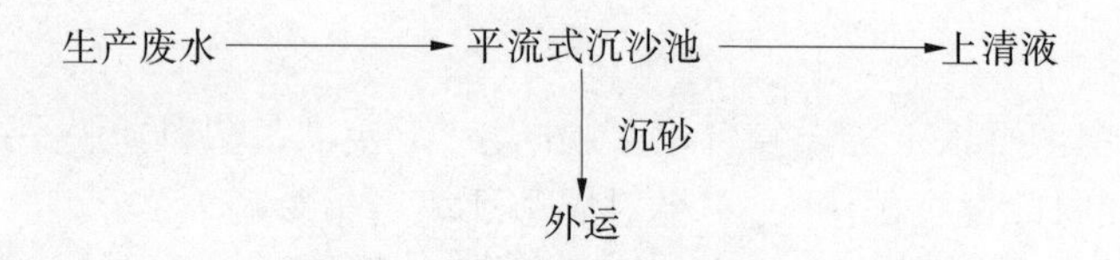

图 6 生产废水处理流程图

生产废水处理达标后全部回用,处理后用于洒水降尘、农田灌溉和绿化,做到"准零排放"后生产废水对施工区环境产生影响不大。

工程施工需要定期清洗施工机械设备及运输车辆,将会产生机械车辆维修、冲洗废水,废水中主要污染物为石油类和悬浮物,石油类浓度一般为 50~80 mg/L,含油废水若直接排放会降低土壤肥力,改变土壤结构,不利于施工迹地恢复。若直接排入水体,在水体表面形成油膜,使水中溶解氧不易恢复,影响水质。类比同类工程该部分废水产生情况,本工程机械车辆共 43 台,按每辆产生废水 0.6 m^3/d 计,维修、冲洗废水排放量约为 25.8 m^3/d。

为避免含油废水直接排放造成对地表水、地下水及土壤的污染,在各个机械修配厂设置集水沟,建设隔油池进行处理,隔油池约 15 d 清理一次,由于清理的油污数量较少,可集中焚烧处理。出水收集由于洒水降尘等,不得排入沟河水体和农田。其处理工艺流程见图 7。

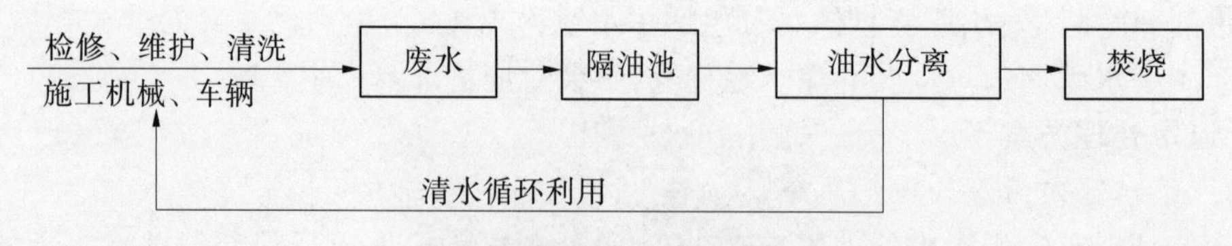

图 7 含油废水处理流程图

含油废水达标处理后,全部进行回用,用于洒水降尘、农田灌溉和绿化,做到"准零排放"后含油废水对施工区环境产生影响不大。

生活污水采用集中处置,进行无害化肥田处理,并加强人员素质教育,增强环保意识,避免生活废水流入库区和周边地区。

项目施工期退水的影响属于短期影响，影响随施工期结束而结束。

水库供水范围内的企业退水一般先经过企业内部污水处理站处理后，排入阳信县污水处理厂和阳信县第二污水处理厂深度处理，出水水质符合《城镇污水处理厂污染物排放标准》一级A标准后排放，企业不单独设立入河排污口。

农村生活污水一般退入化粪池或旱厕，不直接排入水体。城镇居民生活用水通过市政公共管网排入相关污水处理厂处理。

6.4　退水对水功能区和第三者的影响

根据建设项目工程布置及建设特点，水库所蓄黄河水除蒸发渗漏外，全部用于居民生活、畜牧及工业用水，水库本身无退水，不会对水功能区和第三者产生影响。

水库所供工业用水户退水一般先经过企业内部污水处理站处理后，排入阳信县污水处理厂和阳信县第二污水处理厂深度处理，出水水质符合《城镇污水处理厂污染物排放标准》一级A标准后排放，企业不单独设立入河排污口，不会对水功能区和第三者产生影响。

农村生活用水退水一般退入化粪池或旱厕，不直接排入水体。城镇居民生活用水通过市政公共管网排入相关污水处理厂处理。因此，不会对周边生态环境及第三者产生不利影响。

7　水资源保护措施

7.1　阳信县水资源保护措施

(1)重视对水资源质量的保护。水质和水量都是水资源的基本属性，为确保用水户的用水安全，应加强对水源地及其水环境的保护，完善水源地保护条例，以保证水库水质不受污染，并划定饮用水水源保护区，按照《中华人民共和国水法》《中华人民共和国水污染防治法》的要求加强保护区管理，建设保护林带及隔离工程，切实做好水库管理工作。

(2)做好污废水处理和中水回用。实施分质供水既可以解决当前水质污染与人们健康需求之间的矛盾，又可以改善供水紧张的状况。另外，要增加水处理设施的投入，做好外排废污水的处理与达标排放，达到治污与效益的同步实现，积极实施对生活污水的处理利用，逐步实现工业水零排放的目标。

(3)继续在全县框架内实施水资源的科学配置与优化调度，把阳信县水资源系统的开发利用决策与经济发展的战略决策结合起来，建立水资源决策与优化调度支持系统。将投入产出关系、调入输出关系和积累消费关系纳入水资源配置间的相互制约、相互依存关系，通过多层次、多目标决策，达到水资源优化配置的目的。同时通过工程、行政、经济和科技等不同的手段来满足人口、资源、环境与工业经济协调发展对水资源在时间、空间、数量和质量上的要求，使有限的水资源获得最大的利用效益，并实现可持续利用。

7.2　建设项目水资源保护措施

7.2.1　工程措施

1.建立隔离措施，保护水库水质

加强水库保护，防止对水库周围环境的不利影响，确保供水安全。水库保护工程主要是做好保护区的隔离防护，通过在保护区边界设立物理和生物隔离设施，防止人类活动等对水库的干扰,拦截污染物直接进入水源保护区。

水库应设置隔离防护设施,包括物理隔离工程(围栏和隔离沟)和生物隔离工程(生态防护林),防止人类活动对水源保护区水质造成影响。

水库物理隔离措施采用三级防护,最外侧第一级为截渗沟,第二级为围栏,第三级为远红外监测设施。

水库外围开挖有截渗沟,起到截渗和隔离的作用。沿截渗沟围栏,围栏主要采用钢丝网围栏、不锈钢围栏、PVC 围栏、高强度环保围栏等。为防止人类活动等对水库保护和管理的干扰,拟在水库周围设置远红外监控系统。该系统可全面地监控水库周围的情况,控制水库的人员进出。

生物隔离工程,结合水库的特点,在水库边界与坝轴线之间,建造生物隔离带,以便为水库后续发展和形成一个良好、稳定的生态系统创造基础条件。

隔离带树种应选择耐盐碱、成活率高、经济且抗逆性强的植物,主要选择毛白蜡、桑树、毛白杨、刺槐、火炬树、柽柳、石榴等树种,地被植物主要选择小龙柏、草坪草等。

2. 做好库底清理和截渗沟清理

水库蓄水前,严格按照《水利水电工程水库淹没处理设计规范》的规定进行彻底的库底清理,避免残留的植物有机体在蓄水后分解,对水质产生不利影响。

水库运行一段时间后,要及时对截渗沟进行清理,使之通畅贯通,避免土地的盐碱化。

3. 对灌区内实施节水改造

搞好灌区内的节水改造,提高引黄灌溉效率,节约农灌用水,提高水资源的利用率。

7.2.2 非工程措施

1. 强化水资源的统一管理

加强全县地表水、地下水、引黄水的联合调度,加强用水与防污的统一规划和管理,加强对影响水资源持续利用和保护的经济建设和人类活动的管理。加大水资源管理力度,强化水资源的统一管理,切实加强取水许可监督管理力度,促进社会的合理用水;加大水资源保护的力度,加强对河流排污口的监督管理,配合环境主管部门实施污染物总量控制制度,加强水资源的保护。

2. 加强水质监测设施建设和排污监督管理

加强对流域污染源的严格控制和管理,特别是雁洲湖水库库区范围内污染源的管理,确保库区水质不受污染。同时加强农业面源污染治理力度、走生态农业道路的治理思路。通过结合农村区域的自身特点,实行生态防治技术和生态平衡施肥技术,从源头上控制农药和化肥的大量施用。

3. 科学管理、落实责任

为了保证各部门用水,水库管理部门需制定用水调度管理运用方案,建议委托相关部门编制调度计划和聘请专业人员进行水库调度,建立事故防范机制和处理预案。对各种突发事故建立相应的应急预案,并将责任落实到个人。

4. 加强节约用水、加大节水宣传

加强节约用水,提高用水效率,加大节水宣传力度,提高全员节水意识,强化对节水工作的组织领导和基础管理;抓好节水技改项目的实施,加强节水科技攻关,加大耗水项目的节水改造,深挖节水潜力,加大串联用水量,提高项目水的重复利用率;建设和完善各环节水处理系统,提高废污水的回收利用能力,减少废污水的排放量;应采取有效措施,尽量回收利用蒸汽凝结水,减少新水取用量;定期开展水平衡测试,对全厂用水做到心中有数,避免跑、冒、滴、漏的发生,真正做到节约每一滴水。

此外,根据《中华人民共和国环境保护法》水资源保护措施应符合“三同时”要求,即与主体工程同时设计、同时施工、同时投产。

案例6　某自来水有限公司供水项目水资源论证

赵　洁　闫少华　潘忠海

烟台市水文中心

1　项目简介

某市自来水有限公司是市区主要供水企业,现有A水厂、B水厂、C水厂和D水厂,承担着市区Z区、L区、G区大部分地区的供水任务。现取水水源包括M水库及G河干流中下游河道地下水,现有许可水量4 010万m^3(其中地表水3 980万m^3,取水地点为M水库;地下水30万m^3,取水地点为E地、F地)。2018年现状取水量已达7 431万m^3。为保障经济社会发展和城市居民用水要求,拟将地表水许可水量由现状的3 980万m^3提高到8 522万m^3,取水水源为M水库、外调水(长江水、黄河水)。主要是为了满足Z区、L区大部分和G区部分区域的生活和生产用水需求,总需水量8 264万m^3,水源地取水量8 522万m^3(M水库地表水5 970万m^3,引黄水1 477万m^3,引江水1 075万m^3),供水保证率不低于95%。

根据分析论证区域内水资源开发利用现状和国民经济社会发展规划及流域水资源规划,确定以2018年为现状年,2022年为规划水平年。

根据建设项目取水类别、规模、用途、当地的水资源开发状况和开发利用程度、取退水影响的程度与范围,以及水功能区管理等方面的因素,确定该自来水有限公司供水项目水资源论证工作等级为一级。

本建设项目区域水资源分析范围为Y市市区,地表水取水水源范围为M水库坝址以上流域,取水影响范围为M水库所在流域的供水区;退水影响范围为污水收集管网、P污水处理厂、Q污水处理厂退水区,因本项目排污口位置为黄海,所以没有涉及水功能区。

2　建设项目取用水合理性分析

本项目为城市供水项目,所取水量主要为城市工业和生活供水。涉及Y市自来水有限公司四个水厂,包括A水厂、B水厂、C水厂和D水厂,其中A水厂包括新十万方水处理系统、奥贷综合池水处理系统、除铁锰三套净水系统。

2.1　用水工艺和现状用水过程分析

2.1.1　生产工艺与用水工艺分析

1. A水厂

本水厂向城市管网供水,从A水厂经管道输水向Y市Z区、L区部分居民及企业供水。厂区排水采用雨污分流制排水系统,污水全部由管道收集后与厂外排水管道相接,雨水管道接厂外雨水管。

1)地下水取用水流程

除铁锰工艺采用跌水曝气以及单级生物滤池过滤工艺,来水经曝气池入锰砂滤池,处理后净水通过1座4 000 m^3 蓄水池与十万方2座各2 000 m^3 蓄水池相连,随十万方泵房2条DN1 000管道加压输配。

2)地表净水厂工艺流程

原水由输水管道输送至净水厂稳压配水井,净水工艺采用机械混合池、折板反应池、平流沉淀池、V形滤池、紫外线+液氯消毒流程,在工艺设计中考虑超越混凝沉淀,药液混合后直接进行微絮过滤及超越深度处理单元的可能,污泥采用重力浓缩+机械脱水的方式。

2. B水厂和C水厂

B水厂和C水厂包括泵房、高低压配电室、加氯间、维修车间、清水池等相关设备,水厂根据来水水质的实际情况,经过加药、混合、沉淀等处理后,水质达到生活饮用水标准,经过加压站输入城市自来水管网。

3. D水厂

D水厂目前的处理规模为10万 m^3/d,规划年处理规模为20万 m^3/d。

2.1.2　用水过程和水量平衡分析

现状年Y市自来水有限公司A、B、C三处水厂,主要用水环节包括M水库调蓄、水厂处理、供水管网、供水范围内的城镇生活用水(包括城镇生活用水和城镇公共用水)、工业生产用水。

1. 水厂用水

现状年2018年Y市自来水有限公司自M水库提取地表水5 244万 m^3,进入A水厂(奥贷综合池水处理系统和十万方水处理系统),输水过程的管路损失为64万 m^3/d,水厂净化和工厂自用损失155万 m^3,其中130万 m^3(其中约3万 m^3 生活污水)生产污废水和生活污水进入城市污水排放管网。现状年应急取水自K地下水库提取2 187万 m^3/d,输水损失约为10万 m^3/d,分别进入B水厂、C水厂和A水厂除铁锰系统,制水损失分别为7万 m^3/d、7万 m^3/d、13万 m^3/d。

2. 供水管网

水厂净化处理完成后共计7 174万 m^3/d 新水由泵站输入市政供水管网,其中考虑供水管网漏损水量634万 m^3。

3. 用水户用水

供水范围内城镇居民生活用水量4 656万 m^3,企业生产用水量1 883万 m^3,用户总用水量为6 539万 m^3。

4. 污水处理厂用水

用水过程中,Y市自来水有限公司主要污水为厂区职工生活污水及工厂成产无法回水利用的污废水,约为130万 m^3。Y市自来水有限公司供水范围内共产生5 500万 m^3 污废水进入城市污水处理管网。Z区产生污水进入P污水处理厂,L区和G区污废水进入Q污水处理厂,城市污水处理率约为95%,经处理达标后的污废水约80%排入黄海,20%

进入城市中水回用管网。

2.1.3 现状用水水平评价

1. 城镇生活用水水平

本项目水厂供水范围为Z区、L区和G区,根据《Y市水资源公报》(2019年)可知,供水范围内城镇常驻人口数为118.5万,Z区和L区作为Y市的政治经济中心,G区为高新技术企业聚集地,流动人口约占10%,总人口共计130.4万。2018年管网覆盖区域内生活综合用水总量为4 656万 m^3,其中城镇生活用水量2 650万 m^3,人均生活用水定额为55.7万 m^3,城镇公共用水量2 006万 m^3,人均生活用水定额为42.2万 m^3,供水区域现状管网覆盖范围内生活综合用水水平为97.9 L/(人·d),符合《山东省节水型社会建设技术指标》城镇居民生活用水定额要求。

2. 工业用水水平

根据《Y市统计年鉴》(2019年)供水区域内2018年工业增加值为365.6亿元,工业用水量为1 883万 m^3,因此万元工业增加值用水量为5.15 m^3/万元,略小于Y市区万元工业增加值用水定额5.35 m^3/万元,低于山东省节水型社会控制指标中万元工业增加值取水量指标10 m^3/万元的要求,符合山东省节水型社会用水标准。

3. 管网漏损率

结合现状调查,采用水量平衡分析方法,现状年供水范围内入供水管网水量7 174万 m^3、用水户计量水量6 540万 m^3,则供水管网漏损量为634万 m^3。经计算,水厂供水范围内管网漏损率为8.8%,符合山东省节水型社会建设"十三五"规划管网漏损率指标10%的要求。

4. 水厂产水率

根据水量平衡分析,M水库至水厂损耗64万 m^3,水厂自M水库取源水5 180万 m^3,供出净化水量5 025万 m^3;K地下水库至水厂损耗10万 m^3,水厂自地下水库取源水2 177万 m^3,供出净化水量2 149万 m^3。经计算,地表水源至水厂管道损失合计为1.2%,水厂产水率为97.0%;地下水源至水厂管道损失合计为0.5%,水厂产水率为98.8%左右,符合《山东省饮用水生产企业产水率标准(暂行)》的规范要求。本项目与不同用水水平指标计算与比较结果见表1。

表1 不同用水水平指标计算与比较结果

序号	指标		本项目	标准	比较
1	城镇居民综合生活用水定额/[L/(人·d)]		97.9	80~120	符合
2	万元工业增加值用水定额/(m^3/万元)		5.15	10	符合
3	管网漏损率/%		8.8	≤10	符合
4	水厂产水率/%	地表水源	97.0	≥92	符合
		地下水源	98.8	≥96.5	符合

2.2 供水区域规划水平年需水量预测

本次论证对Y市自来水有限公司项目供水区域规划水平年需水预测分别采用定额

法和供水年均增长率法进行分析，然后综合考虑供水区域的实际用水情况进行分析确定。

2.2.1　定额法需水量预测

经综合分析，Y市自来水有限公司项目供水范围内工业增加值增长率约为7.0%，2022年将达到479.2亿元；Z区、L区和G区的人口自然增长率分别为3.92‰、6.83‰、13.97‰，放开二胎政策后，山东是人口增长大省，人口自然增长率取8.0‰，预计供水区城镇人口2022年将达到134.6万。

1. 城镇综合生活用水量

预测2022年供水区城镇居民综合生活用水定额为115 L/(人·d)，则2022年供水区城镇居民综合生活用水量为5 651万m^3/a(合15.5万m^3/d)。

2. 工业生产用水量

根据供水区现状工业结构、节水水平和未来发展等情况，万元工业增加值按照每年1%递减，预测2022年万元工业增加值综合取水定额为4.95 m^3，则2022年供水区工业用水量为2 371.5万m^3/a(合6.5万m^3/d)，依据《山东省水利厅关于明确取水许可有关问题的通知》(鲁水规字〔2020〕1号文，2020年2月)，再生水使用比例不得低于20%，本项目工业再生水使用比例为20%，再生水实用约为474万m^3，故预测2022年供水区工业用新鲜水量为1 897.2万m^3/a(合5.2万m^3/d)。

3. 管网漏失水量

由于规划年2022年之前，Y市自来水有限公司有修复管网计划，因此规划水平年供水管网漏失情况确定按8.5%计取，则2022年配水管网漏失水量预测为701.2万m^3/a(合1.9万m^3/d)。

4. 浇洒道路及道路绿化用水

浇洒道路及绿化用水采用中水，预测2022年本项目供水区浇洒道路及道路绿化用水量为247.0万m^3/a(合0.7万m^3/d)。

5. 总需水量

根据上述分析，Y市自来水有限公司项目供水区规划水平年2022年总需水量预测成果见表2。

表2　供水区总需水量预测成果

编号	项目	2022年预测的需水量	
		万m^3/d	万m^3/a
1	城镇综合生活用水量	15.5	5 650.8
2	工业生产用水量	5.2	1 897.2
3	管网漏失水量	1.9	701.2
4	浇洒道路及道路绿化用水	0.7	247.0
合计	总需水量	23.3	8 496.2

规划水平年2022年供水区需水量为8 496.2万m^3/a(合23.3万m^3/d)，考虑水源配置时，浇洒道路及道路绿化用水全部采用再生水，因此将其扣除，则规划水平年2022年供水区总需新鲜水量为8 249.2万m^3/a(合22.6万m^3/d)。

2.2.2 供水年均增长率预测法

供水年均增长率法预测采用供水区近年供水资料进行,供水区 2014 年供水量为 4 998 万 m^3,2018 年供水量为 6 540 万 m^3,根据 2014~2018 年供水区供水数据分析供水区供水年均增长率约为 6.9%,预测供水区水平年 2022 年供水量为 8 540.2 万 m^3/a(合 23.4 万 m^3/d)。则根据上述两种方法进行的 Y 市自来水有限公司项目供水区需水量预测结果见表 3。

表 3 供水区需水量预测结果

方法	规划 2022 年供水量	
	万 m^3/d	万 m^3/a
定额法	22.6	8 249.2
供水年均增长率预测法	23.4	8 540.2

由表 3 可知,供水年均增长率预测法预测结果较大,定额法增长率预测法预测结果小。考虑到 2016 年 Y 市自来水有限公司增加了供水区域,2016 年之前供水量变化较大,故本次论证考虑采用定额法预测基于 Y 市自来水有限公司供水区域发展规划指标,用水指标明确且满足相关规范要求,较为合理,故本次论证考虑采用该方法预测的需水量成果,现状年 2018 年自备井用户取水许可水量为 15.06 万 m^3,由于自备井本身位于企业厂区,不存在输水损失和产水率,即规划水平年 2022 年供水区需水量为 22.6 万 m^3/d(合 8 264 万 m^3/a)。

规划水平年 2022 年之前,水厂将有水厂设施及管道维护,Y 市自来水有限公司尚有地下水取水许可 30 万 m^3/a 将于 2022 年年底到期,地下水取水管道损失可忽略不计,工厂产水率按 99.0%计,则地下水水厂(B 水厂、C 水厂)产水量为 29.7 万 m^3/a;地表水厂(A 水厂、D 水厂)产水量为 8 235 万 m^3/a,产水率按 97.6%计,则 2022 年工厂产水损失 202 万 m^3/a,进厂水量为 8 438 万 m^3/a;水管道漏损率按 1%计,取水管道漏失率约为 85.2 万 m^3/a,水源地取水水量为 8 522 万 m^3/a(合 23.4 万 m^3/d)。

3 取水水源论证

3.1 水源方案比选及合理性分析

本次水源论证水量为 8 522 万 m^3,其中地表水取水量为 8 522 万 m^3,取水水源为 M 水库地表水、引黄水及引江水。

3.1.1 地表水

结合水厂厂区周边水源工程情况,本工程供水范围内现状可利用的地表水水源主要为 M 水库地表水、流域外调水(长江水、黄河水)。

1. M 水库

M 水库为大(2)型水库,同时也是胶东调水调蓄水库。水库总库容 2.44 亿 m^3、兴利库容 1.26 亿 m^3,自 1981 年开始向 Y 市区供水。

M 水库蓄水量大,建成运行 60 多年中有 37 年弃水,因此水库有扩大利用空间。另外,目前胶东调水工程已经向 M 水库供水,并且 M 水库水质基本符合城市供水水源要求,且已向城市供水，管网完善。因此，M 水库继续作为本项目的供水水源地之一。

2. 区域外调水

Y 市自来水有限公司供水范围涉及的 Z 区、L 区和 G 区地表水、地下水指标分别为 11 700 万 m^3 和 1 500 万 m^3，区域外调水引黄水和引江水分别为 2 400 万 m^3 和 1 650 万 m^3，合计 17 250 万 m^3。

3.1.2　地下水

本项目可利用的地下水水源主要为分布在 G 河下游的 K 地下水库库区，为城市应急水源，现状是 B 水厂、C 水厂以及 A 水厂出铁锰系统应急取水。Y 市自来水有限公司具有 E 地、F 地地下水取水许可，将于 2022 年年底到期。

3.1.3　再生水源

Y 市目前再生水厂设计规模为 9.25 万 m^3/d，实际供水能力为 6.5 万 m^3/d。城区现有再生水管道总长约为 66.5 km。管网多集中在 Z 区和 S 区，均为远距离输水管线。管径为 400~1 400 mm。

本项目中水主要供水的污水厂为 P 污水处理厂、Q 污水处理厂、R 污水处理厂，可满足本项目工业中水水量 474 万 m^3/d。

综上所述，Y 市自来水有限公司供水水源方案为：以现有当地地表水源 M 水库及外调水为集中水源，对当地水和外调水统一调度，优化配置，高效利用。M 水库水源地（包括 M 水库本库水、外调水），可向 Y 市区供水。

3.2　M 水库地表水水源论证

本次论证地表水取水水源为 M 水库地表水以及区域外调水。

3.2.1　M 水库现状来水量分析

1. M 水库天然径流量计算

1）M 水库基本情况

M 水库防洪标准为 100 年一遇洪水设计，10 000 年一遇洪水校核；除险加固后总库容 2.44 亿 m^3，兴利库容 1.264 亿 m^3，死库容 0.1 亿 m^3；水库校核洪水位 34.99 m，正常蓄水位 30.68 m，死水位 20.5 m。

M 水库流域上游已建有中型水库 1 座，控制流域面积 150 km^2，总库容 7 603 万 m^3，兴利库容 3 810 万 m^3。区间有小型水库 80 座，其中小（1）型水库 10 座，小（2）型水库 70 座，控制净流域面积 192 km^2，兴利库容 2 827.3 万 m^3。

目前，供水区域内无灌区。

2）M 水库径流量计算

M 水库天然径流量计算分为建库前（建 M 水库水文站前）和建库后两部分。

（1）建库前（1956 年 1 月至 1960 年 5 月）天然径流量的计算。1956 年 1 月至 1960 年 5 月天然径流量计算借用水库下游 9 km 处内夹河上南关村水文站的实测径流资料，利用南关村水文站的实测资料按南关村站与 M 水库的控制面积比，并考虑径流分布的不均匀性计算出 M 水库坝址的天然径流量，并按其径流月分配比进行月分配。

（2）建库后（1960 年 6 月至 2018 年 12 月）天然径流量的计算。M 水库自 1960 年 6 月开始有水文观测资料。1960~1994 年利用 M 水库实测水文资料进行径流还原计算，推求天然径流量。

M 水库和上游拦蓄工程的建成,对河川径流进行调节利用,改变了原来天然径流变化规律,因此需要进行径流还原计算,本次天然径流还原计算采用《水利水电工程水文计算规范》(SL/T 278—2020)中推荐的分项调查法,按照水量平衡,采用下列方程式计算:

$$W_{天然} = W_{入库来水量} + W_{上游灌溉} + W_{上游提水} + W_{调蓄} - W_{灌溉回归} + W_{蒸发} + W_{渗漏}$$

式中:$W_{天然}$为还原后的天然径流量,万 m^3;$W_{入库来水量}$为 M 水库入库来水量,为水库实测径流量和容积变量之和,万 m^3;$W_{调蓄}$为上游蓄水工程的蓄水变量,万 m^3;$W_{上游提水}$为库区上游扬水站提取水量,万 m^3;$W_{上游灌溉}$为上游灌溉水量,万 m^3;$W_{灌溉回归}$为灌区灌溉回归水量,万 m^3;$W_{蒸发}$为水库水面蒸发增损量,万 m^3;$W_{渗漏}$为水库渗漏水量,万 m^3。

水库的水面蒸发损失水量是指水库水面蒸发与陆面蒸发的差值,将 M 水库站历年逐月实测陆上蒸发器水面蒸发量资料统一换算为水库水面蒸发量。按以下公式计算年蒸发损失水量:

$$W_{蒸发} = f[e - (P - R')] \times 0.1$$

式中:$W_{蒸发}$为年库面蒸发增损量,万 m^3;f 为年平均库面面积,km^2;e 为年库面蒸发量,mm;P 为库面年降水量,mm;R'为年径流深,以实测出库水量和蓄水变量之和除以 M 水库流域面积代替,mm;

年内各月蒸发增损量按照 M 水库实测月蒸发量进行分配。水库渗漏水量按水库水文站实测大坝和溢洪闸渗漏量计算。

2. M 水库现状来水量计算

1) 1956~1994 年现状来水量计算

按以下公式进行计算:

$$W_{现状来水} = W_{天然} - W_{上库拦蓄} - W_{上游提水} + W_{灌溉回归}$$

式中:$W_{现状来水}$为水库现状工程情况下的来水量;$W_{天然}$为水库天然径流量;$W_{上库拦蓄}$为现状工程情况下上游水库工程拦截水量;$W_{上游提水}$为现状工程情况下库区上游扬水站提水量;$W_{灌溉回归}$为上游灌区灌溉回归水量。

2) 1995~2018 年现状来水量计算

现状工程情况下历年逐月来水量(计入蒸发和渗漏损失)按以下公式计算:

$$W_{现状来水} = W_{出} \pm \Delta W + W_{库蒸} + W_{库渗}$$

式中:$W_{现状来水}$为水库现状工程情况下的来水量;$W_{出}$ 为实测出库水量,万 m^3;ΔW 为 M 水库蓄水变量;$W_{库蒸}$为水库水面蒸发水量,由水库水文站实测蒸发资料计算;$W_{库渗}$为水库渗漏水量,按水库水文站实测大坝和溢洪闸渗漏量计算。

经计算,现状工程情况下,M 水库多年平均来水量(计入水库蒸发和渗漏损失)为 1.635 2 亿 m^3。

3. M 水库现状来水量统计分析

对 M 水库 1956~2018 年 63 个水文年现状来水量系列进行频率计算,求得多年平均现状年来水量为 16 352 万 m^3,$C_v = 0.75$(适线值),采用 $C_s = 2C_v$,求得 $P = 95\%$设计年现状来水量为 2 519 万 m^3。分析计算成果详见表 4。

表4　M 水库 1956~2018 年现状年来水量频率计算成果(水文年)

序号	频率/%	K_p 值	设计值/万 m^3	序号	频率/%	K_p 值	设计值/万 m^3
1	50	0.82	13 611	4	90	0.24	3 926
2	70	0.52	8 619	5	95	0.15	2 519
3	75	0.45	7 473				
均值=16 352 万 m^3			$C_v=0.75$		$C_s=2C_v$		

3.2.2　区域外调水工程及客水可利用量

根据 Y 市水利局《关于印发 2018 年度水资源管理控制目标的通知》的要求,M 水库涉及的区县管理控制目标为地表水 19 500 万 m^3,地下水 4 500 万 m^3,区域外调水 8 850 万 m^3(其中,引江水 3 650 万 m^3,引黄水 5 200 万 m^3)。

3.2.3　M 水库各用水部门用水量

M 水库现状为 Y 市自来水有限公司(A 水厂、D 水厂)、S 自来水公司,2018 年 W 净水厂完成 K 地下水库向 M 水库水源地置换,2019 年已向 W 净水厂供水。

1. Y 市自来水有限公司

现状年 2018 年 M 水库向 A 水厂供水量为 14.2 万 m^3/d,供水量 5 025 万 m^3/a。D 水厂现状设计规模为 10 万 m^3/d,未来规划设计规模为 20 万 m^3/d; D 水厂年取 M 水库地表水 1 424 万 m^3,现状年 2018 年尚未启用。规划 2022 年 M 水库向 D 水厂供水量 8.0 万 m^3/d,年供水量 2 925 万 m^3,向 A 水厂供水量 15.1 万 m^3/d,年供水量 5 512 万 m^3,加上输水管网漏失水量 85 万 m^3,共计 8 522 万 m^3。

2. S 自来水公司

规划水平年 2022 年,按现有地表水取水许可量 3 500 万 m^3/a、9.59 万 m^3/d 计。

3. W 净水厂

现有自 M 水库地表水取水许可为 1 519 万 m^3/a ,2019 年 M 水库向其供水 1 314 万 m^3/a、3.6 万 m^3/d。M 水库现状水平年用水户用水量月分配、规划水平年用水户用水量月分配见表 5、表 6。

表5　M 水库现状水平年用水户用水量月分配　　单位:万 m^3

用水户	7月	8月	9月	10月	11月	12月	1月	2月	3月	4月	5月	6月	全年
S 自来水公司	297	297	288	297	288	297	297	269	297	288	297	288	3 500
Y 市自来水有限公司	445	445	431	445	431	445	445	402	445	431	445	431	5 244
小计	742	742	719	742	719	742	742	671	742	719	742	719	8 744

3.2.4　M 水库地表水源可供水量计算

1. M 水库特征库容的确定

本次水库兴利调节计算(不同设计水平年)水库死水位采用 20.5 m,死库容 1 000

万 m³;兴利水位 30.68 m,兴利库容 12 640 万 m³;汛中限制水位 28.50 m,对应库容 9 408 万 m³。

表 6 M 水库规划水平年用水户用水量月分配 单位:万 m³

用水户	7月	8月	9月	10月	11月	12月	1月	2月	3月	4月	5月	6月	全年
S 自来水公司	297	297	288	297	288	297	297	269	297	288	297	288	3 500
Y 市自来水有限公司	724	724	700	724	700	724	724	654	724	700	724	700	8 522
W 净水厂	129	129	125	129	125	129	129	116	129	125	129	125	1 519
小计	1 150	1 150	1 113	1 150	1 113	1 150	1 150	1 039	1 150	1 113	1 150	1 113	13 541

2. M 水库兴利调算

1)水库特征水位的确定

M 水库除险加固完成后,死水位 20.5 m,对应死库容 1 000 万 m³;兴利水位为 30.68 m,对应库容 13 640 万 m³;设计洪水位为 31.48 m,对应库容 15 417 万 m³。

2)长系列时历法调节计算

根据 M 水库 1956~2018 年 63 个水文年的现状来水量和用水量系列,采用水库水量平衡原理,逐年逐月进行连续调算。

3)蒸发损失水量计算方法

水库年蒸发损失量为库面年水面蒸发量与年陆地蒸发量的差值,采用 M 水库历年逐月实测蒸发资料换算为水面蒸发量,年陆地蒸发量近似地用年降水量与年径流深的差值表示。将求得的年蒸发损失量按水面蒸发损失量月分配系数分配到各月,求得各月蒸发损失量,以此乘以与各月水库平均蓄水位相应的水面面积,求得各月蒸发损失水量。

4)渗漏损失水量计算方法

水库渗漏损失包括三部分:主坝渗漏、溢洪闸闸基渗漏和副坝坝基渗漏。本次 M 水库渗漏水量采用《M 水库除险加固工程初步设计报告》中的水库渗漏水量计算成果。该报告中经分析计算,M 水库不同水位情况下,水库渗漏水量见表 7。

表 7 不同库水位情况下水库渗漏损失水量成果

库水位/m	对应库容/万 m³	溢洪闸闸基/(万 m³/a)	闸北副坝及幸福渠副坝段/(万 m³/a)	合计/(万 m³/a)	备注
20.5	1 000	36.0	96.3	132.3	死水位
25.5	5 020	89.0	151.0	240.0	
27.0	6 990	104.9	168.6	273.5	
29.1	10 500	127.2	194.4	321.6	
30.68	13 640	143.9	212.0	355.9	设计兴利水位
33.30	19 820	153.7	185.8	339.5	

5)调算方法

根据 M 水库历年逐月入库水量和城市用水量,按照水量平衡原理,采用长系列变动用水时历法进行兴利调节计算,调算时取计算时段为月。调算中控制水位采用兴利水位,超过兴利水位则为弃水,低于死水位则停止供水。调算后用最后一年的年末库容替代起调库容再进行调算,直到起调库容与最后年末库容一致。

6)供水保证率

本次兴利调节计算,城市供水设计保证率取 95%,按月计算。M 水库下游河道生态环境用水量取多年平均来水量的 8%,保证率为 75%。

3. 调节计算

由于水价不同,水库管理基于同源、同质、同价的原则对目前三家取水户进行管理,按照许可水量平均分配长江水、黄河水、本地地表水。规划年调算成果详见表 8,各水源取水量统计表见表 9。

表 8　M 水库长系列调算成果

<table>
<tr><th colspan="2">兴利调算项目</th><th>调节计算成果</th></tr>
<tr><td colspan="2">水库现状多年平均来水量/万 m^3</td><td>16 352</td></tr>
<tr><td rowspan="2">区域外调入水量(调水期间)</td><td>调水量(进库前)/万 m^3</td><td>7 150</td></tr>
<tr><td>多年平均(进库后)/万 m^3</td><td>4 055</td></tr>
<tr><td rowspan="3">城市供水</td><td>日供水量/万 m^3</td><td>37. 1</td></tr>
<tr><td>供水能力/万 m^3</td><td>13 542</td></tr>
<tr><td>保证率/%</td><td>95. 10</td></tr>
<tr><td rowspan="2">下游生态</td><td>年均供水量/万 m^3</td><td>1 214</td></tr>
<tr><td>保证率/%</td><td>75</td></tr>
<tr><td colspan="2">蒸渗损失水量/万 m^3</td><td>1 798</td></tr>
<tr><td colspan="2">年均弃水量/万 m^3</td><td>4 119</td></tr>
<tr><td colspan="2">多年平均供水量/(万 m^3/a)</td><td>13 277</td></tr>
</table>

表 9　规划年 M 水库用水户取水量统计　　单位:万 m^3

取水水源	取水量	S 自来水公司	W 净水厂	Y 市自来水有限公司
M 水库	9 487	2 452	1 064	5 970
引黄水量	2 347	607	263	1 477
引江水量	1 708	441	192	1 075
总计	13 542	3 500	1 519	8 522

3.2.5 取水口设置的合理性分析

M 水库水源地的取水口位于 M 水库大坝东侧的输水洞,最大泄量为 37.8 m^3/s,可以满足本项目的取水需求。采用自流水方式供水,当水库水位低于输水洞时,需进行调水或采用水泵进行提水,可保证水厂的供水需求。

3.2.6 取水的可靠性与可行性分析

本次 M 水库可供水量分析计算采用的水文年系列长度为 63 年,在考虑了逐月来水量、蒸发、渗漏损失、环境生态用水及城市现状及规划用水等情况下,采用计入水量损失的长系列变动用水时历法,对水库的可供水量进行了调算。结果表明,M 水库地表水及外调水在满足 Y 市区现状及规划供水规模情况下,可以满足本项目供水 23.3 万 m^3/d、供水保证率 95%的要求。

另外,由 M 水库水质分析评价结果可以看出,M 水库水经净水厂处理后满足本项目供水区生活及生产用水。因此,从水量和水质的角度来说,本项目从 M 水库取水是可行的,也是可靠的。

4 取水影响分析

本项目取水水源为 M 水库水源地。项目取水影响主要从以下几个方面进行分析:一是对区域水资源的影响;二是对水功能区的影响;三是对生态系统的影响;四是对其他用水户的影响。

4.1 项目取水对区域水资源的影响

本次论证 2022 年地表水源需水量 8 522 万 m^3,原取水许可水量 4 010 万 m^3,较原取水许可新增取水量为 4 512 万 m^3。规划年 2022 年总取水量及新增取水量分别占 Y 市区多年平均水资源总量的 13.4%、7.2%,分别占地表水资源总量的 15.7%、8.4%,所占比例较小,不会对区域水资源造成较大影响。

2019 年实际利用地表水资源量 5 184 万 m^3,剩余 8 416 万 m^3,本项目新增地表水许可水量 1 990 万 m^3,区域剩余地表水控制指标满足本项目新增许可水量要求。长江水、黄河水目前取水户为 Y 市自来水有限公司,控制指标满足本项目黄河水 1 477 万 m^3 和长江水 1 075 万 m^3 的需水要求。

因此,本项目取水对区域水资源的影响较小。

4.2 项目取水对水功能区的影响

本项目取水水源 M 水库属于 G 河内夹河 Y 市饮用水源区,取水水源符合 Y 市水功能区划要求且各取水水源已供水多年,对水功能区影响较小。

4.3 项目取水对生态系统的影响

M 水库下游河道生态补水按照 M 水库坝址断面多年平均来水量的 8%计,则 M 水库坝址断面年均生态补水量为 1 204 万 m^3,保证率 75%;同时水库的弃水量也可作为下游生态用水,经过长系列调节计算,M 水库多年平均弃水量为 4 119 万 m^3。因此,在 M 水库按坝址断面以上多年平均来水量的 8%放水补给下游河道生态,再考虑水库弃水,则实际分析多年生态的生态补水量 5 323 万 m^3,远大于《山东省水资源综合规划》中山东省境内河道生态需水量按多年平均来水量的 10%考虑的水量。

4.4　项目增加取水对Y市自来水有限公司的影响

Y市自来水有限公司目前共有A水厂、B水厂、C水厂和D水厂4个水厂,设计处理能力为40万m^3/d,现状处理能力为20.1万m^3/d,尚未超过4个水厂的处理能力。但是,根据2017年供水量数据可知,A水厂十万方系统、奥贷系统地表水处理系统处理水量为18.7万m^3/d,已超负荷运行。规划年地表水取水量为8 522万m^3/a(合23.3万m^3/d),Y市自来水有限公司规划启用D水厂,规划年A水厂处理15.1万m^3/d(合5 912万m^3/a),不超过A水厂的设计处理规模;D水厂处理8万m^3/d(合2 925万m^3/a),不超过D水厂的设计处理规模。现状地下水取水许可30万m^3/a,不超过B水厂和C水厂的年处理规模。

根据2019年度M水库水质报告结果,M水库进水水质符合《地表水环境质量标准》(GB 3838—2002)中的Ⅲ类水体标准,目前增加供水对Y市自来水有限公司处理能力影响不大。

总体而言,增加取水不会对Y市自来水有限公司各水厂造成很大影响。

4.5　项目取水对M水库调蓄、管理的影响

规划年2022年,项目自M水库取水8 522万m^3,在保证M水库现有用水户S自来水公司、W净水厂用水的情况下,经多年长系列调节计算,调引长江水3 650万m^3地、黄河水3 500万m^3(不超过调水指标),其中长江水调水时间为91 d,黄河东调水时间为除汛期外的243 d,可保证城市供水95%、生态用水75%的保证率,年平均弃水量4 119万m^3,因此在有胶东调水的情形下,胶东调水时程避开了水库来水量大的汛期,在一年中缺水时段可正常调水,保持了水库正常的调蓄能力,增加取水对水库调蓄的影响较小。

由于水价不同,水库管理基于同源、同质、同价的原则对目前3家取水户进行管理,按照许可水量平均分配长江水、黄河水、本地地表水,因此本项目对水库管理影响较小。

5　退水影响论证

5.1　退水方案

5.1.1　退水系统及其组成

Y市自来水有限公司主要负责Z区、L区和G区城镇居民生活用水和部分企业生产用水。项目生产本身产生的污废水及自来水厂区工人生活污水直接进入城市污水管网。

(1)水厂内排水管线包括雨水、生活污水和生产废水的排放管线。厂区内雨、污水管道沿道路敷设,管道材料为钢筋混凝土,沿程每隔一定距离设检查排水井。现状年水厂直接废水130万m^3,其中生活污水4万m^3、生产污水126万m^3;规划年水厂直接废水150万m^3,其中生活污水4万m^3、生产污水146万m^3。

(2)本项目间接退水为废水,主要为供水范围内居民生活污水及工业企业生产废水。城镇居民生活污水一般经过简单沉淀处理后,汇入城市污水管网;大多数工业企业生产废水,可直接排入市政污水系统,少数污染较重的企业在厂区内进行预处理后,排入市政污水系统。

城市居民生活污水和企业生产废水经城镇污水收集管网进入P处理厂和Q污水处理厂,分别位于Z区和G区,污水集中收集处理后排放。

由于2座污水处理厂均位于海边,污水处理过后部分进入城市中水管网,部分排入深海。

5.1.2　退水总量、主要污染物排放浓度

Y市P污水处理厂隶属Y市城市排水服务中心,其主要污水来源为Z区、F区和S区东部。

Y市Q污水处理厂主要污染物、退水总量见表10。

表10　污水处理厂近五年的污染物排水量统计　　单位:t/a

污水处理厂	年份	退水量/万 m^3	BOD_5	COD_{Cr}	SS	TN	NH_3—N	TP
P	2014	3 096	≤310	≤1 238	≤310	≤464	≤155	≤15
Q		1 818	≤182	≤727	≤182	≤273	≤91	≤9
P	2015	3 095	≤310	≤1 238	≤310	≤464	≤155	≤15
Q		1 897	≤190	≤759	≤190	≤285	≤95	≤9
P	2016	3 063	≤306	≤1 225	≤306	≤459	≤153	≤15
Q		1 959	≤196	≤784	≤196	≤294	≤98	≤10
P	2017	3 118	≤312	≤1 247	≤312	≤468	≤156	≤16
Q		2 079	≤208	≤832	≤208	≤312	≤104	≤10
P	2018	3 136	≤314	≤1 254	≤314	≤470	≤157	≤16
Q		2 114	≤211	≤846	≤211	≤317	≤106	≤11

Y市自来水有限公司现状水平年2018年取水量为7 432万 m^3,实际用水量6 540万 m^3,其中生活用水量为4 656万 m^3,生产用水量为1 883万 m^3,生活污水排放系数约为0.85,工业污水排放系数约为0.75。经计算,总退水量为5 500万 m^3/a(合15.1万 m^3/d),其中生活用水退水量为3 958万 m^3/a(合10.8万 m^3/d),生产用水退水量为1 412万 m^3/a(合3.9万 m^3/d),项目本身退水量为130万 m^3/a(合0.36万 m^3/d)。

污水退水排放污染物主要为化学需氧量、生化需氧量、氨氮、悬浮物、大肠杆菌等,主要处理监控指标为化学需氧量、氨氮,生产废水退水水质随企业的性质不同有所不同,但企业设有污水处理站,退水达到《污水排入城镇下水道水质标准》(GB/T 31962—2015)后进入Y市污水处理厂集中处理。

范围内总退水量约为6 387万 m^3/a(合17.5万 m^3/d),其中生活退水量4 803万 m^3/a(合13.2万 m^3/d),工业生产退水量1 434万 m^3/a(合3.9万 m^3/d),项目本身退水量为150万 m^3/a(合0.41万 m^3/d)。

5.2　退水对水功能区和第三者的影响

本工程为供水项目,生产不直接产生退水,生活污水进入城市中水回用管网,间接退水主要来源于各用水户利用后产生的污水,统一排入Y市污水收集管网,然后经过T污水处理厂和××污水处理厂处理,水质达到《城镇污水处理厂污染物排放标准》

(GB 18918—2002)一级A排放标准后,经压力管道排放到外海的排污混合区,剩余污泥脱水后运往污泥处置单位进行焚烧环保处置。

到2022年,缺水城市再生水利用率达到20%以上,据此核算,本项目区用水户产生的中水回用水量约为474万 m^3/a。

本项目区的退水影响范围涉及Y市Z、L、G三区,但本项目退水并不在水功能区内排水,故本报告不就此进行论述。

5.3　退水对水生态的影响

据调查,本项目退水范围无濒危水生生物、重要自然保护等水生态系统和敏感性生态目标。

本项目本身不产生退水,用户在用水过程产生退水,退水经污水处理厂处理后,水质达到《城镇污水处理厂污染物排放标准》(GB 18918—2002)一级A排放标准,因此本项目产生的间接退水对水生态系统影响较小。

5.4　退水口设置合理性分析

本项目为Y市集中供水项目,水厂生产废水及厂内生活污水进入城市污水管网,因此本项目不单独设置排污口。

城区居民生活和工业生产的产生的间接退水,也不直接排入附近河流,而是经过市政污水收集管道后,汇入P污水处理厂和Q污水处理厂进行污水处理,水质达到《城镇污水处理厂污染物排放标准》(GB 18918—2002)一级A排放标准后,经压力管道排放到黄海的排污混合区,剩余污泥脱水后运往污泥处置单位进行焚烧环保处置,退水符合Y市市政规划,排污口设置符合《入河排污口监督管理办法》的相关规定,并经相关部门批准运行。

案例 7　某经济开发区工业供水项目水资源论证

杨东东　刘　烨　陈起川

水发规划设计有限公司

1　项目简介

某经济开发区位于 L 县,含制造产业园、化工产业园、生物科技园、食品产业园四大园区,产业结构为高端装备制造、生物化工、复合肥、柳条编加工、金属制管、食品加工等产业集群。为保障企业工业供水安全,提高企业经济效益,建设工业供水项目,以解决经济开发区内企业的工业供水问题。本项目主要建设内容为开发区工业水厂及其配套设施的建设,水源为沭河水,取水方式为河床式取水,在 A 橡胶坝处设置喇叭管取水头部,由 2 根长 612.6 m 的 D820×12 的取水自流管,将沭河水引入水厂取水泵房的进水间内。净水厂厂区内主要构筑物有取水泵站、絮凝沉淀池、V 形滤池及设备间、清水池、送水泵房及吸水井、排泥池、污泥浓缩池、污泥脱水车间,规模均为 6.5 万 m^3/d。

经济开发区内现有已投产企业 55 家,2017 年用水量为 971.28 万 m^3/a,水源为地下水、当地地表水和沭河地表水,用水方式有:企业自己投资建设的提水泵站和管网从沭河取水、自备水源取用地下水和取用自来水作为工业用水。

本项目的用水户为 L 县经济开发区的工业用水,本次论证供水工程项目近期规划水平年 2020 年取水量为 1 555.77 万 m^3(合 4.71 万 m^3/d),远期规划水平年 2030 年取水量为 1 885.62 万 m^3(合 5.71 万 m^3/d),以满足供水范围内规划水平年用水需求,取水水源为沭河地表水。

本项目退水包括直接退水与间接退水两部分。直接退水为净水厂产生的污废水,间接退水为供水区企业产生的退水。其中,水厂生活污水就近接入附近城市污水管网,生产废水经处理后产生的污泥外运,上清液回收利用;供水区生产退水经厂区内部预处理,达到排入城市污水管网标准后,排入市政污水管道,进入污水处理厂集中处理。

2　项目取水合理性分析

2.1　取水与水资源条件的相符性

L 县地表水资源相对丰富,多年平均地表水资源量(天然径流量)31 681 万 m^3,2018 年总用水量较 2018 年控制指标地表水尚余 1 880 万 m^3、地下水尚余 267 万 m^3,余量合计 2 147 万 m^3。地表水资源尚有一部分开发利用潜力,且未来 L 县水资源分配指标将逐步提高,规划水平年 2020 年 L 县用水总量控制指标较 2018 年增多 1 886.16 万 m^3。

沭河是 L 县的最大过境河流,该工业供水工程自境内沭河取水,近期日取水量占多年平均径流量的 1.27%;远期日取水量占多年平均径流量的 1.54%。

本项目取用 L 县境内沭河流域大官庄拦蓄地表水作为供水水源,符合优先利用地表水、适当开采地下水、充分利用再生水的原则,取用水符合当地水资源条件。

2.2　取水与水资源规划的相符性

2.2.1　与《Y 市水资源综合规划总体报告》的相符性分析

《Y 市水资源综合规划总体报告》中提出:在合理安排地表水与地下水、当地水与客水开发利用的同时,注重工程措施与非工程措施的结合,不仅要通过工程手段开发和调配各类水源,促进和实现水资源优化配置与计划节约用水,还要通过各类非工程的管理措施,来达到和实现水资源的优化配置与计划节约用水,尤其通过规划实施计划节约用水的管理与措施,促进水资源的优化配置,提高水资源的开发利用与保护效益。项目取用沭河地表水符合当地水资源规划要求。

2.2.2　与《Y 市现代水网建设规划》的相符性分析

《Y 市现代水网建设规划》中提出:加快实施水资源配置工程、防洪抗旱减灾工程、雨洪水资源化利用工程、农田灌排工程、生态水系工程和水利信息化六大工程建设,统筹解决水资源合理配置、水旱灾害、水生态退化等三大水问题,全面提高水资源供应、水灾害防御和水生态文明建设能力,推动实现传统水利向现代水利的历史性跨越,进一步促进国民经济的发展。项目取用沭河地表水符合《Y 市现代水网建设规划》中相关要求。此外,《Y 市现代水网建设规划》指出:Y 市污水处理厂出水水质为国家一级 A 排放标准,稍加处理即可满足景观河道补充水、绿化用水、工业循环水等水质要求,因此在周围有再生水利用条件的情况下,要尽可能使用再生水。开发区企业使用 L 县甲污水处理厂再生水作为生产及绿化、道路喷洒用水,符合规划要求。

2.2.3　与《L 县经济开发区规划水资源论证报告书》的相符性分析

根据《L 县经济开发区规划水资源论证报告书》,L 县处于"两型社会"建设和商贸物流高地与临枣济菏发展轴的政策叠加区,拥有良好的发展机遇。规划提出加快推进 L 县高端装备液压件等装备机械产业发展,强调 L 县经济开发区要积极延伸完善产业链条以及大力培植产业集群。可见,开发区规划与国民经济发展、发展规划等上层规划相符合。

2.3　取水与水资源配置和管理要求的相符性

目前,供水区内部分企业依靠自备井取用地下水及直接取用自来水作为工业用水。

L 县境内地下水资源量较少,地下水作为水源不足以支撑当地经济发展,采用地下水作为工业用水,容易过量开采造成地下水水位降低及地面塌陷。本项目建成运营后,将逐渐停用自备地下水源,有利于保护地下水资源及提高供水区内水资源优化配置水平。建设项目符合充分利用地表水、科学利用地下水、实现优水优用、合理配置的水资源配置思路。

本工程的建设将有效缓解开发区水资源供需矛盾,保障城乡供水安全,实现全县水资源的优化配置。

项目取用境内沭河流域A橡胶坝拦蓄地表水作为供水水源,符合水资源优化配置"积极拦蓄地表水、合理开采地下水、适量调入外流域水"的原则。且本项目近期及远期取水在L县用水总量控制指标内,符合L县用水总量控制指标的要求。

根据《L县经济开发区规划水资源论证报告书》,L县经济开发区规划水平年生产用水以地表水、地下水及甲污水处理厂再生水作为取水水源;生活用水以L县自来水总公司第二水厂取自岸堤水库地表水为供水水源,其中生产用地表水源有甲公司地表水水源和乙公司地表水水源。目前,经济开发区地下水开采不规范,管理混乱,导致地下水水位逐年下降,随着国家对地下水保护力度的加大,建设本项目以减少地下水使用量,同时甲公司和乙公司统一通过本项目取沭河水,实现工业水厂集中统一供水,降低企业用水成本,实现自沭河取水统一经营管理。

本项目供水区退水主要为部分生活污水及生产废水。退水经处理后,其水质满足《城镇污水处理厂污染物排放标准》"一级A标准",且COD、氨氮排放总量在入河排污口批复的允许排放量范围内,退水符合加强水功能区限制纳污红线管理,严格控制入河排污总量的要求。

综上所述,本项目建设与相关产业政策相符,并符合L县当地水资源条件、相关规划要求及L县水资源配置和管理的要求。

3 项目用水合理性分析

3.1 用水节水工艺和技术分析

3.1.1 生产工艺分析

L县经济开发区工业供水项目以沭河上的大官庄枢纽工程地表水为取水水源,经输水管道向L县经济开发区内企业提供生产用水。

净水工艺拟选用常规处理净水工艺,为应对远期沭河水质恶化,厂区内预留预处理及深度处理用地。本项目混合采用机械混合工艺,絮凝采用网格絮凝池,采用斜管沉淀池作为净水厂沉淀池池型,采用V形滤池进行过滤。本工程混凝剂推荐采用产品液态聚合氯化铝(PAC),投加点在机械混合井内,消毒剂采用次氯酸钠消毒。

3.1.2 节水技术分析

L县经济开发区工业供水项目以沭河大官庄枢纽工程地表水为取水水源,采用管道输水,减少输水过程中的水量蒸发和渗漏损失;供水管道在指定位置安装水量监测设备。该工程供水范围内的各用水企业均采用国家鼓励的生产设备和生产工艺,加强工业水循环利用和废水处理回用,而且安装用水计量设备。

3.2 用水过程和水量平衡分析

3.2.1 各项目用水量

1. 工业用水量

L县经济开发区工业供水项目为新建项目,供水范围为L县经济开发区内企业,现有主要企业共55家,现状年2018年用水总量971.3万m^3,水源为沭河地表水、自来水和地下水。根据《L县经济开发区总体规划》,L县经济开发区近期规划水平年为2020年,园区内规划逐步禁止工业企业自行进行地下水的开采,将沭河水源作为工业水源地。《L县经济开发区总体规划》中水厂规划提到，在开发区规划工业水厂，逐步取消企业自备水井，地下水源逐步被地表水源取代。本项目即是基于《L县经济开发区总体规划》建设的工业供水项目，供给开发区一般工业用水。

1）近期规划水平年2020年用水量

L县经济开发区内现有已投产企业55家，现状年2018年用水量为971.28万m^3，水源为地下水和沭河地表水；拟投产企业为乙公司B项目，该项目已于2018年8月取得882.76万m^3的取水许可批复，其中沭河地表水700.36万m^3/a，再生水182.40万m^3/a。

L县经济开发区工业供水项目为经济开发区及周边部分工业企业提供优质的生产用水，提高区域的供水量和供水保证率，缓解开发区工业用水日益凸出的供需矛盾，为L县经济发展提供基本保障。近期规划水平年2020年需水量按现状用水量叠加已批复的拟投产乙公司B项目用水量计算。现状年现有企业年用水总量为971.28万m^3；拟投产乙公司B项目已批复的700.36万m^3/a的取水许可水量为沭河取水口处取水量，考虑5%的水厂自用水量和2%的管网漏失水量，该项目工业新水用水量为652.04万m^3/a；再生水批复水量为182.40万m^3/a，考虑用水至再生水厂2%的管网漏失水量，再生水用水量为178.75万m^3/a。

综上所述，近期规划水平年2020年L县经济开发区工业供水项目用水户用水总量合计为1 802.07万m^3。

2）远期规划水平年2030年用水量

远期规划水平年2030年，开发区建设趋于成熟，新增企业较多，通过现状已投产企业用水量无法准确预测园区需水量。因此，远期规划水平年2030年采用定额法预测园区需水量，其中工业需水量根据各行业产值及其相应工业产值用水定额进行预测，配套设施需水量采用各设施用地面积及其相应单位用水面积用水定额进行预测。

根据《L县经济开发区总体规划》，远期规划水平年2030年产值达到1 000亿元，其中化工-化肥产业产值为560亿元，化工-专用化学品产业产值为150亿元，高端装备制造产业产值为200亿元，出口型轻工业产值为20亿元，现代新医药产业产值为50亿元，其他产业产值为20亿元。

为较准确地估算出工业用水情况，在确定工业用水指标时，参照目前开发区内相同类型企业用水水平进行选取，如有行业标准的，同时参照行业标准选取，并通过多方面资料收集及专家咨询，按照清洁生产、环境友好、水资源综合利用和可持续发展的原则以及《山东省水资源综合利用中长期规划》（2016年9月）的要求，依据国家倡导的节能降耗的精神，优先采用较高节水水平的用水定额。

各类行业万元产值耗水量指标如下：

（1）化工-化肥：参照L县经济开发区现状用水指标2.73 m^3/万元，本次论证考虑到工艺改进、节水技术提高等因素，并参照《山东省水资源综合利用中长期规划》（2016年9月），近期规划水平年化工-化肥行业万元工业产值用水量按现状年的90%计，远期规划水平年按近期规划水平年的80%计，则远期规划水平年2030年化工-化肥行业万元产值用水量指标取为1.96 m^3。

（2）化工-专用化学品：参照L县经济开发区现状用水指标为7.73 m^3/万元，本次论证考虑到工艺改进、节水技术提高等因素,并参照《山东省水资源综合利用中长期规划》(2016 年 9 月),近期规划水平年化工-专用化学品行业万元工业产值用水量按现状年的 90%计,远期规划水平年按近期规划水平年的 80%计,则远期规划水平年 2030 年化工-专用化学品行业万元产值用水量指标取为 5.57 m^3。

(3)高端装备制造业:参照 L 县经济开发区现状用水指标为 0.65 m^3/万元,本次论证考虑到工艺改进、节水技术提高等因素,并参照《山东省水资源综合利用中长期规划》(2016 年 9 月),近期规划水平年高端装备制造行业万元工业产值用水量按现状年的 90%计,远期规划水平年按近期规划水平年的 80%计,则远期规划水平年 2030 年高端装备制造行业万元产值用水量指标取为 0.47 m^3。

(4)出口型轻工业:参照 L 县经济开发区现状用水指标为 4.10 m^3/万元,本次论证考虑到工艺改进、节水技术提高等因素,并参照《山东省水资源综合利用中长期规划》(2016 年 9 月),近期规划水平年出口型轻工业行业万元工业产值用水量按现状年的 90%计,远期规划水平年按近期规划水平年的 80%计,则远期规划水平年 2030 年出口型轻工业行业万元产值用水量指标取为 2.95 m^3。

(5)现代新医药:参照 L 县经济开发区现状用水指标为 9.97 m^3/万元,本次论证考虑到工艺改进、节水技术提高等因素,并参照《山东省水资源综合利用中长期规划》(2016 年 9 月),近期规划水平年现代新医药行业万元工业产值用水量按现状年的 90%计,远期规划水平年按近期规划水平年的 80%计,则远期规划水平年 2030 年现代新医药行业万元产值用水量指标取为 7.18 m^3。

(6)其他:参照 L 县经济开发区现状用水指标为 3.17 m^3/万元,本次论证考虑到工艺改进、节水技术提高等因素,并参照《山东省水资源综合利用中长期规划》(2016 年 9 月),近期规划水平年其他行业万元工业产值用水量按现状年的 90%计,远期规划水平年 2030 年按近期规划水平年的 80%计,则远期规划水平年 2030 年现代新医药行业万元产值用水量指标取为 2.28 m^3。

远期规划水平年 2030 年工业用水量计算成果见表 1。

表 1 远期规划水平年 2030 年工业用水量计算成果

类别	远期规划水平年(2030 年)			
	产值/亿元	万元总产值用水量/m^3	日用水量/万 m^3	年用水量/万 m^3
化工-化肥	560	1.96	3.33	1 099.22
化工-专用化学品	150	5.57	2.53	835.09
高端装备制造业	200	0.47	0.28	93.36
出口型轻工业	20	2.95	0.18	58.98
现代新医药	50	7.18	1.09	358.96
其他	20	2.28	0.14	45.68
合计	1 000	—	7.55	2 491.31

2. 公共管理与公共服务设施用水

根据《城市给水工程规划规范》(GB 50282—2016),公共管理与公共服务设施用地为行政办公用地,用水定额取 50 $m^3/(hm^2 \cdot d)$,远期规划水平年 2030 年用地面积为 0.9 hm^2,年用水天数按 330 d 计算。经计算,L 县经济开发区远期规划水平年 2030 年公共服务设施用水量为 1.49 万 m^3。

3. 商业服务业设施用水

根据《城市给水工程规划规范》(GB 50282—2016),商业服务业设施用水定额取 50 $m^3/(hm^2 \cdot d)$,远期规划水平年 2030 年用地面积为 15.93 hm^2,年用水天数按 330 d 计算。经计算,L 县经济开发区 2030 年商业服务业设施用水量为 26.28 万 m^3。

4. 物流仓储设施用水

根据《城市给水工程规划规范》(GB 50282—2016),物流仓储设施用水定额取 20 $m^3/(hm^2 \cdot d)$,远期规划水平年 2030 年用地面积为 93.39 hm^2,年用水天数按 330 d 计算。经计算,L 县经济开发区 2030 年物流仓储设施用水量为 61.64 万 m^3。

5. 公用设施用水

根据《城市给水工程规划规范》(GB 50282—2016),公用设施用水定额取 25 $m^3/(hm \cdot d)$,远期规划水平年 2030 年用地面积为 18.14 hm^2,年用水天数按 330 d 计算。经计算,L 县经济开发区远期规划水平年 2030 年公用设施用水量为 14.97 万 m^3。

远期规划水平年年开发区配套设施用水量见表 2。

表 2 远期规划水平年年开发区配套设施用水量

类别	远期规划水平年(2030 年)			
	用水面积/hm^2	用水指标/[$(m^3/(hm^2 \cdot d)$]	日用水量/m^3	年用水量/万 m^3
公共管理与公共服务设施	0.9	50	45.00	1.49
商业服务业设施	15.93	50	796.50	26.28
物流仓储设施	93.39	20	1 867.80	61.64
公用设施	18.14	25	453.50	14.97
合计	—	—	0.32	104.37

6. 自用水量

根据《室外给水设计规范》(GB 50013—2006),水厂自用水率应根据原水水质、所采用的处理工艺和构筑物类型等因素通过计算确定,一般可采用设计水量的 5%~10%。根据水厂设计资料,水厂自用水率为 5%。现有企业年用水量统计中未考虑水厂自用水量,经计算,近期规划水平年 2020 年自用水量为 77.79 万 m^3,远期规划水平年 2030 年自用水量为 94.28 万 m^3。

7. 管网漏失水量

开发区工业供水管网漏失率为 2%。经计算,近期规划水平年本项目供水范围内用水量管网漏失水量为 29.56 万 m^3,远期规划水平年 2030 年管网漏失水量为 35.83 万 m^3。水厂距离取水口约 700 m,输水距离较短,且为管道输水,损失较小,因此沿程输水损失水量忽略不计。

8. 生活用水

L 县经济开发区内的生活用水由 L 县自来水总公司第二水厂供水,本工程只向开发区内的工业生产项目及其配套设施提供生产用水。

9. 再生水使用量与新水使用量

根据 L 县经济开发区供排水设计情况,并结合园区规划,确定 L 县经济开发区内用水量考虑使用再生水。

1)再生水用水量

根据《山东省关于加强污水处理回用工作的意见》,参照其他同性质园区的运行情况,结合园区规划和今后技术的进步以及节能减排要求的提高,将污水处理厂处理后的部分废水回用于工业用水。该开发区规划中的化工-化肥、化工-化学专用品、高端装备制造业、其他行业用水水质要求不高,可考虑项目生产过程中的冷却水使用再生水,出口型轻工业、现代新医药行业对水质要求较高的行业不使用再生水。根据相关文件要求及类似化工园区再生水使用情况,确定 L 县经济开发区内现状已投产企业工业生产用水近期规划水平年 2020 年再生水利用率为 20%,拟投产项目乙公司 B 项目取水许可水量 700.36 万 m^3/a,再生水取水量为 182.40 m^3/a,再生水用水率为 20.66%。经计算,本项目供水对象中已投产项目近期规划水平年再生水用水量为 174.89 万 m^3,考虑管网漏损后再生水需水量为 178.46 万 m^3;拟投产项目乙公司 B 项目近期规划水平年 2020 年再生水用水量 178.75 万 m^3,考虑管网漏损后再生水需水量为 182.40 万 m^3。

综上所述,再生水需水总量为 360.86 万 m^3/a。

根据水厂设计资料,规划远期规划水平年 2030 年再生水利用率为 45%,即远期规划水平年 2030 年再生水用水量为 648.99 万 m^3,考虑管网漏损后再生水需水量为 661.97 万 m^3。

2)新水用水量

近期规划水平年 2020 年:近期规划水平年 2020 年已投产企业用水量为 971.28 万 m^3,再生水使用量为 174.89 万 m^3,新水用水量为 796.39 万 m^3,考虑管网漏损及水厂自用水后需水量为 855.41 万 m^3,因水厂距离取水口较近,不计沿程输水损失,即已投产企业新水取水量为 855.41 万 m^3;拟投产项目乙公司 B 项目取水许可水量 700.36 万 m^3,为新水取水量。经计算,近期规划水平年 2020 年该项目新水用水量为 1 555.77 万 m^3。

远期规划水平年 2030 年:经开区远期规划水平年 2030 年开发区总用水量为 2 595.68 万 m^3,其中再生水使用量为 840.17 万 m^3,新水用水量为 1 755.51 万 m^3,考虑水厂自用水量 94.28 万 m^3 及管网漏损水量 35.83 万 m^3,新水用水量为 1 885.62 万 m^3。由于水厂距离取水口较近,不考虑沿程输水损失,即远期规划水平年本项目新水取水量为 1 885.62 万 m^3。

综上所述,近期规划水平年 2020 年及远期规划水平年 2030 年开发区新水用水量分别为 1 555.77 万 m^3、1 885.62 万 m^3。

3.2.2　水量平衡分析

近期规划水平年2020年取水量为1 555.77万m^3，其中开发区水厂自用水量为77.79万m^3，管网漏失水量为26.56万m^3，开发区企业用水量为1 448.42万m^3。

远期规划水平年2030年取水量为1 885.62万m^3，其中开发区水厂自用水量为94.28万m^3，管网漏失水量为35.83万m^3，公共管理与公共服务设施供水量为1.49万m^3，商业服务业设施供水量为26.28万m^3，物流仓储设施供水量为61.64万m^3，公用设施供水量为14.97万m^3，工业用水量为1 651.14万m^3。

3.2.3　施工期用水

根据施工组织设计，L县经济开发区供水项目总施工期为11个月，2019年6月开工，2020年6月具备通水条件，供水工程施工期间，施工用水取自附近村内的自来水。

3.3　用水水平评价及节水潜力分析

3.3.1　用水水平指标计算与比较

1. 管网漏失率

本工程为公共供水工程，本身没有用水量，供水目标明确，管网布设比较简单，近期规划水平年2020年、远期规划水平年2030年管网漏失量分别为29.56 m^3、35.83万m^3，占总供水量的2%，优于《城市供水管网漏损控制及评定标准》（CJJ 92—2016）城市供水企业管网基本漏损率不得大于12%的要求。

2. 用水效率

根据《山东省水资源综合利用中长期规划》（2016年9月），到2020年，全省万元工业增加值用水量比2015年下降10%以上，到2030年，万元工业增加值用水量比2020年下降20%以上。本次开发区万元产值用水量指标也参照万元工业增加值用水量执行。

根据2015年Y市水资源公报，L县万元工业产值用水量为11.78 m^3，由此可以推算L县2020年、2030年万元工业产值用水量分别在10.61 m^3以下、8.49 m^3以下。

根据园区规划及需水预测成果，L县经济开发区2020年、2030年生产总值分别为850亿元、1 000亿元，工业用新水量分别为1 448.42万m^3、1 651.14万m^3，单位万元工业产值用水量分别为1.70 m^3、1.65 m^3，用水水平较高，优于L县规划指标，也优于现状年L县9.34 m^3/万元和Y市8.91 m^3/万元的用水水平。

3. 单位工业用地面积用水量

根据《城市给水工程规划规范》（GB 50282—2016），工业用地用水指标为30～150 $m^3/(hm^2 \cdot d)$。L县经济开发区2030年工业用地面积为1 963.76 hm^2，取用水量为2 491.31万m^3/a（合7.56万m^3/d），单位工业用地面积用水量为38.50 m^3/d。单位工业用地面积用水量在规范要求范围内。

根据调查，安徽贵池前江化工园工业2030年单位工业用地面积用水量为66.7 $m^3/(hm^2 \cdot d)$；安徽淮南新型煤化工基地工业2030年单位工业用地面积用水量为92.3 $m^3/(hm^2 \cdot d)$；新泰市循环经济产业示范区规划2025年单位工业用地面积用水量为74.97 m^3/d。

通过与国内部分化工园和L县经济开发区内企业单位用地用水量指标相比，认为其单位用地工业用水量指标基本合理。

3.3.2 污水处理及回用合理性分析

1. 污水处理及再生水工程基本情况

本工程在运行过程中无退水产生,仅有输水过程中的渗漏水,退水主要是各用户的工业废水。现状水平年供水范围内工业废水经市政污水管网排入A污水处理厂和乙公司生化车间(乙公司自用)处理后外排水水质达到纳污河流水质要求后就近排入附近水沟。根据《关于L县经济开发区新建B污水处理厂有关情况的说明》,A污水处理厂现状处理能力已无法满足开发区污水处理需要,近期无法完成扩建计划,因此新建B污水处理厂,以满足开发区近期污水处理需求。B污水处理厂目前已建设完成,处于排污口论证审批阶段,尚未正式运营。

1)A污水处理厂

A污水处理厂主要服务于L县经济开发区及B街道部分村居、企业,设计规模日处理废水2万 m^3,现状无中水回用工程。根据《L县经济开发区总体规划(2013—2030)》,近期规划水平年2020年计划扩建至6万 m^3/d,同步建设再生水厂规模2万 m^3/d;远期规划水平年2030年扩建处理能力达到6万 m^3/d,同步建设深度处理中水回用工程4万 m^3/d。通过再生水厂的处理后能达到《城市污水再生利用工业用水水质》(GB/T 19923—2005)的要求,能够作为本项目用水户的生产用水。

2)B污水处理厂

B污水处理厂建成后,与A污水处理厂的处理管网互联互通,确保服务范围内废水全部处理,设计处理规模为2.0万 m^3/d,处理后的出水水质满足《城镇污水处理厂污染物排放标准》(GB 18918—2002)中一级A标准,全盐量指标满足《〈山东省南水北调沿线水污染物综合排放标准〉等4项标准增加全盐量指标限值修改单》(鲁质监标发〔2017〕7号)的要求,在水质上满足《城市污水再生利用城市杂用水水质》(GB/T 18920—2002)中绿化及道路喷洒用水标准,可回用于道路清扫和绿化喷洒,回用规模为0.1万 m^3/d。B污水处理厂目前已建成,入河排污口论证处于审批阶段。

3)乙公司污水处理厂

乙公司生化车间设计处理规模1万 m^3/d(已取得入河排污口论证批复),乙公司自备污水处理厂,现状污水收集范围为乙公司及分公司各生产装置的污水及生活污水,深度处理中水回用规模为0.48万 m^3/d,暂无改扩建计划。

因A污水处理厂近期规划水平2020年无法完成扩建计划,2020年L县经济开发区内污水处理厂总处理规模为7万 m^3/d,年处理废水量可达2 555万 m^3,中水回用规模2.58万 m^3/d,再生水可供水量941.7万 m^3/a;远期规划水平年2030年,L县经济开发区内污水处理厂总处理规模为9万 m^3/d,年处理废水量可达3 285万 m^3,中水回用规模4.58万 m^3/d,再生水可供水量为1 671.7万 m^3/a。

2. 再生水回用合理性分析

L县经济开发区现状水平年2018年、近期规划水平年2020年及远期规划水平年2030年用水量分别为971.28万 m^3、1 448.52万 m^3、1 755.52万 m^3。

本项目近期规划水平年2020年各用水户平均污水回用量为380.86万 m^3,经济开发区再生水可供水量为941.7万 m^3,可满足用水户对再生水的用水需求;远期规划水平年

2030 年污水回用量为 857.31 万 m^3，经济开发区再生水可供水量为 1 671.7 万 m^3，可满足用水户对再生水的用水需求。近期及远期规划水平按用水户再生水回用量分别占总用水量的 20.55%、27.96%，均优于 L 县现状年污水回用量占总用水量的 1.5%的比例，且符合《山东省关于加强污水处理回用工作的意见》（鲁发改地环〔2011〕678 号）中“一般工业冷却循环用水再生水使用比例不得低于 20%”的要求。

3. 节水潜力分析

本项目为新建供水项目，项目自身用水主要为水厂自用水和沿程管网漏损，节水潜力较小。供水对象为 L 县经济开发区工业用水户，平均万元工业产值用水量为 3.21 m^3，略高于 L 县万元工业产值用水量 2.93 m^3，因此具有一定的节水潜力，但节水潜力不大。

本项目供水范围内用水主要为工业用水和公共设施用水，因现状 A 污水处理厂尚无中水回用工程，因此仅乙公司热电厂使用部分乙公司生化车间处理后的中水作为生产用水，其他企业主要以沭河地表水、自来水和地下水为生产用水及公共设施水源，再生水利用率较低，不能达到《山东省关于加强污水处理回用工作的意见》（鲁发改地环〔2011〕678 号）中“一般工业冷却循环用水再生水使用比例不得低于 20%”的要求。L 县经济开发区现状无中水回用工程，近期规划水平年 2020 年规划建设深度处理中水回用工程 3 万 m^3/d，远期规划水平年 2030 年扩建至 4 万 m^3/d。中水将用于开发区绿化用水、道路广场洒水、工业生产用水等中水利用环节，最大程度上实现开发区的废水资源化利用，节水潜力较大。

3.4　项目用水量核定

本次论证 L 县经济开发区供水工程项目近期规划水平年 2020 年取水量为 1 555.77 万 m^3（合 4.71 万 m^3/d），远期规划水平年 2030 年取水量为 1 885.62 万 m^3（合 5.71 万 m^3/d）。

根据 L 县水利局提供的取水许可资料，现 L 县经济开发区内企业已批复水量为 2 107.93 万 m^3，其中批复地表水（沭河）量为 1 402.36 万 m^3（包含甲公司某项目 402 万 m^3、乙公司 A 项目 300 万 m^3、乙公司 B 项目 700.36 万 m^3），批复地下水量为 705.27 万 m^3。根据 L 县经济开发区工业供水规划及《山东省水资源条例》第三十条，在本项目建成运行后，经济开发区内原自地下水取水的企业生产用水统一由本项目提供，不再自地下取水，其原有的地下水取水许可证到期后不再延续，且在经济开发区范围内不审批新的地下水取水许可申请。

本次论证近期规划水平年取水量以水厂供水对象各已投产企业现状年实际用水量及拟投产企业已批复许可水量进行计算，远期规划水平年根据开发区规划用地及预测工业产值采用定额法计算。经计算及核定，L 县经济开发区工业供水项目近期规划水平年 2020 年、远期规划水平年 2030 年的取水量分别为 1 555.77 万 m^3、1 885.62 万 m^3。现状年已批复的地表水（沭河）量为 1 402.36 万 m^3，故近期规划水平年 2020 年较现状年需新增批复的沭河水量为 153.41 万 m^3，远期规划水平年 2030 年较现状年需新增批复的沭河水量为 483.26 万 m^3。

4 项目取水水源论证

4.1 水源方案

本项目主要建设内容为开发区工业水厂及其配套设施,工业水厂拟建地点位于沭河左岸,可选择水源有地下水、自来水、沭河地表水和当地水库地表水。因水库已有供水任务且水库与本项目工业水厂距离较远,工业企业使用地下水和自来水的成本较高,以及随着国家对地下水的保护力度的加大,关停工业企业的地下水势在必行。

经综合对比分析,本项目自沭河取地表水可以减少输水路程,且水源保证程度较高,因此该项目推荐水源方案为沭河地表水。

沭河上大官庄枢纽工程设有水文站,有 30 年以上的实测水文资料,确定采用大官庄水文站实测径流资料作为本次工程来水量计算的资料依据。

4.2 大官庄枢纽基本情况

大官庄水利枢纽工程属大型水工建筑物,是沂沭河洪水东调的关键性控制工程。枢纽由新沭河泄洪闸、人民胜利堰节制闸、分沂入沭调尾拦河坝及灌溉工程组成,是连接沭河、老沭河、新沭河及分沂入沭水道的咽喉,其主要作用是承接沭河来水及沂河部分洪水,根据沂沭泗河洪水调度方案,按照上级调度指令控制运行,将枢纽上游来水分泄入新沭河及老沭河,并兼顾拦蓄径流和发展灌溉等综合作用。

枢纽闸前汛限水位 52.5 m,正常蓄水位 55.00 m,相应库容 5 000 万 m^3;死水位 51.00 m,相应库容 677.8 万 m^3。大官庄枢纽调度运用情况详见表 3。

表 3 大官庄枢纽调度运用方案 单位:m^3/s

沭河+分沂入沭来量	新沭河泄量	人民胜利堰下泄
<3 000	<2 000	≤1 000
3 000~7 500	≤5 000	≤2 500
7 500~8 500	≤6 000	≤2 500
>8 500	≤6 500	$Q-Q_{新}$

4.3 来水量分析

4.3.1 取水水源论证思路

大官庄水文站与本项目取水断面区间除分沂入沭河道外无较大支流汇入。分沂入沭水道位于 L 县境南部,为过境人工河。西起沂河彭道口村南,东南流至黄庄村东折向南流,经朱村至河口村南入老沭河。1997 年之前,分沂入沭水道的水汇入大官庄人民胜利堰闸以下的老沭河。1997 年人民胜利堰被改造成水闸,分沂入沭调尾,使分沂入沭的水道的水汇入到大官庄以上,集水面积 256.1 km^2。

分沂入沭河道上游设有刘家道口水文站,因此采用大官庄水文站实测流量减去刘家道口水文站实测的分沂入沭流量的方法,可推求本项目取水断面上游的沭河来水量。

4.3.2　选取的资料

1. 径流量资料

1958~1960年，沭河大官庄以上流域先后建成了沙沟、青峰岭、小仕阳和陡山4座大型水库，石亩子、乔山、石泉湖3座中型水库。水库的建设改变了沭河的径流形成过程，使得1960年前后的径流资料不一致。为使资料具有一致性，选用1960~2018年大官庄站的实测流量资料和1997~2018年刘家道口水文站实测分沂入沭来水量资料进行分析，计算取水断面沭河上游来水量。

2. 水位资料

新沭河泄洪闸于1977年建成投入运行，人民胜利堰节制闸于1995年建成投入运行，灌溉工程于1995年建成投入运行，分沂入沭调尾拦河坝工程于1997年建成投入运行。由于工程建设的变化，大官庄枢纽水文条件变化，水文资料一致性被破坏，故选用1998~2018年大官庄闸上水位资料，分析大官庄闸上水位变化情况。

4.3.3　来水量计算方法

大官庄水文站所控制的来水主要有分沂入沭来水、区间来水和沭河上游河道来水三个部分。在典型干旱年，因区间用水量增加，区间的地表蓄水体逐级拦蓄，区间面积上降水产生的径流被当地的沟塘拦蓄、利用，在枯水季实际进入河道的水很少，本次分析不作考虑。分沂入沭一般发生在丰水年，当沂河水量较高需要分洪时，才会启动，对于一般分析枯水年份，分沂入沭一般按“零”计算，据此确定现状年来水量。

根据沭河大官庄实测流量，沭河大官庄断面不同保证率来水量见表4。

表4　沭河大官庄站不同保证率来水量　单位：万 m^3

类别	多年平均	保证率			
		20%	50%	75%	95%
年来水量	107 737	166 541	84 894	57 902	27 310

4.4　用水量分析

4.4.1　农业灌溉用水量

论证范围左岸有华山灌区取水口，华山提水泵站位于华山橡胶坝上游新集子村处，此处由于橡胶坝拦蓄，水源充沛，设计灌溉面积为2.65万亩；右岸有渠系灌溉提水泵站，设计灌溉面积为2.43万亩。现状2处灌区设施较为完善，实际灌溉面积接近设计灌溉面积，因此区域内现状及规划年农业灌溉面积均按照5.08万亩计算，设计保证率50%。

区域内主要作物有小麦、玉米、水稻、花生及少量果蔬。根据灌区内现状作物种植习惯和农业发展规划，确定灌区各片主要作物种类及种植比例：冬小麦85%，春作物5%，夏玉米70%，花生10%，夏水稻10%，复种指数为1.8。

按照《山东省主要农作物灌溉定额第1部分：谷物的种植等3类农作物》（DB37/T 1640.1—2015），计算得综合净灌溉定额为193 m^3/亩。根据近年来灌溉面积及实际用水情况，结合各作物的种植比例，求得近年平均净灌溉定额约为124 m^3/亩，小于省节水定额，用水合理。现状年农田灌溉水有效利用系数0.634 9，规划2020年农田灌溉水有效利用系数可达0.64,规划2030年通过节水改造措施,降低灌溉损失水量,预测农田灌溉水有效利用系数可达0.68。根据灌区面积及用水定额可得现状年、规划年2020年、规划年2030年农业灌溉用水量分别为899.1万m^3、891.3万m^3、826.5万m^3。

4.4.2 生态用水量和损失水量

1.生态用水量

根据《水利部淮河水利委员会关于加强淮河流域主要跨省河流水量调度管理工作的函》(淮委水资保函〔2018〕34号),大官庄断面最小生态下泄流量控制指标为1.14 m^3/s。因此,年生态用水量为3 595万m^3。

2.蒸发、渗漏损失水量

调节计算中,损失量作为用水量之一考虑,损失量包括水面蒸发、渗漏损失。

1)水面蒸发损失量

根据实测的蒸发量(E601)和计算河段的蓄水水面面积进行计算。蓄水水面面积依据计算河段正常蓄水位对应的河面宽与河段长度进行估算,并考虑同时段降水量,计算过程中,同时段蒸发量大于降水量时,蒸发损失量为正数,反之为负数。计算公式为

$$Q_{蒸发} = 0.1 \times (E - P) \times F_{河槽}$$

式中:$Q_{蒸发}$为计算河段蓄水水面蒸发量,万m^3;E为计算河段平均水面蒸发量,mm;P为计算河段区间面平均降水量,mm;$F_{河槽}$为计算河段蓄水水面面积,km^2。

2)渗漏损失量

根据河水位的变化及当地土壤特性确定,渗漏损失量按下式计算:

$$Q_{渗漏} = (K \times \Delta H \times F)/m_{渗}$$

式中:K为河床渗透系数,m/d;ΔH为地表水与地下水水头差,m;$m_{渗}$为渗径,m;F为河床过水面积,m^2。

根据沭河水文地质条件及需水情况,取水河段水面蒸发、渗漏损失按上一月河槽平均蓄水量的0.5%进行估算。根据实测和分析资料,蒸发、渗漏损失按月平均库容的1%扣除。

4.4.3 其他用水户

目前,论证范围内已批复工业用水户有甲公司和乙公司现有生产项目,现状条件下年取水总量为702万m^3:甲公司某项目年取沭河地表水402万m^3;乙公司A项目年取沭河地表水300万m^3。此外,乙公司B项目年取沭河地表水700.36万m^3已取得批复,目前尚未实际取用。

根据调查,Y市经济开发区T净水厂服务于周边9万人安全饮水及Y市经济开发区南部工业企业生产用水,设计日供水能力为2万m^3,水厂取水口位于沭河大官庄水利枢纽上游右岸约10 km处,批复年取水量为560万m^3,现状年实际用水量为699万m^3。

根据甲公司及乙公司与取水许可申请单位签订的供水协议书,甲公司及乙公司承诺自本工程水厂建成运营后改为自本水厂供水,不再通过其他途径取水。

4.4.4 本项目用水

本项目近期规划水平年2020年取水量为1 555.77万m^3,远期规划水平年2030年取水量为1 885.62万m^3。

4.5　可供水量计算

4.5.1　典型年的选取

根据沭河大官庄站1960~2000年流量资料，20%、50%、75%和95%保证率来水量分别对应1998年、2000年、1978年和1981年作为相应典型年，其来水量分别为166 541万m^3、84 894万m^3、57 902万m^3和27 310万m^3。

4.5.2　控制水位的确定

起调水位：调节计算从10月开始，对于沭河来说，属于汛后，起调水位确定为55.00 m，相应库容为5 000万m^3。

最高控制水位：汛期（6~9月）采用大官庄枢纽闸前汛限水位52.50 m，相应库容2 600万m^3；非汛期采用大官庄枢纽闸前正常蓄水位55.00 m，相应库容5 000万m^3。

最低限调水位：采用大官庄枢纽死水位51.00 m，相应库容677.8万m^3。

4.5.3　调节计算水平衡公式

根据水量平衡原理，论证区域调节计算公式为

$$V_i = V_{i-1} + Q_{来} - Q_{农} - Q_{工} - Q_{生活} - Q_{生态} - Q_{本项目} - Q_{损}$$

当$V_i>V_0$时，V_i值取V_0，则$V_i-V_0=V_{弃}$。当$V_i<V_{死}$时，V_i值取$V_{死}$。

式中：V_i为第i月月末蓄水量，万m^3；V_{i-1}为第$i-1$月月末蓄水量，万m^3；$Q_{来}$为第i月来水量，万m^3；$Q_{农}$为第i月农业灌溉用水量，万m^3；$Q_{工}$为第i月工业用水量，万m^3；$Q_{生活}$为第i月生活用水量，万m^3；$Q_{生态}$为第i月生态用水量，万m^3。

4.5.4　调节计算情况

情况一：

95%来水条件下，根据用水情况及项目情况，按现状水平年无本项目进行调算，农业供水保证率按50%、工业供水保证率按95%确定调算方案。

在保证满足生态需水、现状甲公司某项目402万m^3、乙公司A项目300万m^3、T净水厂699万m^3时可提供的农业灌溉用水量及灌溉面积。

情况二：

95%来水条件下，根据用水情况及项目情况，按近期规划水平年2020年无本项目进行调算，农业供水保证率按50%、工业供水保证率按95%确定调算方案。

在保证满足生态需水、现状甲公司某项目402万m^3、乙公司A项目300万m^3、T净水厂699万m^3时可提供的农业灌溉用水量及灌溉面积。

情况三：

95%来水条件下，根据用水情况及项目情况，按近期规划水平年2020年有本项目进行调算，农业供水保证率按50%、工业供水保证率按95%确定调算方案。

在保证满足生态需水、本项目1 555.77万m^3、T净水厂699万m^3取水时，可提供的农业灌溉用水量及灌溉面积。

情况四：

95%来水条件下，根据用水情况及项目情况，按远期规划水平年2030年无本项目进行调算，农业供水保证率按50%、工业供水保证率按95%确定调算方案。

在保证满足生态需水、现状甲公司某项目402万m^3、乙公司A项目300万m^3、T净水

厂 699 万 m^3 取水时可提供的农业灌溉用水量及灌溉面积。

情况五:

95%来水条件下,根据用水情况及项目情况,按远期规划水平年 2030 年有本项目进行调算,农业供水保证率按 50%、工业供水保证率按 95%确定调算方案。

在保证满足生态需水、本项目 1 885.62 万 m^3、T 净水厂 699 万 m^3 取水时,可提供的农业灌溉用水量及灌溉面积。

情况六:

多年平均来水条件下,根据用水情况及项目情况,按远期规划水平年 2030 年有本项目进行调算,农业供水保证率按 50%、工业供水保证率按 95%确定调算方案。

在保证满足生态需水、本项目 1 885.62 万 m^3、T 净水厂 699 万 m^3 取水时,可提供的农业灌溉用水量及灌溉面积。

情况七:

75%来水条件下,根据用水情况及项目情况,按远期规划水平年 2030 年有本项目进行调算,农业供水保证率按 50%、工业供水保证率按 95%确定调算方案。

在保证满足生态需水、本项目 1 885.62 万 m^3、T 净水厂 699 万 m^3 取水时,可提供的农业灌溉用水量及灌溉面积。

4.5.5 调节计算结果

调节计算结果汇总见表 5。

4.6 水资源质量评价

本次取水口位于某大桥下游 0.15 km 处沭河左岸,根据 L 县境内距离取水口最近的大官庄站监测断面数据。现状水质长年较好,基本为Ⅲ~Ⅳ类水,偶有氨氮超标,水质变化总体较为稳定,经预处理和常规处理后,能够达到工业用水卫生标准要求。

根据水质检测报告,本项目取水口处各项水质指标符合本项目工业供水项目取水水质要求。

4.7 取水口位置合理性分析

本工程水源为沭河水,取水方式为河床式取水,取水口位于某大桥下游 0.15 km 处沭河左岸,对应中泓桩号为 9+870。取水口处沭河水水质满足地表水Ⅳ类水要求,水质较好;取水口上游 200 m 内没有污水排放口;取水口处靠近沭河主流,取水有保障;取水口处地质、地形条件较好,施工便利;取水口位置设置合理。

4.8 取水可靠性分析

4.8.1 水量可靠性分析

L 县经济开发区供水工程项目近期规划水平年 2020 年取水量为 1 555.77 万 m^3,远期规划水平年 2030 年取水量为 1 885.62 万 m^3,经调节计算可知可供水量可满足 L 县经济开发区工业需水要求。该项目从沭河取水,水量是可靠的。

4.8.2 水质可靠性分析

根据水质检测报告,该项目取水水源水质是可靠的,能够满足项目生产用水原水水质的要求。

表 5　调节计算结果汇总

序号	调算模型	来水量/万 m^3	总用水量(含生态和蒸发渗漏等用水)/万 m^3	本项目用水量/万 m^3	其他工业、生活用水量/万 m^3	灌溉水量/万 m^3	灌溉面积/万亩	是否挤占其他(工业、农业、生态等)用水量/万 m^3	下泄水量/万 m^3
一	95%来水条件下现状年实际用水调算	27 310.30	7 279.95	0	1 401.00	899.10	5.08	不挤占	26 025.45
二	95%来水条件下规划年 2020 年无本项目调算	27 310.30	7 238.00	0	1 401.00	891.30	5.08	不挤占	26 067.41
三	95%来水条件下规划 2020 年有本项目调算	27 310.30	8 040.81	1 555.77	699.00	891.30	5.08	不挤占	25 264.60
四	95%来水条件下规划 2030 年无本项目调算	27 310.30	7 177.63	0	1 401.00	826.50	5.08	不挤占	26 127.78
五	95%来水条件下规划 2030 年有本项目调算	27 310.30	8 290.60	1 885.62	699.00	826.50	5.08	不挤占	25 014.81
六	多年平均来水条件下规划 2030 年有本项目调算	107 737.00	8 525.53	1 885.62	699.00	826.50	5.08	不挤占	105 206.58
七	75%来水条件下规划 2030 年有本项目调算	57 902.30	8 503.57	1 885.62	699.00	826.50	5.08	不挤占	55 393.83

4.8.3 取水工程可靠性分析

L 县经济开发区工业供水项目取水口在某大桥下游 0.15 km 处的沭河左岸，根据大官庄枢纽兴利调节计算，能够满足本工程 95%保证率的取水要求，大官庄枢纽正常蓄水位 55.00 m，死水位 51.00 m，A 橡胶坝闸底板顶高程 49.50 m，且取水口处靠近沭河主流，取水有保障。

综上所述，取水具有可靠性。

5 取退水影响论证

5.1 取水影响论证

5.1.1 对水资源的影响

1. 对区域水资源可利用量的影响

本项目为集中供水工程，取水水源为沭河地表水，处理后作为 L 县经济开发区工业企业生产用水。

本项目立足于当地水资源状况，通过管道自沭河向净水厂供水，近期规划水平年年取水量为 1 555.77 万 m^3，占沭河取水位置处多年平均径流量的 1.43%，占 L 县多年平均地表水资源量的 5.25%，占 L 县 2020 年地表水控制指标的 17.29%；远期规划水平年年取水量为 1 885.62 万 m^3，占沭河取水位置处多年平均径流量的 1.73%，占 L 县多年平均地表水资源量的 6.37%，占 L 县 2030 年地表水控制指标的 13.84%。

经计算及核定，L 县经济开发区工业供水项目近期规划水平年 2020 年、远期规划水平年 2030 年的取水量分别为 1 555.77 万 m^3、1 885.62 万 m^3，抵扣已批复的地表水(沭河)量 1 402.36 万 m^3，故近期规划水平年 2020 年、远期规划水平年 2030 年较现状年需新增批复的沭河水量分别为 153.41 万 m^3、483.26 万 m^3。

因此，取水对区域水资源可利用量影响较小。

2. 对水文情势的影响分析

选取大官庄枢纽下游区域，根据其来水系列，通过有无本工程情况下径流量对比，分析对下游河道水文情势的影响。

本工程由沭河引水前后，典型年法调节计算大官庄枢纽径流量对比情况见表 6。

表 6 近、远期规划水平年大官庄枢纽径流量对比 单位：万 m^3

方案	坝下径流量	
	2020 年	2030 年
无该工程	26 067.41	26 127.78
有该工程	25 264.60	25 014.81
增减水量	-802.81	-1 112.97

有本工程后，大官庄枢纽下游河道内径流量均有不同程度的减少，减少量占原径流量比例分别为 3.1%、4.3%，且在兴利调节计算中首先满足下游河道生态用水再满足本项目取水的要求，其下泄水量得到保证，因此对下游河道水文情势影响较小。

3. 对区域水资源配置的影响

本次论证的近期规划水平年实际新增申请取水量为 153.41 万 m^3，小于地表水控制指标剩余水量，取水满足用水总量控制指标的要求。

目前供水区内部分企业依靠自备井取用地下水及直接取用自来水作为工业用水。本项目建成运营后，经济开发区内所有工业企业改由本项目集中供水，将逐渐停用自备地下水源，实现了从使用地下水源到使用地表水源的转变，有利于保护地下水资源及提高供水区内水资源优化配置水平。取水符合当地水资源实际情况，符合充分利用地表水、科学利用地下水、实现优水优用、合理配置的水资源配置思路，对区域水资源配置有积极的影响。

综上，本次论证对区域水资源配置的影响较小。

5.1.2　对水功能区的影响

本工程水源为沭河水，取水影响到的水功能区为老沭河 L 县农业用水区、新沭河 L 县农业用水区，水质目标分别为Ⅳ类、Ⅲ类。近、远期规划水平年项目引水后减少了取水口断面以下的水量，减少量分别为正常下泄水量的 3.1%、4.3%，对下游水功能区纳污能力产生的不利影响较小。

近期规划水平年 2020 年再生水使用量为 360.86 万 m^3，按设计出水水质 COD 50 mg/L、氨氮 5 mg/L 计，可减少 COD 180.43 t/a、氨氮入河量 18.04 t/a。远期规划水平年 2030 年供水对象利用再生水 857.31 万 m^3，可减少 A 污水处理厂再生水入河量 857.31 万 m^3，按设计出水水质 COD 50 mg/L、氨氮 5 mg/L 计，可减少 COD 428.66 t/a、氨氮入河量 42.87 t/a。企业利用再生水减少了污水处理厂外排水量和入河污染物量，有利于改善纳污水体的水质，提高其所在水功能区的纳污能力。

为保障沭河水功能区水质达标，根据相关规划，山东省明确了沭河水功能区纳污能力和限制纳污总量，并提出了沭河限制纳污意见。2012 年 9 月编制完成的《山东省加快实施最严格水资源管理制度实施方案》提出，山东省将进一步加强水功能区监督管理，并建设重点水功能区水质监控系统，将列入国家的重点水功能区、跨市的水功能区及饮用水源区、源头水保护区等均列入省级重点水功能区水质监控系统，并对重点水功能区达标率进行考核。这些措施为保障沭河水功能区水质达标率将起到积极作用。

通过加强流域管理，采取对沭河流域大中型水库实施联合调度，完善水库运行方案，保障河道生态需水量，特别是非汛期河道生态需水量等措施，可将本项目取水对沭河纳污能力的影响降低到最小水平。

5.1.3　对生态系统的影响

水资源开发利用应兼顾生态环境用水的需要。为了保证河道生态环境，应考虑一定的河道生态需水量。根据《水利部淮河水利委员会关于加强淮河流域主要跨省河流水量调度管理工作的函》（淮委水资保函〔2018〕34 号），大官庄控制站最小生态下泄流量为 1.14 m^3/s。

本次论证中的可供水量调节计算是在保证大官庄下泄流量满足大官庄控制站最小生态下泄流量控制指标要求的基础上进行的，取水不会对生态下泄造成破坏，且项目取水影响的范围内无珍稀动植物种，河道、引水渠道中亦无特殊水生物种类，取水影响范围内无生态敏感点，因此本工程取水对区域生态系统及水环境影响较小。

5.1.4 对其他用水户的影响

目前论证范围内已批复工业用水户有甲公司和乙公司现有生产项目,现状条件下年取水总量为 702 万 m^3,其中甲公司某项目年取沭河地表水 402 万 m^3,乙公司 A 项目年取沭河地表水 300 万 m^3。此外,乙公司 B 项目年取沭河地表水 700.36 万 m^3 已取得批复,目前尚未实际取用。

根据调查,Y 市经济开发区 T 净水厂服务于周边 9 万人安全饮水及 Y 市经济开发区南部工业企业生产用水,设计日供水能力为 2 万 m^3,水厂取水口位于沭河大官庄水利枢纽上游右岸约 10 km 处,批复年取水量为 560 万 m^3,现状实际用水量为 699 万 m^3。农业灌溉面积均为 5.08 万亩,设计保证率 50%。

甲公司及乙公司承诺自本工程水厂建成运营后改为自本水厂供水。本项目仍能保证二者原有用水需求。本次调节计算是在保证 Y 市经济开发区 T 净水厂现状年取水量为 699 万 m^3 的基础上进行的,因此本项目取水对 Y 市经济开发区 T 净水厂无影响。

本项目的建成实施使对灌溉面积的影响见表 7。

表 7 实施本工程前后大官庄枢纽农业灌溉对比

方案		灌溉用水/万 m^3	灌溉面积/万亩
一	无该工程	899.1	8.05
二	有该工程,近期规划水平年	891.3	8.05
三	有该工程,远期规划水平年	826.5	8.05

此外,各调算情况下,大官庄断面下泄水量均能满足《沭河水量分配方案》中规定的最小下泄指标要求,详见表 8。

表 8 调算成果

单位:万 m^3

序号	调算模型	是否挤占其他(工业、农业、生态等)用水量	大官庄断面下泄水量	最小下泄水量控制指标	是否满足沭河最小下泄水量指标
一	95%来水条件下现状年实际用水调算	不挤占	26 025.45	21 700	满足
二	95%来水条件下规划 2020 年无本项目调算	不挤占	26 067.41	21 700	满足
三	95%来水条件下规划 2020 年有本项目调算	不挤占	25 264.60	21 700	满足
四	95%来水条件下规划 2030 年无本项目调算	不挤占	26 127.78	21 700	满足
五	95%来水条件下规划 2030 年有本项目调算	不挤占	25 014.81	21 700	满足
六	多年平均来水条件下规划 2030 年有本项目调算	不挤占	105 206.58	70 700	满足
七	75%来水条件下规划 2030 年有本项目调算	不挤占	55 393.83	45 000	满足

5.2　退水影响分析

5.2.1　退水方案

1. 本项目供水范围退水方案

本项目在运行过程中无退水产生,仅有输水过程中的渗漏水。本项目供水范围内各用水企业厂内排水系统分为污水系统(生活污水、生产污水)和雨水系统,实行雨污分流、清浊分流制。本项目供水范围内退水包含乙公司退水和其他工业企业退水。退水系统组成如下。

1)工业废水

乙公司建有自用的污水处理厂,各分公司的生产废水由乙公司生化车间进行集中处理,处理后部分回用,其余通过 L 县乙公司工业入河排污口排放入附近沟渠,后汇入新沭河。

供水范围内其余企业产生的工业废水经厂区内部预处理后通过生产废水管网进入 A 污水处理厂、B 污水处理厂进一步进行集中处理,处理后废水部分经再生水处理系统处理后回用,部分由明渠排入附近沟渠,后汇入新沭河。

2)雨水

初期雨水收集后纳入污水处理系统,后期清洁雨水经雨水管道收集后排至经济开发区外排洪沟。雨水管道结合规划道路及地形坡向布置。

根据供水范围内各项用水核算产污量,近期规划水平年 2020 年、远期规划水平年 2030 年污水产生总量分别为 831.90 万 m^3、1 490.53 万 m^3;近期规划水平年 2020 年、远期规划水平年 2030 年污水收集量分别为 748.71 万 m^3、1 416.00 万 m^3。

2. 经济开发区退水总量

根据各项用水量核算产污量,L 县经济开发区近期规划水平年 2020 年、远期规划水平年 2030 年污水产生总量分别为 995.10 万 m^3、1 782.25 万 m^3。根据《山东省水资源综合利用中长期规划》(2016 年 9 月),并结合 L 县经济开发区总体规划,确定近期规划水平年 2020 年按照城市集污管网覆盖率达到 100%,污水收集率为 90%,则经济开发区污水处理厂收集范围内污水收集量为 895.59 万 m^3。考虑 5%的污水处理厂二级处理水量损失,则污水处理厂二级处理后的出水量为 850.81 万 m^3,其中一般工业企业回用再生水量为 353.65 万 m^3,热电厂回用再生水量为 388.08 万 m^3,则污水处理厂的退水量为 109.08 万 m^3。

远期规划水平年 2030 年按照城市集污管网覆盖率达到 100%,污水收集率为 95%,则污水处理厂收集范围内污水收集量为 1 693.14 万 m^3。考虑 5%的污水处理厂二级处理水量损失,则污水处理厂二级处理后的出水量为 1 608.48 万 m^3,其中一般工业企业回用再生水量为 840.17 万 m^3,热电厂回用再生水量为 470.45 万 m^3,则污水处理厂的退水量为 297.86 万 m^3。

3. 经济开发区内主要污染物排放浓度、排放规律

根据 2017 年 6 月 1 日至 2018 年 5 月 31 日 A 污水处理厂入河排污口出水水质监测数据统计分析得到,该污水处理厂现状条件下各污染物指标浓度平均值分别为 COD 26 mg/L、氨氮 1.2 mg/L。

根据《Y 市 2018 年度水功能区水质监测报告》入河排污口水质检测成果,乙公司污水处理厂现状条件下入河污染物浓度平均值为 COD 32. 5 mg/L、氨氮 1. 8 mg/L。

规划水平年各企业生产废水经厂区内部预处理后由污水收集管网进入 A 污水处理厂、B 污水处理厂和乙公司污水处理厂进行进一步集中处理,处理后废水部分经再生水处理系统处理后回用,部分由明渠排入附近沟渠;再生水作为各企业循环冷却水、绿化广场、道路用水等。污水处理厂情况见表 9。

表 9 L 县经济开发区污水处理厂基本情况一览

名称	设计规模/(万 m^3/d)					
	2018 年		2020 年		2030 年	
	处理	中水回用	处理	中水回用	处理	中水回用
A 污水处理厂	2. 0	0	4. 0	2. 00	6. 0	4. 00
B 污水处理厂	—	—	2. 0	0. 10	2. 0	0. 10
乙公司污水处理厂	1. 0	0. 48	1. 0	0. 48	1. 0	0. 48
合计	3. 0	0. 48	7. 0	2. 58	9. 0	4. 58

5. 2. 2 退水处理方案

因乙公司建有自用的污水处理厂,因此本项目供水范围内退水处理方案分乙公司和其他企业(含公用设施)分别进行说明。

1. 乙公司

乙公司通过其自有的生化车间对其各分公司的生产废水进行处理,部分回用,其余通过 L 县乙公司入河排污口排放入附近沟渠。

乙公司现状条件下产污量为 151. 8 万 m^3/a,近期规划水平年 2020 年,乙公司产污总量 310. 2 万 m^3/a。远期规划水平年 2030 年,乙公司暂无新增用水计划,产污量同近期规划水平年 2020 年。根据《山东省水资源综合利用中长期规划》(2016 年 9 月),并结合《L 县经济开发区总体规划》,确定近期规划水平年 2020 年按照城市集污管网覆盖率达到 100%,污水收集率为 90%,2030 年按照城市集污管网覆盖率达到 100%,污水收集率为 95%,则乙公司近期规划水平年 2020 年、远期规划水平年 2030 年污水收集量分别为 279. 18 万 m^3、294. 69 万 m^3。

乙公司生化车间设计处理规模 1 万 m^3/d(已取得入河排污口论证批复),乙公司自备污水处理厂,现状污水收集范围为乙公司及分公司各生产装置的污水及生活污水,深度处理中水回用规模为 0. 48 万 m^3/d,暂无改扩建计划。

因此,乙公司污水处理厂现有的处理能力能够满足近期规划水平年 2020 年及远期规划水平年 2030 年污水处理需求。

2. 其他企业

供水范围内其余企业产生的工业废水经厂区内部预处理后通过生产废水管网进入 A 污水处理厂、B 污水处理厂进一步进行集中处理,处理后废水部分经再生水处理系统处理后回用,部分由明渠排入附近沟渠。

本项目供水范围内除乙公司外的其他工业企业现状水平年用水量为 745.28 万 m^3，产污量 521.70 万 m^3；近期规划水平年 2020 年用水量依现状用水量取 745.28 万 m，产污量 521.7 万 m^3；远期规划水平年 2030 年用水量 1 686.18 万 m^3，产污量 1 180.33 万 m^3。根据《山东省水资源综合利用中长期规划》(2016 年 9 月)，并结合《L 县经济开发区总体规划》，确定近期规划水平年 2020 年、远期规划水平年 2030 年按照城市集污管网覆盖率达到 100%，污水收集率为 90%，2030 年按照城市集污管网覆盖率达到 100%，污水收集率为 95%，则其他工业企业近期规划水平年 2020 年、远期规划水平年 2030 年污水收集量分别为 469.53 万 m^3、1 121.31 万 m^3。

L 县经济开发区内 B 污水处理厂和 A 污水处理厂近期规划水平年 2020 年、远期规划水平年 2030 年总处理规模分别为 7 万 m^3/d、9 万 m^3/d，年处理废水量分别达 2 555 万 m^3、3 285 万 m^3。近期规划水平年 2020 年经济开发区内生活和热电厂产污量分别为 124.39 万 m^3、38.81 万 m^3，合计产污量 163.20 万 m^3，合计污水收集量为 146.88 万 m^3。因此，B 污水处理厂和 A 污水处理厂剩余处理能力为 2 408.12 万 m^3；远期规划水平年 2030 年经济开发区内生活、热电厂、公用设施产污量分别为 161.18 万 m^3、47.05 万 m^3、83.5 万 m^3，合计产污量 291.73 万 m^3，合计污水收集量为 277.14 万 m^3。因此，B 污水处理厂和 A 污水处理厂剩余处理能力为 3 007.86 万 m^3。

综上，近期规划水平年 2020 年 B 污水处理厂和 A 污水处理厂剩余处理能力为 2 408.12 万 m^3，能够满足本项目供水范围内除乙公司外的其他工业企业 469.53 万 m^3/a 的污废水处理要求；远期规划水平年 2030 年 B 污水处理厂和 A 污水处理厂剩余处理能力为 3 007.86 万 m^3/a，能够满足本项目供水范围内除乙公司外的其他工业企业 1 121.31 万 m^3/a 的污废水处理要求。

5.2.3 退水达标情况

A 污水处理厂和乙公司污水处理厂出水水质均达到《城镇污水处理厂污染物排放标准》(GB 18918—2002)中的一级 A 标准。

根据 L 县经济开发区企业近期及远期规划水平年污水处理厂入河排污总量，近期规划水平年 2020 年 COD、BOD_5、SS、NH_3—N 和 TP 排放总量分别为 214.6 t、42.9 t、42.9 t、21.5 t、2.2 t；远期规划水平年 2030 年 COD、NH_3—N 排放总量分别为 254.7 t、50.9 t、50.9 t、25.5 t，2.6 t，均未超出 A 污水处理厂和乙公司污水处理厂入河排污口批复的排放量限值要求。

5.2.4 对水功能区的影响

1. 管道渗漏水影响

该工程管网漏失率为 2%近期规划水平年 2020 年、远期规划水平年 2030 年渗漏水量分别为 29.56 万 m^3、35.83 万 m^3。因其水质较好，漏失水量对周围水环境无不利影响。

2. 用水户退水影响

该工程用水户产生的工业废水排入 A 污水处理厂、B 污水处理厂和乙公司生化车间处理，经处理后执行《城镇污水处理厂污染物排放标准》(GB 18918—2002)中的一级 A 标准，由明渠排入附近沟渠，L 县水利局已对 A 污水处理厂入河排污口和乙公司入河排污口进行了批复，L 县经济开发区企业近期及远期规划水平年污水处理厂入河排污总量均未超出 A 污水处理厂入河排污口批复的排放量限值要求。

因此,该工程用水户的退水对水功能区影响较小。

5.2.5 对水生态的影响

该工程在输水过程中会有少量原水的渗漏损失,由于原水直接渗漏到土地中,而且水质较优,水量较小。因此,该工程渗漏水不会对水生态产生影响。

用水户退水主要为工业废水,经各企业的污水处理站初步处理后排入 A 污水处理厂,外排水水质达到纳污河流水质要求和相应地表水功能区水质控制目标,且具有增加河流水量、优化河流水质的作用。

综上分析可知,该工程渗漏水和用水户退水对当地水生态影响较小。

5.2.6 对其他用水户的影响

该工程用水户退水经 A 污水处理厂处理回用后排入河流,外排水水质达到纳污河流水质要求和相应地表水功能区水质控制目标。因此,该工程用水户的退水对其他用水户基本无影响。

该项目用水户的退水对水功能区和其他用水户基本无影响,不进行赔偿。

5.2.7 入河排污口(退水口)设置方案论证

该工程为城区集中供水项目,本身不设入河排污口,用水户产生的污废水各自厂内污水处理站处理后经污水管网排入 A 污水处理厂、乙公司污水处理厂和 B 污水处理厂,L 县水利局已对 A 污水处理厂入河排污口和乙公司入河排污口进行了批复,B 污水处理厂排污口论证已上报至 L 县行政审批中心,尚处于审批阶段。因此,用水户的入河排污口设置方案本报告不再做论述。

案例 8　山东省宁阳县堽城坝灌区水资源论证

陈　冲　杨　松　侯文斌

泰安市水利勘测设计研究院

1　建设项目概况

1.1　基本情况

宁阳县堽城坝灌溉工程是泰安市大汶河引汶灌溉的骨干工程之一,该工程于 1958 年 5 月建成运用。堽城坝灌区已于 2016 年 1 月开展水资源论证,并取得了取水许可,年取水量为 3 500 万 m^3,有效期 3 年,本次申请属于延期发证。灌溉工程由引水枢纽工程和灌区工程组成,引水枢纽位于伏山镇堽城坝村北大汶河左岸,由进水闸、冲沙闸、溢流坝组成。灌区位于宁阳县西部,北起大汶河,南至济宁市的兖州县界,东与月牙河水库灌区相接,西至汶上县界,南北长 24 km,东西宽 20 km,土地面积 253 km^2,涉及伏山、鹤山、东疏、宁阳镇、堽城、泗店、乡饮 7 个乡(镇),设计灌溉面积 30. 152 万亩。灌区工程由 4. 6 km 长的总干渠,44. 2 km 长的东、西两条分干渠和 156. 3 km 长的 31 条支渠组成的灌溉网络,设计桥、涵、闸等建筑物 834 座。本项目承担着灌区内的农业灌溉用水任务,根据《大汶河流域开发治理规划》及 2019 年《宁阳县统计年鉴》,并结合灌区实际情况,本灌区现状主要种植作物有冬小麦、夏玉米、蔬菜,还有少量的棉花、油料等作物。根据调查分析,冬小麦、夏玉米、棉花、蔬菜种植比例分别为 85%、85%、10%、5%,复种指数为 1. 85,对灌区经济发展起到了巨大的推动作用。

宁阳县堽城坝灌区位置见图 1,灌区东西干渠、支渠灌溉面积见表 1,渠系分布见图 2。

至 1987 年底,工程建成 30 多年来,由于原有工程设施落后,老化严重,灌排渠系配套不全,设计标准低,工程效益逐年下降,严重制约了灌区工农业生产的发展。1987 年省水利厅(87)鲁水计字第 68 号文编制了《宁阳县堽城坝引汶灌区工程初步设计》,对引水枢纽、灌区干支渠及建筑物改建。1990~1995 年完成引水枢纽进水闸、冲沙闸、翻板闸、橡胶坝等的改建,总干渠设计引水流量 12 m^3/s,加大引水流量 18 m^3/s。堽城坝灌区 1999 年被国家列入大型灌区节水改造项目,2002~2006 年实施了大型灌区节水改造项目,完成干支渠防渗衬砌 56. 576 km,改造配套建筑物 148 座。

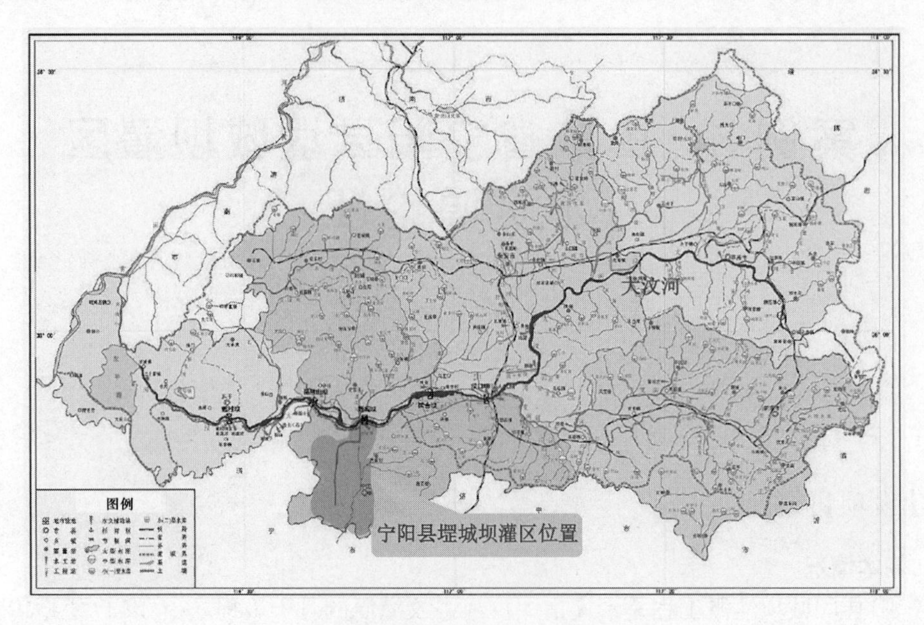

图1 宁阳县堽城坝灌区位置

表1 灌区东西干渠、支渠灌溉面积

渠名		桩号	长度/m	灌溉面积/亩	渠名		桩号	长度/m	灌溉面积/亩
干渠	支渠				干渠	支渠			
	支1	1+160	12.550	37 739		干斗1	1+400	1.970	1 920
	支2	2+560	2.300	1 874		支1	3+683	3.740	6 704
	支3	3+200	3.800	8 671		干斗2	4+650	0.300	450
	支4	3+200	3.700	6 132		支2	5+053	1.620	1 430
	支5	3+326	13.760	24 232		干斗3	6+950	1.180	1 770
	支6	5+050	2.800	3 693		支3	7+013	4.840	4 700
	支7	6+300	2.200	3 679		支4	9+253	3.060	3 410
	支8	7+500	2.340	9 513		支5	10+053	2.450	2 818
西干	支9	8+400	3.000	3 955	东干	支6	10+923	1.710	1 065
	支10	9+090	5.840	11 746		支7	11+323	2.550	1 125
	支11	9+090	3.862	12 846		支8	12+800	1.210	903
	支12	12+060	10.750	39 616		支9	13+430	1.140	1 018
	支13	13+330	4.450	7 724		支10	14+030	1.520	4 283
	支14	14+030	11.980	31 918		旧支渠	14+630	6.083	9 906
	支15	17+713	8.590	25 259		支11	15+150	7.360	9 524
	支16	21+570	3.200	4 065		支12	15+350	4.630	2 455
	支17	23+400	4.800	10 058		支13	16+350	4.480	2 164
						支14	17+750	4.370	3 155
合计			99.922	242 720				54.213	58 800
总计	301 520								

图 2　灌区渠系分布

1.2　建设项目取水、退水方案

1.2.1　建设项目取用水方案

根据《山东省宁阳县堽城坝灌区续建配套与节水改造工程可行性研究报告》及《山东省宁阳县堽城坝灌区续建配套与节水改造项目实施方案》，该灌区设计灌溉面积 30.152 万亩，有效灌溉面积 21.3 万亩，实际灌溉面积 12.6 万亩，灌区农业灌溉总用水量为 3 500 万 m^3/a。由宁阳县境内的大汶河取水，取水地点为堽城坝坝上灌区引水闸。堽城坝灌区引水工程是通过渠首涵洞自流进水，灌区采用泵站提水灌溉，灌区内采用畦灌的方式为灌区内农作物补水。

1.2.2　建设项目退水方案

该项目主要用于农业灌溉，灌区内种植作物均为旱作物，正常年份不会产生退水。在突发暴雨或者强降雨天气，灌区通过排水沟渠排涝。灌区渠系设计及维修改造时按照《灌溉与排水工程设计规范》(GB 50288—2018)的要求结合本地区条件，灌区排涝设计标准为 5 年一遇，骨干排水工程设计防洪标准为 10 年一遇。灌区东部、中部主要排涝河道有洸河、赵王河、宁阳沟等，属于洸俯河支流；灌区西部的排涝河道主要有南、北泉河，在汶上县境内入梁济运河。

2 水资源及其开发利用状况分析

2.1 水资源状况

2.1.1 地表水资源量

根据《泰安市水资源综合规划》分析,宁阳县多年平均地表水资源量 21 150 万 m^3,不同保证率地表水资源量见表 2。

表 2 宁阳县不同保证率地表水资源量情况

面积/km^2	地表水资源量/万 m^3			
	多年平均	50%	75%	95%
1 125	21 150	18 083	10 744	4 272

黄河流域地处宁阳县的东部及北部的汶河沿岸,淮河流域地处宁阳县的中、西部。图 3 为宁阳县各分区面积及地表水资源量占全县百分比,可见宁阳县地表水资源量的地区分布特点表现为淮河流域多、黄河流域少。黄河流域面积占全市面积的 41. 3%,多年平均地表水资源量占全市的 45. 5%;淮河流域面积占全市面积的 58. 7%,多年平均地表水资源量占全市的 54. 5%。黄河流域山丘区的地表水资源量比黄河流域平原区的多,而淮河流域恰恰相反。

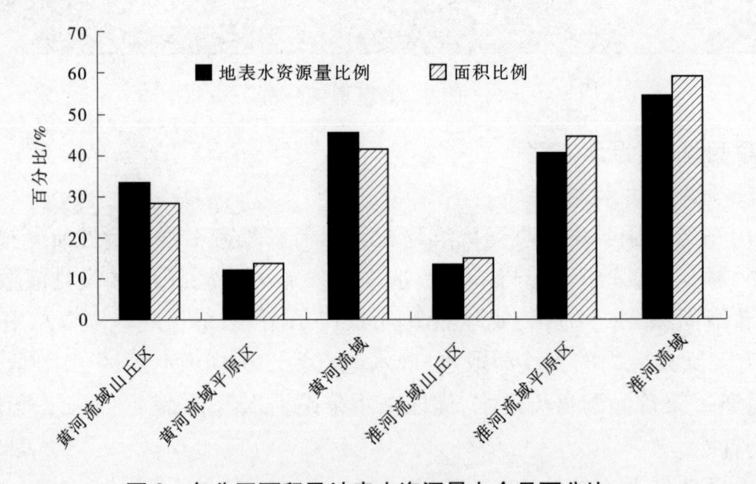

图 3 各分区面积及地表水资源量占全县百分比

2.1.2 地下水资源量

据《泰安市水资源综合规划》的统计资料,宁阳县多年平均地下水资源量 19 306 万 m^3。

2.1.3 水资源总量

宁阳县不同保证率水资源总量情况见表 3。

表 3　宁阳县不同保证率水资源总量情况

保证率/%	地表水资源量/万 m^3	地下水资源量/万 m^3	重复计算量/万 m^3	水资源总量/万 m^3
多年平均	21 150	19 306	5 939	34 517
50	18 083		5 415	31 974
75	10 744		3 663	26 387
95	4 272		1 884	21 694

2.2　水资源开发利用现状分析

宁阳县现有水库 93 座，其中：中型水库 3 座，小(1)型水库 12 座，小(2)型水库 78 座，总库容 8 017.29 万 m^3，兴利库容 4 532.07 万 m^3。塘坝 643 座，水闸 132 座。

泵站 105 座，其中规模以上 2 处，装机流量均为 2 m^3/s，装机功率为 2 550 kW。堤防 6 处，总长度 73.039 km。大中型灌区 4 处，灌溉渠道总长 260 km；小型灌区 968 处，其中纯井灌区 902 处。

宁阳县有机电井 11 162 眼，其中配套机井 10 623 眼。目前已初步形成了规划协调、布局合理、排灌结合、兴利除害并举的水利工程体系。

根据 2004~2019 年《泰安市水资源公报》及宁阳县水资办提供资料统计分析，供水量按地表水、地下水、污水回用与雨水利用等其他水源进行调查统计计算。

供水量是指各种供水工程为用户提供的包括输水损失的毛水量，按供水对象所在区域统计。据《山东省宁阳县水利事业发展规划》和年度泰安市水资源公报，宁阳县多年平均总供水量 21 018 万 m^3，其中地表水供水量为 7 792 万 m^3，占总供水量的 37.1%；地下水源供水量 12 499 万 m^3，占总供水量的 59.5%；其他水源供水量为 726 万 m^3，占总供水量的 3.5%。全市地下水供水量是地表水供水量的 1.6 倍。在地表水源供水量中，蓄水工程供水量占 39.1%，引水工程供水量为 60.9%。在地下水供水量中，浅层水占 56.7%，深层水占 43.3%。宁阳县多年平均供水量统计见表 4。宁阳县多年平均供水组成见图 4 和图 5。

表 4　宁阳县多年供水量统计　单位：万 m^3

分区		地表水源供水量				地下水源供水量	污水处理回用	总供水量
		蓄水	引水	提水	小计			
黄河流域	山丘区	1 667			1 667	1 208	242	3 118
	平原区	690			690	2 573	89	3 352
	合计	2 357			2 357	3 782	331	6 470
淮河流域	山丘区	688			688	534	99	1 321
	平原区		4 747		4 747	8 184	296	13 227
	合计	688	4 747		5 435	8 718	395	14 548
宁阳县		3 045	4 747		7 792	12 499	726	21 018

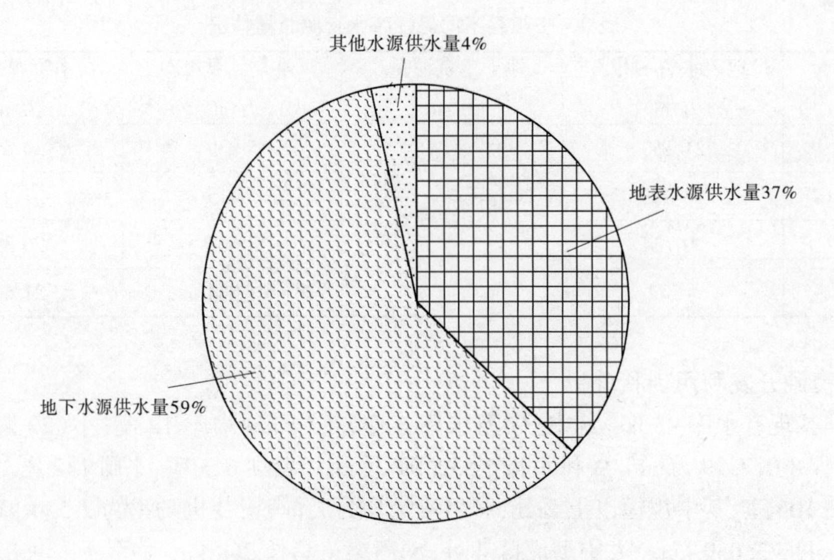

图4 宁阳县多年平均供水组成比例

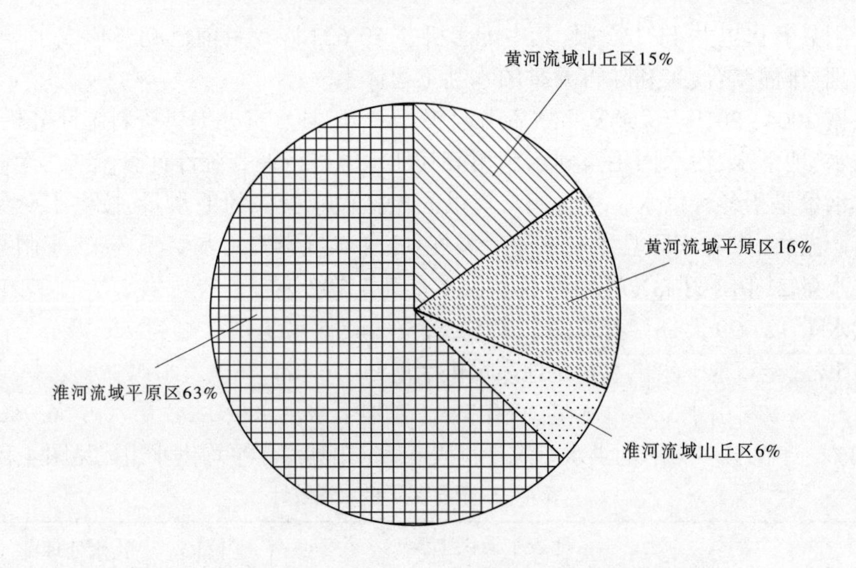

图5 宁阳县多年平均年分区供水量组成比例

3 用水合理性分析

3.1 节水评价和用水量核定

3.1.1 作物需水量及需水过程分析

1. 灌区种植结构

根据《大汶河流域开发治理规划》及2019年《宁阳县统计年鉴》,并结合灌区实际情况,确定堽城坝灌区现状实灌面积12.6万亩,主要种植作物有冬小麦、夏玉米、蔬菜,还有少量的棉花、油料等作物。根据调查分析,冬小麦、夏玉米、棉花、蔬菜种植比例分别为

85%、85%、10%、5%，复种指数为1.85，见表5。根据宁阳县“十四五”发展规划，规划水平年（2025年）农作物的总播种面积略有增加。主要调整的原则为保证粮食作物种植面积稳中有增，控制蔬菜种植面积增加幅度，根据区域气候状况，稳定并适当减少棉花种植面积，不断优化农村经济结构。经分析，规划水平年灌区内冬小麦、夏玉米、棉花、蔬菜种植比例分别为85%、85%、9%、6%，复种指数为1.85，见表6。

表5　2019年灌区作物种植比例统计

作物种类	冬小麦	夏玉米	棉花	蔬菜	总计
种植面积/万亩	10.71	10.71	1.26	0.63	23.31
种植比例/%	85	85	10	5	185

表6　2025年灌区作物种植比例统计

作物种类	冬小麦	夏玉米	棉花	蔬菜	总计
种植面积/万亩	10.8	10.8	1.1	0.8	23.5
种植比例/%	85	85	9	6	185

2. 作物需水量及需水过程

作物需水量是指作物在适宜的外界环境条件下，正常生长发育达到或接近该作物品种的最高产量水平所消耗的水量。作物需水量受气象条件、土壤条件、作物品类、农业技术措施的影响。而作物需水过程多呈现中间多、两头少的特性，且一般会存在需水（作物全生育期中，对缺水最敏感，影响产量最大的时期）。

堽城坝灌区种植作物主要有冬小麦、夏玉米、棉花、蔬菜。其中，冬小麦全生育期时间为217 d，主要分为播种-苗期、越冬期、返青期、拔节期、抽穗期、灌浆期、成熟期，生育期内降水量179.5 mm。夏玉米全生育期时间为108 d，主要分为播种-苗期、拔节期、抽雄-开花期、灌浆期、成熟期，生育期内降水量462 mm。棉花全生育期时间为174 d，主要分为苗期、现蕾期、开花结铃期、吐絮期，生育期内降雨量539.5 mm。灌区内蔬菜为设施种植，种植种类多、面积小、种植区零星分区，未形成规模种植区，难以对灌区引水时间产生影响，因此不再对蔬菜展开需水过程的分析，加之蔬菜种植水源保证程度较高，种植户多采用浅层机井灌溉，灌溉定额与《山东省农业用水定额》（DB37/T 3772—2019）成果一致，蔬菜代表作物选择种植面积较为广泛的番茄。

根据灌区作物需耗水试验监测资料，结合灌区气候条件、产量水平，总结灌区内主要作物需水量及需水过程见表7。

由表7可知，冬小麦需补水的时间分别为越冬前（11月）、返青期（3月）、抽穗期（4月上）和灌浆期（5月上）；夏玉米在灌浆前（9月）需少量灌溉补水；棉花在苗期（5月）需要灌溉补水。

表 7　灌区主要作物需水量及需补水过程统计

作物种类	生育期	起止日期(月-日)	耗水强度/(mm/d)	多年平均降雨量/mm	需补水量/mm
冬小麦	播种-出苗期	10-15~12-01	1.45	38.8	4.7
	越冬期	12-02~03-01	0.83	22.0	52.7
	返青期	03-02~04-03	1.98	16.8	42.6
	拔节期	04-03~04-25	2.17	28.5	19.24
	抽穗期	04-26~05-12	4.73	19.0	61.41
	灌浆期	05-13~05-27	5.45	36.2	45.55
	成熟期	05-28~06-10	4.26	18.2	37.18
夏玉米	播种-苗期	06-19~07-15	3.71	91.7	8.47
	拔节期	07-16~08-08	5.16	179.1	-55.26
	抽雄-开花期	08-09~08-31	5.35	106.2	16.85
	灌浆期	09-01~09-21	4.15	55.7	31.45
	成熟期	09-22~10-04	2.45	29.3	2.55
棉花	苗期	04-20~06-10	2.52	75.7	52.82
	现蕾	06-11~07-10	4.81	88.2	60.91
	开花结铃	07-11~08-25	4.70	280.5	-64.30
	吐絮	08-26~10-15	2.15	95.1	3.80

3.1.2　灌溉制度合理性分析

灌区灌溉制度合理性分析主要在两个层面上进行:一是根据作物关键生育期需水情况,在畦灌灌水技术条件下验证作物灌水定额及灌水时间;二是在历史灌区实际供水情况,总结灌区现执行的灌溉制度与作物需水的契合程度,并根据产量因素进行验证。

1.理论灌溉制度

1)灌水定额

灌水定额是指单位面积上一次灌水的水量,根据作物种类、土壤特性、计划湿润层、灌水技术等因素确定。灌水定额计算公式如下:

$$I = 0.667H(\omega_1 - \omega_0) = 0.667H(\omega'_1 - \omega'_0)$$

式中:I 为灌水定额,m^3/亩;H 为计划湿润层,mm;ω_0、ω'_0分别为灌溉前土壤重量含水率和体积含水率(%);ω_1、ω'_1分别为依据适宜墒情确定的灌溉后应达到的重量含水率、体积含水率(%)。

堽城坝灌区为第四系全新世冲积洪积堆积物覆盖,耕作层为砂质壤土,田间持水量为24%~27%(以重量含水率表示),土壤容重 1.40~1.45 g/cm^3。计划湿润层在旱田进行灌溉时,计划调节控制土壤水分状况的土层深度,它随作物根系活动层深度、土壤性质、地下水埋深等因素而变。在作物生长初期，根系虽然很浅，但为了维持土壤微生物活动，并为以后根系生长创造条件，需要在一定土层深度内有适当的含水量。随着作物的成长和根系的发育，需水量增多，计划湿润层也应逐渐增加，至生长末期，由于作物根系停止发育，需水量减少，计划层深度相应调减，根据监测资料，灌区冬小麦、夏玉米、棉花全生育期灌水定额设计参数分布见表 8。

表 8　主要作物灌水定额设计参数

冬小麦	播种-苗期	越冬期	返青期	拔节期	抽穗期	灌浆期	成熟期
计划湿润层深度/cm	40	40	40	60	60	60	60
田间持水量(质量)	27	27	27	27	27	27	27
墒情下限/% (占田持的百分比)	0.6	0.55	0.6	0.65	0.65	0.65	0.5
墒情上限/% (占田持的百分比)	0.8	0.7	0.85	0.85	0.85	0.85	0.65
理论净灌水定额/mm	30.24	22.68	37.8	45.36	45.36	45.36	34.02
夏玉米	播种-苗期	拔节期	抽穗-开花期	灌浆期	成熟期		
计划湿润层深度/cm	40	50	60	60	60		
田间持水量(质量)	27	27	27	27	27		
墒情下限/% (占田持的百分比)	0.6	0.6	0.6	0.6	0.6		
墒情上限/% (占田持的百分比)	0.8	0.85	0.85	0.85	0.75		
理论净灌水定额/mm	30.24	47.25	56.7	56.7	34.02		
棉花	苗期期	现蕾期	开花结铃期	吐絮期			
计划湿润层深度/cm	50	60	50	60			
田间持水量(质量)	27	27	27	27			
墒情下限/% (占田持的百分比)	0.6	0.65	0.65	0.6			
墒情上限/% (占田持的百分比)	0.8	0.85	0.85	0.8			
理论净灌水定额/mm	37.8	45.36	37.8	45.36			

2)灌水次数

充分灌溉条件下,根据作物生育期需水量及灌水定额确定灌水时间。根据作物需水量分析及灌水定额成果确定充分灌溉条件下灌水时间,见表9。

表9　充分灌溉灌水时间

冬小麦	播种-苗期	越冬期	返青期	拔节期	抽穗期	灌浆期	成熟期
需水量/mm	4.70	52.70	42.60	19.24	61.41	45.55	37.18
理论净灌水定额/mm	30.24	22.68	37.80	45.36	45.36	45.36	34.02
灌水次数	0.16	2.32	1.13	0.42	1.35	1.00	1.09
夏玉米	播种-苗期	拔节期	抽雄-开花期	灌浆期	成熟期		
需水量/mm	8.47	-55.26	16.85	31.45	2.55		
理论净灌水定额	30.24	47.25	56.70	56.70	34.02		
灌水次数	0.28	-1.17	0.30	0.55	0.07		
棉花	苗期	现蕾期	开花结铃期	吐絮期			
需水量	52.82	60.91	-64.30	3.80			
理论净灌水定额	30.24	45.36	37.80	45.36			
灌水次数	1.75	1.34	-1.70	0.08			

根据作物需水理论分析所得出的作物灌水时间和灌水量成果以“少量多次”为原则,但在实际使用过程中难免与现行灌水技术存在不匹配的现象,在具体执行灌溉制度时应充分参考理论灌溉制度和现行灌溉技术等条件综合确定合理可行的灌溉制度。

2.合理性分析

1)灌水时期的合理性

通过试验监测资料分析,在平水年份,冬小麦生育期内降水并不充沛,冬小麦需补水的时期为越冬期、返青期、拔节期、抽穗期、灌浆期和成熟期。因灌区需采用非充分灌溉制度,根据冬小麦阶段性缺水试验成果,冬小麦关键需水时期分别为越冬前、返青-拔节期、抽穗期、灌浆期,在保证4个阶段墒情的条件下,产量不会受到显著影响,灌区现行的灌溉制度也是在作物需水过程和灌区多年运行实际的基础上总结归纳而来的,符合冬小麦需水特点,可保证冬小麦生产需要。

夏玉米生育期降雨丰沛,但降雨所集中在生长中期,在苗期、抽雄-开花期、灌浆期仍需补水。根据灌区夏玉米阶段性缺水试验成果,在保证灌浆前后土壤墒情的条件下,产量不会受到显著影响,灌区现行灌溉制度符合夏玉米需水特点,可保证夏玉米生产需要。

根据棉花需水特点和灌区多年降雨特点,在苗期、现蕾期仍需灌溉,以满足作物需要,现行灌溉制度符合本地区棉花生产需要。

灌区作物需水过程与现行灌溉制度的对应关系见表10。

表10　作物需水过程与现行灌溉制度的对应关系

冬小麦	播种-苗期	越冬期	返青期	拔节期	抽穗期	灌浆期	成熟期
需水量/mm	4.7	52.7	42.6	19.24	61.41	45.55	37.18
需水量/m^3	3	35	28	13	41	30	25
现行灌水定额/(m^3/亩)	35		40		40	30	—
夏玉米	播种-苗期	拔节期	抽雄-开花期	灌浆期	成熟期		
需水量/mm	8.47	-55.26	16.85	31.45	2.55		
需水量/m^3	6	-37	11	21	2		
现行灌水定额/(m^3/亩)	—	—	45		—		
棉花	苗期	现蕾期	开花结铃期	吐絮期			
需水量/mm	52.82	60.91	-64.3	3.8			
需水量/m^3	35	40	-43	2			
现行灌水定额/(m^3/亩)	35	35	—	—			

2)灌水定额的合理性

灌水定额是根据田间持水能力、作物适宜墒情区间结合灌水技术方式综合确定,通过主要作物灌水定额设计参数表,灌区内灌水定额在30~40 m^3/亩,根据灌区畦灌灌水试验成果,灌区现状畦田规格下,畦灌亩均用水量可以达到30~40 m^3/亩的技术要求。

3)引水合理性

根据近5年灌区实际引水量月度表,正常年份下,灌区各月均有不同程度的引水,但以1~3月、7~9月引水量占比最大,这与灌区种植作物关键灌水时期相符,也表明了灌区内已经形成了基于目前灌溉方式、种植结构的引水计划。

另外,在上游年内来水变化时,灌区也贯行"引水补源,以井保丰"的抗旱节灌策略,在灌溉高峰期来临前,提前引水,或在灌溉期发生后,引水补充灌溉季节抽取的地下水。因此,灌区实际运行过程可以有效支撑灌区各作物灌溉制度的实行。

3.2　水量平衡分析

3.2.1　各用水环节节水量分析

灌溉通俗来讲是把灌溉水从水源输送至田间的过程,一般把它分为输水和灌水两个方面。从输水方面来讲,节水的主要措施是减少蒸发渗漏量,一般采用渠道衬砌或管道输水的形式。从灌水方面来讲,节水的主要措施有畦灌、喷灌和微灌等。

1.田间用水层面

灌区目前通用的灌水技术为畦灌,田间水有效利用系数为0.92(见表11),根据目前灌区用水实际,短期内大面积推广喷灌、微灌的可能性不大,因此田间用水层面节水能力难以有较大提高。

表 11 田间需水总量计算成果

<table>
<tr><th>作物</th><th>净灌溉定额/(m³/亩)</th><th>种植面积/万亩</th><th>净需水总量/万 m³</th><th>田间水有效利用系数</th><th>入田灌溉水需水量/万 m³</th><th>灌区入田灌溉水需水总量/万 m³</th></tr>
<tr><td>冬小麦</td><td>145</td><td>10.71</td><td>1 553</td><td>0.92</td><td>1 688</td><td rowspan="3">2 308</td></tr>
<tr><td>夏玉米</td><td>45</td><td>10.71</td><td>482</td><td>0.92</td><td>524</td></tr>
<tr><td>棉花</td><td>70</td><td>1.26</td><td>88</td><td>0.92</td><td>96</td></tr>
</table>

2. 输水层面

在灌区输水层面,灌溉水损失主要为渗漏损失,经研究表明渗漏损失约占 90%以上,而目前有效减少渗漏损失的技术方法为渠道衬砌,灌区经过多次续建配套改造,主干渠已全部完成衬砌,东西输水干渠衬砌率达 75.72%,其他渠系部分衬砌。未来为进一步减少渗漏损失,仍将持续开展渠道衬砌工程。

堽城坝灌区现状年灌溉水有效利用系数为 0.603 3,田间水有效利用系数为 0.92,灌区渠系水有效利用系数为 0.655 7。根据规划,2025 年堽城坝灌区灌溉水有效利用系数可增加至 0.609 3,田间水有效利用系数仍保持在 0.92,测算灌区渠系水有效利用系数可达 0.662 3,根据现状年入田灌溉水需水总量 2 289 万 m^3 计算,可节约水量 35 万 m^3。

堽城坝灌区多年来通过多次的节水配套改造工程,渠系水有效利用系数已达 0.655 8,对比土渠输水可提高 0.18~0.23,按现状年入田需水总量计算,可节约灌溉水 1 330 万~1 900 万 m^3。

3.2.2 建设项目取用退水关系

堽城坝灌区通过堽城坝引水枢纽自流引水入干渠,干渠渠道衬砌输水,支渠或干斗渠提水入田灌溉。灌区取用水量包含有蒸发渗漏损失和田间灌溉用水两部分。因灌区属旱作区,灌溉期间不会产生退水。

1. 入田需水总量计算

现状年、规划年入田需水总量计算成果见表 12。

表 12 现状年、规划年入田需水总量计算成果

<table>
<tr><th>计算年份</th><th>作物</th><th>净灌溉定额/(m³/亩)</th><th>种植面积/万亩</th><th>净需水总量/万 m³</th><th>田间水有效利用系数</th><th>入田灌溉水需水量/万 m³</th><th>灌区入田灌溉水需水总量/万 m³</th></tr>
<tr><td rowspan="3">现状年</td><td>冬小麦</td><td>145</td><td>10.71</td><td>1 553</td><td>0.92</td><td>1 688</td><td rowspan="3">2 308</td></tr>
<tr><td>夏玉米</td><td>45</td><td>10.71</td><td>482</td><td>0.92</td><td>524</td></tr>
<tr><td>棉花</td><td>70</td><td>1.26</td><td>88</td><td>0.92</td><td>96</td></tr>
<tr><td rowspan="3">规划年</td><td>冬小麦</td><td>145</td><td>10.8</td><td>1 566</td><td>0.92</td><td>1 702</td><td rowspan="3">2 314</td></tr>
<tr><td>夏玉米</td><td>45</td><td>10.8</td><td>486</td><td>0.92</td><td>528</td></tr>
<tr><td>棉花</td><td>70</td><td>1.1</td><td>77</td><td>0.92</td><td>84</td></tr>
</table>

2. 蒸发和渗漏损失

灌区仅在输水期间存在水面,且输水周期较短,因此忽略蒸发损失量。渗漏损失量计算公式如下:

$$Q_S = \frac{Q_n \eta_{田}}{\eta}\left(1 - \frac{\eta}{\eta_{田}}\right)$$

式中:Q_S 为输水渗漏水量,万 m^3;Q_n 为入田灌溉用水量,万 m^3;η 为农田灌溉水有效利用系数;$\eta_{田}$ 为田间水有效利用系数,取0.92。

经计算可知,现状年灌区输水损失量为1 211万 m^3,规划年蒸发渗漏损失量为1 180万 m^3。现状年田间渗漏水量为231 m^3,规划年田间渗漏水量为231 m^3。

3. 灌区取用水平衡分析

根据以上结果,灌区完全按照作物需水取水的前提下,现状年取用退水平衡图和规划年取用退水平衡图见图6、图7。

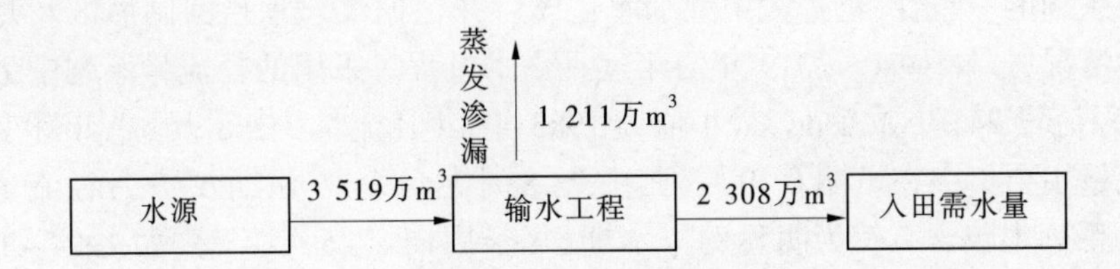

图6　现状年堽城坝灌区水平衡图(按灌区作物需水供水)

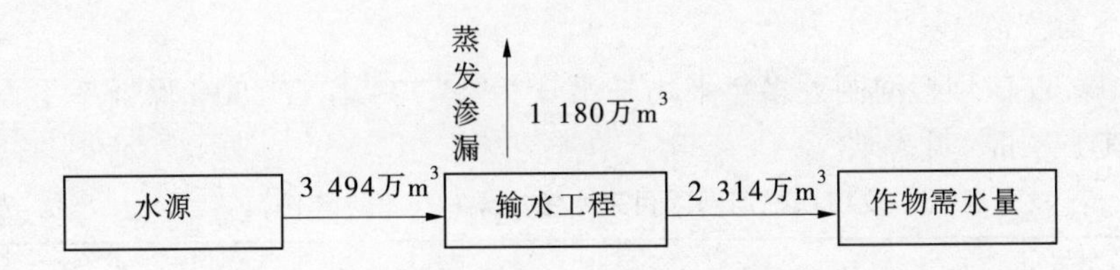

图7　规划年堽城坝灌区水平衡图(按灌区作物需水供水)

4　建设项目取水水源论证

4.1　堽城坝设计频率现状年来水量的计算

堽城坝、临汶水文站和大汶口水文站同在大汶河干流上,3站同属于一个流域,堽城坝、临汶水文站之间无其他大的河流汇入。同时,临汶水文站以上流域面积占堽城坝以上流域面积的98.3%,大汶口水文站以上流域面积占堽城坝以上流域面积的95.3%,故可以利用临汶水文站和大汶口水文站来水量加上大汶口站至堽城坝区间来水量,扣除中间取水用户的取水量,进而计算堽城坝的来水量。

汶口坝拦河闸下泄水量与汶口坝拦河闸—堽城坝拦河闸区间天然来水量之和,扣除区间用水量后得到堽城坝拦河闸来水量。

4.1.1　汶口坝拦河闸现状工程条件下的下泄水量

汶口坝拦河闸下泄量直接采用《泰安市汶口坝拦河闸除险加固工程初步设计报告》(山东省水利勘测设计院,2019 年 8 月)中的成果。分析计算过程及成果概述如下。

1. 汶口坝拦河闸来水量

汶口坝拦河闸下游大汶河干流有临汶水文站,控制流域面积 5 876 km^2,现有 1954~1999 年实测流量资料,该站于 2000 年 1 月上迁 10 km 更名为大汶口水文站,控制流域面积 5 696 km^2,位于汶口坝拦河闸下游 2 km,有 2000~2019 年实测流量资料。

汶口坝拦河闸和临汶水文站距离较近,均位于大汶河干流中游,流域暴雨洪水特性较为一致,下垫面条件也较为接近,所以此次汶口坝拦河闸历年逐月径流量根据临汶水文站、大汶口水文站历年逐月实测月均流量等资料采用水文比拟法求得。由于汶口坝拦河闸灌区及月牙河水库引水在汶口坝拦河闸坝上将水引走,所以在利用临汶水文站、大汶口水文站计算汶口坝拦河闸径流量后应再加上该引水量。

为保证系列的一致性,选择大中型水库建成后并根据汶口坝拦河闸灌区及月牙河水库引水资料情况,选择 1980~2019 年历年逐月来水过程。采用的径流量系列中最大值为 2004 年,年径流量 241 982 万 m^3;最小值为 1983 年,年径流量 3 248 万 m^3,年际变化非常大。年径流量主要集中在汛期 6~9 月,其中 7~8 月尤为集中,汛期 6~9 月径流量占全年的 73.8%。系列中包含有较为明显的丰水期,每个周期 2~5 年不等,如 1994~1996 年、2003~2008 年、2011~2013 年等;连续枯水期比较多,如 1982~1984 年、1986~1989 年、1999~2000 年等。

综上所述,采用上游大中型水库建成后的实测径流资料,资料的一致性、代表性均较好,成果较为合理。

经分析计算,汶口坝拦河闸处多年平均来水量为 93 773 万 m^3,50%保证率下设计年来水量为 74 904 万 m^3,见表 13。

表 13　汶口坝拦河闸逐月来水量成果($P=50\%$年份)　　单位:万 m^3

典型年	7 月	8 月	9 月	10 月	11 月	12 月	1 月	2 月	3 月	4 月	5 月	6 月	合计
$P=50\%$	7 358	23 171	21 180	4 570	3 803	2 200	2 492	1 796	2 273	801	4 196	1 063	74 904

2. 汶口坝拦河闸兴利调节计算及下泄水量

汶口坝拦河闸蓄水主要用于农田灌溉和发电,结合当地水资源实际情况,本次兴利调节计算中灌区设计保证率采用 50%,调节计算采用典型年法。选用平水年($P=50\%$)作为典型年进行兴利调节计算。

3. 兴利调算成果

经调算,50%来水量在考虑月牙河水库引水后能满足 16.3 万亩农作物的用水需求,调节计算结果见表 14。从调算成果看,汶口坝拦河闸 50%来水量为 74 904 万 m^3,灌溉供水量为 4 011 万 m^3,满足灌溉后发电用水量为 22 181 万 m^3,蒸发、渗漏损失水量为 75 万 m^3。

表14 汶口坝拦河闸 $P=50\%$兴利调节计算成果(16.3 万亩)

月份	来水量/万 m^3	月牙河水库引水量/万 m^3	农业用水量/万 m^3	发电用水量/万 m^3	生态用水量/万 m^3	损失水量/万 m^3			弃水/万 m^3	月初库容/万 m^3	月末库容/万 m^3	月末水位/m	发电天数/d	发电机台数	总流量/(m^3/s)
						蒸发	渗漏	合计							
7	7 358	70	652	0	736	7	3	10	6 493	215	348	98	0	3	19.29
8	23 171	0	0	0	2 317	6	3	9	23 163	348	348	98	0	3	19.29
9	21 180	334	0	5 000	2 118	5	3	8	15 838	348	348	98	30	3	19.29
10	4 570	277	0	4 419	457	4	3	7	0	348	215	96.5	26.5	3	19.29
11	3 803	98	989	2 713	380	2	2	4	0	215	215	96.5	16.3	3	19.29
12	2 200	101	0	2 095	220	1	2	3	0	215	215	96.5	12.6	3	19.29
1	2 492	1 030	0	1 459	249	1	2	3	0	215	215	96.5	8.8	3	19.29
2	1 796	242	0	1 551	180	1	2	3	0	215	215	96.5	9.3	3	19.29
3	2 273	508	727	1 032	227	4	2	6	0	215	215	96.5	6.2	3	19.29
4	801	159	261	373	80	5	2	7	0	215	215	96.5	2.2	3	19.29
5	4 196	323	989	2 878	420	5	2	7	0	215	215	96.5	17.3	3	19.29
6	1 063	0	394	661	106	6	2	8	0	215	215	96.5	4	3	19.29
小计	74 904	3 142	4 011	22 181	7 490	47	28	75	45 494				133.1		

4.下泄水量成果

由表15知,汶口坝拦河闸50%年发电水量22 181万 m^3、弃水量45 494万 m^3,则下泄水量总计67 675万 m^3,逐月成果见表15。

表15 汶口坝拦河闸下泄水量成果($P=50\%$) 单位:万 m^3

典型年	7月	8月	9月	10月	11月	12月	1月	2月	3月	4月	5月	6月	合计
$P=$ 50%	0	0	5 000	4 419	2 713	2 095	1 459	1 551	1 032	373	2 878	661	22 181
	6 493	23 163	15 838	0	0	0	0	0	0	0	0	0	45 494
	6 493	23 163	20 838	4 419	2 713	2 095	1 459	1 551	1 032	373	2 878	661	67 675

4.1.2 区间天然来水量

汶口坝拦河闸—堽城坝拦河闸区间流域面积321 km^2。

根据《山东省水资源综合规划》(山东省发展和改革委员会,山东省水利厅,2007年10月),堽城坝处天然径流深为125 mm,$C_v=0.82$,$C_s/C_v=2.0$,则区间天然径流量为3 158万 m^3。$P=50\%$月分配比例同汶口坝拦河闸,由此得到区间天然来水量的逐月水量成果见表16。

表 16　区间逐月来水量成果($P=50\%$)　　单位:万 m^3

典型年	7 月	8 月	9 月	10 月	11 月	12 月	1 月	2 月	3 月	4 月	5 月	6 月	合计
$P=$ 50%	295	1 015	931	187	166	85	104	75	80	25	166	30	3 158

4.1.3　区间用水量分析

根据调研,现状区间用水户为王家院水库工程,其位于汶口 2 号拦河枢纽工程下游 1.0 km 处,自大汶河干流引水。根据《山东省泰安市王家院水库工程初步设计报告(报批稿)》(泰安市水利勘测设计研究院,2016 年 5 月),王家院水库 50%引水量为 1 705 万 m^3,逐月引水量成果见表 17。

表 17　区间逐月用水量成果($P=50\%$)　　单位:万 m^3

水平年	7 月	8 月	9 月	10 月	11 月	12 月	1 月	2 月	3 月	4 月	5 月	6 月	合计
现状	881	234	143	149	146	151	0	0	0	0	0	0	1 705
规划	263	0	0	0	399	0	0	0	293	105	399	159	1 617

规划年将重建砖舍拦河坝枢纽工程,其将为肥城市安孙灌区提供水源。安孙灌区设计灌溉面积 6.57 万亩,50%需水量为 1 617 万 m^3,逐月引水量成果见表 17。

4.2　现状工程条件下来水量成果

50%保证率下,汶口坝拦河闸现状工程条件下的下泄水量与区间天然来水量之和,扣除王家院水库引水量后,堽城坝拦河闸现状工程条件下 50%来水量为 69 128 万 m^3,逐月引水量成果见表 18。

表 18　堽城坝拦河闸逐月来水量成果($P=50\%$)　　单位:万 m^3

水平年	7 月	8 月	9 月	10 月	11 月	12 月	1 月	2 月	3 月	4 月	5 月	6 月	合计
现状	5 907	23 944	21 626	4 456	2 732	2 029	1 563	1 626	1 112	398	3 044	691	69 128
规划	5 644	23 944	21 626	4 456	2 334	2 029	1 563	1 626	819	293	2 646	532	67 511

规划年考虑砖舍拦河坝枢纽工程用水户需求要求后,50%来水量为 67 511 万 m^3,逐月来水量成果见表 18。

5　取水影响论证

将堽城坝断面 1968~2019 年历年现状来水量根据临汶水文站、大汶口水文站相应的逐日流量进行分配,得到其相应的历年逐日流量过程线。然后对堽城坝断面 1968~2019 年历年逐日流量过程线进行切割,切割时考虑下游河段的基本生态环境需水量。以河流历年最小月平均实测径流量的多年平均值作为河流的基本生态环境需水量,当流量小于基本生态环境需水量时,不引水;最大可引水量按 18 m^3/s 控制,超过该流量即弃水。通过计算,可得堽城坝取水断面历年逐月可引水量及历年可引水量,对历年各月可引水量系列进行频率分析,即可得到在目前引水规模下,保证率 $P=50\%$ 时,非汛期可引水量为 13 540 万 m^3,汛期可引水量为 11 056 万 m^3,详见表 19、表 20。

表 19　堽城坝灌区非汛期多年平均可引水量　单位:万 m^3

月份	1	2	3	4	5	10	11	12	合计
$P=50\%$	2 165	1 622	1 119	442	416	2 732	2 578	2 466	13 540

表 20　堽城坝灌区汛期多年平均可引水量　单位:万 m^3

月份	6	7	8	9	合计
$P=50\%$	776	3 532	3 672	3 076	11 056

由堽城坝取水断面历年逐月可引水量计算,得历年可引水量,然后进行频率分析计算,取水断面多年平均可引水量为 26 164.9 万 m^3,变差系数 $C_v=0.42$,$C_s=2.0C_v$,引水保证率 50%时,取水断面处年可引水量为 24 596 万 m^3,见图 8。

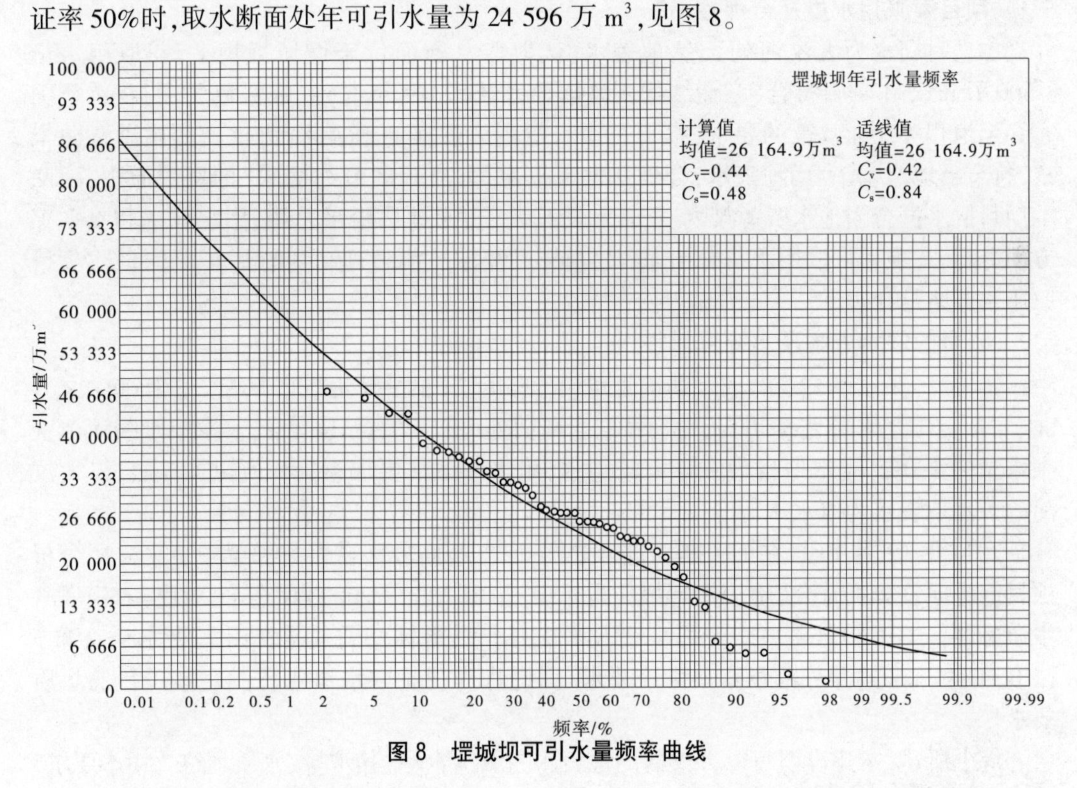

图 8　堽城坝可引水量频率曲线

根据表 19,堽城坝灌区非汛期多年平均可引水量 4 月可引水量最小为 442 万 m^3,根据表 21 堽城坝灌区灌溉用水记录, 4 月最大用水量为 160 万 m^3,因此在最不利水文情势下可以满足灌溉用水需求。

表 21　堽城坝灌区灌溉用水记录　单位:万 m³

年度	月份												总计
	1	2	3	4	5	6	7	8	9	10	11	12	
2016											950	800	1 750
2017	340	400	290	100	60	70	180	160	130	50	0	0	1 790
2018	620	770	580	160	110	140	393	330	255	95	0	0	3 453
2019	600	770	570	150	90	110	400	380	240	60	0	0	3 370
2020	0	0	0	0	0	0	90	31	320	176	683	1 673	2 973

堽城坝灌区供水水源采用大汶河的地表水,供水保证率 50%,灌区最大取水流量为 18 m³/s,工程设计年取水总量为 3 500 万 m³,选取取水断面位于堽城坝坝上,本灌区引水流量较小,占取水断面处可引水量的 14.2%,仅占取水断面现状来水量的 5.0%。工程取水增加了大汶河雨洪资源的有效利用,符合宁阳县水资源规划、配置和管理要求,不会对区域水资源产生负面影响。

6　结论

6.1　项目灌溉用水量及合理性

本项目用水为大汶河的天然地表水,选取取水断面位于堽城坝坝上,年取用水量 3 500 万 m³。本项目符合《产业结构调整指导目录(2019 年本)》,属鼓励类项目,符合国家和当地相关产业政策的要求;本项目用水取用大汶河的地表水,大汶河的雨洪资源丰富,符合当地“优先利用地表水,合理开发地下水,大力开展节约用水”的用水原则,因此本项目取水符合当地水资源规划、配置和管理要求;通过从用水总量、用水效率和水平等方面分析,本项目的取用水符合山东省实施最严格水资源管理制度的要求。因此,本项目取用水方案是合理的。

6.2　项目的取水方案及水源可靠性

经调算,保证率 50%时取水断面处可引水量为 24 596 万 m³,现状来水量为 69 128 万 m³,本项目年用水量为 3 500 万 m³,占取水断面处可引水量的 14.2%,仅占取水断面现状来水量的 5.0%,且本项目为农业灌溉用水,用水保证率要求不高。所以,本项目以大汶河的天然地表水为取水水源是可靠的。

2020 年 12 月 10 日在 2 个断面进行取样,取水断面分别在渠首和渠中。水样所分析项目综合评价分别符合《地表水环境质量标准》(GB 3838—2002)Ⅳ类水,对照《农田灌溉水质标准》(GB 5084—2021),可以看出,各次水质指标均符合《农田灌溉水质标准》(GB 5084—2021)旱作灌溉水质标准要求,因此认为现状取水口水质满足本项目的水质要求。

综上所述,本建设项目以大汶河的地表水为取水水源,其水量、水质均符合用水要求,且取水口位置设置合理,取水是可靠、可行的。

6.3　项目的退水方案及可行性

本项目取水主要用于农业灌溉,根据灌区多年灌溉经验,灌区内种植作物均为旱作物,正常年份不会产生退水。在突发暴雨或者强降雨天气,灌区通过排水沟渠排涝。灌区渠系设计及维修改造时按照《灌溉与排水工程设计规范》(GB 50288—2018)的要求结合本地区条件,灌区排涝设计标准为 5 年一遇,骨干排水工程设计防洪标准为 10 年一遇。灌区东部、中部主要排涝河道有洸河、赵王河、宁阳沟等,属于洸府河支流;灌区西部的排涝河道主要有南、北泉河,在汶上县境内入梁济运河。

本项目涉及水功能区 2019 年达标评价,本项目涉及的水功能区达标情况为 100%。因此,本项目退水方案可行。

案例 9　山东某纸业股份有限公司水资源论证

孙庆义　黄春秋

济宁市顺利水资源技术信息咨询有限公司

1　概述

1.1　项目简介

山东某纸业股份有限公司成立于 1982 年,公司总部位于山东兖州,业务涉及造纸、化工、外贸、电力、科研、酒店、投资等多个领域。取水水源现状由公司自备水源地提供,水源为地下水,共设 12 眼地下水井,已于 2017 年 8 月 12 日取得取水许可证,许可取水量 3 100 万 m^3/a。

按照习近平总书记提出的"节水优先、空间均衡、系统治理、两手发力"的重要治水思路,为了优化全区水资源配置,保护地下水资源,兖州区水务局决定压采部分企业地下水开采量。山东某纸业股份有限公司水源地毗邻兖州地下水超采区,出于保护地下水资源量和优化水资源配置的综合考虑,经兖州区水务局研究决定,在合理范围内压减某地下水开采量,并于 2019 年 10 月 6 日对该公司下达了《关于变更取水许可证的通知》。

为了缓解兖州区的地下水水资源压力,保护地下水资源,山东某纸业股份有限公司积极落实水主管部门的通知,贯彻"节水优先"的用水思路,本着优水优用的原则,优化用水工艺,积极采用新技术、新设备,实施节水技术改造,严格控制用水量,节约了宝贵的地下水资源。山东某纸业股份有限公司现状年 2019 年取水量为 1 823.58 万 m^3,根据公司近几年的销量分析,未来市场需求量将进一步增大,规划 2021 年产量可达 365 万 t,需水量为 2 520 万 m^3,故现申请许可取水量为 2 598 万 m^3/a,比原许可取水量 3 100 万 m^3/a 减少 502 万 m^3/a。

根据《取水许可和水资源费征收管理条例》(国务院第 460 号令)、《建设项目水资源论证管理办法》(水利部、国家计委 15 号令)、《取水许可管理办法》(水利部第 49 号令)等有关规定,山东某纸业股份有限公司委托我公司开展水资源论证工作,并于 2020 年 4 月通过山东省水利厅组织的的专家技术评审会。

1.2　项目与产业政策、有关规划的相符性

1.2.1　产业政策相符性

本建设项目属于国家发改委《产业结构调整指导目录(2019 年本)》中鼓励类项目。

山东省经济贸易委员会《关于促进全省造纸工业健康发展的指导意见》提出,延伸产业链,发展循环经济。大力发展本册、生活用纸和包装等纸制品深加工行业,提高附加值。支持有条件的企业发展造纸相关产业,形成一业为主、多业并举的产业链。制定造纸行业循环经济推进计划和评价体系,研究推广先进技术和经验,为造纸行业全面实现循环经济创造条件。

1.2.2　水资源条件、规划的相符性

从兖州区水资源综合评价分析,水资源现状供需基本平衡,保证率50%、75%情况下总可供水量大于需水量,保证率95%情况下缺水,缺水的主要原因一是农业用水量大;二是地表水开发利用程度偏低,水资源开发利用仍有潜力。本项目取用水量在济宁市兖州区总用水量内,取水水源方案合理。本项目取水符合兖州区水资源开发利用规划的要求。

1.2.3　水源配置的合理性

根据《济宁市水利局关于印发各县市区2018年度水资源管理控制目标的通知》(济水资字〔2018〕11号),兖州区2018年用水总量控制指标为2.05亿m^3,其中地表水1.08亿m^3、地下水0.87亿m^3、引汶水0.04亿m^3、引江水0.06亿m^3。兖州区2018年总供水量1.885 021亿m^3,其中地表水0.815 5亿m^3(当地地表水0.767 37亿m^3、引江水0.048 13亿m^3)、地下水0.689 521亿m^3,其他水源(污水回用)0.38亿m^3。兖州区现状供水量与2018年用水总量控制相比,当地地表水剩余指标为0.312 63亿m^3,地下水剩余用水指标0.180 479亿m^3,引汶水剩余用水指标0.04亿m^3,引江水剩余用水指标0.011 87亿m^3。本项目取用水量在济宁市兖州区总用水量内,取水水源方案合理。

2　用水合理性分析

2.1　项目需水量分析

项目生产用水由山东某纸业股份有限公司岩溶裂隙地下水水源地供水系统供水,本项目2016~2018年用水量变化较大,2016年取用水量2 148.27万m^3、2017年取用水量2 861.05万m^3、2018年取用水量1 823.58万m^3,三年平均取用水量为2 277.63万m^3,因此把2017年确定为节水前的水平年,把2018年确定节水后的现状年,通过三年的用水量分析,可知实施节水技术改造后,节水效果明显。

山东某纸业股份有限公司进行节水技术改造后现状年实际取水量为1 823.58万m^3,扣除3%输水损失及生活用水13.67万m^3,项目现状年实际生产用水量为1 755.20万m^3。本次论证根据公司近几年的销量分析,未来市场需求量将进一步增大,规划2021年产量可达365万t,需水量为2 520万m^3,故现申请许可取水量为2 598万m^3/a,比原许可取水量3 100万m^3/a减少502万m^3/a。

2018年实施技改节水后现状年水量平衡表见表1,规划年2021年水量平衡表见表2。

2018年实施技改节水后现状年水量平衡图见图1,规划年2021年水量平衡图见图2。

表1　2018年实施+技改节水后现状年水量平衡表　　单位:m^3/d

用水单位或产品名称	总用水量	输入水量		重复用水	输出水量		
		地下水	原料及蒸汽带水	循环串联	回用量	耗水量	排水量
5万t/a双胶纸生产线	693.1	685.3	7.8		545.5	147.6	
5万t/a低定量涂布纸项目	1 006.4	859	147.4		880.5	125.9	
纸机白水处理站				3 022.7	2 905.7		117
10万t/a高档信息用纸生产线	2 862	2 826.6	35.4		1 596.7	667.5	597.8
30万t/a高纯天然纤维生产线	8 750.6	6 182.7	2 567.9	7 315.8	7 441.4	3 147	5 478
1 000 t/d碱回收生产线	1 999	1 999		8 036.7	6 394.5	2 925.2	716
9.8万t/a热敏纸项目	2 118.7	2 113.7	5	3 122	2 592.8	825.9	1 822
2条9.8万t/a化机浆工程	1 451.8	1 070.5	381.3	9 453.5	9 960.7	664.6	280
20万t/a涂布白卡纸项目	3 702.3	3 689.9	12.4	6 243.4	4 876.3	1 948.1	3 121.3
12万t/a高档生活用纸项目	1 806.2	1 773.2	33			824.4	981.8
30万t/a轻型纸项目	5 742.4	4 426.4	1 316			1 748	3 994.4
9.8万t/a激光打印纸项目	2 655.8	2 497	158.8			738	1 917.8
30万t/a高松厚度纯质纸生产线	4 625.6	4 537	88.6			1 518.7	3 106.9
30万t/a高档液体包装纸	6 077.5	6 024	53.5			2 249.8	3 827.7
40万t/a高档食品包装卡纸项目	5 739	5 633	106			2 187	3 552
12万t/a涂布白卡纸项目	1 843.7	1 820.3	23.4			1 243.9	599.8
450 t/d及900 t/d碱回收	5 486	5 486				5 023.6	462.4
合计	56 560.1	51 623.6	4 936.5	37 194.1	37 194.1	25 985.2	30 574.9

表 2　规划年 2021 年水量平衡表　　　单位:m^3/d

用水单位或产品名称	总用水量	输入水量		重复用水	输出水量		
		地下水	原料及蒸汽带水	循环串联	回用量	耗水量	排水量
5 万 t/a 双胶纸生产线	995.2	984	11.2		785.7	209.5	
5 万 t/a 低定量涂布纸项目	1 444.7	1 233	211.7		1 267.9	176.8	
纸机白水处理站				4 345.6	4 172		173.6
10 万 t/a 高档信息用纸生产线	4 108.7	4 058.3	50.4		2 292	926.7	890
30 万 t/a 高纯天然纤维生产线	12 564	8 877	3 687	10 503.5	10 684	4 226.5	8 157
1 000 t/d 碱回收生产线	2 870	2 870		11 538.7	9 180.8	4 161.4	1 066.5
9.8 万 t/a 热敏纸项目	3 041.8	3 034.8	7	4 482	3 722.6	1 088.8	2 712.4
2 条 9.8 万 t/a 化机浆工程	2 084.4	1 537	547.4	13 572.9	14 300.7	939.9	416.7
20 万 t/a 涂布白卡纸项目	5 315.6	5 297.8	17.8	8 964	7 001	2 630.9	4 647.7
12 万 t/a 高档生活用纸项目	2 593.2	2 545.9	47.3			1 131.3	1 461.9
30 万 t/a 轻型纸项目	8 244.9	6 355.3	1 889.6			2 297.2	5 947.7
9.8 万 t/a 激光打印纸项目	3 813	3 585	228			957.4	2 855.6
30 万 t/a 高松厚度纯质纸生产线	6 641	6 514	127			2 015	4 626
30 万 t/a 高档液体包装纸	8 725.8	8 649	76.8			3 026.3	5 699.5
40 万 t/a 高档食品包装卡纸项目	8 240	8 088	152			2 950.7	5 289.3
12 万 t/a 涂布白卡纸项目	2 647.1	2 613.5	33.6			1 754.1	893
450 t/d 及 900 t/d 碱回收	7 876.8	7 876.8				7 188.2	688.6
合计	81 206.2	74 119.4	7 086.8	53 406.7	53 406.7	35 680.7	45 525.5

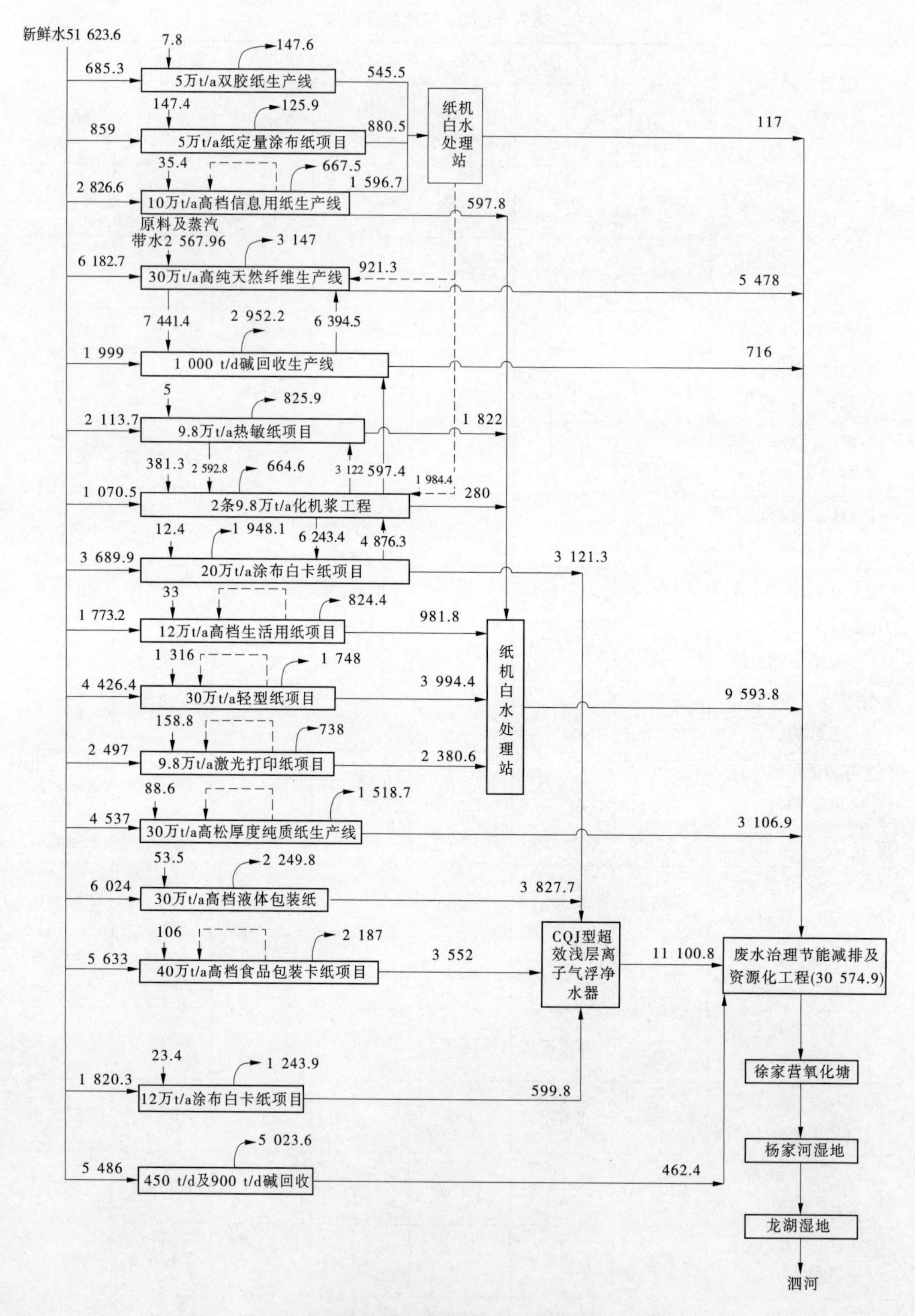

图1　2018年实施技改节水后现状年水量平衡图　(单位:m^3/d)

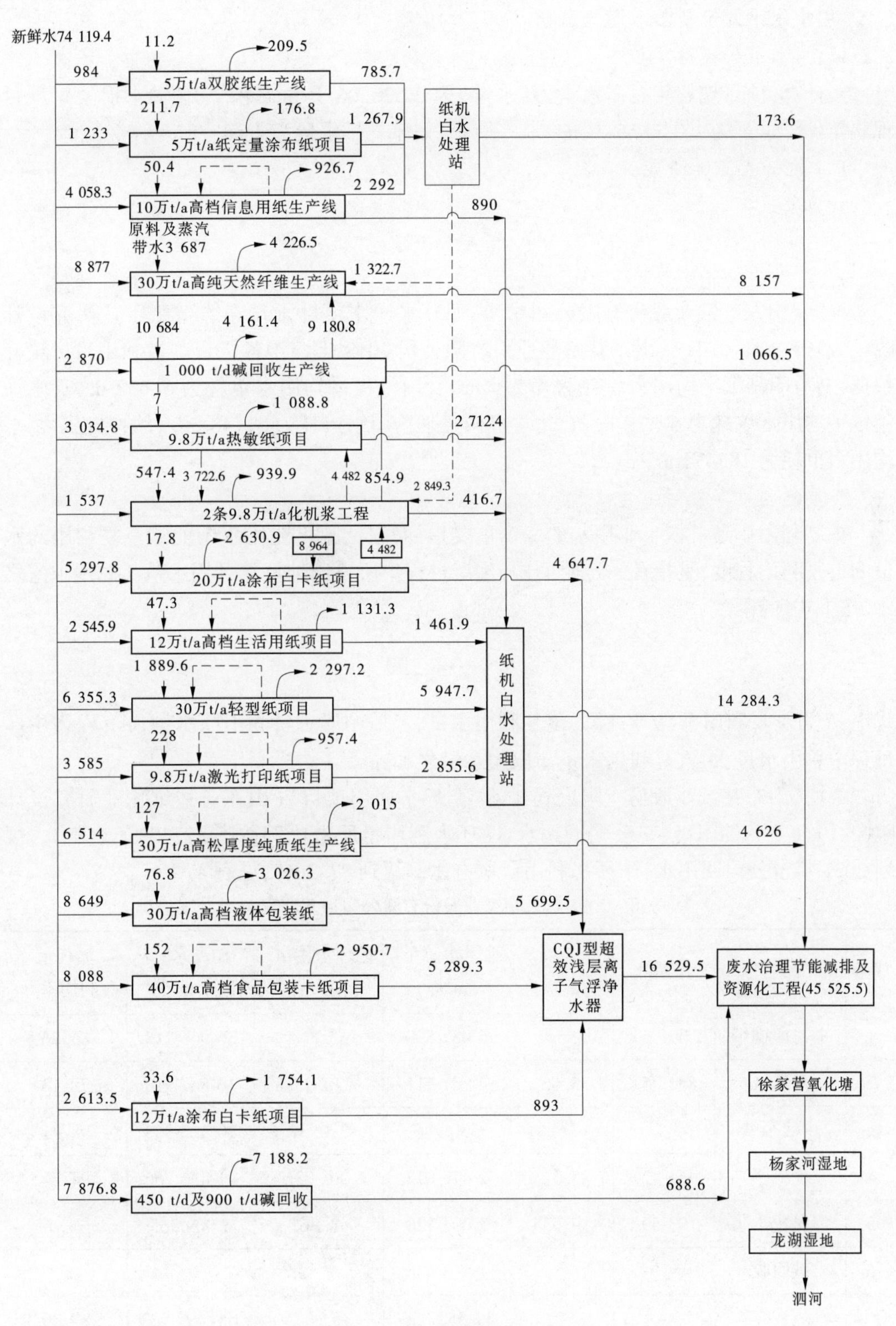

图2　规划年2021年水量平衡图　（单位：m^3/d）

2.2 用水水平评价及节水潜力分析

2.2.1 用水水平指标计算

经计算,项目规划年总需水量(新水量)为 2 520.06 万 m^3(不含 3%输水损失),项目现状年外排水量为 1 039.55 万 m^3/a。项目规划年外排水量为 1 547.87 万 m^3/a。

1. 单位产品取水量定额

计算公式:

$$V=\frac{年生产取水量}{年产量}$$

根据《山东某纸业股份有限公司中水、循环水回用项目》(山东省造纸工业研究设计院,2019 年 8 月 30 日):山东某纸业股份有限公司 2018 年全年各机台产量和用水量统计数据,书写印刷纸平均用水单耗为 4.215 m^3/t,白纸板平均用水单耗为 5.652 m^3/t,生活用纸平均用水单耗为 6.119 m^3/t,化学机械浆平均用水单耗为 5.148 m^3/t,漂白化学浆平均用水单耗为 18.434 m^3/t。

2. 重复利用率

重复利用率是考核工业用水的一个重要指标,它反映工业用水中能够重复利用的水量的重复利用程度,是指在一定时间内,生产过程中所使用的重复利用水量与总用水量之比,按下式计算:

$$R=\frac{V_r}{V_t}\times 100$$

式中:R 为重复利用率(%);V_r 为重复利用水量,包括循环水量和串联水量,m^3;V_t 为生产过程中总用水量,为重复利用水量与取用水量之和,m^3。

根据《山东某纸业股份有限公司中水、循环水回用项目》(山东省造纸工业研究设计院,2019 年 8 月 30 日):全公司回用水、循环水利用量所占比例达到 87.30%,见表 3。规划 2021 年全公司回用水、循环水利用量所占比例达到 87.30%,见表 4。

表 3 2018 年太阳纸业股份有限公司重复利用率

序号	产品名称	产量/t	用水量/(m^3/t)	地下水总量/(m^3/a)	循环水用量/(m^3/t)	循环水总用水量/m^3	循环水总利用率/%
1	书写印刷纸	1 091 608	5.577	6 087 898	33.864	36 966 213	85.86
2	白板纸	831 751	5.66	4 707 711	20.28	16 867 910	78.18
3	生活用纸	55 131	6	330 786	370.37	20 418 868	98.41
4	化机浆	465 427	5.32	2 476 072	89.03	41 436 966	94.36
5	漂白化学浆	103 593	19.655	2 036 120	48.362	5 009 965	71.1
6	碱回收			1 913 436			
合计				17 552 023		120 699 922	87.30

表4　2021年太阳纸业股份有限公司重复利用率

序号	产品名称	产量/t	用水量/(m^3/t)	地下水总量/(m^3/a)	循环水用量/(m^3/t)	循环水总用水量/m^3	循环水总利用率/%
1	书写印刷纸	1 567 294	5. 577	8 740 799	33. 864	53 074 844	85. 86
2	白板纸	1 194 201	5. 66	6 759 178	20. 28	24 218 396	78. 18
3	生活用纸	79 156	6	474 936	370. 37	29 317 007	98. 41
4	化机浆	668 245	5. 32	3 555 063	89. 03	59 493 852	94. 36
5	漂白化学浆	148 736	19. 655	2 923 406	48. 362	7 193 170	71. 10
6	碱回收			2 747 247			
合计				25 200 629		173 297 269	87. 30

2.2.2　用水水平指标比较

本项目用水重复利用率为87. 30%,高于《山东省节水型社会建设技术指标》重复利用率85%的标准要求。

山东某纸业股份有限公司2018年用水单耗与国家和山东省取水标准对比表见表5。

表5　山东某纸业股份有限公司2018年用水单耗与国家和山东省取水标准对比

序号	产品名称	实际用水量/(m^3/t)	国家标准/m^3/t	与国家标准用水比/%	山东省标准/(m^3/t)	与省标准用水比/%	国家Ⅰ级标准/(m^3/t)	与Ⅰ级标准用水比/%
1	书写印刷纸	4. 215	30	14. 05	15	28. 10	13	32. 42
2	白板纸	5. 652	30	18. 84	13	43. 48	10	56. 52
3	生活用纸	6. 119	30	20. 40	12	50. 99	15	40. 79
4	化机浆	5. 148	30	17. 16	14	36. 77	13	39. 60
5	漂白化学浆	18. 434	70	26. 33	51	36. 15	33	55. 86

2.3　项目用水量核定

2.3.1　论证前后水量变化情况说明

山东某纸业股份有限公司2017年未进行节水技术改造前取用地下水量为2 861万m^3/a,技术改造后节水370. 7万m^3/a。因现在环保要求较严格,淘汰掉一些达不到要求的微小企业,造成市场需求量增大,产量会逐步增大,规划2021年产量可达365万t,需水量为 2 520 万 m^3/a,故现申请许可取水量为 2 598 万 m^3/a,比原许可取水量 3 100 万 m^3/a 减少 502 万 m^3/a。

2.3.2 合理用水量的核定

山东某纸业股份有限公司主要用水项目为生产用水,年生产按 340 d 计算,现状年总取水量为 1 823.58 万 m^3/a,因现在环保要求较严格,会淘汰掉一些达不到要求的微小企业,造成市场需求量增大,产量会逐步增大,预计 2021 年产量可达 365 万 t,需水量为 2 520 万 m^3/a,故现申请许可取水量为 2 598 万 m^3/a,供水保证率为 95%。

3 取水水源论证

3.1 水源方案比选及合理性分析

本次论证对本项目取用地下水进行了专题论证,因此本报告对其他水源不再做方案比选分析。

兖州区为一广阔的山前冲积平原,汶泗冲积扇的迭加地带。本区地下含水层类型大致可分为孔隙水、层间岩溶裂隙水、裂隙岩溶水三类。第四系全新统结构松散的砂砾石是本区主要含水岩层。第四系更新统含砂土质砂,含水量甚微。第四系前地层含水特性据现有资料得知。第三系岩石含水极微,煤系地层含水很小。

碳酸盐岩类裂隙岩溶含水岩组由寒武-奥陶系的碳酸盐岩组成,岩性主要有灰岩、白云岩、白云质灰岩、泥质灰岩、泥质白云岩等。该含水岩组分布于评价区中部,除西部滋阳山呈残丘状出露外,其余皆隐伏于第四系之下,根据区内钻孔资料显示埋藏深度由南向北渐深,一般为 90~140 m 以下,东北部最深处达 160 m 以下。该含水岩组的碳酸盐岩地层厚度大,裂隙岩溶发育,地下水主要赋存于灰岩、白云质灰岩、结晶灰岩和泥质灰岩、白云岩的溶蚀裂隙、溶蚀孔洞中,富水性较强。

根据本项目的用水要求,经综合分析,确定本项目取水水源为山东某纸业股份有限公司兖西裂隙岩溶水自备水源。因此,需要对山东某纸业股份有限公司兖西裂隙岩溶水自备水源的地下水取水方案进行论证。

3.2 地下取水水源论证

3.2.1 水文地质条件分析

评价区位于华北板块(Ⅰ级)、鲁西南地块(Ⅱ级)、鲁西南潜隆起区(Ⅲ级)、菏泽兖州隆起(Ⅳ)、兖州凸起(Ⅴ)构造单元的北部。兖州凸起是一个东以峄山断裂、北以郓城断裂、西以孙氏店断裂、南以凫山断裂为界的较为完整的构造单元。区域地层分布、构造发育均明显受控于以上四条区域性大断裂。

评价区地质柱状图见图 3、图 4,评价区水文地质剖面图见图 5,评价区地质构造纲要图见图 6。

TY1 号孔

钻　孔　柱　状　图

深度/m	地质时代	层底标高/m	层底深度/m	地层厚度/m	含水层划分	钻孔结构及地层柱状图(1:500)	地质-水文地质描述	岩芯采取率曲线/%	冲洗液消耗量曲线/%	直线裂隙率岩溶率曲线/%	水位观测 埋深/m 孔深/m	成井结构图	备注
			1.6	1.6			黏土:褐黄色，松散耕植土。根系及有机层						
			4.9	3.3			含黏土细砂:浅黄色,松散,砂的成分以长石、石英、黑云母为主,较好，含有黏土团块						水泥止水
			17.27	12.37			黏土:浅黄色、灰褐色，硬塑,在5.30~6.20 m及15.97~16.47 m,见有钙质结核						
			21.48	4.21			粉土:浅黄色,较质密,含有少量粉细砂；底部含有薄层黏土						
			23.68	2.20									
			25.38	1.70									
			37.78	12.4			黏土:棕黄色,硬塑。33.18~34.48 m含有砾砂夹层,为含水层						
			40.08	2.30			粗砂:黄色,松散,成分以长石、选性、磨圆度一般，富水性好，为含水层						
			45.31	5.23			粉质黏土:灰绿伴浅黄色,硬塑。上部40.38~41.92 m，见有粉土夹层					450 mm 139.83 m	
			46.68	1.37									
50			53.48	6.80			黏土:棕黄色,含砂质成分，硬塑，上部见有粗砂夹层						
			57.86	4.38			细砂:黄色,松散,成分以石英为主，分选性及磨					377 mm 139.83 m	
			65.34	7.48									
	Q		69.02	3.68		450 mm 139.83 m							
			72.27	3.25									
			84.89	12.62			细砂:黄色,松散,成分为长石、石英，分选性及磨圆度较好						
			87.29	2.40									
			97.15	9.86			黏土:黄绿色、浅黄色，硬塑;91.27~91.77 m为高岭土化含砾砂层夹层，见有光滑压裂面						
100			102.15	5.00			粗砂:黄色、浅黄色,松散,成分以长石、石英为主。分选性、磨圆度一般,富水性好						
			110.35	8.20			高岭土化含砾砂层:黄绿色、灰白色,长石高岭土化,砂砾大小不等。103.95~104.60 m夹有薄层黏土层						
			122.90	12.55			风化黏土:黄绿色、灰白色,黏土中矿物成分风化,吸水膨胀易碎裂 风化砂层:黄绿色,长石风化呈高岭土化,含砾,砾石大小不等						
			124.40	1.50									
			139.02	14.62			含砾黏土:黄绿色、灰白色，黏土中矿物微风化，砾石大小不等。最大约15 cm						139.83 m
	OM²		147.70	8.68			角砾状灰岩:灰色、浅灰色,黄色,厚层构造。角砾大小不等不规则，为泥质胶结。岩芯上见有多处干溶蚀孔洞						
150			158.58	10.88	154.28 156.18	325 mm 167.99 m	角砾状泥灰岩:浅灰色、黄色,厚层构造。角砾大小不等不规则,泥质胶结。154.28~156.18 m岩芯破碎,见有溶蚀痕迹，岩芯有缺失					325 mm 167.99 m	
					161.23 162.18		灰岩:灰色、浅灰色,厚层构造。167.79~167.99 m见有白云质灰岩夹层。163.93~166.89 m层段岩芯破碎(机械破碎);161.23~162.18 m岩芯面见有溶蚀痕迹，为含水层						167.99 m

图 3　六股路 TY1 水源井地质柱状图(上部第四系部分)

TY1 号孔

钻　孔　柱　状　图

深度/m	地质时代	层底标高/m	层底深度/m	地层厚度/m	含水层划分	钻孔结构及地层柱状图(1:500)	地质-水文地质描述	岩芯采取率曲线/% (0 25 50 75 100)	冲洗液消耗量曲线/%	直线裂隙率曲线 岩溶率/%	水位观测 埋深/m 孔深/m	成井结构图	备注
			177.28	18.7			白云质灰岩:浅灰色，中-厚层，岩芯稍破碎，开裂面见有棕红色薄膜						
			179.18	1.90	186.49~187.59		灰岩:灰色、浅灰色，中-厚层，底部见有约0.5 m的白云质灰岩夹层。整段岩芯破碎，缺失严重。186.49~187.59 m见有溶蚀性孔洞及水渍痕迹,有泥质充填物						
			191.50	12.32	196.29~197.87		角砾状灰岩:灰色、浅灰色、灰白色,厚层构造。角砾大小不等，不规则，泥质胶结, 196.29~157.57岩芯破碎，有缺失，见有水渍痕迹为含水层。顶部岩芯见有干溶蚀孔洞						
200			202.30	10.8	214.26~214.76		灰岩:灰色、浅灰色,厚层构造,204.70~222.18 m层段岩芯破碎,有缺失。214.26~214.76 m见有溶蚀痕迹及水渍痕迹为含水层。岩芯顶部见有干的溶蚀孔洞						
			225.09	22.79			白云质灰岩:浅灰色、灰白色，中-厚层构造，岩芯较完整,局部缺失						
			229.41	4.32		Φ273 mm 284.76 mm	豹皮灰岩:灰色、深灰色，厚层构造。岩芯见有大小不等灰白色云斑。岩芯完整。裂隙不发育,开裂面见有黄色、锈红色薄膜					Φ273 mm 284.76 m	
250			252.25	22.84	270.08~270.83		灰岩:灰色、浅灰色,巨厚层。性脆敲击易碎。262.56~263.533 m见有泥灰岩夹层。270.08~270.83 m见有溶残留物,被泥质充填,为含水层						
	OM²		278.66	26.41			豹皮灰岩:灰色、深灰色，厚层构造,岩芯见有大小不等灰白色云斑,岩芯完整。裂隙不发育						
			286.36	7.70			灰岩:灰色、深灰色,巨厚层,性脆,敲击易破碎,岩芯完整裂隙不发育,292.19~296.06 m,309.05~313.04 m,314.26~317.25 m岩芯破碎(机械破碎)						284.76 m
300			321.95	35.59			云斑灰岩:灰色,厚层构造,岩芯上见大小不等灰白色云斑。岩芯完整,节理裂隙不发育						
			326.93	4.98		Φ219 mm 400.57 mm	灰岩:灰色、深灰色,巨厚层构造,岩芯完整,中部层段岩芯沿裂隙开裂，开裂面见有棕红色薄膜，岩芯破碎稍有缺失					Φ219 mm 400.57 m	
350			380.88	53.95			白云岩:灰白色、浅灰色。中-厚层构造。391.48~392.28 m见有薄层泥岩夹层。性脆易碎，岩芯破碎(机械破碎)。岩芯稍有缺失						
400	OM¹		400.57	19.69									400.57 m

图4　六股路 TY1 水源井地质柱状图(下部岩溶水部分)

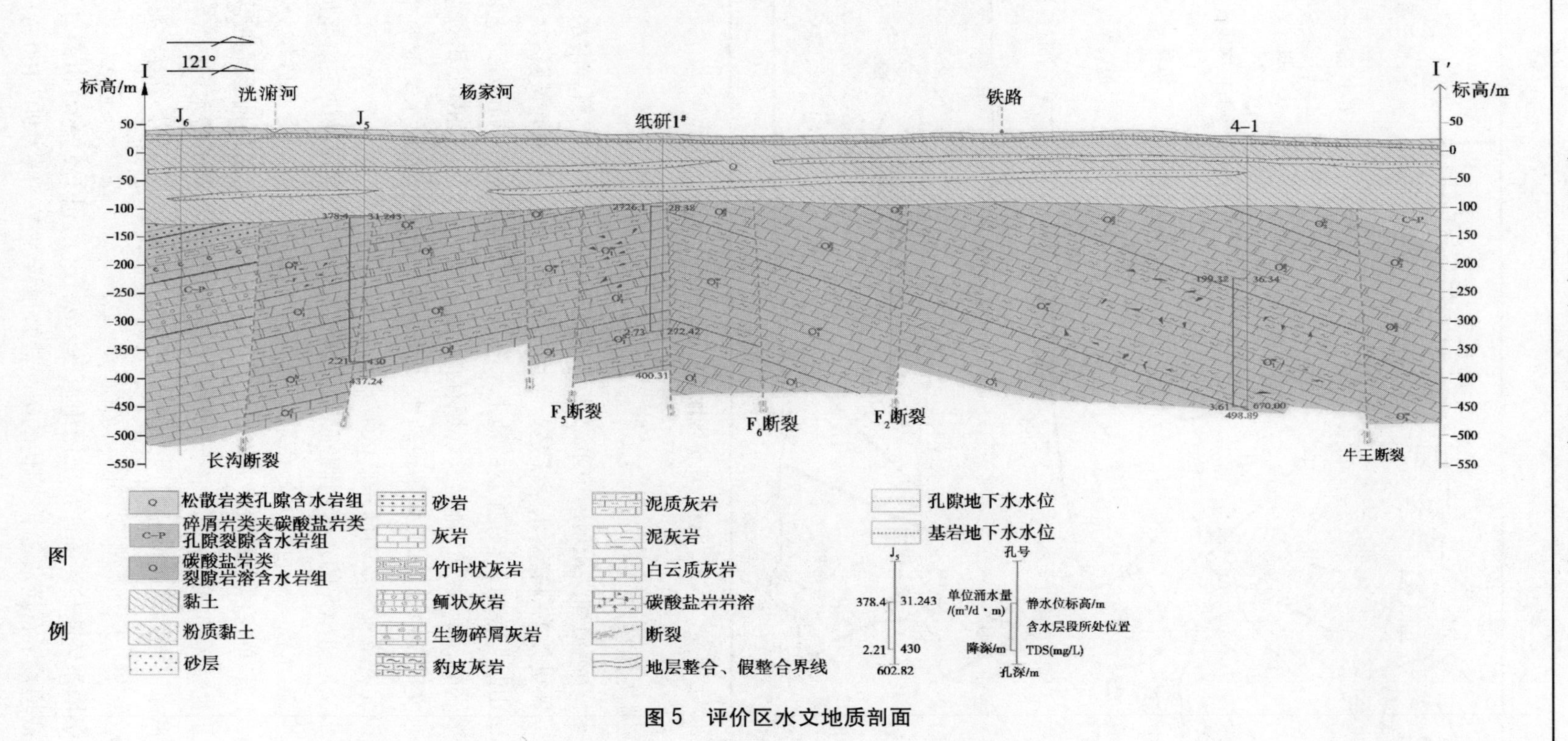

图5　评价区水文地质剖面

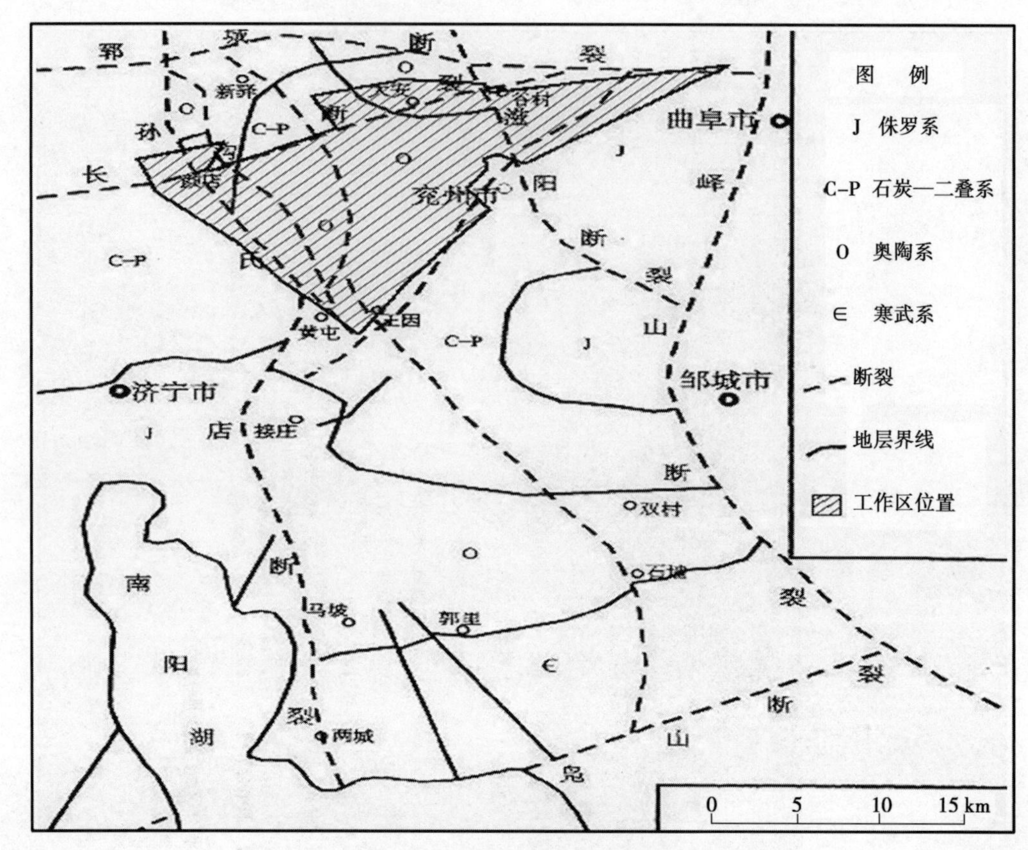

图 6 评价区地质构造纲要图

3.2.2 水文地质条件

评价区位于汶、泗河冲洪积扇的中东部地带,兖西断块—郭里集单斜岩溶水系统的北部。兖西断块—郭里集单斜岩溶水系统是一个由东部峄山断裂、北部郓城断裂、西部孙氏店断裂和南部凫山断裂控制,具有独立的地下水补、径、排、存储条件的较为完整的岩溶水系统。根据岩溶水的补给、径流、排泄及区域存储特点,可划分为南、北两个相对独立又存在水力联系的水文地质单元,即郭里集单斜水文地质单元和兖西断块水文地质单元。两个单元在接庄以北一带发生水力联系。区域水文地质见图 7。

兖西断块水文地质单元的东部属泗河冲洪积扇,西部为汶、泗河冲洪积扇叠加区。含水砂层分布不均,富水性差别也较大。在东部泗河冲洪积扇的轴部,含水砂层分选性好,颗粒较粗,富水性强,单位涌水量大于 400 $m^3/(d \cdot m)$。南部、西南部前缘地带含水砂层少,颗粒细,富水性稍差,单位涌水量小于 200 $m^3/(d \cdot m)$,为相对不富水区。

隐伏于寒武系—奥陶系碳酸盐岩周围的石炭系、二叠系、侏罗系砂、页岩、泥岩,富水性很差,无供水意义,一般形成相对的隔水边界。

寒武系—奥陶系碳酸盐岩除西部滋阳山有基岩残丘(面积 1.5 km^2)出露外,其余均隐伏于松散层或埋藏于石炭系之下,隐伏的碳酸盐岩顶板埋深一般为 90~160 m。兖西断

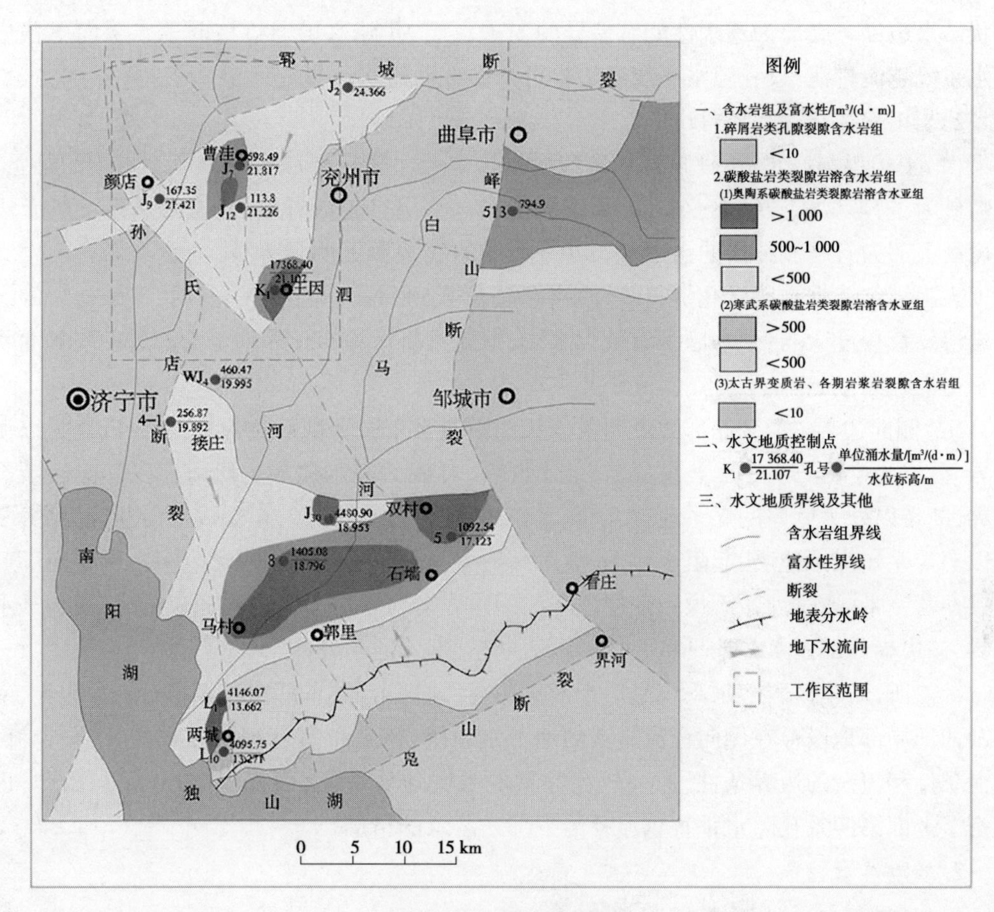

图 7　区域水文地质图

块单元内北北西向和近东西向高角度断裂发育，对碳酸盐岩裂隙岩溶的发育及地下水的径流、赋存具有重要作用。受地层岩性、构造等影响，各地岩溶发育不均。总体来讲，构造带附近裂隙岩溶发育，地下水径流条件好，富水性强，如竹亭、沈官庄两个富水地段，井孔单位涌水量大于 1 000 m³/(d·m)。远离构造带裂隙岩溶发育程度、径流条件均较差，富水性弱，井孔单位涌水量小于 500 m³/(d·m)。

岩溶地下水主要接受上覆松散层孔隙水的越流补给，总体流向由北东向南西。在天然条件下向郭里集单斜水文地质单元侧向径流排泄。现状条件下，主要排泄方式以人工开采排泄为主。

1. 水文地质边界条件

评价区以兖西断块为主体，是一个较为完整的水文地质单元，具有较清楚的边界条件。水文地质边界条件包括孔隙水系统边界条件和岩溶水系统边界条件。

1）孔隙水系统边界条件

孔隙含水岩组在区内分布广，平面上向区外延伸较远，不存在明显自然边界，四周可视为无限延伸的透水边界。该含水系统顶界面是一个可以接受大气降水入渗、河流渗漏及灌溉回渗等补给，并可以经人工开采排泄的开放界面，因此孔隙含水层的上边界为一个面状透水边界。底部为透水性能有差异的弱透水层,孔隙水可通过该弱透水层向下伏岩溶水系统越流排泄,故孔隙水系统底边界可当面状弱透水边界处理。

2)岩溶水系统边界条件

(1)上边界与底边界:评价区内碳酸盐岩含水层上覆松散层底部以厚度不均的黏土、混粒砂为主,形成弱透水层,对其下伏碳酸盐岩含水层有越流补给,故岩溶水系统的上边界可视上部为有越流补给的弱透水边界。系统的底边界无明显界线,一般根据岩溶发育深度人为划定。据本区钻孔资料统计,当埋深大于500 m(标高-450 m)时,碳酸盐岩的裂隙岩溶发育程度微弱,基本已无有效含水层,据此可将埋深500 m划定为岩溶系统的面状隔水边界。

(2)侧向边界:本区北部边界西段以长沟断裂至东段郓城断裂为界,边界以北为以泥页岩、砂岩为主的石炭—二叠地层,其透水性差,可视为隔水边界。西南部以孙氏店断裂为界,断裂以外为巨厚的煤系地层,起隔水作用,视为隔水边界。东部以峄山断裂为界,断裂以东为兖州煤系地层,起阻水作用,故东部边界为隔水边界。因本区岩溶水可在南部黄庄—蔡营一带,通过埋藏于煤系地层之下的裂隙岩溶含水层向区侧向径流排泄,视为透水边界,该边界与邹西水源地具有一定的水力联系,但沟通不畅。

综前所述,本区岩溶水系统是一个西部边界、北部边界、东部边界为相对隔水边界,南部及西部局部地段存在侧向径流排泄的地下水系统,该系统具有相对独立的补给、径流、排泄条件和清楚的边界条件,为一较为完整的水文地质单元,面积为276 km^2。因此,也奠定了上部第四系孔隙水垂直越流补给下部岩溶水的格局。

2. 岩溶发育特征

1)岩溶发育与地层岩性的关系

区内各碳酸盐岩类地层矿物成分以方解石、白云石为主,化学成分主要为CaO、MgO,均为易溶盐分,为岩溶的发育提供了物质基础。但由于地层岩性纯度差异大,各地岩溶的发育程度、形态特征也存在较大的差异。一般情况下,奥陶系八陡段、五阳山段、北庵庄段等地层岩石,灰岩质地较纯、坚硬、性脆,裂隙岩溶发育,溶蚀残留少,连通性好,常可形成较大规模的岩溶含水层段。而阁庄段、土峪段等地层中泥质成分增多,岩溶形态以蜂窝状、网格状溶孔、溶洞为主,其间常充填、半充填有泥质残留物,连通性差。根据统计资料,奥陶系阁庄段(O_2^g)平均岩溶率为6.9%左右;八陡段(O_2^b)和五阳山段(O_1^w)岩溶发育也较强,岩溶率分别为2%和2.9%。区内其他奥陶系—寒武系岩地层发育较弱。

2)岩溶发育与构造的关系

构造对岩溶发育有较强的控制作用。断裂附近的岩石较破碎,裂隙发育,为地下水的运移提供了通道,故本区岩溶发育带沿断裂呈带状分布,且发育深度大,例如F_2断裂,其总体走向为南北向,两侧分布有较大面积马家沟组阁庄段与五阳山段碳酸盐岩,断裂构造与碳酸盐岩地层为岩溶水的富集提供了有利的条件,沈官庄—六股路富水地段与竹亭富水地段均位于该断裂主径流带。F_2断裂和牛王断裂的复合部位竹亭村施工的钻孔所揭露的岩溶发育均较好,最大岩溶发育深度达430 m,岩溶发育段厚24~30 m;在远离断裂的地段，岩溶发育一般较差，且发育较浅，岩溶形态以小溶孔、溶隙为主。

3）岩溶发育与埋藏条件的关系

不同的埋藏条件下，岩溶发育差别较大。煤系地层下伏的碳酸盐岩比隐伏于第四系之下的埋藏深度大，岩溶发育较差。如评价区南部Y3号钻孔揭露的石炭系之下的奥陶系碳酸盐岩仅有少量连通性较差的溶孔，比隐伏于第四系之下的相同地层岩性岩溶发育程度差；第四系浅覆盖的地段比深覆盖的地段岩溶发育好，如后竹亭村北TC-02孔揭露基岩顶板埋深130 m，岩溶发育层次较多，厚度较大（约20 m），兖州城西朝阳纸业热电厂供水井基岩项板埋深165 m，揭露的岩溶发育仅3层，厚度7.6 m。

随着埋深的变化，同一地段岩溶发育程度也不同。经统计，本区岩溶发育深度主要集中在150~430 m，该段主要分布马家沟组阁庄段、五阳山段及八陡段的灰岩、泥质灰岩地层，岩溶形态以溶隙、溶洞为主，溶蚀面上无残留物，岩溶主要沿裂隙发育，规模较大而不均匀。

4）岩溶发育与水动力条件的关系

水动力条件对碳酸盐岩岩溶发育起到关键的作用。地下径流愈强烈，其对岩石的侵蚀性就愈强，岩溶也愈发育，同时岩溶发育又促进了径流条件的进一步提高。本区沿F_2断裂地带为岩溶地下水强径流带，位于该径流带内的J7号孔岩溶率为6.6%。

3. 岩溶发育分布规律

总观全区，总体上本区岩溶具有以下分布规律：

（1）在平面上，东南部竹亭地段及中部的沈官庄—曹洼地段岩溶发育较好，其余较差。

（2）在垂向上，一般来讲浅部岩溶发育较好，深部较差，随着深度的增加，岩溶发育程度减弱，区内岩溶发育多集中在埋深150~430 m。

（3）在构造影响带尤其是构造复合部位，裂隙岩溶发育程度好，远离构造带地区发育程度差，如竹亭地段处于F_4断裂和牛王断裂的复合部位，其裂隙岩溶普遍发育较好。

（4）地下水主径流带及其排泄区岩溶较发育，如沈官庄地段处于地下水主径流带，王因地段处于排泄区，岩溶发育均较好。

4. 岩溶发育与富水性

裂隙岩溶的发育为岩溶地下水的赋存、运移提供了必须的基本条件。裂隙岩溶发育地区，有利于地下水的循环交替，在为地下水提供良好赋存空间的同时，也为碳酸盐岩溶解提供了必备的水环境条件。岩溶发育较好的地段，地下水的径流条件好，地下水富集量大，往往能形成具有开采价值的水源地。

根据施工钻孔资料，评价区内的王因—竹亭地段、沈官庄—曹洼地段，地层中裂隙岩溶发育程度较高，主要集中在埋深134~188 m、246~370 m两个孔段，370 m以下岩溶发育程度较低，含水层较少。第一个岩溶发育段在五阳山段灰岩、豹皮灰岩地层中，岩溶发育不均匀，岩溶形态多为溶孔、小型溶洞，岩溶段厚度小，一般不超过2 m，顶部黏土充填现象严重；第二个岩溶发育段地层为土裕段白云岩质灰岩与北庵庄段灰岩，岩溶多以小溶洞、蜂窝状溶孔形态出现,岩溶发育较均匀,连通性较好,资料显示,该地段富水性较好,单位涌水量 1 000 $m^3/(d \cdot m)$左右。在六股路村南施工的 6 个钻孔显示裂隙岩溶发育,厚度在 6~12 m,平均单位涌水量达 1 022.2 $m^3/(d \cdot m)$,富水性较好,适合建设集中供水水源地。

3.2.3 地下水水位动态特征

地下水水位动态是地下含水层水量收支平衡状况的直接反映,其变化受补给、排泄诸多因素的共同制约,在时间和空间上均呈现一定规律的变化。由于不同类型的地下水所受影响因素与程度的不同,其水位动态特征也存在差异。

1. 孔隙水水位动态特征

大气降水是本区孔隙水最主要的补给源,它对区内孔隙水的动态起着总体上的控制调节作用。随着工农业的发展与地表水体质量的下降,工农业生产对孔隙水的需求量也在迅速增加,于是人工开采也成为影响孔隙水水位动态变化的一个重要因素。据长期动态资料分析,总体上孔隙水水位动态表现为随季节及气象呈周期性变化。第四系孔隙水动态:浅层地下孔隙水年变幅 2~4 m,深层地下水年变幅 1.5~3.5 m。地下水动态基本表现了同步升降,其动态与气象、人工开采等因素有关。

1)年内动态特征

一般正常年份,1 月为平水期,降水稀少,水位缓慢下降;至 3 月上旬,由于农田灌溉大量开采孔隙水,地下水水位下降速度明显加快,直到 6 月中旬水位下降到最低值,6 月下旬开始雨季来临,降水增多而农业开采量减少,补给量大于开采量,含水层内水量总体增加,水位上升,至 10 月初升到最高水位,之后降水逐渐减少,农业开采量相对增加,但含水层在侧向径流补给的作用下,基本处于补、排平衡状态或排稍大于补,水位缓慢下降。直至次年 3 月,又出现与上一年同样特征的变化,从水位变化曲线看,呈现出缓降骤升的特点,见图 8。

2)年内动态特征

从图 8 看出,孔隙水多年动态变化受降水量与开采量的共同影响,一般枯水年降水量少而开采量大,地下水处于负均衡状态,反映在水位上表现为下降幅度较大,总趋势为下降状态。丰水年降水量大而开采量较小,水位上升幅度大,年末水位高于年初水位,总趋势为上升状态。从多年地下水动态曲线看,地下水在枯水年的水位的降幅遇丰水年时一般可得到部分或全部恢复(如 1997~2011 年),孔隙地下水处于动态平衡状态。

3)孔隙水动态趋势分析

根据评价区及其附近的 14 眼浅层孔隙水观测井 1980~2011 年系列计算的年末与年初地下水水位变差,与其对应年份评价区的年均降水量进行一元相关分析,其相关关系很好,相关系数为 0.95,可见该评价区的地下水以降水入渗补给为主。据回归方程分析,当年末与年初的水位差为 0 时,对应的年降水量为 659.9 mm,而评价区 1956~2011 年的多年平均年降水量为 700.8 mm,比 1980~2011 年系列平均年降水量还多 24.1 mm,据此可知,评价区地下水水位动态处于平衡状态,见图 9~图 13。

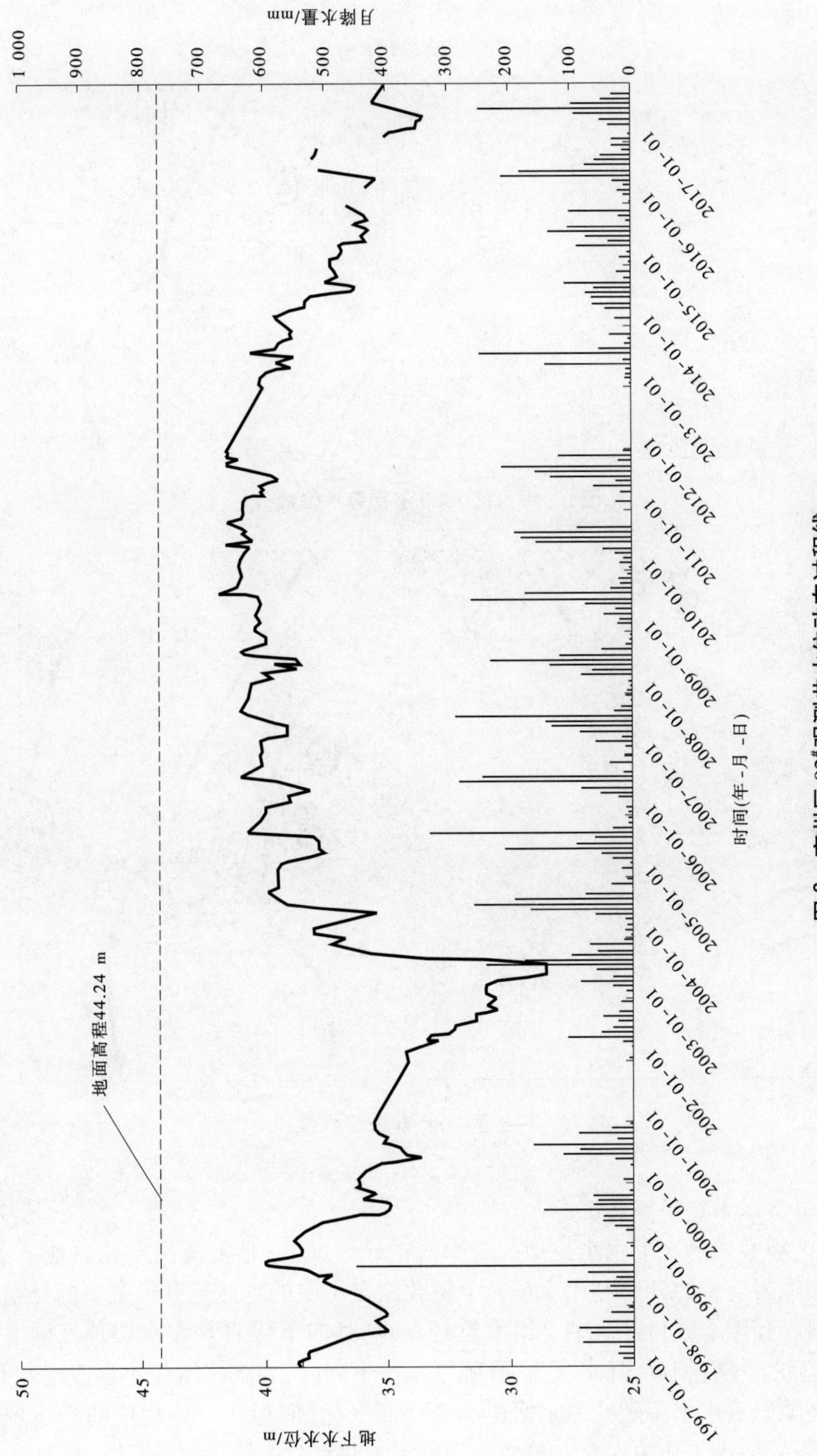

图 8　兖州区 92#观测井水位动态过程线
（兖州区颜店镇坊村北 200 m，现井深 19 m）

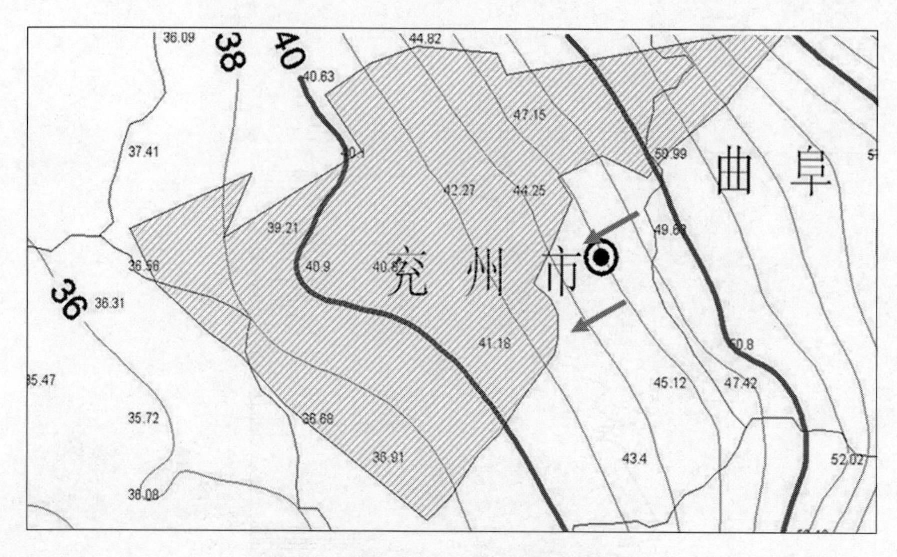

图 9　评价区 1980 年初等水位线

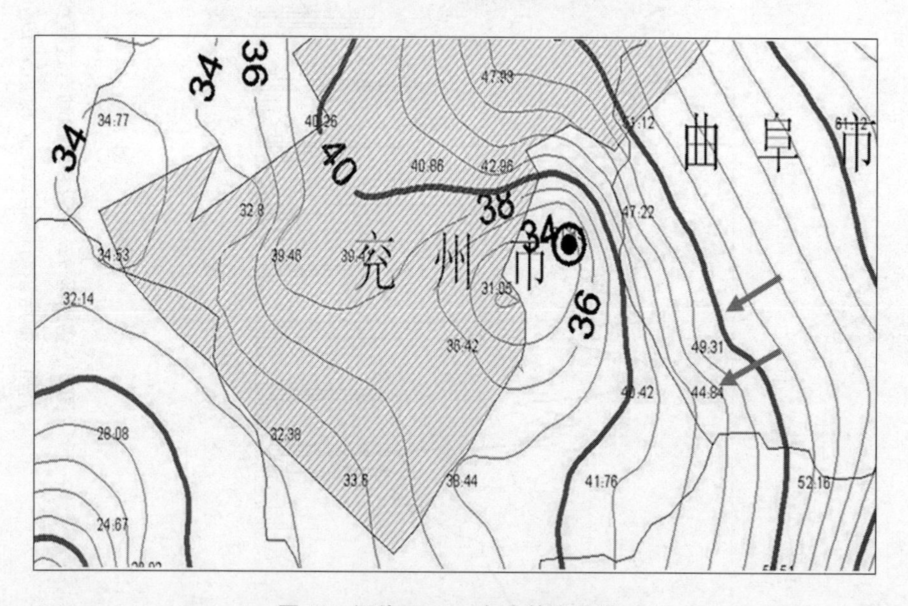

图 10　评价区 2004 年末等水位线

2. 裂隙岩溶水水位动态特征

影响本区裂隙岩溶地下水水位动态规律的主导因素，一是上覆浅层孔隙地下水水位动态，二是裂隙岩溶水的开采利用水量。上覆孔隙含水层的越流是其最主要的补给源，一般当雨季来临，孔隙水获得充足的补给水位升高时，其向下伏岩溶含水层越流量增大，岩溶水水位也随之升高；相反，降水减少，孔隙水水位下降时，岩溶水水位也相应地降低。总体上，本区裂隙岩溶水水位随孔隙水水位的变化而变化，但存在一定程度的滞后现象，说明本地区裂隙岩溶水与孔隙水存在着较密切的水力联系。

人工开采是裂隙岩溶水的主要排泄方式，随着王因、后竹亭、沈官庄水源地的相继建

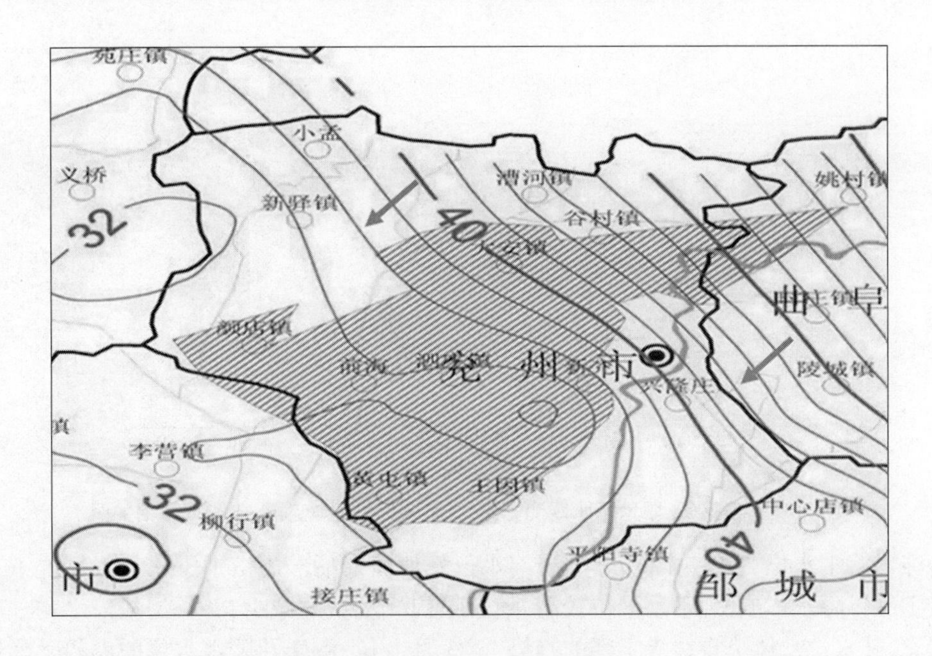

图 11　评价区 2014 年末等水位线

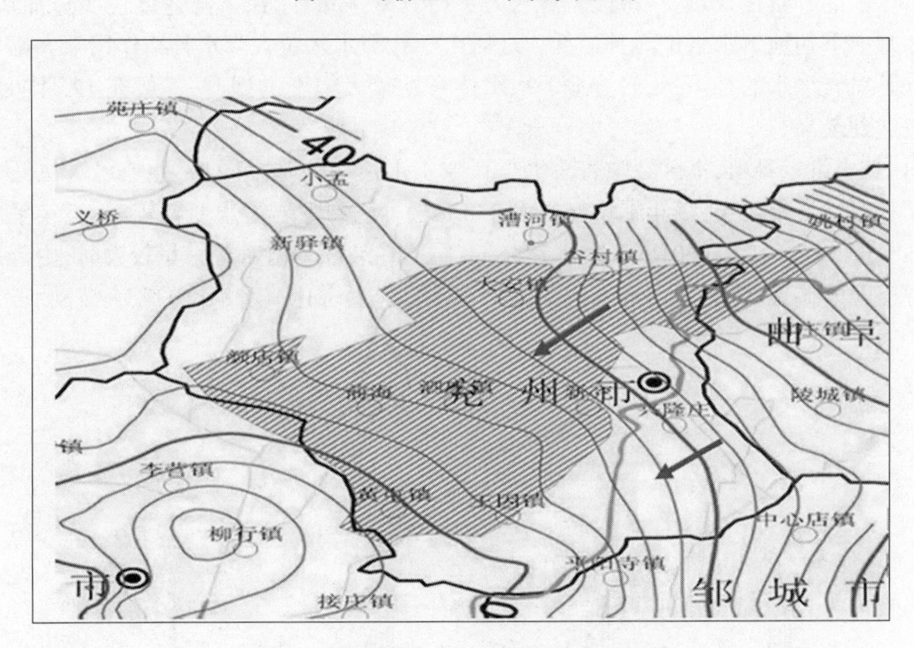

图 12　评价区 2018 年 7 月 1 日等水位线

成，开采量逐年增加，使岩溶水水位受人工开采日益明显，出现逐年下降趋势。

3. 孔隙水与裂隙岩溶水水位动态变化

鉴于本评价区坊上观测井已停测多年，至 2015 年开始启用，本次评价利用坊上观测井 2015 年 4 月至 2018 年对评价区地下水水位动态变化进行分析。

根据兖州区 116#井及坊上观测井 2015～2018 年水位动态过程线（见图 14），孔隙水

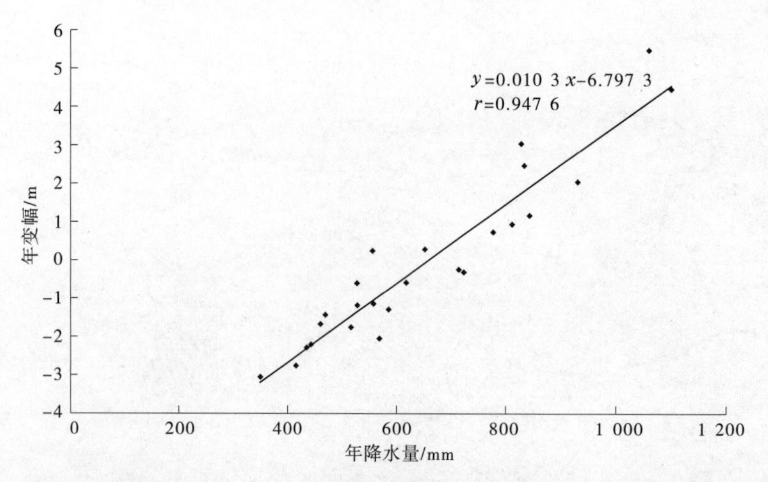

图 13　评价区 14 眼地下水观测井平均地下水水位年变幅-年降水量相关图

与裂隙岩溶水水位变化基本同步,但岩溶水位峰值略滞后。岩溶地下水一般情况下在年初受上一年降水影响,地下水水位较高,随着年初降水量的减少,各类型地下水均处在消耗状态,其水位总体呈现缓慢下降的趋势,至 3 月上旬,由于孔隙水水位的大幅下降影响其对岩溶水的补给量,故这一阶段岩溶水为平衡其开采量,水位下降速度也明显加快,一般到 8 月中下旬地下水水位降到最低。之后由于孔隙水水位在降水补给作用下大幅抬升而增加了对岩溶水的补给量,岩溶地下水水位开始较大幅度的回升,一般在 12 月初地下水水位达到最高。

由图 14 可以看出,本区裂隙岩溶水与孔隙水水位变化基本同步,孔隙水水位处于动态平衡状态且变幅较小,三年平均变幅为 2.8 m。本区裂隙岩溶水变幅较大,三年平均变幅在 5.9 m,最大变幅为 2018 年达到 7.46 m,因此在裂隙岩溶水开采量较大时,由于地下水储存空间的调蓄作用,岩溶水水位变化并不会引起上层孔隙水水位的较大波动。

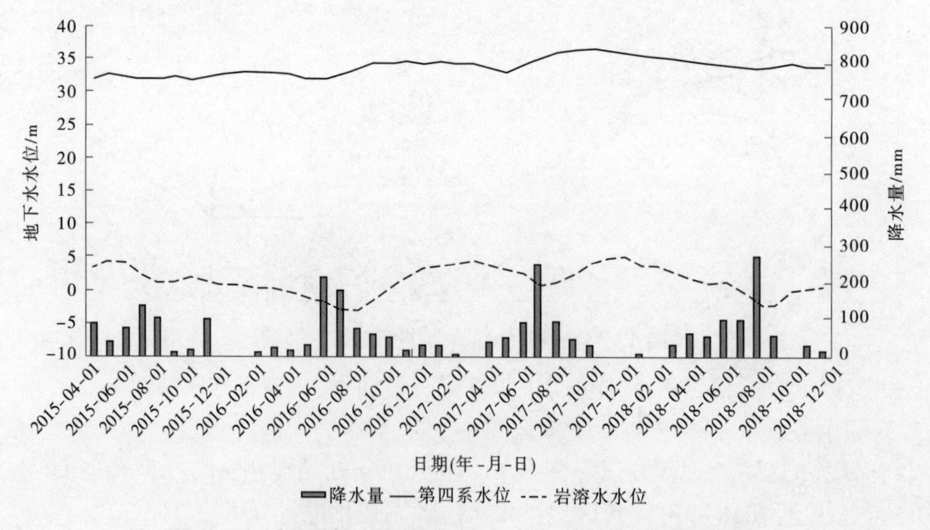

图 14　116#井及坊上观测井 2015~2018 年水位动态过程线

3.2.4　地下水资源量分析

本项目用水水源为裂隙岩溶水，由于本区的孔隙水和裂隙岩溶水有水力联系，孔隙水越流补给裂隙岩溶水，因此需要进行孔隙水和裂隙岩溶水资源量的计算，对评价区地下水总资源量进行平衡分析。

区内不同类型的地下水由于自然条件的差异、受人类活动影响的不同，其补给、径流、排泄条件亦存在差异。

1.第四系松散岩类孔隙水的补给、径流、排泄条件

孔隙水的补给方式主要是大气降水入渗和侧向径流补给，其次为河水渗漏和农田灌溉水的回渗补给。大气降水一般集中在6~9月，农田灌溉水回渗补给多集中在农灌期，具有明显的季节性，侧向径流和河水入渗补给则是长期的。

根据不同时期孔隙水的等水位线图反映，孔隙水总的径流趋势为由北东向南西径流，只在河流附近接受补给，由河床向两侧径流，如在洸府河、蓼沟河及泗河等附近均存在此种现象。另外，由于兖州城区及厂矿企业开采地下水，形成了以城区为中心的地下水开采降落漏斗，使城区附近的地下水径流方向转为四周向漏斗中心径流。

孔隙水的主要排泄方式为人工开采，其次为侧向径流和向下部岩溶水越流排泄。人工开采包括农业灌溉开采、工业用水开采及生活饮用开采，其中农业灌溉开采有开采分散、季节性较强的特点，而工业用水开采及生活用水开采则较稳定。侧向径流排泄主要发生在评价区西南部，流量相对稳定。

2.岩溶地下水的补给、径流、排泄条件

(1)补给条件。区内岩溶地下水的补给来源主要以第四系孔隙水越流补给为主，其次为西部的滋阳山裸露残丘地段存在大气降水直接入渗补给，因面积很小其补给量也较少。

第四系孔隙水越流补给，区内第四系松散层面积较大，厚度大部分在90~160 m，岩性以粉质黏土、中粗砂、中砂及黏土为主，富存有丰富的孔隙地下水。据钻孔资料，区内中北部的姜高村、薛家庙、于家村一带，第四系松散层底部均发育有4~7 m的混粒砂层，其他地区第四系松散层底部有10~15 m厚的粉质黏土层，具备了越流发生的地质条件；从多年动态资料来看，本区岩溶水与孔隙水具有一致的动态变化趋势，可见孔隙水与岩溶水确实存在较强的水力联系，岩溶水水位变化滞后于孔隙水，反映了越流的滞后补给特征；又因孔隙水水位普遍高于岩溶水水位，故孔隙水越流补给岩溶水则是必然的，见图14。

大气降水入渗补给，评价区西部滋阳山碳酸盐岩裸露面积约1.5 km^2，地表岩溶较发育，有利于接受大气降水入渗补给。滋阳山J_9号钻孔长期资料显示，水位对大气降水反应灵敏，说明大气降水对该地段岩溶水有入渗补给。

(2)径流条件。本区岩溶地下水流场形态主要受断裂构造、裂隙岩溶发育程度及人工开采等条件的制约，总体径流方向为由北东向南西径流，但受王因水源地开采的影响，在王因水源附近地下水径流方向转为向漏斗中心径流。

评价区中部F_2断裂附近碳酸盐岩裂隙岩溶较发育，自然条件下该断裂两侧曹洼—六

股路一带呈高水位区,王因水源地开采时该区变为低水位区,成为开采漏斗发展主方向,说明该地带地下水径流条件好,是本区岩溶水的主径流带。

(3)排泄条件。本区岩溶地下水在天然条件下,是自东北向西南的侧向径流,在现状开采条件下,以人工开采排泄为主,其次为侧向径流排泄。人工开采主要集中于王因水源地、后竹亭水源地、沈官庄水源地,其次为兖州热电厂、山东某纸业股份有限公司等处在西郊地区的零星开采。现已形成以王因水源地为中心的降落漏斗,人工开采已成为本区岩溶地下水的主要排泄方式。

2002 年评价区南王回庄地段抽水试验时,本区 Y3、J19 孔水位均有所下降,说明本区南部边界处存在着向区外的侧向径流排泄。另据 2004 年"山东省汶上县邵庄、任城区双庙水源地供水水文地质详查"项目研究成果,滋阳山西侧耿村一带深部岩溶水矿化度明显偏高,说明地下径流不畅,可作为隔水边界。由此可见,在天然条件下,侧向流出是本区岩溶水的另一排泄途径。

3.2.5　地下水资源量均衡计算

1. 计算范围的确定

从评价区的水文地质单元分析,本区北部边界西段以长沟断裂至东段郓城断裂为界,边界以北为以泥页岩、砂岩为主的石炭—二叠地层,其透水性差可视为隔水边界。西南部以孙氏店断裂为界,断裂以外为巨厚的煤系地层,南部起隔水作用,视为隔水边界。东部以峄山断裂为界,断裂以东为兖州煤系地层,起阻水作用,故东部边界为隔水边界。因本区岩溶水可在南部黄庄—蔡营一带,通过埋藏于煤系地层之下的裂隙岩溶含水层向区侧向径流排泄,视为透水边界,该边界与邹西水源地具有一定的水力联系,但沟通不畅。

综前所述,本区岩溶水系统是一个西部边界、北部边界、东部边界为相对隔水边界,南部及西部局部地段存在侧向径流排泄的地下水系统,该系统具有相对独立的补给、径流、排泄条件和清楚的边界条件,为一较为完整的水文地质单元,面积为 276 km^2。因此也奠定了上部第四系孔隙水垂直越流补给下部岩溶水的格局。

本次论证评价区上部为第四系孔隙水含水层,下部为岩溶水含水层,含水层之间存在密切的水力联系,因此本次评价把第四系含水层和下部的岩溶水含水层概化为同一个储水地质系统来做统一评价,并对两个含水层的水资源量分别进行了计算。

根据山东某纸业股份有限公司 2017 年实际用水量 2 861 万 m^3 和开采后地下水水位实际降深进行计算,采用 2015~2018 年本单元的第四系地下水水位与岩溶水的动态监测资料,利用实采法验证了本次评价区内地下水资源量的可靠性。同时验证了山东省鲁南地质工程勘察院编制的六股路水源地和沈官庄岩溶水源地供水水文地质详查报告中所采用的参数和模型的符合性。提出了 2017 年实际开采 2 861 万 m^3 的情况下地下水水位实际降深值与越流补给量的相关性以及外延应用的可行性,为水源地规划年取水量的水位预测提供了论证的科学依据。

由于灰岩分布区外的孔隙水资源不能直接与裂隙岩溶水发生联系,故本次均衡计算孔隙水系统计算面积为 274.5 km^2(扣除西部滋阳山碳酸盐岩裸露面积 1.5 km^2)。

2. 均衡方程的建立

根据均衡的原理有

$$Q_{补} - Q_{排} = \mu F \frac{\Delta h}{\Delta t}$$

式中：$Q_{补}$ 为地下水补给量，万 m^3/d；$Q_{排}$ 为地下水排泄量，万 m^3/d；μ 为含水层给水度；F 为计算面积，km^2；Δh 为含水层在相应均衡期内平均水位变幅，m；Δt 为均衡时段天数，d。

本区孔隙水的补给量（$Q_{补}$）包括降水入渗（$Q_{雨}$）、河流渗漏（$Q_{河}$）、灌溉回渗（$Q_{回}$）及侧向流入（$Q_{侧补}$），排泄量（$Q_{排}$）主要有人工开采（$Q_{采}$）、侧向流出（$Q_{侧排}$）与越流排泄（$Q_{越}$）。将各补给分项与排泄分项分别代入上式得：

$$(Q_{雨} + Q_{河} + Q_{回} + Q_{侧补}) - (Q_{采} + Q_{侧排} + Q_{越}) = \mu F \frac{\Delta h}{\Delta t}$$

此即为本计算区孔隙水的均衡方程，其中 $Q_{采}$ 又分为农业灌溉开采、生活饮用开采及工业开采。

3. 有关参数的确定

1）降水入渗系数 α

水利部门曾在兖州区大安镇王家村建立孔隙地下水均衡试验场，通过多年的试验资料求得评价区平均降水入渗系数为0.304。本区孔隙地下水资源计算时降水入渗补给系数采用0.304；考虑到在本区裂隙岩溶水地区降水入渗系数无试验成果资料，故选用邻近地区的试验成果，用类别法选用，本区裂隙岩溶水的入渗补给系数采用0.32。

2）灌溉回渗系数 β

目前评价区对农田灌溉时都实行了节水灌溉，灌溉回渗系数采用0.24。

3）导水系数 T

根据以往多次工作研究成果，结合山东省鲁南地质勘察院群孔抽水试验资料综合给定。参加计算的孔隙水地下径流地段有东北部、西南部及兖州城区附近径流排泄，此3个地段导水系数 T 值分别为1 987.5 m^2/d、600 m^2/d、954 m^2/d。

4. 孔隙水资源均衡计算

孔隙水资源量采用水量均衡法计算，根据水均衡原理，本区孔隙地下水量均衡方程，可写成下列形式：

$$\mu F \Delta H = Q_{补} - Q_{排}$$

式中：$Q_{补}$ 为总补给量，m^3/d；$Q_{排}$为总排泄量，m^3/d；μ 为地下水水位变幅带给水度；F 为均衡区面积，km^2；ΔH 为计算时段内，含水层平均变幅。

因本区第四系松散沉积层厚度大，有较大的地下库容，地下水可进行多年丰枯调节，本次只进行多年平均补排均衡计算。就多年平均来说 ΔH 基本为零，均衡方程可改写成：

$$Q_{补} = Q_{排}$$

1)总补给量计算

评价区孔隙地下水总资源量平衡计算表—补给量见表6。

表6 评价区孔隙地下水总资源量平衡计算表—补给量 单位:万 m^3/d

项目		孔隙水量
补给量	降雨入渗	15.47
	河流渗漏	9.8
	引泗河回灌	4.11
	侧向补给	3.05
	灌溉回渗	4.65
	越流补给	0
	小计	37.08

2)排泄量计算($Q_{排}$)

评价区孔隙地下水总资源量平衡计算表—排泄量见表7。

表7 评价区孔隙地下水总资源量平衡计算表—排泄量 单位:万 m^3/d

项目		孔隙水量
排泄量	灌溉用水	13.55
	侧向流出	2.48
	越流排泄	17.33
	人工开采	6.37
	小计	39.73

3)补排平衡分析

计算公式:

$$S=\frac{Q_{总补}-Q_{总排}\pm \Delta H\mu F}{Q_{总补}}\times 100\%$$

式中:S为均衡差;$Q_{总补}$为孔隙地下水总补给量;$Q_{总排}$为孔隙地下水总排泄量。

经计算:$S=-7.15\%$。

对孔隙地下水的均衡计算结果显示,均衡差符合要求(小于±10%),根据图14和图12,孔隙地下水系统基本处于水量均衡状态。通过山东某纸业股份有限公司2017年开采量2 861万 m^3/a(合8.41万 m^3/d)的情况下可以看出,该评价区的孔隙水和岩溶水的水资源量是可靠的,评价区的孔隙地下水处良性循环的均衡状态。

5.裂隙岩溶地下水资源量计算

裂隙岩溶水含水层的分布范围前已论述,评价区面积276 km^2,其补给有大气降水入渗补给和上覆孔隙地下水的越流补给。

1)补给量计算

评价区地下水总资源量平衡计算表—补给量见表 8。

表 8　评价区地下水总资源量平衡计算表—补给量　单位:万 m^3/d

项目		裂隙岩溶水量
补给量	降雨入渗	0.1
	河流渗漏	0
	引泗河回灌	0
	侧向补给	0
	灌溉回渗	0
	越流补给	17.33
	小计	17.43

2)排泄量计算

评价区地下水总资源量平衡计算表—排泄量见表 9。

表 9　评价区地下水总资源量平衡计算表—排泄量　单位:万 m^3/d

项目		裂隙岩溶水量
排泄量	灌溉用水	0
	侧向流出	0.5
	越流排泄	0
	人工开采	17.0
	小计	17.5

6. 评价区地下水总资源量平衡计算

本区孔隙水越流补给裂隙岩溶水,水力联系密切,因此需要在孔隙水和裂隙岩溶水资源量计算的基础上,对评价区地下水总资源量进行平衡分析。

1)地下水总补给量

评价区地下水总补给量等于孔隙水和裂隙岩溶水量的补给量之和,为 37.18 万 m^3/d。

2)地下水总排泄量

评价区地下水总排泄量等于孔隙水和裂隙岩溶水量的排泄量之和,为 39.9 万 m^3/d。

3)地下水均衡分析

计算公式:
$$S=\frac{Q_{总补}-Q_{总排}\pm\Delta H\mu F}{Q_{总补}}\times100\%$$

经计算:
$$S=-7.32\%$$

对评价区地下水总资源量的均衡计算结果显示,均衡差符合要求(小于±10%),图 14

和图12表明,在山东某纸业股份有限公司2017年开采量2 861万 m^3/a(合8.41万 m^3/d)的情况下,在多年平均状态下,地下水系统基本处于水量均衡状态。根据表6可知评价区的地下水处于良性循环的均衡状态。

7.地下水可供水量计算

1)本区地下水可开采量计算

方案一:原取水许可量。

山东省水利厅下发给山东某纸业股份有限公司的取水许可量为3 100万 m^3/a(合9.12万 m^3/d),根据上述参数计算,当孔隙水与裂隙岩溶水的区域平均水位差约为33.3 m时,总补给量为18.22万 m^3/d,减去侧向径流排泄0.5万 m^3/d,评价区地下水资源量为17.72万 m^3/d。

方案二:规划开采量。

本项目规划年取水量为2 598万 m^3/a(合7.64万 m^3/d),根据上述实采法参数计算,当孔隙水与裂隙岩溶水的区域平均水位差为30.6 m时,总补给量为16.73万 m^3/d,加上大气降雨入渗补给量0.1万 m^3/d,减去评价区侧向径流排泄量0.5万 m^3/d,评价区地下水资源量为16.33万 m^3/d。

根据方案一、方案二的比较,本项目取水量为原取水许可量3 100万 m^3/a(合9.12万 m^3/d)情况下,预测孔隙水与裂隙岩溶水的区域平均水位差为33.3 m。项目规划年取水量为2 598万 m^3/a(合7.64万 m^3/d),孔隙水与裂隙岩溶水的区域平均水位差为30.6 m。规划年取水量2 598万 m^3/a 比原取水许可量3 100万 m^3/a 压采了502万 m^3/a,压采后的水位能回升2.7 m。

因此,山东某纸业股份有限公司沈官庄和六股路水源地可开采量可满足本项目规划年取水量2 598万 m^3/a 的要求,本项目规划年取水量2 598万 m^3/a 是合理的,并且有利于地下水资源及附近地下水超采区的地下水环境的保护。

2)供水水源地概况

山东某纸业股份有限公司现有沈官庄和六股路2处裂隙岩溶地下水水源地,总供水能力约为9.12万 m^3/d(合3 100万 m^3/a)。规划2021年取水量为2 598万 m^3/a。现有供水能力满足规划年的用水需求。

8.开采后的地下水水位预测

裂隙岩溶地下水水位是补给量和排泄量综合作用平衡的结果,一般在丰水年水位高,枯水年水位低,年内丰水期水位高、枯水期水位低,其水位是随时变化的,现在只对今后一段时期内的最低水位进行预测。

1)抽水试验

本次采用山东省鲁南地质工程勘察院对山东某纸业股份有限公司水源地纸研1号及纸研2号观测孔进行抽水试验时的数据进行影响半径、渗透系数、单井出水量等参数的计算。

(1)根据纸研1号孔的抽水试验成果,酸洗前静止水位为14.910 m、降低水位为17.217 m、抽水流量6 748.8 m^3/d、单位涌水量为391.98 $m^3/(d·m)$;酸洗后静止水位为15.071 m、降低水位为2.73 m、抽水流量7 442.4 m^3/d、单位涌水量为2 726.154

m^3/(d·m),影响半径为 289 m。

(2)根据纸研 2 号孔的抽水试验成果,抽水前静止水位为 16.104 m、降低水位为 4.360 m、抽水流量 5 704 m^3/d、单位涌水量为 1 308.239 m^3/(d·m),影响半径为 273 m。

2)地下水水位预测

山东某纸业股份有限公司 2017 年实际开采量 2 861 万 m^3/a,开采后孔隙水与裂隙岩溶水的区域平均水位差为 31.69 m,根据实采法计算,规划 2021 年取水量为 2 598 万 m^3/a 时,预测开采后孔隙水与裂隙岩溶水的区域平均水位差为 30.6 m。本项目取水量为原取水许可量 3 100 万 m^3/a(合 9.12 万 m^3/d)情况下,预测孔隙水与裂隙岩溶水的区域平均水位差为 33.3 m。水源地的地面高程为 44 m 左右,2017 年上覆孔隙水的地下水水位最低约为 33.03 m,则孔隙地下水最大埋深为 10.97 m。评价区总开采量将达到 18.22 万 m^3/d,预测孔隙水与裂隙岩溶水的水位差达 33.3 m。根据抽水实验观测动水位降深值为 4.36 m,总水位差将达到 37.66 m,预测裂隙岩溶地下水埋深为 48.63 m。水源地裂隙岩溶水含水层的顶板埋深在 110~160 m,水泵的下泵深度为 65 m,因此在最大降深时,水泵能够正常运行。

综上所述,本项目从山东某纸业股份有限公司水源地取水是安全的。

9.地下水水质分析

山东某纸业股份有限公司水源地岩溶水的水质检测结果为:评价区内裂隙岩溶地下水水质符合《地下水质量标准》(GB/T 14848—2017)Ⅲ类水标准,可作为本项目生产用水水源。

4　取水影响论证

4.1　对水资源的影响

本项目取用裂隙岩溶地下水,评价区岩溶地下水主要接受降水入渗补给量和上覆松散层孔隙水的越流补给,因此裂隙岩溶地下水可开采量主要来源于上覆孔隙地下水的越流补给。越流补给量的多少是由上覆孔隙地下水位与裂隙岩溶水承压水位差决定的,关键因素是孔隙地下水可采资源量是否有保证。从目前看,评价区的孔隙地下水可采资源量较大,地下水水位处于动态平衡状态。水源地开采对周边影响分析如下:

(1)根据评价区开发利用情况,本项目规划 2021 年取水量为 2 598 万 m^3/a(合 7.64 万 m^3/d),评价区裂隙岩溶地下水总开采量将达到 16.23 万 m^3/d。预测孔隙水与裂隙岩溶水的水位差为 30.6 m 时,从上覆第四系孔隙地下水垂直越流补给量为 16.73 万 m^3/d,加上降水入渗补给量 0.10 万 m^3/d,扣除侧向径流排泄量 0.5 万 m^3/d,可开采量为 16.33 万 m^3/d。通过上述计算分析,水源地裂隙岩溶水可开采量为 16.33 万 m^3/d,其中主要补给量为 16.73 万 m^3/d,来源于上覆第四系孔隙水垂直越流补给,也说明开采岩溶裂隙水主要垂直影响上覆的第四系孔隙水。因此,开采岩溶裂隙水对水平影响比较小。

(2)兖州区为保持地下水的可持续利用,建成了完善的地下水补源体系,在泗河龙湾店闸以上引泗河河水补源地下水。自 1979 年以来多年平均引水补源地下水量 1 500 万 m^3。因此,当评价区的孔隙地下水水位下降幅度较大时,可加大量引水补源,以保证孔隙含水层正常供水。孔隙含水层厚度较大,为 110~160 m,在现状条件下的孔隙地下水多年变幅带厚度 10 m,可调节需水量为 16 744 万 m^3,相当于一个大型地下水库,可进行多年调节。从山东某纸业股份有限公司多年的开采运行看,岩溶地下水水位基本稳定,从孔隙水含水层系统补排处于相对平衡状态。

因此,项目申请压采水量不会对区域水资源有不利影响,并且有利于地下水资源及附近地下水超采区的地下水环境保护。

本项目取水量在兖州区水资源目标管理控制指标内,取水水源方案符合水资源配置的要求,对当地水资源配置和用水户无不利影响。本项目取水符合当地水资源实际和济宁市水资源综合规划。

4.2 对超采区的影响

4.2.1 根据水文地质的边界条件分析

北部以长沟断裂和郓城断裂构成边界,断裂以北为一套煤系地层,可视为相对隔水边界。西部以孙氏店断裂为界,断裂以西是济宁煤田,起隔水作用。东部以峄山断裂为界,断裂以东是兖州煤田,为隔水边界。只有黄庄—蔡营一带通过埋藏于煤系地层之下的裂隙岩溶含水层向区侧向径流排泄,但径流不畅。因此,相对独立封闭的水文地质单元,造成了上覆第四系孔隙水垂直越流补给岩溶水的格局,对水平横向影响较小。

4.2.2 根据单井出水量分析

项目水源地取水井不在超采区范围内,取水井距山东省划定的超采边界 0.6~1.9 km,根据水源井的抽水试验可知,纸研 1 号井单孔出水量为 310.1 m^3/h,影响半径为 289.6 m;纸研 2 号井单孔出水量为 237.7 m^3/h,影响半径为 273.8 m。因为山东某纸业股份有限公司水源地开采的是岩溶水,因此对限采区基本无影响。

4.2.3 根据等水位线图分析

根据兖州区的治理规划,2016~2018 年关闭水源井 17 眼,其中填埋 6 眼,封存 11 眼,填埋及封存工作现已完成,压采水量已达到规划的 132.87 万 m^3/a。根据图 12,兖州区地下水水位已恢复至动态平衡状态,随着后续方案的逐步实施,兖州区地下水环境将得到有效保护,因此本项目取水对超采区的影响较小。

4.2.4 根据实采法分析

山东某纸业股份有限公司 2017 年实际开采量 2 861 万 m^3/a,开采后孔隙水与裂隙岩溶水的区域平均水位差为 31.69 m,根据实采法计算,规划 2021 年取水量为 2 598 万 m^3/a 时,预测开采后孔隙水与裂隙岩溶水的区域平均水位差为 30.6 m。本项目取水量为原取水许可量 3 100 万 m^3/a(合 9.12 万 m^3/d)情况下,预测孔隙水与裂隙岩溶水的区域平均水位差为 33.3 m。规划年取水量 2 598 万 m^3/a 比原取水许可量 3 100 万 m^3/a 压采了 502 万 m^3/a,压采后的水位能回升 2.7 m,有利于地下水资源及附近地下水超采区的地下水环境的保护。

4.3 对水功能区纳污能力的影响

本项目用水取用山东某纸业股份有限公司自备水源地岩溶地下水,对水功能区纳污能力基本无影响。

本项目的建设符合济宁市水资源规划、配置和管理要求,对改善水环境,促进社会的发展,提高区域水资源的供水能力发挥积极的作用。

4.4　对生态系统的影响

本项目用水取用山东某纸业股份有限公司自备水源地岩溶地下水,取用水量在兖州区水资源目标管理控制指标内,对当地水生态影响较小。

4.5　对其他用户的影响

4.5.1　受影响的其他利益相关方取用水状况

本项目取用山东某纸业股份有限公司自备水源地岩溶地下水,其补给源主要为上覆孔隙地下水的越流补给,由于岩溶地下水开采量减少,越流补给量将随着减少,地下水为观测资料分析,评价区孔隙地下水变化趋势无明显变化,说明评价区地下水处于采补平衡状态,对其他用户的影响较小。

本项目取水量在兖州区水资源目标管理控制指标内,取水水源方案符合水资源配置的要求,对其他用水户取水条件基本无影响。

4.5.2　对其他权益相关方取用水条件的影响

经分析所在区域地下水可开采量能满足现有用水户和本项目取水需要,不影响其他用水户的用水,对其他用水户权益基本无影响。

目前,开采兖州西部裂隙岩溶地下水的用户除山东某纸业股份有限公司外,还有其他一些企业,已有的王因、后竹亭水源地与山东某纸业股份有限公司水源地同属一个水文地质单元,相互之间水力联系密切。山东某纸业股份有限公司水源地开采后地下水水位基本稳定,其他水源地均运行正常,山东某纸业股份有限公司水源地与其他水源地相互干扰较小。

本项目取用山东某纸业股份有限公司自备水源地地下水,取用水量在兖州区水资源目标管理控制指标内。山东某纸业股份有限公司水源地开采后地下水水位基本稳定,对其他用户取用水条件基本无影响,对其他权益相关方取用水条件无影响。

4.5.3　对其他权益相关方权益的影响损失估算

通过前述论证可知,本项目取水水源和取水规模是合理的,取用水量在兖州区水资源目标管理控制指标内,山东某纸业股份有限公司水源地开采后地下水水位基本稳定,不影响其他用户用水,不存在对其他用户权益的影响。

5　退水影响论证

5.1　退水方案

5.1.1　退水系统及组成

本项目的排水实行“清污分流”,按排水水质的污染程度不同划分为两个部分:雨水排水采用马路边沟结合地面汇集至雨水排水沟,最后排泄至厂外雨水排放系统;生产废水排至山东某纸业股份有限公司废水治理节能减排及资源化工程进行处理,处理后的废水通过管道排入徐家营氧化塘净化处理,氧化塘处理后的出水通过管道排入氧化塘西侧的杨家河湿地,通过杨家河湿地处理后的废水通过管道在兖州市区北侧的龙湾店处排入泗河。

5.1.2　退水总量、主要污染物排放浓度和排放规律

山东某纸业股份有限公司废水类型包括造纸生产线生产废水、碱回收工程废水,2018

年山东某纸业股份有限公司各生产单元产生的废水总量分别为 30 574.9 m^3/d、1 039.55 万 m^3/a,规划 2021 年废水总量分别为 45 525.5m^3/d、1 547.87 万 m^3/a。废水统一经污水管网汇入总厂区西南 8.1 km 处的废水治理节能减排及资源化工程和徐家营氧化塘处理,达标后再经徐家营氧化塘处理和杨家河湿地、龙湖湿地进一步处理后排入泗河。

5.1.3 退水处理方案和达标情况

1. 退水处理方案

山东某纸业股份有限公司现有废水处理设施包括 2 座纸机白水处理站、1 座 CQJ 型超效浅层离子气浮净水器以及废水治理节能减排及资源化工程和徐家营氧化塘等。

本项目产生的废水收集后全部排入废水治理节能减排及资源化工程进行统一处理,项目设计处理能力为 8 万 m^3/d,于 2011 年 9 月建成运行,山东某纸业股份有限公司规划 2021 年需处理水量约为 45 525.5 m^3/d,能满足本项目废水量的处理需求。出水达标后排放进入徐家营氧化塘进一步处理。

2. 达标情况

本项目废水经废水治理节能减排及资源化工程、徐家营氧化塘和杨家河湿地、龙湖湿地等水处理设施处理后,各项污染物排放浓度和吨产品排放量均满足《制浆造纸工业水污染物排放标准》(GB 3544—2008)中表 2 的标准、《山东省造纸工业水污染物排放标准》(DB 37/336—2003)和《山东省南水北调沿线水污染物综合排放标准》(DB 37/599—2006)中一般保护区标准的要求,并能满足鲁质监标发〔2011〕35 号《关于批准发布〈山东省南水北调沿线水污染物综合排放标准〉等 4 项标准修改单的通知》中的有关排放要求;处理达标后的废水排入泗河。

山东某纸业股份有限公司的废水治理节能减排及资源化工程、徐家营氧化塘的出水水质检测结果为:各项指标符合《山东省南水北调沿线水污染物综合排放标准》(DB 37/599—2006)的要求。

山东某纸业股份有限公司龙湾店退水口水质、接庄公路桥水质的检测结果为:检测项目符合《地表水环境质量标准》(GB 3838—2002)Ⅲ类水标准。

根据济宁市水文局发布的《济宁市 2018 年度区域水功能区水质监测报告》泗河下游水质达到水功能区水质目标的要求。

5.2 对水功能区的影响

本项目产生废水经污水管排入公司废水治理节能减排及资源化工程处理,经处理后的废水排入徐家营氧化塘和杨家河湿地净化处理,出水水质好于《山东省南水北调沿线水污染物综合排放标准》(DB 37/599—2006)中一般保护区标准的要求,然后经管道排入泗河人工湿地。根据 2018 年济宁市水功能区年度水质检测评价结果,泗河红旗闸至接庄公路桥河段水质全部达到水功能区水质控制目标要求,对区域地表水环境基本无影响,不会对水功能区产生不良影响。

5.3 对水生态的影响

本项目生产废水排放至山东某纸业股份有限公司废水治理节能减排及资源化工程处理,经处理后的废水排入徐家营氧化塘和杨家河湿地、龙湖湿地净化处理,然后排入泗河人工湿地,对地下水基本无影响。

5.4　对其他用水户的影响

本项目生活污水、工业废水排放至山东某纸业股份有限公司废水治理节能减排及资源化工程处理，经处理后的废水排入徐家营氧化塘和杨家河湿地、龙湖湿地净化处理，然后排入泗河人工湿地，对周围环境和其他单位基本无影响。

本项目在污水处理站正常运转实现稳定达标排放时对下游工业、农业用水影响较小，对河道防洪和河道内建筑工程均影响较小。本项目退水不会对退水河段水功能区划和其他用水户造成影响。

5.5　入河排污口(退水口)设置方案论证

本项目入河排污口位于泗河龙湾店闸下150 m处，于2009年10月13日获得济宁市水利局的批复(济水审批〔2009〕31号)。

6　结论与建议

6.1　结论

6.1.1　项目用水量及合理性

项目主要用水为生产用水，年生产按340 d计算，规划2021年产量可达365万t，需水量为2 520万 m^3/a，故现申请许可取水量为2 598万 m^3/a，比原许可取水量3 100万 m^3/a 减少502万 m^3/a。

山东某纸业股份有限公司2018年全年各机台产量和用水量统计数据，书写印刷纸平均用水单耗为4.215 m^3/t，白纸板平均用水单耗为5.652 m^3/t，生活用纸平均用水单耗为6.119 m^3/t，化学机械浆平均用水单耗为5.148 m^3/t，漂白化学浆平均用水单耗为18.434 m^3/t，各项用水均符合《山东省节水型社会建设技术指标》(山东省节约用水办公室2006.6)等有关取水定额标准，本项目用水量合理。

6.1.2　项目的取水方案及水源可靠性

1. 取水方案

山东某纸业股份有限公司现有沈官庄和六股路2处裂隙岩溶地下水水源地，总供水能力约为9.12万 m^3/d(合3 100万 m^3/a)。规划2021年取水量为2 598万 m^3/a。现有供水能力满足规划年的用水需求。

2. 水源可靠性

根据评价区开发利用情况，本项目规划2021年取水量为2 598万 m^3/a(合7.64万 m^3/d)，评价区裂隙岩溶地下水总开采量将达到16.23万 m^3/d。预测孔隙水与裂隙岩溶水的水位差达30.6 m时，其越流补给量为16.73万 m^3/d，加上降水入渗补给量0.10万 m^3/d，扣除侧向径流排泄量0.5万 m^3/d，可开采量为16.33万 m^3/d，可满足评价区内各用户和本项目取水量的需要。

根据山东某纸业股份有限公司水源地岩溶水的水质进行检测，评价结果为：评价区内裂隙岩溶地下水符合《地下水质量标准》(GB/T 14848—2017)Ⅲ类水标准，可作为本项目生活、生产用水水源。

6.1.3　对超采区的影响

六股路村水源地和沈官庄水源地开采对超采区基本无影响。

6.1.4 项目的退水方案及可行性

本项目实施对区域地表水环境基本无影响,对地下水基本无影响,对周围环境和其他单位基本无影响,退水不会影响现状水功能区的水质目标。本建设项目退水不会对退水所在河段水功能区产生影响,也不存在对第三者的影响,退水方案可行。

6.2 建议

6.2.1 加强中水回用

积极开展再生水回用工作,本企业建有废水治理节能减排及资源化工程和徐家营氧化塘,处理后的水质较好,可充分利用处理后的再生水以替换优质的地下水,节约有限的优质水资源,促进水资源的可持续利用。

6.2.2 加强水位动态监测

建议在水源地开采时,加强水源地附近岩溶水及孔隙水水位、水质的监测,及时掌握浅层地下水流场形态变化,及时调整开采井群、开采水量,加强地下水的合理开发与保护。

案例 10　某大型钢铁企业取水项目水资源论证

韩宪猛　满　凯

山东绿景生态工程设计有限公司

1　项目简介

1.1　项目背景简介

某大型钢铁企业现有工程为“十五”大型 H 型钢配套和“十一五”技改后建设完成的项目。“十五”期间企业根据市场需求和自身的资源优势进行了一系列的技术改造项目，2003 年开始在老区北侧建设了大型 H 型钢生产线（型钢公司）。“十一五”期间，为适应钢铁行业发展转型的新形势和不断严格的环保政策，企业按照省政府和国家发改委签订的淘汰落后钢铁产能的责任书要求，淘汰 4×128 m^3 高炉和特钢 3×25 t 电炉，同时新建 1 座 3 200 m^3 高炉和 1 座 100 t 特钢电炉（特钢区）。

2018 年 1 月，国务院正式批复《山东新旧动能转换综合试验区建设总体方案》；2018 年 2 月，山东省人民政府印发《山东省新旧动能转换重大工程实施规划》；2018 年 10 月，山东省人民政府印发《山东省先进钢铁制造产业基地发展规划（2018—2025 年）》，设置莱芜精品钢和不锈钢产业集群，并将某大型钢铁企业新旧功能系统升级改造项目作为重点项目纳入该集群。某大型钢铁企业新旧功能系统升级改造项目建设 2 座 3 800 m^3 高炉、3 座 100 t 转炉、2 座 120 t 转炉用于置换的退出设备（老区 6 座 1 080 m^3 高炉、3 座 50 t 转炉、1 座 60 t 转炉、2 座 120 t 转炉、1 座 50 t 电炉）。

某大型钢铁企业属于多水源联合供水企业，企业地下水源有 9 处，分别为清泥沟水源地、丈八丘水源地、付家桥水源地、东泉水源地、特钢水源地、黄羊山水源地、炼铁厂院内水井、技术中心院内水井、机械制造院内水井；地表水水源有 3 处，分别为雪野水库、葫芦山水库、沟里水库，均由签订供水协议的 3 家供水公司分别供应；再生水水源有 2 处，分别为山东某公司运营的老区污水处理厂、山东某集团有限公司型钢污水处理站；矿坑排水水源有 2 处，分别为某公司马庄铁矿矿坑排水和某水业有限公司提供的潘西煤矿矿坑排水；后期将增加 2 处再生水水源，分别为 G 区污水处理厂、G 区经济开发区污水处理厂提供的再生水。由于现有取水许可证到期，并且有新增用水环节，按照《建设项目水资源论证管理办法》和《山东省水资源条例》等规范的要求，需对该企业所有水源统一起来论证，放弃部分已经延续的取水证，对于已经签订供水协议的地表水源，本次论证仅对其供水量进行说明，项目申请取水许可量时扣除供水公司提供的水量。

1.2　项目组成

现有工程主要生产设施包括原料场、6×6 m 焦炉、2×4. 3 m 焦炉、3×105 m^2 烧结机、

1×265 m^2 烧结机、1×60 万 t 链篦机-回转窑、6×1 080 m^3 高炉、3×50 t 转炉、1×60 t 转炉、2×120 t 转炉、1×50 t 电炉、1×100 t 电炉及 13 条轧钢生产线,其中型钢厂大型、中型、小型及异型型钢生产线各 1 条,特钢事业部大型、中型、小型及新区成材生产线各 1 条,棒材厂一轧、二轧、中小型、小型及水压车间棒材生产线各 1 条;1 台 170 t/h 锅炉配备 50 MW+2×25 MW 发电机,1 台 65 t/h、1 台 75 t/h、4 台 130 t/h 锅炉配备 2×15 MW+2×25 MW 发电机,2×130 t/h 锅炉配备 25 MW 发电机。

新旧功能系统升级改造将在老区新建 1 座全封闭综合原料场、2 座 480 m^2 烧结机、2 座 3 800 m^3 高炉、2 座 120 t 转炉、2 台小方坯连铸机、3 座 100 t 顶底复吹转炉、2 台矩形坯连铸机、1 台扁坯连铸机。同时对输焦、燃气、电力(含发电)、供水及水处理、热力、总图运输等公辅工程和配套工程进行适应性改造。

1.3 产能规模

现状年某大型钢铁企业具备炼铁产能 1 211 万 t、炼钢产能 1 254 万 t,过渡期某大型钢铁企业具备炼铁产能 1 099 万 t、炼钢产能 1 254 万 t,规划水平年具备炼铁产能 1 195 万 t,炼钢产能 1 250 万 t,见表 1。

表 1 产能规模一览表

序号	生产环节	单位	现状水平年产能	过渡期年产能	规划水平年产能
1	焦化厂	万 t/a	412	412	412
2	烧结	万 t/a	1 675	1 973.53	1 973.53
①	老区烧结	万 t/a	665	963.53	963.53
②	型钢区烧结	万 t/a	1 010	1 010	1 010
3	炼铁	万 t/a	1 211	1 099	1 195
①	老区炼铁厂	万 t/a	416	304	304
②	银前炼铁厂	万 t/a	208	208	304
③	型钢区炼铁厂	万 t/a	587	587	587
4	炼钢	万 t/a	1 254	1 290	1 250
①	老区炼钢厂	万 t/a	313	270	270
②	银前炼钢厂	万 t/a	270	270	230
③	特钢 1×50 t 电炉	万 t/a	36	115	115
④	特钢 1×100 t 电炉	万 t/a	75	75	75
⑤	型钢炼钢	万 t/a	560	560	560
5	轧钢	万 t/a	1 136	1 136	1 136
①	型钢厂	万 t/a	260	260	260
②	棒材厂	万 t/a	346	346	346
③	特钢轧钢厂	万 t/a	210	210	210

续表 1

序号	生产环节	单位	现状水平年产能	过渡期年产能	规划水平年产能
④	型钢区板带厂	万 t/a	200	200	200
⑤	型钢区宽厚板厂	万 t/a	120	120	120
6	发电	万 kW · h	305 700	181 380	215 040
①	黄前发电厂	万 kW · h	67 200	67 200	67 200
②	老区发电厂	万 kW · h	53 700	53 700	87 360
③	银前发电厂	万 kW · h	16 800	43 680	43 680
④	型钢区发电厂	万 kW · h	168 000	16 800	16 800
7	原料场	万 t/a	2 448	3 044.5	3 044.5
①	老区原料场	万 t/a	1 248	1 844.5	1 844.5
②	型钢原料场	万 t/a	1 200	1 200	1 200

1.4 工作等级与水平年

1.4.1 工作等级

按照《建设项目水资源论证导则》(简称《导则》),本项目水资源论证工作等级主要根据取水水源、取水影响和退水影响等因素确定工作等级。

按照《导则》要求,水资源论证工作等级由分类等级中的最高级别确定,同时,“火(核)电、石化、化工、纺织、造纸、钢铁和食品等行业中高耗水或重污染类建设项目的论证工作等级应提高一级,最高为一级”,本项目为钢铁行业,属高耗水行业,因此本项目水资源论证工作等级综合评定为一级。

1.4.2 水平年

根据《导则》,建设项目水资源论证应确定现状水平年,宜选取最近年份,并考虑水文情势的资料条件,避免特枯水年或特丰水年。根据以上原则,确定 2019 年为现状水平年。

规划水平年应主要考虑建设项目的建设计划,并与国民经济和社会发展规划、流域或者区域水资源规划等有关规划水平年相协调。某大型钢铁企业新旧功能转化系统升级改造初步完成时间为 2021 年 6 月,届时主要的辅助设施新建、改造完成,将改变目前的供水格局,增加再生水配置,考虑到国民经济和社会发展规划、流域或者区域水资源规划及项目运行调试时间,确定以 2021 年为过渡期,2022 年为规划水平年。

1.5 水资源论证范围

1.5.1 分析范围

某大型钢铁企业取水项目位于 G 区,取水水源分布在 L 区和 G 区,根据该项目取水水源所在的区域水资源条件、取水合理性分析以及退水影响论证的需要,综合考虑区域经济发展水平、水资源状况及其开发利用程度,以及本项目取水水源论证范围,统筹现有成果和资料情况,并考虑到行政区域的完整性,确定以 L 区和 G 区为本项目水资源论证的分析范围,面积为 2 246. 03 km^2,其中 L 区面积为 1 739. 61 km^2,G 区面积为 506. 42 km^2。

1.5.2　取水水源论证范围和取水影响范围

根据《导则》要求,多水源取水的建设项目应综合考虑各水源情况,分别确定取水水源论证范围,本项目现状水平年和规划水平年取水水源及取水量有所变化,因此分不同水平年不同水源分别确定取水水源论证范围和取水影响范围。

1.5.3　退水影响范围

本项目除焦化厂焦炉及其配套化产系统产生的工艺废水送至 3 套酚氰废水处理系统处理后送炼铁高炉冲渣用,其余生产、生活污水排入老区污水处理厂、型钢综合污水处理站。老区污水处理厂现状水平年处理达标的水排入大汶河钢城工业用水区,规划水平年提标改造后全部用于本项目生产用水,不再排放污水,型钢综合污水处理站处理的中水全部供给给项目生产,因此本项目退水影响范围为大汶河钢城工业用水区。

1.6　报告书重点和难点

本报告书是针对集焦化、发电、炼铁、炼钢、轧钢为一体的钢铁联合企业开展水资源论证工作。本次论证的难点在于用水合理性分析中,考虑该项目建厂时间较长,现有产能规模是逐步形成的,后期还要进行新旧功能系统升级改造,因此在论证中应将生产工艺按照焦化、发电、炼铁、炼钢、轧钢以及对外供水等用水环节着重描述用水过程,结合项目水平衡测试,构建能够反映该项目实际用水情况的水量平衡图(表),分析各用水单元用水量,在此基础上分析各项用水指标的合理性。

由于某大型钢铁企业涉及的水源包括地下水、地表水、中水、矿坑排水,水源情况较为复杂,属于多水源联合供水论证,本次论证的重点在于理清各个水源的基本情况及供水情况,确定各水源最大可供水量,并查清各水源水质,从而确定合理的水源配置方案。本报告书在对资料进行充分收集的基础上,分情况对各水源分别进行了论证,如外部供水单位供水的水源依据供水单位水资源论证报告简单论证,再生水、矿坑排水着重论证最大可供水量,在地下水资源量分析中,经过对比多份勘察报告,合理确定水文地质参数,采用水均衡法对区域地下水资源量进行了重点分析。

2　用水合理性分析

某大型钢铁企业主要生产工序包括原料场、焦化、烧结、炼铁、炼钢、轧钢、宽厚板工程、能源动力厂发电机组以及制氧等。

2.1　现状实际各用水环节实际用水量分析

2.1.1　现状实际用水量

根据企业统计资料,企业 2014~2019 年共计 6 年的取水、用水资料见表 2,并根据企业水平衡测试资料,对企业各个用水单元中每个用水工艺分别分析,绘制水量平衡图(表)。

表2　2014~2019年企业取水、用水情况　单位:万 m^3

供水水源		2014年	2015年	2016年	2017年	2018年	2019年	平均
雪野水库		861.75	835.86	523.24	631.08	756.6	791.78	733.39
葫芦山水库		658.85	651.79	793.56	803.2	775.13	797.87	746.73
沟里水库		465.3	423.1	426.94	411.53	385.21	406.81	419.82
东泉水源地		358.12	355.32	350.44	329.75	243.94	385.21	337.13
清泥沟水源地		1 317.96	1 210.53	1 241.59	1 203.13	1 179.41	1 367.36	1 253.33
丈八丘水源地		542.97	583.36	566.85	568.73	558.29	525.47	557.61
付家桥水源地		253.84	340.21	356.2	309.39	357.6	397.36	335.77
特钢水源地		266.59	382.4	320.3	343.34	383.64	383.64	346.65
黄羊山水源地		126.95	96.25	98.04	106.5	90.66	111.82	105.04
合计		4 852.33	4 878.82	4 677.16	4 706.65	4 730.48	5 167.32	4 835.46
用水量	生产新水量	3 684.07	3 730.43	3 485.89	3 591.48	3 537.29	3 955.95	3 664.19
	自来水厂	450.01	453.98	469.93	470.85	486.23	489.91	470.15
	某大型钢铁企业对外供水	194.21	209.57	215.29	168.76	181.17	172.30	190.22
	型钢对外供水	176.94	165.93	217.34	181.15	202.06	185.45	188.15
	小计	4 505.23	4 559.91	4 388.45	4 412.24	4 406.75	4 803.61	4 512.70
损失量		347.10	318.91	288.71	294.41	323.73	363.71	322.76

2.1.2　现状水平衡分析

根据各用水单元水平衡图(表),确定现状年某大型钢铁企业(包括外供水)共计新水用量为7 348.30 m^3/h,其中常规水量为5 694.62 m^3/h,再生水为731.98 m^3/h,矿坑排水为921.70 m^3/h,项目年生产8 400 h,自来水厂工作8 760 h,则项目年用水量为6 192.71万 m^3,其中生产用水量为5 683.82万 m^3/a,生活用水量为508.89万 m^3/a,包括常规水量4 803.61万 m^3/a,再生水614.86万 m^3/a,矿坑排水774.24万 m^3/a。由此绘制现状项目用水平衡表(见表3)和用水平衡图(见图1)。

表 3　现状年项目用水平衡表

单位:m^3/h

序号	用水单元	新水量							串联用水量			重复利用量			其他水量			
		常规水资源量		非常规水资源量				合计	软化水	除盐水	小计	循环水量	回用水量	合计	串联排水量	耗水量	排水量	排水去向
		新鲜水	小计	矿坑排水	浓盐水	中水	小计											
一、老区																		
1	焦化厂(363.32 万 t/a)	505.14	505.14	0	0	0	0	505.14	59.30	0	59.30	32 180	0	32 180	0	99.44	465.00	230 m^3 进入老区污水处理厂,235 m^3 进入酚氰废水处理设施
2	原料场	135.38	135.38	0	0	0	0	135.38	0	0	0	180	0	180	0	132.88	2.50	老区污水处理厂
3	老区制氧厂	332.01	332.01	0	0	0	0	332.01	0	34.95	34.95	22 000	0	22 000	0	343.14	23.82	
4	烧结厂(635.62 万 t)	55.63	55.63	0	0	0	0	55.63	33.99	51.00	84.99	24 640	0	24 640	0	115.83	24.79	型钢综合污水处理站
5	老区炼铁厂(342.13 万 t)	175.30	175.30	0	0	0	0	175.30	17.64	0	17.64	18 100	139.60	18 239.60	0	311.96	20.58	
6	银前炼铁厂(223.52 万 t)	132.66	132.66	39.80	0	0	39.80	172.46	8.82	0	8.82	10 500	69.80	10 569.80	0	240.79	10.29	
7	老区炼钢厂(361.58 万 t)	168.56	168.56	0	0	0	0	168.56	15.90	0	15.90	8 200	0	8 200	0	172.59	11.86	
8	银前炼钢厂(223.23 万 t)	106.04	106.04	67.81	0	0	67.81	173.85	13.71	0	13.71	7 080	0	7 080	0	177.34	10.23	
9	型钢厂(240.89 t)	73.33	73.33	34.00	0	0	34.00	107.33	0	0	0	14 650	0	14 650	0	91.58	15.75	
10	棒材厂(298.02 t)	85.92	85.92	43.78	0	0	43.78	129.70	0	0	0	16 760	0	16 760	0	110.62	19.08	
11	银前发电厂(16 461.92 万 kW·h)	14.91	14.91	10.47	0	0	10.47	25.38	0	23.64	23.64	10 980	0	10 980	0	38.71	10.31	

续表 3

序号	用水单元	新水量							串联用水量			重复利用量			其他水量			排水去向
		常规水资源量		非常规水资源量				合计	软化水	除盐水	小计	循环水量	回用水量	合计	串联排水量	耗水量	排水量	
		新鲜水	小计	矿坑排水	浓盐水	中水	小计											
12	老区发电厂（52 678.15 万 kW·h）	75.04	75.04	0	0	0	0	75.04	0	39.63	39.63	28 550	0	28 550	0	82.91	31.76	老区污水处理厂
13	黄前发电厂（65 847.69 万 kW·h）	105.22	105.22	0	0	0	0	105.22	0	72.79	72.79	43 920	0	43 920	0	136.70	41.31	
14	运输部	15.94	15.94	0	0	0	0	15.94	0	0	0	0	0	0	0	14.05	1.89	
15	除盐水站	468.76	468.76	61.20	0	0	61.20	529.96	0	0	0	0	0	0	371.36	0	158.60	型钢综合污水处理站
16	生活用水	7.56	7.56	0	0	0	0	7.56	0	0	0	0	0	0	0	1.51	6.05	老区污水处理厂
17	绿化用水	0	0	0	0	5.20	5.20	5.20	0	0	0	0	0	0	0	5.20	0	
18	道路喷洒	0	0	0	0	23.21	23.21	23.21	0	0	0	0	0	0	0	23.21	0	
	小计	2 457.40	2 457.40	257.06	0	28.41	285.47	2 742.87	149.36	222.00	371.36	237 740	209.40	237 949	371.36	2 098.45	853.82	
二、特钢区																		
1	特钢 1×50 t 电炉（44.43 万 t）	16.20	16.20	4.86	0	5.84	10.70	26.90	7.71	0	7.71	905	0	905	0	32.48	2.12	型钢综合污水处理站
2	特钢 1×100 t 电炉（85.84 万 t）	32.19	32.19	9.66	0	12.16	21.82	54.01	16.05	0	16.05	1 885	0	1 885	0	65.64	4.43	
3	轧钢厂（161.91 万 t）	63.24	63.24	18.97	0	19.00	37.97	101.21	0	0	0	9 930	0	9 930	0	93.38	7.83	
4	除盐水站	23.37	23.37	7.01	0	0	7.01	30.38	0	0	0	0	0	0	23.76	0	6.62	
5	生活用水	5.65	5.65	0	0	0	0	5.65	0	0	0	0	0	0	0	1.13	4.52	

续表 3

序号	用水单元	新水量							串联用水量			重复利用量			其他水量			
		常规水资源量		非常规水资源量				合计	软化水	除盐水	小计	循环水量	回用水量	合计	串联排水量	耗水量	排水量	排水去向
		新鲜水	小计	矿坑排水	浓盐水	中水	小计											
6	绿化用水	0	0	0	0	0.78	0.78	0.78	0	0	0	0	0	0	0	0.78	0	
7	道路喷洒	0	0	0	0	3.46	3.46	3.46	0	0	0	0	0	0	0	3.46	0	
小计		140.65	140.65	40.50	0	41.24	81.74	222.39	23.76	0	23.76	12 720	0	12 720	23.76	196.87	25.52	
三、型钢区																		
1	型钢烧结厂(955.57 万 t)	201.85	201.85	63.56	0	54.45	118.01	319.86	23.09	22.12	45.21	38 450	0	38 450	0	339.57	25.50	型钢综合污水处理站
2	型钢炼铁厂(638.64 万 t)	309.01	309.01	107.25	119.29	70.18	296.72	605.73	51.84	0	51.84	25 230	0	25 230	0	627.74	29.83	
3	型钢炼钢厂(486.64 万 t)	152.08	152.08	90.62	0	168.83	259.45	411.53	65.05	0	65.05	14 240	0	14 240	0	440.37	36.21	
4	型钢发电厂(164 619.23 万 kW · h)	281.66	281.66	132.50	0	141.18	273.68	555.34	0	161.26	161.26	85 620	0	85 620	0	650.64	65.96	
5	型钢制氧厂	354.28	354.28	46.28	0	33.88	80.16	434.44	0	10.28	10.28	16 000	0	16 000	0	414.40	30.32	
6	宽厚板厂(143.05 万 t)	47.39	47.39	14.22	0	18.15	32.37	79.76	0	0	0	19 310	0	19 310	0	73.03	6.73	
7	板带厂(285.27 万 t)	87.52	87.52	26.26	0	31.46	57.72	145.24	0	0	0	9 460	0	9 460	0	133.83	11.41	
8	除盐水站	426.17	426.17	104.85	0	0	104.85	531.02	0	0	0	0	0	0	333.64	0	197.38	
9	原料场	135.71	135.71	38.61	0	0	38.61	174.32	0	0	0	160	0	160	0	171.12	3.20	
10	生活用水	9.38	9.38	0	0	0	0	9.38	0	0	0	0	0	0	0	1.88	7.50	

续表3

序号	用水单元	新水量							串联用水量			重复利用量			其他水量			
		常规水资源量		非常规水资源量				合计	软化水	除盐水	小计	循环水量	回用水量	合计	串联排水量	耗水量	排水量	排水去向
		新鲜水	小计	矿坑排水	浓盐水	中水	小计											
11	绿化用水	0	0	0	0	7.03	7.03	7.03	0	0	0	0	0	0	0	7.03	0	
12	道路喷洒	0	0	0	0	17.88	17.88	17.88	0	0	0	0	0	0	0	17.88	0	
	小计	2 005.05	2 005.05	624.14	119.29	543.04	1 286.47	3 291.52	139.98	193.66	333.64	208 470	0	208 470	333.64	2 877.48	414.04	
四、外供水																		
1	自来水厂	559.26	559.26	0	0	0	0	559.26	0	0	0	0	0	0	0	111.85	447.41	G区污水处理厂
2	老区向外供水	256.32	256.32	0	0	0	0	256.32	0	0	0	0	0	0	0	179.42	76.90	老区污水处理厂
3	型钢区向外供水	275.94	275.94	0	0	0	0	275.94	0	0	0	0	0	0	0	193.16	82.78	型钢综合污水处理站
	小计	1 091.52	1 091.52	0	0	0	0	1 091.52	0	0	0	0	0	0	0	484.43	607.09	
	合计	5 694.62	5 694.62	921.70	119.29	612.69	1 653.68	7 348.30	313.10	415.66	728.76	458 930	209.40	459 139.40	728.76	5 657.24	1 900.47	

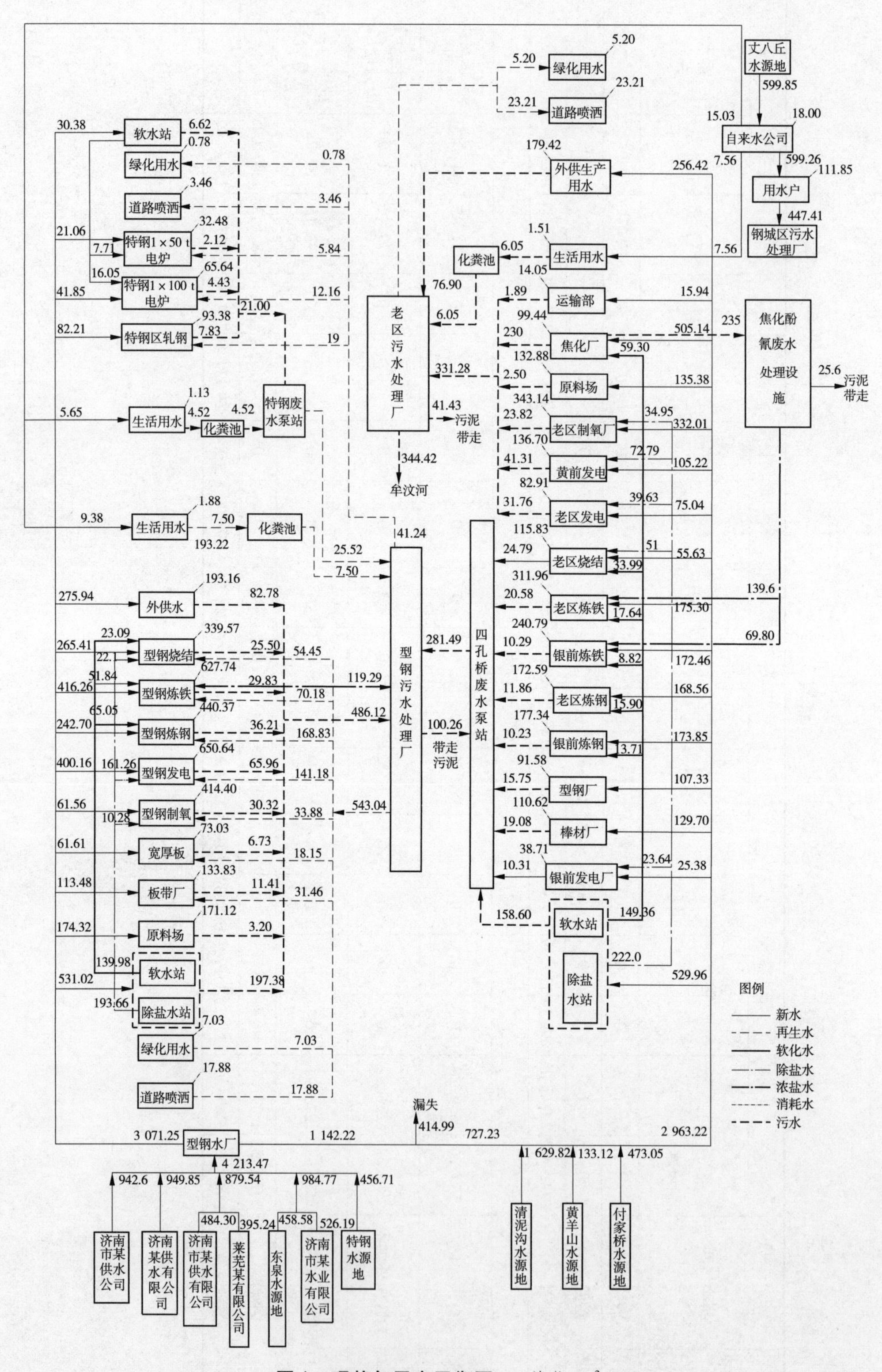

图1 现状年用水平衡图 (单位:m^3/h)

2.1.3　现状用水水平分析

1. 钢铁联合企业用水量

2019 年山东市场监督管理局和山东省水利厅以鲁市监标字〔2019〕524 号文联合发布《山东省农业用水定额》等 8 项地方标准，根据第 7 部分金属冶炼和压延加工工业重点工业产品规定的定额对本项目各个环节用水情况及钢铁联合企业用水指标进行计算。

单位工业产品取水量按以下公式计算：

$$V_{\mathrm{ui}}=\frac{V_i}{Q}$$

式中：V_{ui} 为单位产品取水量，m^3/单位产品；V_i 为在一定计量时间内工业生产过程中取水量总和，m^3/单位产品；Q 为在一定计量时间内工业产品产量。

本项目各用水单元用水指标情况见表 4。

表 4　现状年各用水单元用水指标情况

<table>
<tr><th>项目</th><th>用水单元</th><th>小时新鲜水用水量/m³</th><th>年用水量/万 m³</th><th>现状年年产量/万 t</th><th>用水指标/(m³/t)</th><th>先进值/(m³/t)</th><th>通用值/(m³/t)</th><th>评价</th></tr>
<tr><td rowspan="8">一、老区</td><td>焦化厂</td><td>564.44</td><td>474.13</td><td>363.32</td><td>1.30</td><td>1.20</td><td>1.30</td><td>偏大</td></tr>
<tr><td>老区烧结</td><td>140.62</td><td>118.12</td><td>635.62</td><td>0.19</td><td>0.17</td><td>0.25</td><td>偏大</td></tr>
<tr><td>老区炼铁</td><td>192.94</td><td>162.07</td><td>342.13</td><td>0.47</td><td>0.42</td><td>0.55</td><td>偏大</td></tr>
<tr><td>银前炼铁</td><td>141.48</td><td>118.84</td><td>223.52</td><td>0.53</td><td></td><td></td><td>偏大</td></tr>
<tr><td>老区炼钢</td><td>184.45</td><td>154.94</td><td>361.58</td><td>0.43</td><td>0.35</td><td>0.65</td><td>偏大</td></tr>
<tr><td>银前炼钢</td><td>119.76</td><td>100.60</td><td>223.23</td><td>0.45</td><td></td><td></td><td>偏大</td></tr>
<tr><td>型钢厂</td><td>73.33</td><td>61.60</td><td>240.89</td><td>0.26</td><td>0.23</td><td>0.42</td><td>偏大</td></tr>
<tr><td>棒材厂</td><td>85.92</td><td>72.17</td><td>298.02</td><td>0.24</td><td>0.20</td><td>0.43</td><td>偏大</td></tr>
<tr><td rowspan="3">二、特钢区</td><td>特钢 1×50 t 电炉</td><td>23.91</td><td>20.08</td><td>44.43</td><td>0.45</td><td>0.40</td><td>0.50</td><td>偏大</td></tr>
<tr><td>特钢 1×100 t 电炉</td><td>48.24</td><td>40.53</td><td>85.84</td><td>0.47</td><td></td><td></td><td>偏大</td></tr>
<tr><td>轧钢</td><td>63.24</td><td>53.12</td><td>161.91</td><td>0.33</td><td>0.23</td><td>0.42</td><td>偏大</td></tr>
<tr><td rowspan="5">三、型钢区</td><td>烧结</td><td>247.06</td><td>207.53</td><td>955.57</td><td>0.22</td><td>0.17</td><td>0.25</td><td>偏大</td></tr>
<tr><td>炼铁</td><td>360.85</td><td>303.11</td><td>638.64</td><td>0.47</td><td>0.42</td><td>0.55</td><td>偏大</td></tr>
<tr><td>炼钢</td><td>217.13</td><td>182.39</td><td>486.64</td><td>0.37</td><td>0.35</td><td>0.65</td><td>偏大</td></tr>
<tr><td>宽厚板</td><td>47.39</td><td>39.81</td><td>143.05</td><td>0.28</td><td>0.22</td><td>0.39</td><td>偏大</td></tr>
<tr><td>热轧</td><td>87.52</td><td>73.52</td><td>285.27</td><td>0.26</td><td>0.23</td><td>0.42</td><td>偏大</td></tr>
<tr><td colspan="2">四、钢铁联合企业</td><td>5 036.09</td><td>4 230.32</td><td>1 201.72</td><td>3.52</td><td>3.70</td><td>4.10</td><td>合理</td></tr>
</table>

2. 单位装机容量取水量

单位装机容量取水量按以下公式计算：

$$V_c = \frac{V_h}{N}$$

式中：V_c 为单位装机容量取水量，$m^3/(s \cdot GW)$；V_h 为夏季纯凝工况(频率为10%的日平均气象条件下)机组满负荷运行的单位时间取水量，m^3/s；N 为装机容量，GW。

3. 单位发电取水量

单位发电取水量按以下公式计算：

$$V_{ui} = \frac{V_i}{Q}$$

式中：V_{ui} 为单位发电取水量，$m^3/(MW \cdot h)$；V_i 为在一定计量时间内，生产过程中取水量总和，m^3；Q 为在一定计量时间内的发电量，$MW \cdot h$。

本项目各用水单元用水指标情况见表5。

表5　现状年发电单元用水指标情况

用水单元	小时新鲜水用水量/m^3	年用水量/万m^3	现状年年产量/(万kW·h)	单位装机容量取水量/[m^3/(MW·h)]	单位发电取水量指标/[m^3/(MW·h)]	单位装机容量取水量定额/[m^3/(S·GW)]	单位发电取水量定额/[m^3/(MW·h)]		评价
							先进值	通用值	
银前电厂	38.55	32.38	16 461.92	0.49	1.97	≤0.88	1.78	3.18	偏大
老区电厂	114.67	96.32	52 678.15	0.39	1.83	≤0.88	1.78	3.18	偏大
黄前电厂	178.01	149.53	65 847.69	0.44	2.27	≤0.88	1.78	3.18	偏大
型钢电厂	442.92	372.05	164 619.23	0.49	2.26	≤0.88	1.78	3.18	偏大

2.1.4　节水潜力分析

节水型社会建设是政府的重要职责之一，节水不仅事关解决水资源短缺的问题，而且是衡量一个地区的生产力发展水平、综合竞争能力和社会文明的重要指标。节约用水的同时也要是可以减少污水排放量，对环境和生态具有重要意义，符合科学发展观的要求。项目单位应加强节水宣传，积极采取节水措施，在保证正常用水的前提下，挖掘节水潜力，通过行之有效的节水制度并将责任落实到部分相关人员，一旦发生与节水制度相悖的情况，进行责任追究。

经比较，虽然本项目现状年钢铁联合企业吨钢用水指标均符合相关规范规定，但是在具体用水单元上，相对于标准定额规定的先进值用水偏大，且部分指标已达到通用值。项目应加强节水力度，如烧结厂循环水加硫酸改造，降低循环水碱度，同时提升循环水浓缩倍率,降低循化水补水率;高炉炼铁区采取凉水塔挡风板适时安装及拆除,降低蒸发,防止过度蒸发。

供水管网物理性的漏损,主要由规划设计、管道管理、管道材质和施工质量等方面的问题导致。建设节水型社会,对于供水管网工程、技术与管理层面的双管齐下,提高管网防漏水平。技术上,有效衔接管网设计与施工,加强施工用料与工序的监管。管理上,结合被动抢修和主动防控,有重点地对耗水大户进行强化监管,着力于进一步完善用水计量体系。在技术层面措施得当、目标明确,在管理层面健全制度、奖罚分明,有效地降低供水管网的漏损水平,提高水资源利用率。

2.2　过渡期项目用水量核定

2.2.1　过渡期项目用水量确定

过渡期某大型钢铁企业(包括外供水)共计用水量为7 145.31 m^3/h,其中常规水量为5 476.45 m^3/h,再生水为734.34 m^3/h,矿坑排水为934.52 m^3/h,项目年生产8 400 h,自来水厂工作8 760 h,则项目年用水量为6 022.20万m^3,其中生产用水量为5 513.31万m^3/a,生活用水量为508.89万m^3/a,包括常规水量4 620.35万m^3/a,再生水616.85万m^3/a,矿坑排水785万m^3/a。

2.2.2　管网漏失量

过渡期某大型钢铁企业管网漏失量按照总用水量的8%计算,项目总用水水量(常规水源)为5 476.45 m^3/h,则管网漏失量为438.12 m^3/h,年用水量为368.02万m^3。

2.2.3　取水量

综上所述,过渡期考虑到管网漏失量后,某大型钢铁企业(包括外供水)共计取水量6 390.22万m^3/a,其中常规水量4 988.37万m^3/a,再生水616.85万m^3/a,矿坑排水785万m^3/a。限于篇幅限制,略去过渡期项目用水平衡图(表)。

2.2.4　过渡期用水水平分析

通过计算,得出项目过渡期各用水单元用水水平,结果见表6。

表6　过渡期项目用水指标情况

<table>
<tr><th>项目</th><th>用水单元</th><th>小时新鲜水用水量/m³</th><th>年用水量/万m³</th><th>过渡期设计年产量/万t</th><th>用水指标/(m³/t)</th><th>先进值/(m³/t)</th><th>通用值/(m³/t)</th><th>评价</th></tr>
<tr><td rowspan="8">一、老区</td><td>焦化厂</td><td>589.22</td><td>494.94</td><td>412</td><td>1.20</td><td>1.20</td><td>1.30</td><td>合理</td></tr>
<tr><td>老区烧结</td><td>131.87</td><td>110.77</td><td>665</td><td>0.17</td><td>0.17</td><td>0.25</td><td>合理</td></tr>
<tr><td>老区炼铁</td><td>207.31</td><td>174.14</td><td>416</td><td>0.42</td><td rowspan="2">0.42</td><td rowspan="2">0.55</td><td>合理</td></tr>
<tr><td>银前炼铁</td><td>103.60</td><td>87.02</td><td>208</td><td>0.42</td><td>合理</td></tr>
<tr><td>老区炼钢</td><td>132.09</td><td>110.96</td><td>313</td><td>0.35</td><td rowspan="2">0.35</td><td rowspan="2">0.65</td><td>合理</td></tr>
<tr><td>银前炼钢</td><td>113.28</td><td>95.15</td><td>270</td><td>0.35</td><td>合理</td></tr>
<tr><td>型钢厂</td><td>71.64</td><td>60.18</td><td>260</td><td>0.23</td><td>0.23</td><td>0.42</td><td>合理</td></tr>
<tr><td>棒材厂</td><td>82.88</td><td>69.62</td><td>346</td><td>0.20</td><td>0.20</td><td>0.43</td><td>合理</td></tr>
</table>

续表 6

项目	用水单元	小时新鲜水用水量/m^3	年用水量/万 m^3	过渡期设计年产量/万 t	用水指标/(m^3/t)	先进值/(m^3/t)	通用值/(m^3/t)	评价
二、特钢区	特钢 1×50 t 电炉	17.30	14.54	36	0.40	0.4	0.5	合理
	特钢 1×100 t 电炉	36.08	30.30	75	0.40			合理
	轧钢	57.16	48.01	210	0.23	0.23	0.42	合理
三、型钢区	烧结	207.66	174.43	1 010	0.17	0.17	0.25	合理
	炼铁	291.12	244.54	587	0.42	0.42	0.55	合理
	炼钢	235.09	197.47	560	0.35	0.35	0.65	合理
	宽厚板	31.36	26.34	120	0.22	0.22	0.39	合理
	热轧	54.32	45.63	200	0.23	0.23	0.42	合理
四、钢铁联合企业		4 823.04	4 051.36	1 254	3.23	3.7	4.1	合理
五、发电	黄前电厂	142.64	119.82	67 200	1.78	1.78	3.18	合理
	老区电厂	113.49	95.33	53 700	1.78	1.78	3.18	合理
	银前电厂	35.68	29.97	16 800	1.78	1.78	3.18	合理
	型钢电厂	355.92	298.97	168 000	1.78	1.78	3.18	合理
六	再生水配置比率				10.28	20		不合理

《山东省关于加强污水处理回用工作的意见》(省发改地环〔2011〕678 号)规定:一般工业冷却循环再生水使用率不得低于 20%,本项目再生水配置比率 10.28%不符合此规定要求,按照《山东省水利厅关于明确取水许可有关问题的通知》(鲁水规字〔2020〕1 号)的要求,设置 1~2 年的过渡期,在过渡期内积极推进解决有关问题,配置使用足够量的再生水。

2.3 规划年项目用水量核定

2.3.1 用水量预测

根据《山东省重点工业用水定额》,用水定额中先进值用于新建(改建、扩建)企业的水资源论证、取水许可审批和节水评价,通用值用于现有企业的日常用水管理和节水考核,因此对于新建用水单元需水量预测时应采用先进值核定,同时由于规划年配置了再生水替换了常规水源,因此现有保留的用水单元用水标准在先进指标上进一步降低。

2.3.2 用水情况

经预测,某大型钢铁企业(包括外供水)远期规划水平年共计用水量为 7 975.06 m^3/h,其中常规水量为 5 396.88 m^3/h,再生水 2 042.47 m^3/h,矿坑排水 535.71 m^3/h,年生产8 400 h,自来水厂工作8 760 h,则某大型钢铁企业规划年年用水量为6 720.20万m^3,其中生产用水量为6 186.82万m^3,生活用水量为533.38万m^3,包括常规水量为4 554.52万m^3,再生水1 715.68万m^3,矿坑排水450万m^3。

2.3.3　管网漏失量

规划年某大型钢铁企业管网漏失量按照总用水量的8%计算,项目总用水量(常规水源)为5 396.88 m^3/h,则管网漏失量为431.75 m^3/h,年用水量为362.67万m^3/a。

2.3.4　取水量

综上所述,规划年考虑到管网漏失量后,某大型钢铁企业(包括外供水)共计取水量为7 082.87万m^3/a,其中常规水量4 917.19万m^3/a,再生水1 715.68万m^3/a,矿坑排水450万m^3/a。

2.3.5　规划年用水水平分析

项目远期规划水平年用水指标情况见表7。

表7　规划年项目用水指标情况

项目	用水单元	小时新鲜水用水量/m^3	年用水量/万m^3	规划年设计年产量/万t	用水指标/(m^3/t)	先进值/(m^3/t)	通用值/(m^3/t)	评价
一、老区	焦化厂	564.58	474.25	412	1.15	1.20	1.30	合理
	老区烧结	183.61	154.23	963.53	0.16	0.17	0.25	合理
	1#3 800 m^3高炉	134.14	112.68	304	0.37	0.42	0.55	合理
	2#3 800 m^3高炉	135.03	113.42	304	0.37			合理
	2×120 t转炉	104.45	87.74	270	0.32	0.35	0.65	合理
	2×100 t转炉	85.30	71.65	230	0.31			合理
	型钢厂	61.66	51.79	260	0.20	0.23	0.42	合理
	棒材厂	72.79	61.15	346	0.18	0.20	0.43	合理
二、特钢区	1×100 t转炉	47.69	40.06	115	0.35	0.40	0.50	合理
	1×100 t电炉	31.46	26.43	75	0.35			合理
	轧钢	45.39	38.13	210	0.18	0.23	0.42	合理
三、型钢区	烧结	181.95	152.84	1 010	0.15	0.17	0.25	合理
	炼铁	285.23	239.59	587	0.41	0.42	0.55	合理
	炼钢	186.28	156.47	560	0.28	0.35	0.65	合理
	宽厚板	22.36	18.78	120	0.16	0.22	0.39	合理
	热轧	42.58	35.77	200	0.18	0.23	0.42	合理
四、钢铁联合企业		4 687.85	3 937.79	1 290	3.05	3.70	4.10	合理

续表 7

项目	用水单元	小时新鲜水用水量	年用水量/万 m^3	规划年设计年产量/万 t	用水指标/(m^3/t)	先进值/(m^3/t)	通用值/(m^3/t)	评价
五、发电	陶家岭发电厂	87.01	73.09	43 680	1.67	1.78	3.18	合理
	安家岭发电厂	170.52	143.24	87 360	1.64	1.78	3.18	合理
	黄前发电厂	133.59	112.22	67 200	1.67	1.78	3.18	合理
	型钢电厂	342.04	287.32	168 000	1.71	1.78	3.18	合理
六	再生水配置比率				25.61	20		合理

3 取水水源论证

3.1 水源方案比选及合理性分析

3.1.1 水源比选

取水水源选择的原则除应考虑当地水资源条件外,还应考虑水量、水质、取水位置、取水方式、输配水路线及取水的经济合理性。某大型钢铁企业位于 G 区,项目已运行多年,已形成多个地下水源和外部供水公司共同供水的供水系统,根据 L 区和 G 区水资源及水利工程现状情况,项目所在地潜在取水水源为自来水公司,当地地表水、地下水、引黄、引江水及非常规水源。

3.1.2 水源配置合理性分析

某大型钢铁企业采用多水源供水形式,建有型钢水厂和老区水厂处理各种来水,按照“优先使用再生水、矿坑排水等非常规水源、积极利用地表水、控制开采地下水”的配水原则,充分利用再生水、矿坑排水等非常规水源积极利用地表水,压减地下水开采量。各地表水源取水工程不改变水库的功能,取水不影响大坝及其他建筑物安全,不会产生不利于水库安全运行的影响,取水保证率高,水库水质较稳定,取水方案便于管理;各地下水源取水工程取水量的减少有利于地下水水位的恢复,对改善区域地下水环境具有积极意义;矿坑排水的利用是国家支持鼓励发展的资源环保型综合利用项目,有利于减少地下水资源的浪费。

项目水水源地建成于建厂初期,其中清泥沟水源地在 2005 年以前是某大型钢铁企业的主要水源地,丰水季节保供能力充裕,但受制于降水等气象因素以及水源地上游来水等因素影响,特殊干旱时期可开采量少、保供能力不足,水量水质均无法有限满足生产需要,需要大量使用外部地表水源保供。另外,根据《关于调整济南市卧虎山水库、清源湖水库及付家桥城镇集中式饮用水源保护区范围的批复》(鲁政字〔2019〕238 号),付家桥水源地由于水质变差,不再作为生活饮用水水源,能源动力厂供水车间自来水公司水源改为由丈八丘水源地单独供应。

雪野水库水源是分析范围内最大的水源水库,在特殊干旱年份仍有较大的保供能力,水量相对充足。某大型钢铁企业是其用户之一,在特殊干旱时期存在争水问题,某大型钢铁企业位于济南市某供水公司供水管线最末端,特殊干旱时期需要根据上级行政主管部门要求为居民生活用水让步。管线设备现状差、管线老化严重,尤其是玻璃钢夹砂管质量差,承压能力不足,整条输水管线事故频发,为了安全和减少管网漏失,供水能力达不到 2 000 万 m^3/a 的许可水量,抗波动、调节能力差,作为独立水源保供能力不足。

某集团莱芜矿业有限公司和某水业有限公司的矿坑水水源均为深层地下水,保供能力稳定,但由于矿坑涌水有限,调节能力差,作为补充水源使用,不能独立作为主力水源。

综上所述,某大型钢铁企业采用多水源供水形式取水水源是合理的。本次论证将就某大型钢铁企业各个水源进行充分论证,分析出各个水源的最大供水量,按照"优先使用再生水、矿坑排水等非常规水源、积极利用地表水、控制开采地下水"的配水原则,压减地下水开采量,确定项目水源配置方案。

3.2　地表水水源论证

由于与某大型钢铁企业签订供水协议的 3 家公司均已完成水资源论证并且获得取水许可证,因此本次论证借用 3 家公司水资源论证报告的结论。

3.2.1　济南市某供水有限公司供水工程取水水源论证

济南市某供水有限公司供水管线为某大型钢铁企业供水的专线,项目水资源论证许可量为 2 000 万 m^3/a,取水证号为取水(鲁莱)字〔2014〕24 号,现已过期。2020 年 10 月,济南市某供水有限公司委托山东某咨询有限公司开展供水工程水资源论证工作,综合考虑,按照应急供水之前相对供水正常的年份为基数,即 2011~2013 年度的供水统计量,确定济南市某供水有限公司向某大型钢铁企业现状年供水 1 300 万 m^3,管网漏失量为 65 万 m^3;规划年供水 1 500 万 m^3,管网漏失量为 75 万 m^3,供水保证率 95%。济南市某供水有限公司与某大型钢铁企业签订了供水协议。

经论证,农业保证率为 50%、工业供水保证率为 95%、电厂供水保证率为 97%,考虑满足生态和农灌的前提下,试算各方案可保证的供水量,计算供水增量效益。从调算结果可以看出,过渡期在满足河道内生态需水及 6 万亩农田灌溉需水 1 000 万 m^3 后,多年平均向某发电有限公司和某发电厂供水 2 400 万 m^3,多年平均向济南市某供水有限公司供水 1 000.14 万 m^3;规划年在满足河道内生态需水及 6 万亩农田灌溉需水 1 000 万 m^3 后,多年平均向某发电有限公司和某发电厂供水 2 400 万 m^3,多年平均向济南市某供水有限公司供水 1 365 万 m^3。

3.2.2　济南莱芜某供水有限公司供水工程取水水源论证

2018 年 5 月,济南莱芜某供水有限公司委托济南某水利科技有限公司完成《莱芜市 G 区银湖供水有限公司葫芦山水库向莱钢供水项目水资源论证报告书》,本次论证借用该报告书结论,2018 年 7 月 4 日,济南莱芜某供水有限公司获得原莱芜市城乡水务局下发的取水许可证,取水证号为取水(鲁莱)字〔2018〕第 50 号,该公司与某大型钢铁企业签订供水协议。

参考相关水资源论证报告书对水库进行时历法调算,用水保证率采用公式 $P=m/(n+1)$ 计算(m、n 单位为月),农业保证率为 50%,工业供水保证率为 95%。计算时考虑在满足生态和农灌的前提下,试算各方案可保证的供水量,计算供水增量效益。从调算结果可以看出,在满足河道内生态需水及 0.8 万亩农田灌溉需水后,可为济南莱芜某供水有限公司年供水 800 万 m^3。

3.2.3 莱芜某供水有限公司供水工程取水水源论证

根据相关水资源论证报告,经兴利调算,在保证下游生态流量的前提下,电厂按照97%的保证率可从沟里水库每年取水 326 万 m^3;莱钢按照 95%保证率可从沟里水库每年取水 176.4 万 m^3,按照 97%保证率可从汶河补源调水 398.4 万 m^3。汶河补源水量可以满足莱钢从沟里水库取水缺口 258.5 万 m^3的要求。

综上所述,沟里水库来水量不足时汶河取水口年可取用水量满足补源水量要求,两处水源总可供水量为 898.8 万 m^3,农业灌溉用水多年平均 7.1 万 m^3,灌溉保证率 52.8%。去除输水损失,通过联合调度,加强雨洪资源的综合利用,在正常年份下可以保证每年向某大型钢铁企业供水 400 万 m^3。

3.3 地下水水源论证

3.3.1 水文地质单元

某大型钢铁企业采用多水源地下水供水方式,圈定的地下水供水源地有 6 处,分别为清泥沟水源地、东泉水源地、丈八丘水源地、付家桥水源地、黄羊山水源地、特钢水源地。多个水源分布在 3 个水文地质单元中,分别为丈八丘—付家桥水文地质单元、清泥沟水文地质单元、东泉水文地质单元。

各水源地与水文地质单元分布位置见表 8。

表 8 各水源地与水文地质单元对应情况

序号	水文地质单元	水源地	水井数量(目前可运行的)
1	清泥沟水文地质单元	清泥沟水源地	21
2	东泉水文地质单元	东泉水源地	7
		特钢水源地	1(由原煤矿淹矿后改造)
3	丈八丘—付家桥水文地质单元	黄羊山水源地	5
		丈八丘水源地	10
		付家桥水源地	7

3.3.2 地下水资源量分析计算

1. 地下水资源计算分区

根据实际情况划定各水源地的计算区,即付家桥、丈八丘单元水资源计算区(Ⅰ区),清泥沟单元水资源计算区(Ⅱ区),东泉单元水资源计算区(Ⅲ区)。其中,Ⅰ区的分布面积 40.165 km^2;Ⅱ区东、北与Ⅰ、Ⅲ区毗邻,面积 68 km^2;Ⅲ区在Ⅰ区北部,面积 30.2 km^2。

2. 均衡方程

均衡区内岩溶水的主要补给来源包括大气降水入渗补给,河流、水库渗漏补给,农业灌溉回渗补给;岩溶水的主要排泄项有工业、农业开采及向下游径流排泄量,由此建立计算区的均衡方程式为

$$\mu \frac{\mathrm{d}H}{\mathrm{d}t} = (W + Q_{河} + Q_{入} + Q_{间} + Q_{库}) - (Q_{工} + Q_{农} + Q_{出})$$

式中:$\mu \frac{\mathrm{d}H}{\mathrm{d}t}$为单位时间内含水层中水体积的变化量,$m^3/a$;$W$ 为大气降水入渗量,m^3/a,降

水量采用 1999~2018 年的平均降水量 758 mm；$Q_{入}$（$Q_{出}$）为含水层侧向流入（流出）量，m^3/a；$Q_{河}$为河水渗漏补给量，m^3/a；$Q_{间}$为渗漏补给量 $\frac{x}{360}\times 60$ 漏补给间接补给区大气降水入渗后，对计算区的补给量，m^3/a，x 为河流断流天数；$Q_{库}$为水库放水回渗量，m^3/a；$Q_{工}$为平均工业开采量 m^3/a；$Q_{农}$为平均农业开采量，m^3/a。

3.3.3　地下水资源量计算结果

1. 丈八丘—付家桥水文地质单元

丈八丘—付家桥水文地质单元总补给量为 1 698.33 万 m^3/a，总排泄量为 1 431.35 万 m^3/a。按多年均衡，补给量应等于排泄量，由于人类活动影响和均衡期间代表多年的年数并非足够多的情况下，水均衡还与均衡期间的地下水蓄变量 ΔW 有关，均衡期间多年平均地下水总补给量、总排泄量和浅层地下水蓄变量三者之间的均衡关系，即

$$\Delta W = Q_{总补} - Q_{总排}$$

经计算，论证区补给量大于排泄量，出现补给量大于排泄量的原因主要为统计区内工业自备井排泄未计算。

2. 清泥沟水文地质单元

清泥沟水文地质单元补给量为 1 920.6 万 m^3/a，排泄量为 1 942.44 万 m^3/a。

由上述计算可知，排泄量大于补给量，该区域处于超采状态，超采不是很严重。

3. 东泉水文地质单元

东泉水文地质单元补给量为 2 090.96 万 m^3/a，排泄量为 1 989.67 万 m^3/a。补给量大于排泄量，但相差不大。

4. 地下水可供水量计算

地下水可采资源量是指在可预见的时期内，通过经济合理、技术可行的措施，在不引起生态环境恶化条件下允许从含水层中获取的最大水量。

地下水可开采量是指在“经济合理、技术可行、不造成水质恶化、水位持续下降、环境地质问题及其他不良后果”的条件下，可以取得的地下水量。其大小取决于水文地质条件和补给来源。地下水可开采量采用开采系数法来计算。计算公式为

$$Q_{可采} = Q_{总补} \cdot \rho$$

式中：$Q_{可采}$为可开采量，万 m^3/a；$Q_{总补}$为多年平均地下水补给量，万 m^3/a；ρ 为可开采系数。

ρ 值是表示开采条件的参数，根据开采区含水层岩性、厚度、地下水埋深条件、含水层的富水性、调蓄能力、补给条件，结合开采条件、开发利用状况，以实际开采量和地层上动态变化为基础，同时考虑已出现或潜在的生态环境问题综合确定。岩溶水可开采系数取 0.90。经计算：丈八丘—付家桥水文地质单元总补给量为 1 698.33 万 m^3/a，地下水可采资源量为 1 528.50 万 m^3/a。清泥沟水文地质单元总补给量为 1 920.6 万 m^3/a，地下水可采资源量为 1 728.54 万 m^3/a。东泉水文地质单元地下水资源量为 2 090.96 万 m^3/a，地下水可采资源量为 1 881.86 万 m^3/a。

5. 允许开采资源量评价

各计算区均使用了水量均衡法计算，该方法是评价区域地下水资源的基础方法。因

为某大型钢铁企业周围地区的水文地质条件比较复杂,对每个水文地质单元采用水动力学法评价地下水资源,困难较大,尽管均衡法的引用有一些不足,但就论证各计算地段的开采资源,具有一定的积极作用。

此外,因工作的复杂性和时间性,在实际工作中,有些资料无法取得;均衡法本身有些补给量无法取得,使计算的补给量偏小,只能对计算的开采资源进行概略的评价,但也使计算的可开采资源量偏于安全。

另外,清泥沟水文地质单元为本次论证主要的地下水供水水源,本次论证对清泥沟水文地质单元地下水流的数值模拟采用 MODFLOW 模型进行模拟计算,计算出清泥沟水源地最大允许可开采量。通过采用 MODFLOW 建立可视化模型,计算结果表明,研究区岩溶水优化开采量为丰水期最大开采量 4.85 万 m^3/d、枯水期最大开采量 2.81 万 m^3/d,年均最大开采量为 3.76 万 m^3/d。

3.3.4 水源地岩溶水供水能力分析

根据抽水试验成果,利用抽水孔及其射线上观测孔的资料计算,其公式为

$$K = 0.73Q\frac{\lg X - \lg\gamma}{(2H - S - S_1)(S - S_1)}$$

$$\lg R = \frac{S(2H - S)\lg X - S_1(2H - S_1)\lg\gamma}{(2H - S - S_1)(S - S_1)}$$

式中:K 为渗透系数,m/d;R 为影响半径,m;Q 为抽水孔出水流量,m^3/d;S 为抽水孔水位降深,m;H 为含水层厚度,m;X 为抽水孔与观测孔距离,m;S_1 为观测孔水位降深,m;γ 为抽水孔半径,m。

经计算,丈八丘—付家桥水文地质单元平均渗透系数为 140.96 m/d、清泥沟水文地质单元平均渗透系数为 183.83 m/d、东泉水文地质单元平均渗透系数为 253.33 m/d,从而计算出丈八丘—付家桥水文地质单元单井出水量为 2 300~2 900 m^3/d,清泥沟水文地质单元单井出水量为 4 800~7 000 m^3/d,东泉水文地质单元单井出水量为 2 100~2 200 m^3/d。

3.3.5 地下水动态

1.各水源地地下水动态分析

东泉水源地 6 号井为省级观测井,该井为五日观测的承压地下水井,井深 82 m,井口标高 229.32 m,最高水位出现在 2011 年 5 月,为 228.96 m;月平均最低水位出现在 2015 年 6 月,为 170.97 m,水位差达 54.99 m。该区多年平均地下水埋深为 14.70 m(见图 2)。

在清泥沟水源地和丈八丘—付家桥水源地各选取代表井 1 眼,根据近 6 年某大型钢铁企业统计的月平均水位资料,画出各测井月平均水位过程(见图 3、图 4)。

观测井地下水水位随降水、开采等因素影响的变化上升或下降。1~3 月,气温较低,降水、开采少,此时地下水水位是一年内相对稳定时期。4~6 月随气温升高,降水量较少,灌溉用水量增加,地下水水位呈下降趋势,直到雨季开始前,水位达到最低值。7~9 月因受到汛期降水影响,地下水水位一般以上升为主。10 月以后,因水位上升滞后、降雨、河流补给等因素影响,地下水水位又呈现略有上升的趋势,年水位最大值大都出现在每年的 8~11 月,年水位最小值大都出现在每年的 5~7 月。地下水动态类型以降水入渗-开采型

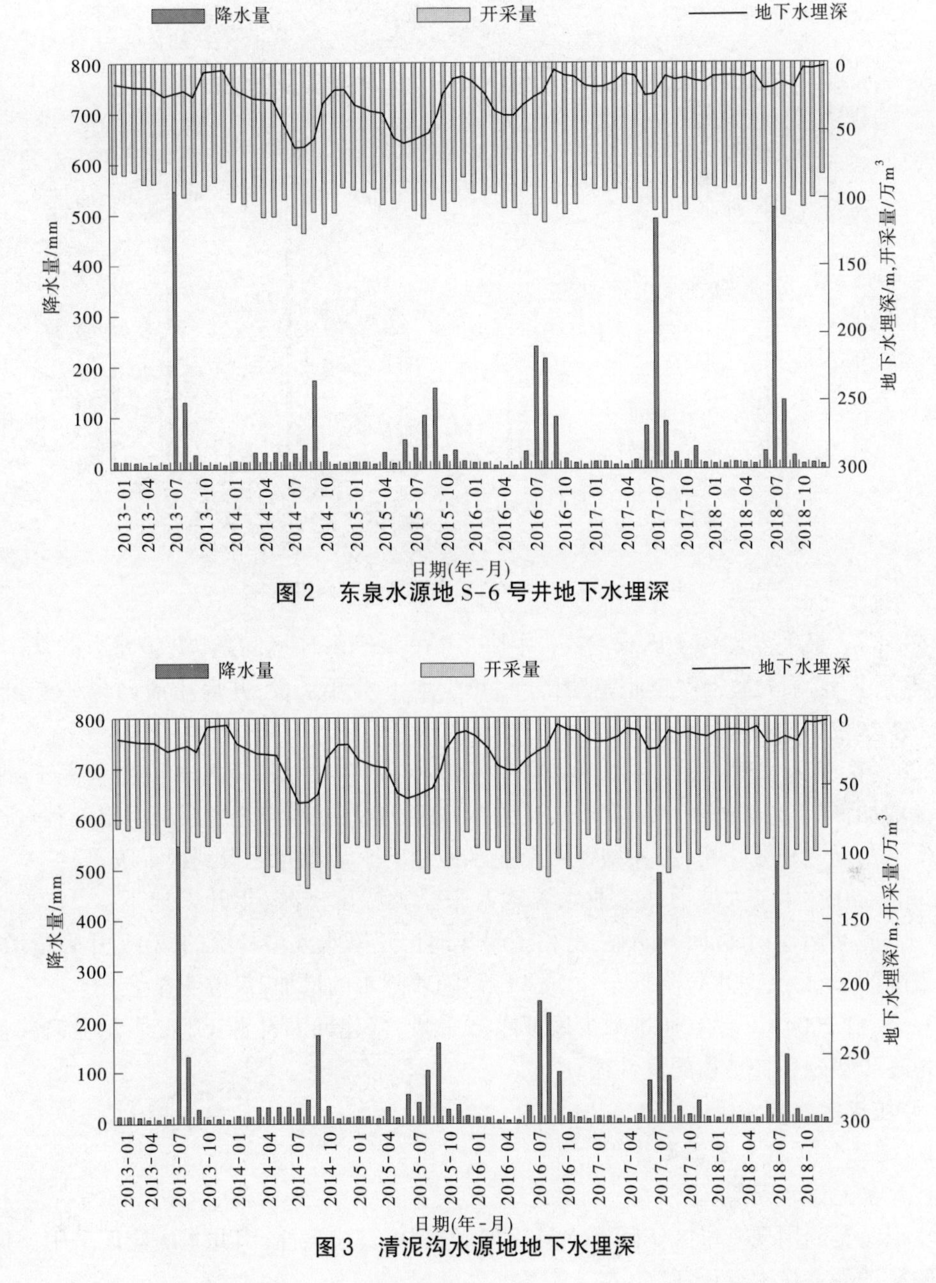

图 2　东泉水源地 S-6 号井地下水埋深

图 3　清泥沟水源地地下水埋深

为主。根据动态分析,多年水位出现周期变化,说明“采”“补”均衡。特别是 2004 年以后,随着雪野水库除险加固工程、各拦河坝拦蓄水等工程的开工投产运行和矿坑水的利用,地下水水位没有明显下降,各水源地水井含水充分。

2. 近 20 年水源地运行状况分析

1999~2003 年,某大型钢铁企业水源地实际开采量较大,年开采地下水 3 000 万~5 000 万 m^3。2002 年,山东遭遇百年一遇干旱,某大型钢铁企业水源地经受了严峻考验,2003 年上半年,某大型钢铁企业水源地地下水埋深大幅度下降,丈八丘观测井月平均埋

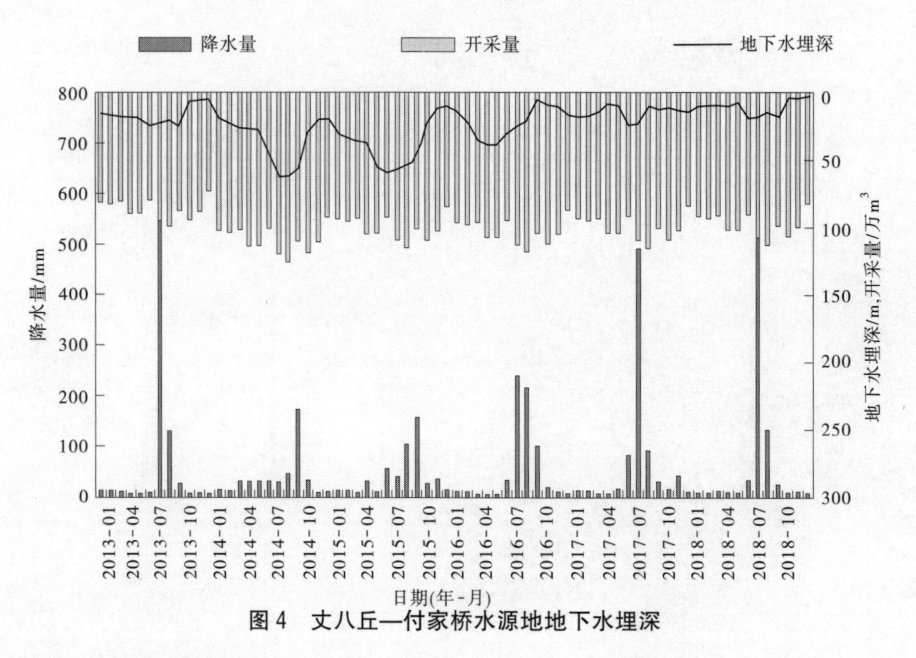

图 4　丈八丘—付家桥水源地地下水埋深

深达 59.1 m,最大点埋深 105 m,造成周围机井吊泵等水环境问题,引起周边群众不满。2003 年下半年,某大型钢铁企业主动压产,减少地下水开采量,并启用潘西煤矿矿坑水,使地下水水位得到明显回升。

2004 年,雪野水库开始给某大型钢铁企业供水;葫芦山水库除险加固工程完工,水库蓄水量增加,向上游河道回水长度增加千余米;水源地范围内修建的层层拦蓄工程对地下水产生了明显的补源作用,某大型钢铁企业水源地的水环境问题得到根本改善。

2004~2018 年某大型钢铁企业水源地开采量大幅度压减,年开采地下水 2 500 万~3 500 万 m^3,地下水水位回升明显,特枯干旱年时由于降水入渗补给的减少,开采量增加,水位下降明显,最大时水位降低至 40 m 以上,随着降水的增加,水位明显上升。

总之,自 2004 年开始,通过减少地下水开采量,修建回灌补源工程,某大型钢铁企业水源地逐步实现采补平衡的良性循环。

3.4　矿坑排水水源论证

3.4.1　潘西煤矿取水水源论证

1. 矿坑涌水量预测

比拟法是利用现有采区实际涌水量比拟而来,更具代表性,因此本次论证采用比拟法预测的矿坑涌水量进行论证。

潘西煤矿现生产水平为-740 m,根据概略研究,下一延深水平为-1 100 m,-1 300 m 为待定水平,按延深水平预计矿井正常涌水量,计算最大涌水量。根据矿井充水性因素分析,参加计算的含水层有山西组砂岩水,五、六灰水和奥灰水,由于矿井涌水量与开采面积和开采深度明显相关,随着开采深度和面积的增大,矿井涌水量逐渐增大,因此涌水量预计方法选用面积降深类比法,预算本区的-740~-1 100 m 水平。

潘西煤矿-740 m 以上水平与本区构造、煤层、水文等地质条件基本相同,而且上开采面积大,含水层揭露充分,近 5 年的涌水量基本保持稳定,代表性强,故本次利用-740~-150 m 水平的实际涌水资料,采用比拟法预计本区-1 100 m 水平、-1 300 m 水平的矿井正常涌水量。经过对-740 m 水平以上的实际涌水资料分析,确定采用比拟公式如下:

$$Q/Q_1 = \sqrt{S/S_1} \times \sqrt{F/F_1}$$

式中:Q、S、F 分别为-740~-1 100 m 水平或-1 100~-1 300 m 水平的预计矿井正常涌水量、水位降深和开采面积,Q_1、S_1、F_1 分别为-150~-740 m 水平的实际矿井涌水量、水位降深和开采面积。

参数选择如下:

$$F = 5\ 150\ 000\ \text{m}^2, S = 1\ 100\ \text{m} - 740\ \text{m} = 360\ \text{m}$$

$$Q_1 = 25.42\ \text{m}^3/\text{min}, F_1 = 10\ 350\ 000\ \text{m}^2, S_1 = 740\ \text{m} - 150\ \text{m} = 590\ \text{m}$$

$$Q = 25.42 \times \sqrt{360/590} \times \sqrt{5\ 150\ 000/10\ 350\ 000} = 14.01(\text{m}^3/\text{min})$$

近 10 年来潘西煤矿矿井最大涌水量一般是正常涌水量的 1.28 倍左右,故最大涌水量为

$$Q_{\max} = 1.32Q = 1.32 \times 14.01 = 18.49(\text{m}^3/\text{min})$$

通过上述分析可知,-1 100 m 水平的单水平正常涌水量 14.01 m^3/min,最大涌水量 18.49 m^3/min。

2. 可供水水量

潘西煤矿在充分考虑自身情况和市场需求的基础上,响应国家鼓励利用“三废”发展循环经济政策,为了充分利用本矿大量矿井水资源,于 2003 年 9 月建设了 1 座矿坑水处理厂——莱芜市某水业有限公司,水处理后达到生产用水要求,使矿井水得到综合利用,莱芜市某水业有限公司年污水处理量为 657 万 m^3,再生水可利用量为 460 万 m^3/a,除去供给潘西煤矿矿区绿化用水外,可向某大型钢铁企业年最大供水量为 450 万 m^3。

3.4.2　马庄铁矿矿坑排水水源论证

1. 矿坑涌水量预测

根据矿井生产实际及《山东莱芜铁矿马庄铁矿矿区堵水水文地质勘探总结报告》,确定以大井法预测的矿坑涌水量更接近实际。

解析法是将形状不规则的开采坑道系统概化为一个理想的“大井”,“大井”抽水时形成一个统一的降落漏斗,而整个开采系统的涌水量相当于此大井的井流量,以此来估算设计坑道系统的矿区涌水量。矿坑疏干过程中,矿坑涌水量及矿坑周边水位降深呈相对稳定状态,此时以矿坑为中心形成的地下水辐射流场基本满足稳定井流的条件,采用该法进行涌水量预测基本合理。

1)矿坑涌水量公式选择

根据矿体的形态及矿坑充水因素的分析,井下涌水量预测采用四周进水、承压转无压完整井大井法涌水量公式计算,其计算公式为

$$Q = \frac{1.366K(2H - M)M}{\lg(R_0/r_0)}$$

$$R_0 = R + r_0$$

$$R = 10S\sqrt{K}$$

$$r_0 = \sqrt{F/\pi}$$

式中:Q 为预测的矿坑涌水量,m^3/d;K 为渗透系数,m/d;H 为水位,m;M 为含水层厚度,m;S 为水位降深,m;R_0 为矿井采区引用影响半径,m;r_0 为矿井采区引用半径,m;R 为单井影响半径,m;F 为预计矿井开采面积,m^2。

2)参数选择

渗透系数(m/d):据钻孔抽水试验资料,矿区内灰岩的渗透系数平均值为 4.41 m/d。

含水层厚度:根据矿区内已施工钻孔数据,确定矿区内含水层厚度平均值为 238.40 m。

引用半径:采区面积约为 69 634 m^2,r_0 = 149 m。

引用影响半径:利用 $R_0 = R + r_0$ 求得,其中 R 利用经验公式 $R = 10S\sqrt{K}$,R_0 = 3 294 m。

3)计算结果

将以上计算参数代入前述涌水量计算公式,即得矿井预测范围内正常涌水量和最大涌水量,估算参数及结果见表 9。

表 9 矿坑涌水量预测结果

水平/m	地下水位平均值/m	引用影响半径/m	含水层厚度/m	采区引用半径/m	渗透系数/(m/d)	预测的矿坑涌水量/(m^3/d)
-200	164	8 526	238.4	149	4.41	72 902

通过计算,未采取防治水措施的情况下,开采至-200 m 水平时,由解析法预测矿区内正常涌水量为 72 902 m^3/d,最大涌水量为 109 353 m^3/d。

目前采场治水方案为近矿体顶板灰岩帷幕注浆。在穿脉巷中以 10 m×10 m 网格实施钻孔注浆,再用一定密度的斜交钻孔查漏补注。钻孔穿过矿体进入灰岩 30 m 以上。采用单液水泥浆压注,注浆终压为 2.5~4 倍的静水压力。-150~-200 m 标高开采仍可继续采用目前使用的注浆堵水方案。

根据有关资料,自矿井恢复以来,防治水工作一直为矿山生产的重中之重。开拓掘进中对有突水危险的地段坚持超前探水,探水方式为"探 4 掘 2",严禁爆破带水作业。将矿床进行区域划分,按自上而下的顺序注浆堵水。采用 10 m×10 m 网度的钻孔注浆堵,在矿体顶板含水灰岩中形成隔水顶板。截至 2012 年,为防治水共施工地表钻孔进尺 4 071 m,注浆水泥 6.91 万 t,坑内钻孔 18.58 万 m,注浆水泥 20.84 万 t。已经完成的注浆堵水区域合计控制矿量 421 万 t。多年的生产实践已证明所采用治水方法的有效性。保证了矿山安全生产,控制了采矿对外围地下水资源的影响。

未来开采将继续采用矿体顶板注浆治水的措施。在-150 m 水平,在矿体顶板上方 40 m 的灰岩内布置治水沿脉。向下按 10 m 间距平行于矿体施工注浆孔。在近矿体顶板灰岩内形成大于 40 m 厚帷幕。治理深度为垂直高度 200 m,注浆堵水治理至-200 m 水平。

根据《山东莱芜铁矿马庄铁矿矿区堵水水文地质勘探总结报告》,未进行防治水措施,开采-100 m 水平时,矿坑涌水量 6.4 万 m^3/d。根据实际矿坑涌水记录,在采用矿体顶板注浆治水的措施下,开采-100 m 水平时,矿坑涌水量 1.68 万 m^3/d,堵水率 82%。因此,考虑防治水措施的情况下,开采至-200 m 水平时,正常涌水量为 19 137m^3/d,最大涌水量为 28 705 m^3/d。

2. 矿坑排水可供水量分析

马庄铁矿矿坑排水一部分用于矿井生产,一部分用于谷家台选矿厂选矿用水,根据《山东省重点工业产品取水定额第 1 部分:烟煤和无烟煤开采洗选等 57 类重点工业产品》,地下铁矿采选综合定额为 1.5 m^3/t,则马庄铁矿及谷家台选矿厂年处理铁矿石 240 万 t/a,年需水量为 360 万 m^3,扣除输水损失,则马庄铁矿矿坑排水可供给某大型钢铁企业最大约为 335 万 m^3/a。但根据 L 区水务局要求,莱芜矿业有限公司马庄铁矿在规划年不再给本项目供水。

3.5　再生水水源论证

3.5.1　G 区污水处理厂

1. 来水量分析

G 区污水处理厂服务范围为 G 区内生活污水,具体为黄羊山大街以南、南湖大街以北、黄欣路以西、牟汶河以东的区域。

现状年 G 区城区范围内城镇人口规模为 22.10 万,现状城镇居民人均生活用水量 105.4 L/d,则现状年服务范围内生活用水量为 850.21 万 m^3,按照 4.152%的人口增长率,规划水平年服务范围内人口规模 22.56 万,按照城镇居民人均生活用水量 110 L/d 计算,则规划生活用水量 905.78 万 m^3。根据《第一次全国污染源普查城镇生活源产排污系数手册》,生活用水的排放量按 0.8 的排污率,则收集范围内的现状生活污水量为 680.17 万 m^3。近期规划水平年生活污水量为 724.62 万 m^3。由于城镇污水管道已敷设完成,污水回收率按照 90%计算,则规划年生活污水量为 652.18 万 m^3。

2. 可供水量分析

根据《城镇污水再生利用工程设计规范》(GB 50335—2016),城镇再生水厂是以达到一定要求的城镇污水处理厂二级处理出水为水源,再生水的供水量应为污水处理厂二级处理出水量扣除再生水厂各种不可回收的自用水量、供水管网漏损水量等,最大不宜超过污水处理厂处理水量的 80%,本次论证再生水可供水量按污水处理厂二级处理出水量的 80%计。由此计算 G 区污水处理厂规划可提供的再生水量为 528.20 万 m^3。

3.5.2　G 区经济开发区污水处理厂

1. 来水量分析

G 区经济开发区污水处理厂主要接纳颜庄镇、里辛街道办沿线部分居民生活污水(包括居民排水、商业设施排水、公共设施排水)。颜庄镇位于济南市区东南部,是 G 区的北大门,是连接 L 区与 G 区的纽带,全镇总面积 58.83 km^2,辖 42 个村委会 49 个自然村,现状年总人口 4.42 万。里辛街道办事处位于济南市 G 区东南部,距 L 区中心 25 km,面积 88.95 km^2,现辖 44 个行政村(居),现状年总人口 5.70 万。

农村居民生活用水指标按照 80 L/(人·d)计算,则服务范围内现状年生活用水量为

295.50 万 m^3,近期规划水平年生活用水量为 301.69 万 m^3,远期规划水平年生活用水量为 305.46 万 m^3,生活污水量按照用水 80%计算,则服务范围内现状年生活污水量为 236.4 万 m^3,规划水平年生活污水量 241.35 万 m^3。考虑到农村污水收集难度,因此污水回收率按照 75%计算,则 G 区经济开发区污水处理厂可收集的污水量现状年为 177.3 万 m^3,规划水平年 181.01 万 m^3。

2. 可供水量分析

根据《城镇污水再生利用工程设计规范》(GB 50335—2016),城镇再生水厂是以达到一定要求的城镇污水处理厂二级处理出水为水源,再生水的供水量应为污水处理厂二级处理出水量扣除再生水厂各种不可回收的自用水量、供水管网漏损水量等,最大不宜超过污水处理厂处理水量的 80%,本次论证再生水可供水量按污水处理厂二级处理出水量的 80%计。由此计算现状年钢城经济开发区污水处理厂可提供的再生水量为 132.98 万 m^3,规划水平年可提供的再生水量为 137.37 万 m^3。

3.5.3 老区污水处理厂

老区污水处理厂位于 G 区九龙大街路南,总占地面积 14 323 m^2,处理来自黄前发电、焦化厂、能源动力厂部分锅炉循环冷却水排污水及生活污水;另外还接纳部分其他单位的废水,包括冷轧线、环友化工的循环冷却水排污水及生活污水。由山东某节能环保工程有限公司采用 BOT 模式运营。

过渡期老区污水处理厂接纳污水量为 425.72 m^3/h(合 357.60 万 m^3/a),但由于老区污水处理厂出水不能够满足《钢铁企业给水排水设计规范》(GB 50721—2011)要求,因此仅部分用于绿化和道路喷洒,剩余部分均经艾山经济产业园排污沟排入牟汶河支流,排放量为 397.31 m^3/h(合 333.74 万 m^3/a)。

规划年新旧功能转换系统优化升级后,老区污水处理厂将实施二期工程,在原有处理工艺的基础上,增加"V 形滤池+超滤+反渗透"膜处理系统,脱除水中的盐离子,使中水全部回用。根据项目用水平衡分析,近期规划水平年由于 2#高炉及安家岭发电厂尚未开始施工,某大型钢铁企业老区不对将要淘汰的银前炼铁厂和老区发电厂进行管网改造,不配置再生水,因此老区污水处理厂可处理的污水量为 477.87 m^3/h,除污水带走外,可用于生产的水量为 413.18 m^3/h,合计 347.34 万 m^3/a。

3.5.4 型钢综合污水处理站

银山型钢综合污水处理站位于银山型钢厂区西北角,占地面积 17 200 m^2,污水处理目前处理规模 800 m^3/h,新旧功能转换系统改造后扩容至 1 000 m^3/h,项目处理工艺采用"集水池—调节池—高密度澄清池沉淀—V 形滤池—超滤—反渗透处理",尾水满足回用水标准后全部回用,不外排。主要收集型钢区、某大型钢铁企业特钢区和部分老区的污水,同时收集特钢区及型钢区周边居民生活污水,由山东某节能投资有限公司采用 BOT 模式运营。

根据项目用水平衡分析,型钢综合污水处理站过渡期可处理的污水量为 809.74 m^3/h,除污泥带走外,可用于生产的水量为 705.93 m^3/h,合计 592.98 万 m^3/a,规划水平年型钢综合污水处理站可处理的污水量为 944.94 m^3/h,除污泥带走外,可用于生产的水量为 836.94 m^3/h,合计 703.03 万 m^3/a。

3.6　水源配置方案

3.6.1　水源最大供水能力分析

根据上述论证可知,各水源最大供水量情况见表 10。

表 10　各水源最大可供水量情况　单位:万 m^3

序号	供水水源	过渡期	规划水平年
1	济南市雪银供水有限公司	950.14	1 300.00
2	济南莱芜水发钢城银湖供水有限公司	800.00	800.00
3	莱芜市银大供水有限公司	400.00	400.00
4	东泉水文地质单元	1 191.29	1 191.29
5	清泥沟水文地质单元	1 372.40	1 372.40
6	丈八丘—付家桥水文地质单元	1 189.60	1 189.60
7	莱芜康之源水业有限公司	450.00	450.00
8	莱芜矿业有限公司马庄铁矿	335.00	0
9	型钢污水处理厂	592.98	703.03
10	老区污水处理厂	23.87	347.34
11	G 区污水处理厂	0	521.74
12	钢城经济开发区污水处理厂	0	135.76
合计		7 305.28	8 411.16

3.6.2　水源配置原则

某大型钢铁企业采用多水源供水形式,建有型钢水厂和老区新建水厂处理各个来水,按照“优先使用再生水、矿坑排水等非常规水源,积极利用地表水,控制开采地下水”的配水原则,充分利用再生水、矿坑排水等非常规水源,积极利用地表水,压减地下水开采量。

根据 L 区水务局的要求,莱芜某公司马庄铁矿在规划年不再给本项目供水;根据 G 区水务局要求,近期规划水平年项目老区水厂建成和对型钢水厂改造后,将配置 G 区污水处理厂和 G 区经济开发区污水处理厂的再生水,经老区新建水厂和型钢水厂处理后送至各个用水环节,老区污水处理厂和型钢综合污水处理站的再生水直接进入供水系统。

现状年老区污水处理厂中水仅能用于绿化和道路喷洒,G 区污水处理厂和 G 区经济开发区污水处理厂由于水质及管道尚未敷设等原因,均不能为本项目提供再生水,因此现状年水源配置应优先考虑型钢综合污水处理站的再生水 592.98 万 m^3 和矿坑排水 785 万 m^3 及公共供水 2 150.54 万 m^3,剩余不足部分由地下水源地提供。规划年老区污水处理厂、G 区污水处理厂和 G 区经济开发区污水处理厂均可提供足够的再生水,应在用足再生水的情况下优先考虑公共供水 2 500 万 m^3,剩余不足部分由地下水源地提供。

在地下水源分配上,结合目前某大型钢铁企业水源水井情况以及现有取水证水量的基础上,合理分配水量。东泉水源地和莱芜康之源水源提供的潘西煤矿矿坑排水共用一条输水管道,可以作为水源置换优先考虑减少开采量。根据水量均衡法计算,清泥沟水文地质单元接近超采,也应适当地减少地下水的开采量。另外,由于规划年钢城经济开发区污水处理厂和G区污水处理厂可提供再生水,并且两个污水处理厂的再生水可以通过管道就近输送到型钢水厂和老区新建水厂,可替换东泉水源地、清泥沟水源地的地下水。

3.6.3 水源配置方案

根据水源配置原则,过渡期考虑管网漏失量后,某大型钢铁企业(包括外供水)共计取水量为6 390.22万 m^3/a,其中常规水量4 988.37万 m^3/a,再生水616.85万 m^3/a,矿坑排水785万 m^3/a。

规划年考虑到管网漏失量后,某大型钢铁企业(包括外供水)共计取水量为7 082.87万 m^3/a,其中常规水量4 917.19万 m^3/a,再生水1 715.68万 m^3/a,矿坑排水450万 m^3/a。

项目水源配置方案见表11,并由此绘制过渡期和规划水平年用水平衡图,见图5、图6。

表11 各水平年各水源配置情况

序号	供水水源	许可取水量/(万 m^3/a)	现状年实际年取水量/(万 m^3/a)	过渡期取水量/(万 m^3/a)	规划年年取水量/(万 m^3/a)
地表水					
1	济南市某供水有限公司(雪野水库)	2 000	791.78	950.14	1 300.00
2	济南莱芜某供水有限公司(葫芦山水库)	800	797.87	800.00	800.00
3	济南市某供水有限公司[沟里水库(汶河取水补源)]	400	406.81	400.00	400.00
小计		3 200	1 996.46	2 150.14	2 500.00
地下水					
1	东泉水源地	500.00	385.21	275.00	100.00
2	清泥沟水源地	1 962.80	1 367.36	1 287.76	1 116.47
3	丈八丘水源地	600.00	525.47	525.47	550.72
4	付家桥水源地	300.00	397.36	300.00	200.00
5	特钢水源地	300.00	383.64	350.00	350.00
6	黄羊山水源地	107.00	111.82	100.00	100.00
小计		3 769.80	3 170.86	2 838.23	2 417.19
矿坑排水					
1	济南市某有限公司(潘西煤矿)		442.00	450.00	450.00
2	莱芜某有限公司(马庄铁矿)		332.00	335.00	0
小计			774.00	785.00	450.00

续表11

序号	供水水源	许可取水量/万 m^3	现状年实际年取水量/万 m^3	过渡期取水量/万 m^3	规划年年取水量/万 m^3
再生水					
1	老区污水处理厂		23.86	23.86	347.07
2	型钢区污水处理厂		591.00	592.98	703.03
3	G区污水处理厂		0	0	528.20
4	钢城经济开发区污水处理厂		0	0	137.37
小计			614.86	616.85	1 715.68
合计		7 004.80	6 556.18	6 390.22	7 082.87

4　取水影响分析

4.1　对水资源的影响

4.1.1　对区域水资源量的影响

L区2019年年度用水总量控制指标为26 000万 m^3,其中地表水控制指标14 900万 m^3,地下水控制指标11 100万 m^3;2019年L区总用水量为23 596万 m^3,其中地表水9 027万 m^3,地下水10 670万 m^3,其他水源3 899万 m^3。由此可见,L区用水总量与控制指标尚有盈余,用水量均在用水总量控制指标内,剩余用水指标地表水5 873万 m^3,地下水430万 m^3。

G区2019年用水总量控制目标为9 600万 m^3,其中地表水控制指标4 700万 m^3,地下水控制指标4 900万 m^3。2019年G区用水总量8 054万 m^3,其中地表水2 783万 m^3,地下水4 690万 m^3,其他水源581万 m^3。由此可见,G区用水总量与控制指标尚有盈余,用水量均在用水总量控制指标内,剩余用水指标地表水1 917万 m^3,地下水210万 m^3。

本项目位于G区,用水占用G区用水总量控制指标。本项目外部水源由供水公司或者企业供应,外部水源论证时已扣除占用G区的用水总量控制指标,本项目取用外部水源时不再占用G区用水总量控制指标。

本项目水源地已运行多年,本次论证各个地下水源地取水量除特钢水源地较原有取水许可证有所下降或者持平外,通过与现状年对比,本项目6个地下水源地过渡期的取水总量2 838.23万 m^3/a,较原有需水许可证上的3 769.8万 m^3/a少,比2019年实际取用地下水量3 170.86万 m^3也减少,没有新增地下水取水量,地下水取水不再新增用水指标,对G区地下水剩余用水总量控制指标无影响。

另外,本项目取用马庄铁矿矿坑排水、潘西煤矿矿坑排水及再生水等非常规水源不占用用水总量控制指标。

综上所述,项目用水量对济南市L区、G区水资源开发利用的影响在可控范围之内。

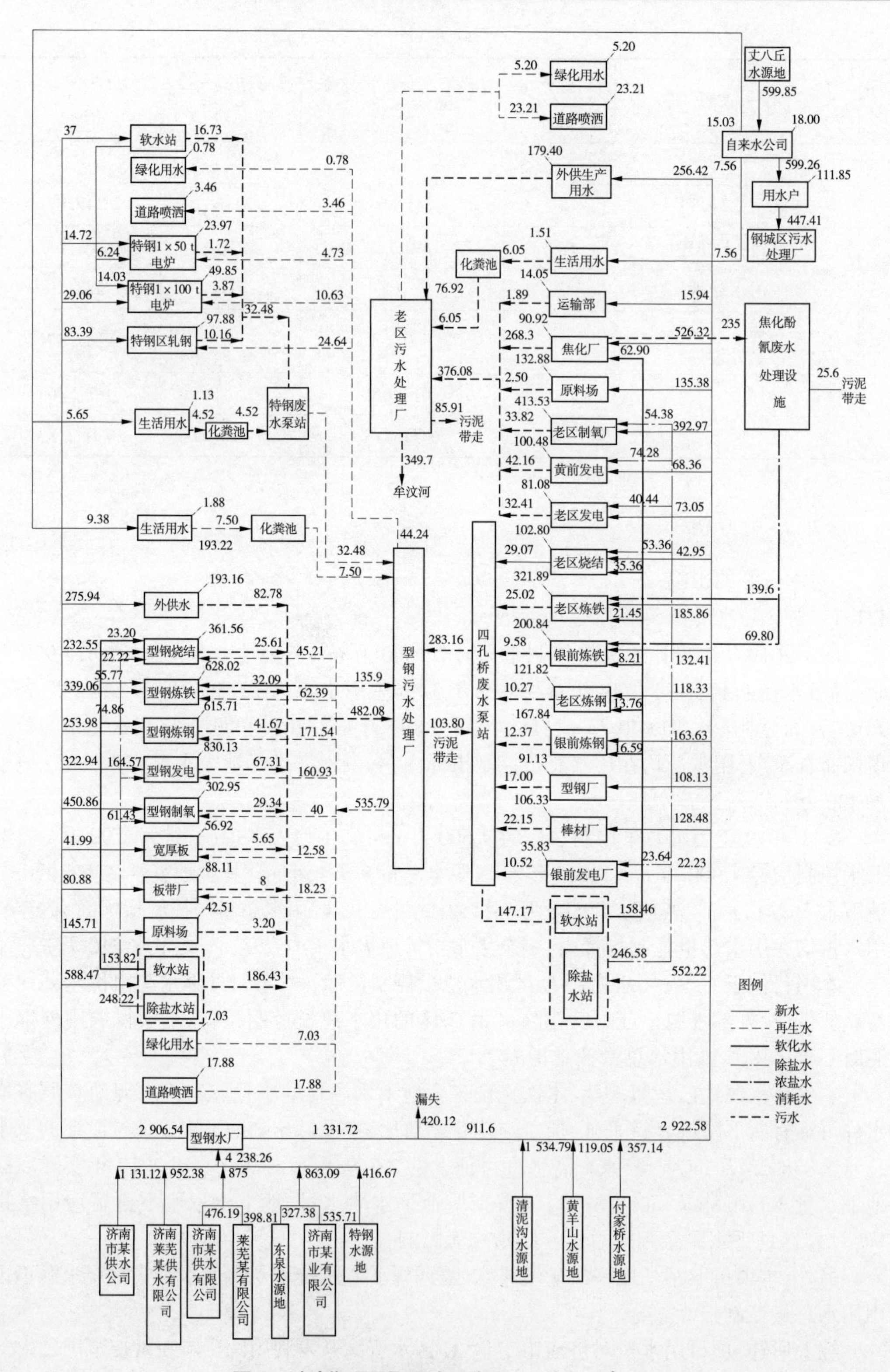

图5　过渡期项目取用水平衡图　（单位：m^3/h）

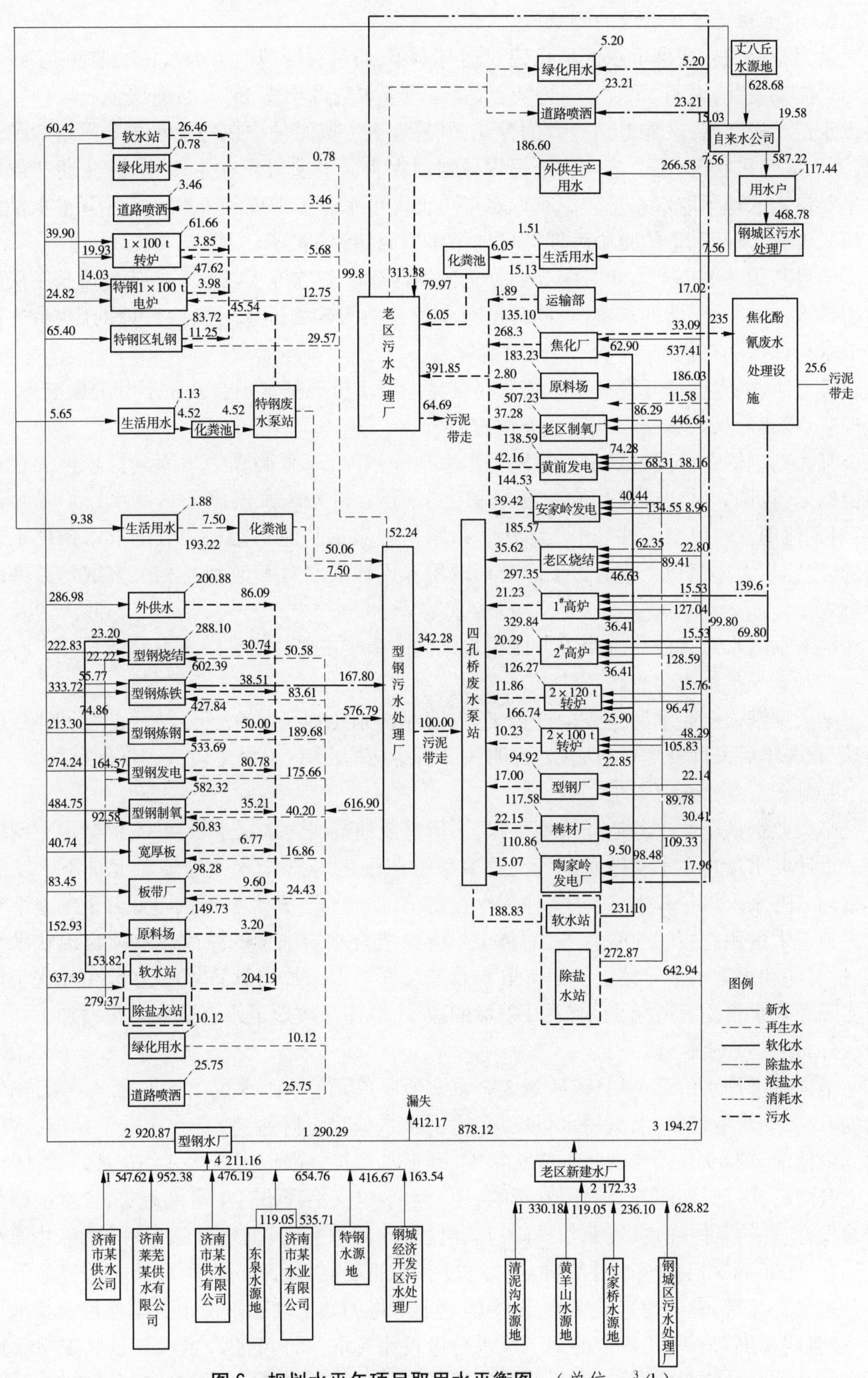

图6　规划水平年项目取用水平衡图　（单位：m^3/h）

4.1.2　对区域地下水资源的影响

某大型钢铁企业地下水源地已建成运行多年,通过对区域地下水水位的监测,多年水位出现周期变化,说明“采”“补”均衡,水源地地下水资源丰富,某大型钢铁企业取用地下水含水量比较丰富,又能得到有效的补充,开采地下水资源量均在地下水可开采量范围之内,不形成超采状况,不会造成岩溶坍塌等地质灾害。本项目现状水平年、过渡期和规划水平年核定的地下取水总量较原有取水许可证许可水总量和现状年地下实际开采水量均有所减少,地下开采量的减少可使区域地下水资源储存量增加。

项目利用莱芜市某水业有限公司处理的潘西煤矿矿坑排水以及莱芜某公司马庄铁矿矿坑排水,节约了优质的水资源,同时也减少了污染的矿坑排水对周边环境的影响,达到了节水与环保的有机统一。

综上所述,本项目开发利用水资源对区域地下水资源基本不会产生不利的影响。

4.1.3　对其他权益相关方取用水条件的影响

某大型钢铁企业通过供水公司取用水库地表水时,取水调算中水库最低水位均在死水位以上,且调算时均考虑了农业灌溉和生态用水,另外3家供水公司取水口均单独设置,对其他用水户取水条件基本无影响。取水是在满足其他利益相关方的取水条件下进行的,因此某大型钢铁企业通过供水公司取用水库地表水对其他利益相关方取水条件的影响较小。

地下水取水对其他利益相关方取用水条件的影响主要体现在以下几个方面。

1. 对含水层结构的破坏

某大型钢铁企业水源建成运行多年,仅清泥沟水源地于1997年开始发生了塌陷,但自从2005年后未再发生岩溶塌陷,说明该区岩溶结构良好,未发生较大程度的破坏。

2. 对含水层水量的影响

某大型钢铁企业水源地开采地下水,不可避免地造成含水层水量减少,但某大型钢铁企业设计取水量均在水文地质单元允许开采量范围之内,3个水文地质单元地下水动态类型均以降水入渗—开采型为主,地下水在雨季得到补充,某大型钢铁企业开采的地下水量占地下水资源总量的50%左右,总体上不会造成含水层水量的减少。本项目现状水平年、过渡期和规划水平年核定的地下取水总量较原有取水许可证许可水总量和现状年地下实际开采水量均有所减少,地下开采量的减少,可使区域地下水资源储存量增加。

3. 对地下水水位的影响

根据月平均水位线可知,该区域3个水文地质单元地下水水位动态平衡,4~6月随气温的升高,降水量较少,灌溉用水量增加,地下水水位呈下降趋势,直到雨季开始前,水位达到最低值。7~9月因受到汛期降水影响,地下水水位一般以上升为主,10月以后,因水位上升滞后、降雨、河流补给等因素影响,地下水水位又呈现略有上升的趋势,含水层裂隙岩溶发育、补给条件优良、埋藏条件好,具有良好的储水空间,富水性强,该区域单井涌水量均在3 000 m^3/d以上,水位降深小。通过多年的观测,该区域总开采量未超过地下水可开采水资源量,未出现超采现象,区内的地下水将仍处于动态平衡中。本项目现状水平年、过渡期和规划水平年核定的地下取水总量较原有取水许可证许可水总量和现状年地下实际开采水量均有所减少,地下开采量的减少,可使区域地下水资源储存量增加,地下水水位升高。

4. 对居民用水的影响

3 个水文地质单元内居民用水主要为生活用水和农田灌溉用水，随着经济的发展、“村村通”工程的完善，居民生活用水大多改为自来水，居民水井数量减少，同时由于拦河坝工程的实施、灌区的建设，农田灌溉水井数量也在减少，莱芜分公司取水对区域地下水资源量和地下水水位造成的影响均较小，因此对区域居民生活用水影响较小。

5. 对泉水的影响

根据历史资料，清泥沟水文地质单元内原有清泥沟泉、东泉水文地质单元内有东泉，清泥沟泉在水源地开发初期抽水造成地下水水位降低而停喷，东泉只在丰水期喷出，某大型钢铁企业莱芜分公司取水批复后，开采量未超过地下水资源量，未出现超采，区域地下水仍将处于补给径流动态平衡中，相对于经济发展，对泉水的影响可忽略。

6. 对含水层水质的影响

水源地开采后会加快地下水、地表水间的转换和循环速度，由于经济的发展，牟汶河水质变差，造成水文地质单元内地下水受到污染，根据水质检测报告，各水源地水质均不满足Ⅲ类水水质要求，对比超标项目，除丈八丘水源地水质符合Ⅳ类水质，其余各水源地超标项符合Ⅴ类水质。

综上所述，现状水平年、过渡期和规划水平年水源地的建设对区域地下水环境造成了一定的影响，对其他利益相关方取用水条件造成了一定的影响，但该影响较小，随着“村村通”工程的建设和水库灌区的建设，该影响将会进一步减少。

案例 11　枣庄市薛城区农村饮水安全巩固工程水资源论证

武惠娟　祝得领

山东水之源水利规划设计有限公司

1　项目简介

拟建水厂位于薛城区沙沟镇潘庄村境内,潘庄灌区一级站东侧,水厂总规模为 2 万 m^3/d。水厂的供水对象主要为沙沟镇、周营镇农村生活用水,受益人口约为 12.27 万;同时兼顾城南新区城市自来水及企事业单位供水。2018 年 3 月,水厂建设单位委托乙级资质单位开展项目水资源论证报告书的编制工作。2019 年 3 月,报告书通过了水利部淮河水利委员会组织的专家技术评审。

经论证核定,该项目合理取水总量为 766.5 万 m^3/a(保证率 95%),取水水源为潘庄引渠微山湖水源。

依据相关要求,项目论证确定分析范围为枣庄市,取水水源论证范围为南四湖下级湖流域,取水影响论证范围为南四湖下级湖周边用水户(农业灌溉、城市及工业户、生态等)。本工程供水区退水主要为生活污水,退水进入地埋式一体化污水处理设施处理,达到一定的水质标准后全部回用,故无退水影响范围。在论证时,以 2016 年为现状水平年,2020 年为近期规划水平年。

需要指出的是,考虑到相关资料和数据的保密性要求,本案例在介绍时进行了必要的概括,但不会影响整体阅读,而重点则在于显示论证的过程。

2　项目用水合理性分析

2.1　用水过程和水量平衡分析

2.1.1　用水过程

本工程水源为潘庄引渠微山湖水源,取水点位于薛城区潘庄灌区一级站河段。地表水经输水管道进入潘庄水厂,经水厂处理后部分送至沙沟镇和周营镇,用作农村生活用水,部分作为薛城区城市生活用水。沙沟镇、周营镇近期生活污水经地埋式一体化污水处理设施处理达标后回用作农业灌溉用水,城区生活退水经污水厂处理后用作绿化浇洒用水。

2.1.2　供水区用水水量分析

水厂供水范围包括薛城区沙沟镇、周营镇及薛城区部分城区,供水总区域面积

136.5 km^2。

1. 供水区内供水现状

1) 周营镇、沙沟镇供水现状

现状年周营镇、沙沟镇区及农村范围内的供水采用地下水源，由农村自来水工程(包括联村供水工程和单村供水井)实施供水。据统计，沙沟、周营两个镇现状年用水量为445.98 万 m^3。

本建设项目供水后将置换沙沟镇、周营镇地下水供水水源。随着经济社会的发展，预计规划年本项目可置换地下水量 620.5 万 m^3，届时沙沟镇、周营镇的单村供水井全部封填，联村集中供水工程保留，作为供水区的备用水源。

2) 城区供水现状

薛城城区现有水厂 2 处，其中永福水厂设计日供水能力 3 万 m^3，长江水厂设计日供水能力 5 万 m^3。两水厂取水水源地均为金河泉南区水源地，两水厂现状日取水量共 2.71 万 m^3(合 989.15 万 m^3/a)。

2. 规划水平年供水区需水量预测

本项目以 2020 年为水平年，进行需水量分析。

1) 生活需水量

沙沟、周营两个镇现状年总人口为 11.31 万，综合考虑自然增长、产业迁入带动人口增长及房地产发展带动人口增长等三方面因素，根据《薛城区统计年鉴》近 3 年人口增长率平均值约 2.06%计算，沙沟、周营两个镇总人口 2020 年将达到 12.27 万。

根据沙沟、周营两个镇现状用水情况，沙沟镇、周营镇综合生活用水量为 60 L/(人·d)。随着社会的发展、节水设施的运用和人们节水意识的增强，综合生活用水量的增长速度也有所减缓。根据供水区实际情况，结合《室外给水设计标准》(GB 50013—2018)的规定，确定供水区 2020 年居民生活用水定额取 72 L/(人·d)。

根据人口指标和生活用水定额分析计算供水区生活需水量，经计算，沙沟、周营 2 个镇规划年生活需水量为 322.5 万 m^3。

另外，根据《山东省水利厅关于枣庄市薛城区城市供排水总公司扩大取水规模取水申请的批复》，枣庄市薛城区城市供排水总公司预计 2020 年取用枣庄市薛城区金河水源地岩溶地下水 1 408.9 万 m^3，较现状增加 199.489 万 m^3，剩余需水缺口 109.5 万 m^3 由枣庄市薛城区农村饮水安全巩固提升工程供微山湖地表水，故本项目供给城区生活用水 109.5 万 m^3，供水区规划年总的生活需水量为 432 万 m^3。

2) 饲养畜禽用水量

根据《村镇供水工程设计规范》(SL 687—2014)，马、骡、驴的用水定额为 40～50 L/[头(或只)·d]，牛的用水定额为 50~60 L/[头(或只)·d]，猪的用水定额为 30～40 L/[头(或只)·d]等，结合供水区畜禽实际用水情况，本次饲养畜禽最高日用水定额取值详情见表 1。

表1 饲养畜禽最高日用水定额 单位:L/[头(或只)·d]

畜禽类别	用水定额	畜禽类别	用水定额
马、骡、驴	40	育肥猪	29
育成牛	46	羊	4.4
奶牛	70	鸡	0.5
母猪	57	鸭	1

结合现状年实际情况,经预测,2020年畜禽的数量详情见表2。

表2 畜禽数量预测 单位:头(或只)

畜禽类别	存栏			出栏		
	沙沟镇	周营镇	合计	沙沟镇	周营镇	合计
马、骡、驴	33		33	32		32
育成牛	674	424	1 098	1 213	763	1 976
奶牛	4	84	88			
母猪	2 954	4 256	7 210			
育肥猪	26 647	23 595	50 242	58 339	52 373	110 712
羊	22 194	9 396	31 590	28 859	13 825	42 684
鸡	336 967	158 180	495 147	462 266	220 955	683 221
鸭	32 990	23 030	56 020	96 381	115 565	211 946
鹅	1 900	760	2 660		1 175	1 175
兔	522 523	109 090	631 613	207 596	60 090	267 686

通过计算,供水区内马、骡、驴年用水量可达到715.4 m^3,育成牛年用水量为35 023.9 m^3,奶牛年用水量2 248.4 m^3,母猪年用水量可达到150 004.1 m^3,育肥猪年用水量1 117 759.1 m^3,羊年用水量可达到85 008.8 m^3,鸡、鸭、鹅、兔总用水量可达到494 072 m^3。经过计算,饲养畜禽年用水量188.5万m^3。

3)浇洒道路和绿地用水量

根据《室外给水设计标准》(GB 50013—2018):浇洒道路和绿地用水量应根据路面、绿化、气候和土壤等条件确定。浇洒道路用水可按浇洒面积以2.0~3.0 L/(m^2·d)计算,浇洒绿地用水可按浇洒面积以1.0~3.0 L/(m^2·d)计算。结合供水区内当地情况,确定浇洒道路和绿地的用水按2.0 L/(^{2}·d)计算。根据枣庄市相关规划,预测2020年绿地和道路面积为36.5 km^2,则2020年浇洒道路绿地用水量为7.3万m^3。

4）管网漏损水量

根据管网运行多年的漏损率统计，供水范围内现状管网漏损率为 19%左右，预测 2020 年管网漏损率为 9%。根据《室外给水设计标准》（GB 50013—2018）要求，管网漏损水量按照前 4 项之和的 10%～12%计算，由于本项目铺设了部分新输水管网，设计管网漏损水量按 9%计取，则 2020 年管网漏损水量为 56.5 万 m^3。

5）未预见水量

根据《室外给水设计标准》（GB 50013—2018），未预见水量取最高日用水量的 8%，则 2020 年未预见水量为 54.7 万 m^3。

6）消防用水量

根据供水区 2020 年人口，按照《农村防火规范》（GB 50039—2010），均按同一时间内的火灾次数发生两次，一次灭火用水量为 45 L/s、火灾持续时间为 2 h 计算。2020 年消防用水量均为 648 m^3。消防用水量作为清水池常备水量，不计入城市最高日用水量当中。

7）总用水量

总用水量=居民综合生活用水量+饲养畜禽用水量+浇洒道路和绿地用水量+管网漏失水量+未预见水量+消防用水量。经计算，规划年项目区域内需水量为 739 万 m^3。

供水区需水量预测成果见表 3。

表 3　供水区需水量预测成果　　单位：万 m^3

项目	污水回用前
最高年综合生活需水量	432
饲养畜禽用水量	188.5
浇洒道路和绿地用水	7.3
管网漏损水量	56.5
未预见用水	54.7
最高需水量合计	739
最高日需水量	2.02

由表 3 可看出，2020 年供水区自来水需水量为 2.02 万 m^3/d。

8）考虑污水回用等措施后的总用水量

沙沟镇规划在枣庄港西南新建污水处理厂 1 处，位于疏港路西侧，规划年供水范围内生活污水汇集后通过沙沟中路污水管道输送至该污水处理厂统一处理，污水处理厂出水水质均符合《城镇污水处理厂污染物排放标准》（GB 18918—2002）一级 A 排放标准，为供水范围内污水处理回用奠定了良好的基础。

供水区各用水户中，浇洒道路和绿地用水可利用再生水等非常规水源来替代优质的自来水，实现优水优用、节约水资源的目的。按照规划水平年浇洒道路和绿地用水全部采用再生水，规划年污水回用量为 7.3 万 m^3，则 2020 年供水区总需水量 2 万 m^3/d，见表 4。

表4 供水区需水量预测成果 单位:万 m^3

项目	污水回用前	污水回用后
最高年综合生活需水量	432	432
饲养畜禽用水量	188.5	188.5
浇洒道路和绿地用水	7.3	0
管网漏损水量	56.5	56.5
未预见用水	54.7	54.7
最高需水量合计	739	731.7
最高日需水量	2.02	2

2.2 用水水平及节水潜力分析

2.2.1 用水水平指标计算与比较

1.用水水平分析

沙沟、周营两个镇现状年人均综合用水定额为60 L/(人·d),生活用水水平合理。预测2020年综合生活用水定额为72 L/(人·d),不超过《山东省节水型社会控制指标》120 L/(人·d)的定额标准,已达到节水型社会标准。

薛城区城市供排水总公司扩大取水规模项目城区居民现状用水量为110 L/(人·d),规划年居民生活用水定额111.7 L/(人·d),符合《山东省城市生活用水量标准(试行)》(鲁城建字〔2004〕14号)中城市居民生活用水定额85~120 L/(人·d)的标准,低于枣庄市2020年城市生活用水量基本方案120 L/(人·d)的标准,与推荐节水方案中城市居民生活需水定额114 L/(人·d)的标准一样;设计用水指标符合《山东省节水型社会建设技术指标》规定的120 L/(人·d)。总体用水水平较为先进。

2.管网漏失率分析

现状年管网漏失率周营镇为20%,沙沟镇为19%。本建设项目铺设新供水管网,规划年管网漏失率周营镇将达到10%,沙沟镇达到9%,规划年管网漏失率接近《山东省节水型社会建设技术指标》中管网漏失率8%的要求。

薛城区城市供排水总公司扩大取水规模项目规划年供水管网漏失率10%,用水水平较合理。

综上分析,本项目用水基本合理。

3.本项目用水与用水总量指标符合性分析

薛城区现状年地表水供水量为1 114万 m^3,地下水供水量为4 580万 m^3,当地地表水和地下水分别低于2 150万 m^3、4 962万 m^3 的用水总量控制指标。

规划年本项目建成后取用南四湖水766.5万 m^3,不计算在用水总量控制指标中。2020年薛城区地表水供水量仍将低于2 150万 m^3 的地表水用水总量控制指标,符合区域用水总量控制指标与最严格水资源管理制度的要求。

2.2.2 污水处理及回用合理性分析

本项目为农村供水工程,自身无退水产生,供水范围内退水主要为周营、沙沟两个镇生活污水。现状情况下薛城区沙沟、周营两个乡镇的部分村庄采用地埋式一体化污水处理设施处理，处理后的水达到标准后作为农田灌溉用水。

沙沟镇规划在枣庄港西南新建污水处理厂 1 处，位于疏港路西侧，规划年供水范围内生活污水汇集后通过沙沟中路污水管道输送至该污水处理厂统一处理，处理后的再生水进行综合利用，部分作为绿化、道路浇洒用水，剩余部分作为农业灌溉用水。

2.2.3　节水潜力分析

本项目为农村饮水安全提升工程，随着居民生活水平的不断提高以及供水管网覆盖区域的不断扩大，总用水量将有所增加。为了达到节约用水的目的，拟采取以下措施。

1. 使用节水型卫生器具和配水器具

一套好的设备能够对水资源的节约产生非常大的作用。卫生器具和配水器具的节水性影响较大，在选择节水型卫生器具和配水器具时，除要考虑价格因素和适用对象外，还要考虑其节水性能的优劣。

2. 加强管道日常维护

供水公司管线管理部应加强供水管网维修、维护，加强市政用水管理，减少供水管网输水损失，从而节约水资源。

3. 定期开展水平衡测试

供水公司应定期开展水平衡测试，查清用水过程中存在的问题，强化计量措施，实行在线监测。通过水平衡测试全面了解供水管网状况，找出供水管网的泄漏点，并采取修复措施，杜绝“跑、冒、滴、漏”。

2.3　项目用水量核定

经分析论证，本项目规划年供水区需水量为 2 万 m^3/d，水厂自用水量取最高日供水量的 5%，则本项目规划年取水规模为 2.1 万 m^3/d，全年取水量 766.5 万 m^3。

3　取水水源论证

3.1　依据的资料

根据《建设项目水资源论证导则》(GB/T 35580—2017)等相关法规规范，在该水厂所在区域水资源状况、开发利用现状及取用水合理分析的基础上，遵循水资源的合理配置、高效利用和有效保护的原则，利用南四湖上级湖相关水文站和雨量站的径流和降水资料、用水量资料、水利工程资料，分析可供水量，并分析评价取水水源的水质，论证取水口设置的合理性和可行性。本次论证利用的资料包括主体工程设计成果、区域水资源评价成果、区域水资源规划成果、流域水文站网实测数据等。

3.2　水源特点与方案优选

3.2.1　水源条件

依据建设项目所处地理位置，区域内可供建设项目利用的水源为南四湖下级湖地表水、南水北调东线水源、地下水。

1. 南四湖下级湖地表水

南四湖下级湖属于南四湖的一部分，1960 年在湖腰最窄处(昭阳湖中部)建成二级坝枢纽工程(简称二级坝)，坝长 7.36 km。二级坝将南四湖一分为二，坝上为上级湖，坝下为下级湖。上级湖包括南阳湖、独山湖及部分昭阳湖,下级湖包括部分昭阳湖及微山湖。上级湖正常蓄水位 34.5 m,湖区面积 594 km^3,相应库容 10.19 亿 m^3;死水位 33.0 m,死库容 2.25 亿 m^3。下级湖正常蓄水位 32.5 m,湖区面积 585 km^3,相应库容 8.39 亿 m^3;死水位 31.5 m,死库容 3.46 亿 m^3。

南四湖下级湖现状库容较大,多年平均情况下水量较为丰富,且距本项目建设地点较近,可作为本项目取水水源。

2. 南水北调东线水源

南水北调东线一期工程自长江下游江苏境内江都泵站引水,以京杭运河为输水干线,开辟运西支线,通过 13 级泵站提水北送,并以洪泽湖、骆马湖、南四湖、东平湖作为沿线主要调蓄水库。出东平湖后分水两路,一路向北穿黄河后自流到德州、天津,另一路向东流经胶东、烟台、威海地区。工程干线全长 1 467 km,设计年抽江水量 87.7 亿 m^3,供水范围涉及江苏、安徽、山东 3 省的 71 个县(市、区),直接受益人口约 1 亿。东线工程的主要供水目标是解决调水线路沿线城市生活及工业用水,同时改善淮北地区乃至北方地区的农业和生态用水条件。

根据《关于薛城区南水北调续建配套工程水量配置情况的函》,南水北调东线一期续建配套工程实施后,薛城区共有 3 处用水单元,计划从南水北调取水口取水 2 000 万 m^3/a,供薛城区能用循环经济百亿产业园、薛城经济开发区、薛城远通纸业(山东)有限公司的生产、生活用水。其中,薛城区能用循环经济百亿产业园配置水量 800 万 m^3/a、薛城经济开发区配置水量 650 万 m^3/a、薛城远通纸业(山东)有限公司配置水量 550 万 m^3/a。可见,南水北调水已无剩余指标,本项目取水不占用南水北调用水指标。

3. 地下水

薛城区农村集中供水及单村供水水源井共 84 个,全部为地下水源,水源地保护范围一般为单井,保护半径 50~100 m。水源地一般分布在村头和村内,保护范围和村民居住、种植、养殖区交叉重合,给水源保护区管理带来困难。现有的水源保护地仅联村供水工程埋设保护界桩,设立警示牌,刷贴标语,单村供水井没有设立警示标志。水源污染因素不断增多,受降雨、农业灌溉及工业、生活用水的排放等影响,农药、化肥、粪便、工业污水、生活垃圾等有害物被水溶解下渗,直接污染地下水源,这些因素的影响也给水源地水质安全造成较大隐患。

近年来,受干旱气候的影响,年降水量减少,地表水和地下水补给不足,使农村饮水工程水源水量不足。特别是薛城南部贫水区沙沟镇和周营镇,只有通过轮流供水或阶段性供水来满足群众生产生活需要。

本项目供水区沙沟、周营两个镇目前取用地下水作为供水水源。种植结构的调整、生活垃圾等造成地下水水质污染。由于近年来降水减少,水量保证率低,可开采量剩余量少,当地居民饮水受到威胁。

综上,薛城区地下水水质和水量都是没有保证的,故本项目不将地下水作为取水水源。

3.2.2 水源方案

潘庄水厂位于薛城区沙沟镇潘庄村境内,潘庄灌区一级站东侧,本项目若利用潘庄灌区引渠取南四湖下级湖地表水，取水点至水厂的距离仅约 70 m，在南四湖下级湖自身水量不足时，可牺牲部分农业用水，取水水源保证程度高。

南水北调水无剩余指标，故本项目不占用南水北调引水指标。

地下水水量不足，水质没有保证，故本项目不取用地下水。

综上，本项目水源方案确定为从南四湖下级湖取水。

3.3　可供水量计算

3.3.1　基本情况

1. 流域自然地理概况

南四湖流域地处泰沂山以西，京杭运河贯穿南北，将流域分为湖东、湖西两大部分。

湖东地区以山丘为主，上游山区为 300~500 m 的低山丘陵，滨湖地区为 33~50 m 的冲积平原，地势由东北向西南倾斜，山区面积占 54%。有大面积的寒武系、奥陶系灰岩出露，山前平原为第四系覆盖。土壤主要由各种岩石风化残积、冲洪积形成，主要为沙壤土、棕壤土、褐土，山前平原部分土层较厚，地下水丰富。农作物以小麦、玉米、土豆、花生为主。

湖西地区主要为黄泛平原，地势平坦，地面高程在 33~63 m，东部有零星的山丘。土壤类别主要为沙土、壤土、黏土等，土层深厚，旱涝碱威胁大。农作物以小麦、玉米、水稻、土豆、大蒜为主。

2. 河流水系

南四湖流域河流众多，大小河流有 53 条，其中有 29 条注入上级湖（15 条位于湖西，14 条位于湖东），流域面积大于 1 000 km^3 的河流有 9 条，湖东主要有泗河、洸府河、白马河等，湖西主要有梁济运河、洙赵新河、新万福河、东鱼河、复兴河、大沙河等。

南四湖历史上多洪涝灾害，中华人民共和国成立以来，对南四湖流域进行了大规模的治理。在湖西地区开挖了新万福河、洙赵新河、东鱼河，在湖东地区对泗河、白马河等下游河道进行了治理，开挖了梁济运河、韩庄运河。

3. 气候特征

南四湖流域属暖温带季风气候区，年平均气温 13.9 ℃；月平均最高气温 26.7 ℃，发生在 7 月；月平均最低气温-1.2 ℃，发生在 1 月。据 1961~2015 年资料统计，上级湖多年平均降水量 673.8 mm，下级湖多年平均降水量 770.2 mm。降水量的地域分布自东南向西北递减，从韩庄、薛城一带的 800 mm 到东明、鄄城一带递减为 600 mm。降水量的年际变化很大，上级湖最大年降水量为 1971 年的 1 140.5 mm，最小年降水量为 1988 年的 377.9 mm，极值比为 3.02。降水量的年内分配也很不均匀，汛期 6~9 月降水量占年降水量的 71%，且常发生特大暴雨，如 1957 年 7 月南四湖流域连续降雨，曹县、单县及滕县山区 15 d 降水量达 700~800 mm，1971 年 8 月 9 日微山站 1 d 降水量达 558.5 mm。

4. 南四湖治理规划和防洪标准

根据沂河、沭河、泗河洪水东调南下工程规划，南四湖的防洪标准为湖西大堤及湖东大堤的大型煤矿区段，防 1957 年洪水（约 90 年一遇），湖东大堤的其他堤段防 20~50 年一遇洪水。近期防洪工程的标准为 20 年一遇洪水标准。南四湖 20 年一遇防洪水位，上级湖为 36.50 m，下级湖为 36.00 m；50 年一遇防洪水位，上级湖为 37.00 m，下级湖为

36. 50 m;按 57 年洪水防洪标准,上级湖为 37. 20 m,下级湖为 36. 70 m(采用高程基面为废黄河口精高)。

5. 水文站网及资料情况

南四湖流域自 1956 年以来,在湖区先后设立了湖水位站 9 处,其中上级湖 5 处,下级湖 4 处,经调整后现保留上级湖 4 处,下级湖 3 处。上级湖现设有辛店、南阳、马口、二级湖闸(闸上)4 处水位站,下级湖现设有二级湖闸(闸下)、微山、韩庄(微)3 处水位站。在主要入、出湖河流上和二级坝设立进、出湖水文站 19 处,其中上级湖 13 处,控制流域面积 18 823 km^2,占上级湖流域面积的 69%;下级湖 6 处,控制流域面积 1 266 km^2,占下级湖流域面积的 30%。主要观测项目有水位、流量、泥沙、降水量、蒸发量、水温、冰情等,有长系列水文资料。

3. 3. 2　来水量分析

1. 现状水平年来水量分析

1) 入湖径流量

南四湖流域面积为 3. 168 万 km^2,其中二级坝以上流域面积 27 500 km^2,二级坝以下流域面积 4 180 km^2(其中下级湖湖区面积 664 km^2)。下级湖有 23 条入湖河流,除二级坝外,其中有入湖控制水文断面的河流仅十字河、大沙河和沿河 3 条,约占下级湖汇水面积(不含下级湖湖面)的 34. 2%。实测资料不能完全反映入湖水量,故借助实测资料,采用面积比缩放法、径流特征移植法进行推算。根据下级湖周边 3 个控制型水文站实测的入湖流量过程,并加以修正后的该入湖流量过程为相应于规划频率的典型年的入湖流量过程,对该流量过程进行汇总得到下级湖的入湖水量月过程,南四湖入湖控制站基本情况见表 5。

表 5　南四湖下级湖入湖主要控制站基本情况　　单位:km^2

序号	测站名	支流名	流域面积	站控制面积	备注
1	柴胡店(官庄)	十字河	1 444	681	官庄站 1991 年撤销,下迁 5 km 后为柴胡店
2	薛城	大沙河	296	260	
3	沛城	沿河	350	338	
合计			2 090	1 279	

2) 湖面产水量

湖面产水量主要指由于降雨而直接产生的水量,由对应保证率的降雨量乘以下级湖湖面面积而得。

3) 南水北调东线一期工程调水量

根据南水北调东线规划,东线一期工程多年平均(采用 1956 年 7 月至 1998 年 6 月系列)抽江水量 89. 37 亿 m^3(比现状增抽江水 39. 31 亿 m^3),入南四湖下级湖水量为 31. 17 亿 m^3,入南四湖上级湖水量为 19. 64 亿 m^3,即下级湖多年平均增水量 11. 53 亿 m^3。

2. 规划水平年来水量分析

1) 入湖支流来水

规划水平年来水量的组成同现状年，考虑到规划水平年 2020 年入湖支流上游用水量还将会有所增加，水资源的开发利用程度加大，使得来水量有减少的趋势，故对规划水平年的来水量进行概化处理，即 2020 年入湖支流来水总量按现状年来水扣减 5%计算。

2) 湖面产水量

规划水平年湖面产水量不考虑降雨量的变化，按现状年不变处理。

3) 南水北调东线一期工程调水量

南水北调东线一期工程每年制订调水计划，规划水平年调水量按现状年不变进行考虑。

3.3.3　用水量分析

1. 现状年用水量分析

南四湖下级湖供水区包括江苏省徐州市市区、铜山县、沛县和山东省微山县、薛城区、峄城区、台儿庄区等。

1) 农业用水

农业用水是南四湖下级湖的主要用水大户，有效灌溉面积 206 万亩（再生水田 40.4 万亩，旱田 165.6 万亩）。根据《淮河流域及山东半岛水资源评价》、《山东省主要农作物灌溉定额》以及《徐州市水资源公报》分析成果，50%保证率下级湖区域内农作物种植需水量 86 556 万 m^3，75%保证率下级湖区域内农作物种植需水量 106 954 万 m^3。

根据《南水北调东线工程规划》（2001 年修订），一期工程完成后，长江—洪泽湖段农业用水基本可以得到满足，其他各区农业供水保证率可达到 72% ~ 81%，年用水量为 106 954 万 m^3。

2) 工业用水

目前直接从下级湖取水的主要工业用水企业有大屯煤电、利国铁矿、同泰焦化、韩庄电厂、东南钢铁和东亚钢铁。大屯煤电年取水量 800 万 m^3，利国铁矿年取水量 236 万 m^3，同泰焦化年取水量 8 万 m^3，韩庄电厂年耗水量 1 200 万 m^3，东南钢铁年取水量 500 万 m^3，东亚钢铁年取水量 350 万 m^3，故现状工业用水年用水量为 3 094 万 m^3。

3) 生活用水

南四湖下级湖现状年生活用水包括湖区渔民生活用水量和徐州市刘湾水厂、沛县地表水厂一期工程取水三部分。下级湖湖民和渔民约 20 万，按人均日用水 30 L 计，则年用水量约为 219 万 m^3；徐州市地表水厂为首创水务集团下的刘湾水厂，在铜山区境内小沿河水源地设有小沿河取水口，取水水源为下级湖水和经南水北调入大运河的长江水，设计日取水量为 20 万 m^3，现状年实际日取水量约为 15 万 m^3，年取水量为 5 400 万 m^3；沛县地表水厂一期工程日供水能力 10 万 m^3，年需水量为 3 650 万 m^3，故年生活用水量约为 9 269 万 m^3。

4) 航运用水

南四湖下级湖现有韩庄船闸（含复线船闸）、蔺家坝船闸和微山船闸（一线及二线）。据济宁市航运局提供的资料，蔺家坝船闸年用水量为 3 000 万 m^3，韩庄船闸（含复线船闸)年用水量 3 128 万 m^3,微山二线船闸年用水量 2 000 万 m^3。其中,微山二线船闸用水是将上级湖的水放入下级湖,故下级湖每年航运进水量 2 000 万 m^3,出水量为 6 128 万 m^3,航运净用水量 4 128 万 m^3。

5)湖区生态用水

下级湖最低生态水位 31.05 m,最低生态水位以下提供养殖和湖区生态用水。

6)本项目用水

本项目用水量为 2.1 万 m^3/d,全年总用水量为 766.5 万 m^3。

7)损失水量

在调节计算中,损失的水量作为用水量之一,损失量包括水面蒸发和渗漏损失。

蒸发损失量:用微山站的实测蒸发资料和对应水面面积进行计算。

渗漏损失量:根据《南四湖水资源开发利用调查报告》以及山东省水利勘测设计院的分析,月渗漏量采用月初下级湖蓄水量的 0.143%来考虑,年渗漏损失量为各月渗漏量之和。

2.规划水平年需水量分析

1)农业需水

根据《国家农业节水纲要(2012—2020 年)》,农灌节水重在优化配置和完善节水工程措施。由于南四湖流域现状有效灌溉面积已达耕地面积的 80%左右,考虑到资源约束和经济结构的调整,认为规划水平年的有效灌溉面积维持在现状年水平,不再增加;同时,由于种植结构不会有太大的变动,因此规划水平年的农业需水量按现状年 106 954 万 m^3 考虑。

2)工业需水

根据水资源综合规划指标,工业需水增长率按 1.0%的年递增率增加。现状水平年工业用水 3 094 万 m^3,规划 2020 年区域内工业需水量为 3 220 万 m^3。另外,目前已批复于规划水平年间直接从南四湖下级湖取水的工业项目有大屯能源 2×350 MW“上大下小”热电项目 836 万 m^3,永泰电厂年取水 273 万 m^3,故规划水平年工业需水量按 4 329 万 m^3 考虑。

3)生活需水

根据区域人口发展规划,人口自然增长率控制在 6‰,人均生活用水量按 2%的速度递增,湖区渔民生活需水量约为 265 万 m^3。目前已批复的刘湾水厂二期工程将于 2020 年之前建成使用,供水能力将达到 30 万 m^3/d,年需水量按 10 950 万 m^3 考虑,故规划水平年生活需水量按 20 265 万 m^3 考虑。

4)其他航运需水

位于二级坝上的微山一线船闸将于 2020 年前完成改扩建,年需水量约为 1 500 万 m^3,船闸将上级湖的水放入下级湖,故规划水平年航运需水为 2 628 万 m^3。

5)本项目需水

规划水平年本项目用水按现状年 766.5 万 m^3 不变考虑。

6)湖区生态需水

规划水平年湖区生态需水同现状年。

7）损失水量

规划水平年损失水量计算同现状水平年。

3.3.4　可供水量计算

1. 长系列时历法

1）调节计算方法

在对南四湖下级湖流域的来水、用水及其他相关因素进行了分析以后，根据水量平衡原理，进行兴利调节计算。下级湖的来水主要包括当月湖面降雨量、入湖径流量和外流域调水三项；用水部门包括工业、农业；另外包括蒸发水量、渗漏水量和下泄水量。以月为单位逐月进行调算。

2）调算原则

（1）在南四湖下级湖现状年、规划年的兴利调算时，来水量不考虑南水北调调水量。

（2）用水量包括下级湖各用水部门的用水量。

（3）用水保证率：电厂为 97%，一般工业为 95%；农业灌溉用水旱田为 50%、水田为 75%，依据灌溉面积计算农业灌溉用水综合保证率为 58.6%。在供水不足时，优先满足工业用水。

（4）南水北调调水时间为每年 10 月至次年 5 月。南水北调调水量月分配按平均计算。

3）控制条件

根据下级湖的工程应用指标和供水的具体要求，确定如下控制条件：

（1）各水平年的库容曲线，由于南四湖下级湖泥沙淤积量较少，对调算无影响，因此各水平年的库容曲线不进行改正，均采用现状库容曲线。

（2）湖面结冰的影响，考虑下级湖结冰期不在最枯月份，冰融化后仍可利用，故不考虑冰情影响。

（3）为保证生态、航运及渔业正常生产，湖内最低水位控制在死水位，即 31.5 m，即汛前（6 月 1 日前）湖水位最低值为 31.5 m，并以此水位作为起调水位。

4）调节计算

根据南四湖下级湖的来水、用水和控制条件，采用“计入水量损失的时历列表法”进行调节计算。

（1）湖面降水量的计算。湖面降水量采用二级湖闸、微山、南阳等水文站的平均年月降水量，乘以湖面面积求得。

（2）湖面水面蒸发损失水量的计算。采用二级湖闸水文站实测蒸发资料，先统一换算为 E-601 蒸发器的蒸发量，然后乘以换算系数（二级湖闸水文站蒸发试验分析成果），换算为水面蒸发量，按水面蒸发量月分配数分配到各月，求得各月蒸发损失量，以此乘以水面面积，求得各月蒸发损失水量。

（3）渗漏损失水量的计算。下级湖月渗漏损失量采用山东省水利勘测设计院成果，为月平均库容的 0.143%。

5）调节计算结果

（1）现状年下级湖的供水能力。无本项目时，在保证满足工业、农业、其他生活等用水户的情况下,可提供的多年平均农业灌溉用水量为 3 846.6 万 m^3,相应的灌溉面积为 15.77 万亩,工业与农田灌溉的供水保证率分别为 90%、50%。有本项目时,同时保证满足工业、农业、其他生活等用水户的情况下,可提供的农业灌溉用水量为 3 800.1 万 m^3,相应的灌溉面积为 15.58 万亩,工业与农田灌溉的供水保证率分别为 90%、50%。

(2)规划年下级湖的供水能力。无本项目时,在保证满足工业、农业、其他生活等用水户的情况下,可提供的多年平均农业灌溉用水量为 3 846.6 万 m^3,相应的灌溉面积为 15.77 万亩,工业与农田灌溉的供水保证率分别为 90%、50%。有本项目时,并同时保证满足工业、农业、其他生活等用水户的情况下,可提供的农业灌溉用水量为 3 800.1 万 m^3,相应的灌溉面积为 15.58 万亩,工业与农田灌溉的供水保证率分别为 90%、50%。

2. 典型年法

1)调节计算公式

根据水量平衡原理,调节计算公式为

$$V_i = V_{i-1} + W_{来} - W_{损} - W_{农} - W_{工} - W_{生活} - W_{船闸} - W_{本项目}$$

当 $V_i>V_0$ 时,V_i 值取 V_0,则 $V_i-V_0=V_{弃}$。当 $V_i<V_{死}$时,V_i 值取 $V_{死}$。

式中:V_i、V_{i-1} 分别为第 i、$i-1$ 旬末下级湖中的蓄水量;$W_{来}$为当旬下级湖来水量及湖面产水量,$W_{来}=W_{支流}+W_{湖面产水}$;$W_{损}$为当旬下级湖水面蒸发和渗漏损失量;$W_{农}$为当旬沿下级湖农业灌溉取(引)水量;$W_{工}$为当旬工业取水量;$W_{生活}$为当旬城镇居民及湖区渔民生活取水量;$W_{船闸}$为当旬船闸用水量;V_0 为下级湖的正常蓄水位库容。

2)典型年选取

论证区典型年的选择应综合考虑下级湖水位、降水量、入湖径流量、径流量的年内分配及结合面上的旱情和典型年的资料完整情况进行选取。

(1)水位分析。以南四湖下级湖 1960~2014 年最低水位为基础资料,排频得下级湖不同保证率下的水位(见表 6)。95%保证率下级湖年最低水位 30.75 m,最接近的年份是 1982 年(30.89 m)和 2002 年(30.40 m)。

表 6　下级湖不同保证率下水位统计

单位:m

水位系列	P=50%	P=75%	P=90%	P=95%	P=97%	P=99%
1960~2014 年	31.79	31.36	30.98	30.75	30.60	30.32

(2)历史干旱情况。进入 20 世纪 80 年代,南四湖地区干旱年份有所增加,南四湖发生主要干旱的年份有 1981 年、1982 年、1983 年、1986 年、1988 年、1989 年、1997 年、1998 年、1999 年、2000 年和 2002 年;其中出现 6 次干湖,即 1988 年、1989 年、1997 年、1999 年、2000 年和 2002 年;1978 年、1982 年、1988 年和 2002 年是中华人民共和国成立后的特大干旱年。

(3)降水量分析。根据南四湖下级湖 1960~2014 年降水系列资料统计,按照灌溉年降水量进行经验排频,1976~1977 年、2001~2002 年的降水频率接近 95%。

(4)入湖径流量分析。二级湖闸下泄水量是下级湖来水的最主要组成部分,一般占下级湖来水的 80%~90%。除二级坝外,其中有入湖控制水文断面的河流仅新薛河、薛城沙河和沿河 3 条。实测资料不能完全反映入湖水量,故借助实测资料,采用面积比缩放法、径流特征移植法进行推算。根据 1960～2014 年历年实测入湖径流量系列资料，按照灌溉年径流量进行经验排频，1976～1977 年的来水频率仅为 79.6%，2001～2002 年的来水频率为 98.1%。

（5）入湖径流量年内分配过程。枯水年份影响下级湖供水保证程度的主要因素是入湖径流量的年内分配过程。因此，在典型年选取时，充分考虑所选年份内来水的分配情况，一般选取分配不利的年份。

（6）计算典型年的选取。论证区典型年的选择综合考虑下级湖水位、降水量、入下级湖的实测径流量、径流量的年内分配及结合面上的旱情和典型年的资料完整情况进行选取。由于本项目用水保证率要求较高，故应在按照与对应频率年来水量相接近、结合考虑径流年内分配不利于供水的原则下，确定本次调算 95% 频率典型枯水年为 2001～2002 年。

3）控制条件

（1）限制取水水位。根据现有的南四湖用水状况，下级湖的最低控制水位按下级湖死水位 31.50 m 控制。在发生缺水时，首先限制农业用水，其次限制工业及航运用水需求，确保下级湖最低水位控制在 31.50 m。

（2）起调水位。起调水位主要反映所选典型干旱年的上一年丰枯情况，根据南四湖下级湖 36 年（1978～2014 年）9 月下旬的平均水位，其蓄水位在 30.88～33.86 m，平均蓄水位为 32.58 m。考虑上一年下级湖不同的丰枯情况，本次调算起调水位取下级湖 2001～2002 年 9 月下旬的平均蓄水位 32.28 m。

（3）弃水水位。本次调算弃水水位为南水北调东线通水后，南四湖下级湖正常蓄水位 33.00 m。规划年起调水位、弃水位与现状年相同。

4）调节计算方案

考虑本项目用水，以旬为时段，对 2001～2002 年典型年，以 32.28 m 为起调水位进行计算。

5）调节计算成果

调节计算成果见表 7。由表 7 可以看出，以 32.50 m 为弃水位、32.28 m 为起调水位、31.50 m 为限制取水水位，在 2001～2002 典型年型下，为保证本项目及工业、生活、航运等的用水，需要限制部分农业取水，规划年因本项目取水需挤占农业用水 190 万 m^3。

表 7　95%频率（2001～2002 年）调节计算成果

水平年	有无本项目用水	农业用水缺水量/万 m^3	因本项目取水新增农业缺水量/万 m^3
规划年	有	98 950	190
（2020 年）	无	98 760	

综上所述，在特枯年份应先保证生活用水，本项目以下级湖当地地表水为水源供水需挤占潘庄灌区农业用水；水厂 2020 年可建成运行，届时由于本项目取水在特枯水年将新增农业缺水量 190 万 m^3，应给予农业用水户一定补偿。

3.4　水资源质量评价

3.4.1　南四湖下级湖水质分析

根据淮河流域水资源保护局每月一次的淮河流域省界水体水资源质量状况通报，南四湖调水水源保护区 2016 年水质达标率为 100%，具体见表 8。

表 8　南四湖下级湖调水水源保护区 2016 年水质达标情况

水功能区	监测断面	水质目标	总测次	Ⅱ	Ⅲ	Ⅳ	Ⅴ	劣Ⅴ	达标率/%	是否达标(>80%为达标)
南四湖下级湖调水水源保护区	微山岛东	Ⅲ	12		12				100	是
	大捐	Ⅲ	12		12				100	是
	高楼	Ⅲ	12		12				100	是
	韩庄闸闸上	Ⅲ	12		12				100	是

根据《山东省水资源公报》(2016 年)，2016 年山东省对南四湖上级湖和下级湖的年均值进行了全参数水质评价，评价结果为：南四湖上级湖和下级湖的全年期水质评价为Ⅲ类。

3.4.2　项目取水口处水质分析

1. 水质情况

根据本项目取水口处的检测报告，水质监测标准依据《地表水环境质量标准》(GB 3838—2002)Ⅱ类水标准，水质监测报告中共检测 37 项，合格 33 项，不合格 4 项(高锰酸钾指数、化学需氧量、总氮、总磷)，水质色度值较高；按《地表水环境质量标准》(GB 3838—2002)Ⅲ类水标准进行评价，则高锰酸钾指数达标，化学需氧量、总氮、总磷 3 项超标。

由于取水监测点位于枣庄港附近，港口附近船只众多，会排放部分生活垃圾及部分生活污水；另外潘庄引渠两侧有大面积农田和少量居民住所，会造成农业面源污染，导致水体高锰酸钾指数、化学需氧量、总氮、总磷超标，水质色度值较高。本项目取水作为农村饮用水，对水质要求较高，为保证居民用水安全，建议划定饮用水水源地保护区，清除保护区内的点污染源，包括厕所、垃圾等；在水源保护区内，发展有机农业或种植水源保护林，避免农药、化肥等面源污染，减少水土流失，涵养水源；另外相关部门需对枣庄港加强管理，加强航道日常巡逻检查，建立船舶垃圾回收台账登记簿，禁止生活垃圾和生活污水倒入河中，通过以上措施，项目取水口附近水质将得到进一步提升。另外，泵站提水后进入水厂进行处理，色度超标投加粉末活性炭进行脱色；高锰酸盐指数、化学需氧量超标说明水中有机物及无机还原性物质较多，总磷、总氮超标说明水中易滋生水藻，采用高锰酸钾投加处理。水质经水厂处理后均可达到《生活饮用水卫生标准》(GB 5749—2006)的有关要求。

2. 取水水质风险分析

本项目水源地可能出现的突发性水污染事件分为以下几种情况：

(1)项目取水口靠近枣庄港，来自枣庄港的生活垃圾及生活污水可能会对取水口处水质造成一定影响。

(2)在区域内发生突发性强降雨时,取水口周边地区集中排涝带来的大量面源污染水体汇入,可能会对取水口所在潘庄引渠造成一定影响。

(3)枣庄港附近可能出现船舶运输突发性事故带来的水体污染。

(4)南四湖下级湖发生大面积湖泛、水草枯腐造成的水体污染。

3. 水污染事故应急预案

1)预防与预警

水利局、水文局要依托现有水文、环保站网及相关网络,建立健全突发性水污染事故监测、预测、预警系统;对潘庄引渠两侧的重污染企业和重点入河排污口进行调查,建立可能发生突发性事故隐患点和敏感点的资料档案;调查影响饮用水水源地的重要污染源,了解不同污染物危害属性和应对措施。

相关部门应在潘庄引渠建设水质自动监测站,实时监控水质情况,并成立应急指挥中心;自来水水厂应在取水口附近建设水质自动监测站。一旦水体发生突发性污染事故,应及时报告指挥中心办公室。

2)应急处置

当发生水污染事件时,指挥中心及时召开应急会商,并制订应急处置措施,各成员单位在指挥中心的统一领导下,各司其职。按照预案等级的要求,针对事件类型采取相应的应对措施。

(1)先期处置。当水源地发生突发性水污染事件时,水利、水文等相关部门按照有关相应预警措施实施先期处置,立即采取措施控制事态发展,严防次生、衍生事故发生;同时按照规定程序向上级有关部门报告情况。主要做好现场调查、监测点布设、监测车辆设备的准备、水利工程运行准备,各工作组人员到位,并视情况发展及时召开应急会商。

(2)应急处置。当潘庄引渠内水体发生突发性水污染事件时,根据污染来源及扩散趋势做好潘庄引渠内水利工程应急调度工作。立即关闭上下游水闸,就地投加解毒药剂无害化处置或将污染水体抽到安全地方无害化处置,及时切断与控制污染源并对同类污染源进行限排、禁排。

当微山湖发生特枯水位造成水草污染时,及时采取清捞水草、关闭避风港等措施减轻水域污染,通过调水稀释、控制被污染水体下泄、改变被污染水体流向等措施,减轻水污染影响。若对饮水村民造成身体伤害,应对患病村民及时救治并给予赔偿。水污染事故发生时立即启用地下水备用水源。

(3)事件后处置。饮用水水源地水污染事件警报解除后,根据地方人民政府和各级水行政主管部门应急处置领导机构要求,解除应急调度,并根据水质、水情,调整各闸(站)流量,各水利工程恢复正常调度,饮用水水源地恢复正常供水。

3.5　取水口合理性分析

本项目取水点位于潘庄灌区一级站处,取水点至净化设施的距离仅约 70 m,取水条件好,投资费用小,取水口附近河床稳定,附近无入河排污口。南四湖下级湖生态水位为 31.05 m,本项目在进行调算时,控制的最低取水水位为 31.50 m。保证了南四湖的生态用水。根据取水工程的设计,取水建筑物对区域防洪基本无影响。

综上所述,取水口位置设置合理。

4 取退水影响论证

4.1 取水影响论证

4.1.1 对水资源的影响

现状情况下,本项目与其他用水户累计取水量占多年平均来水量的4.03%,95%频率枯水年本项目与其他用水户累计取水量占下级湖来水的比例为10.18%。综上所述,项目取水对区域的水资源量及配置方案影响不大。

4.1.2 对水功能区的影响

本项目取用潘庄引渠微山湖地表水源,取水湖域一级水功能区属于"南四湖下级湖调水水源保护区",水质目标为地表水Ⅲ类。项目年取水量占多年平均来水量的0.24%,在特枯年($P=95\%$)项目年取水量占来水量的0.59%,不显著改变区域水量时空分布。项目取水对河道流量衰减和下游河段纳污能力的影响较小。

4.1.3 对生态系统的影响

南四湖下级湖最低生态水位31.05 m,最低生态水位以下提供养殖和湖区生态用水。本项目取水进行兴利调节计算时,优先考虑了南四湖下级湖生态用水,且生态用水保证率在90%以上,因此本项目取水对下级湖生态基本不会产生影响。

4.1.4 对其他用水户的影响

1.本项目对用水户的影响

潘庄引渠水源引自微山湖,一级引水渠自微山湖取水20 m^3/s,经计算,一级引水渠年取水量达63 072万m^3。其中,水利部淮河水利委员会以(国淮)字〔2014〕第14001号取水许可证批复潘庄灌区年取水量2 360万m^3;根据《关于薛城区南水北调续建配套工程水量配置情况的函》,南水北调东线一期续建配套工程实施后,薛城区共有3处用水单元,计划从南水北调取水口取水2 000万m^3/a;本项目取水766.5万m^3,不占用潘庄灌区引水指标。可见,潘庄引渠水量充足,平水年潘庄灌区取水是有保证的,不会影响南水北调水取用水户。但在特枯年份,本项目建成后,到规划年(2020年)因本项目取水需挤占农业用水190万m^3,对潘庄灌区的农业灌溉产生一定影响,应给予农业用水户一定的经济补偿。

2.补偿措施与补偿方案建议

项目取用南四湖下级湖地表水,对区域水资源量及配置方案、湖区水生态、纳污能力影响较小,对生活、工业、航运等周边用水须户基本无影响,对于突发事故可能造成的新增地表取水,对区域水资源状况影响较小,无须补偿。项目取水在特枯年份对潘庄灌区农业灌溉有一定影响,由当地水行政主管部门及政府协商确定,对因本项目实际取水而增加的影响,给予农业用水户一定的经济补偿。

1)方案一:采用农业损失法估算补偿费用

本项目取水对农业灌溉面积有一定影响,影响灌溉面积为0.89万亩。经调查当地情况,不灌溉与灌溉相比粮食减产约110 kg/亩,灌溉效益分摊系数0.45,粮价2.56元/kg。经分析,特枯水年建设项目正常运行时每年造成农业损失为113万元。

2)方案二:采用等效替代措施法估算补偿费用

参照《山东省占用农业灌溉水源、灌排工程设施补偿实施细则》的要求,建设等量等效替代工程。

本工程建议采用替代水源法减少对灌溉的影响。本项目建设完成后,通过补助实现灌区内机井灌溉,也可减轻对农业灌溉的影响。按 50 亩农田打机井 1 眼计,0. 89 万亩农田需增打机井 178 眼。参考井灌区设计资料,每眼机井按 2 万元计,则一次性基础投资为 356 万元;年运行费按基础投资的 5%计列,则为 17. 8 万元。使用期按本项目服务期限 30 年计,则年均投资额为 12. 46 万元。

3)方案三

参照《山东省占用农业灌溉水源、灌排工程设施补偿实施细则》的要求,占用农业灌溉水源的补偿,如果确定无法进行评估,除按规定缴纳水费外,按一年取水量计算,每立方米的补偿标准为 1. 50 元。

95%保证率下,本项目的建设取水减少了农业供水量 190 万 m^3,按每立方米的补偿标准为 1. 50 元计算,共需补偿 285 万元。

本报告从技术层面提出了建设项目取用水源的补偿建议,本工程为农村饮水安全巩固提升工程,属公益类项目,具体补偿方案和数额可由当地政府、水行政主管部门和建设单位协商确定。

4.2　退水影响论证

4.2.1　退水系统及组成

1. 项目自身退水

本工程厂区生活污水、生产污水经污水管道收集后汇入厂区化粪池。污水经化粪池处理达标后浇洒绿地,剩余部分用于农业灌溉用水。

2. 供水范围内退水

本项目供水范围内退水主要为沙沟、周营两个镇的居民生活污水。规划年沙沟镇、周营镇继续使用地埋式一体化污水处理设施,处理后的水满足《城镇污水处理厂污染物排放标准》(GB 18918—2002)中一级 A 标准,达标后可用作道路、绿化浇洒用水。

规划年薛城区城市供水区退水经城市污水收集管网进入薛城区污水处理厂,薛城区污水处理厂出水水质同时满足《城镇污水处理厂污染物排放标准》(GB 18918—2002)一级 A 标准和《山东省南水北调沿线水污染物综合排放标准》(DB 37/599—2006)及修订的重点保护区域污染物排放标准,处理后大部分回用,剩余达标排放。

4.2.2　退水总量、主要污染物排放浓度和排放规律

1. 项目自身退水

水厂生产污水:规划年水厂日取水量 2. 1 万 m^3,设计产水率 95%,水厂生产退水取自用水量的 8%,处理后产生的废水量 84 m^3/d,年排污水量为 3. 07 万 m^3。

水厂生活污水:水厂编制人员 25 人,用水定额按 78 L/(人 · d)计算,年用水量 0. 07 万 m^3,年产生生活污水量按 0. 8 计算为 0. 06 万 m^3。

水厂自身总排污水量为 3. 13 万 m^3/a。

2. 供水范围内退水

现状年沙沟、周营两个镇污水进入地埋式污水处理设施处理,退水量为 90 万 m^3。本工程建成后,水厂供给周营、沙沟两个镇水量 620.5 万 m^3,生活用水产污系数取 0.35,预测规划年供水区生活污水总量为 217 万 m^3。相比现状年增水量为 127 万 m^3。由于本工程退水为生活污水,退水中含有较多的悬浮物及氮磷等物质,供水区范围内无排污严重企业,工业污水排放量较小,无特殊污染物。

本项目城市供水区退水为城市生活和工业用水户退水,其中城市工业污水所占比例较低。城市生活废水污染物含量较低,主要污染物为 COD_{Cr} 和 NH_3—N;城区内无排污严重企业,城市工业污水无特殊污染物。经计算,本项目城市供水区退水量约 38 万 m^3,排放规律为连续、集中排放。

4.2.3 退水处理方案和达标情况

1. 沙沟镇、周营镇退水处理方案

本项目所处理废水为生活污水,废水的水质水量变化较大,废水内含有较多的悬浮物及氮磷等物质。因此,沙沟镇、周营镇污水进入地埋式污水处理设施进行处理时设置栅网去除悬浮物,然后废水进入调节池进行水质水量的调节,调节池出水通过泵提升进入生化处理,废水中含有较多的氮磷物质,进行厌氧、好氧的工艺处理,经过生化处理后的污水进入中间水池,中间水池作为过渡水池,出水进入过滤罐进行过滤。过滤后的水达到《城镇污水处理厂污染物排放标准》(GB 18918—2002)一级 A 排放标准。处理后的水部分回用于绿化、道路洒水及部分对水质要求不高的工业企业,剩余部分用作农业灌溉。

2. 城区退水处理方案

城区退水通过市政污水收集管网,输送至污水处理厂处理后大部分回用,剩余达标排放。薛城区污水处理厂退水区域处于南水北调沿线,污水处理厂出水水质不仅要满足《城镇污水处理厂污染物排放标准》(GB 18918—2002)一级 A 标准,而且要满足《山东省南水北调沿线水污染物综合排放标准》(DB 37/599—2006)及修订的重点保护区域污染物排放标准。在南水北调(东线)工程建成通水后,输水期间排入河道的少量达标排放的城市废水,在下游截污导用工程内暂存和利用,到汛期泄洪时随洪水一起排泄掉,不进入运河、南四湖或输水干线。

4.2.4 退水对水功能区、水生态和第三者的影响

1. 对水功能区的影响

运行期本项目周营镇、沙沟镇生活污废水全部收集进入地埋式一体化污水处理设施,处理后的水达到排放标准后全部回用,基本无外排水,因此对区域水功能区影响轻微。

城市供水区退水经城市污水收集管网进入薛城区污水处理厂,退水经处理达标后大部分用于工业生产、园林绿化、农田灌溉和城市景观等,对水功能区影响轻微。

2. 对水生态的影响

运行期沙沟镇、周营镇退水经处理后全部回用,不排入河道。城区退水所在河流上游没有来水、退水口以上河段常年断流,退水口以下河道内没有需要保护的生物。因此,退水对河道的水生态基本没有影响。

3. 对其他用水户的影响

沙沟、周营两个镇的生活污水经过相应处理工艺处理后回用,对其他用水户基本无影响。城区退水经污水处理厂处理达标后,大部分用于工业和城市景观、环境、绿化、卫生等用水,实现污水资源化,节约了大量新水;在南水北调(东线)工程输水期间排入河道的少量达标排放的城市废水,在下游截污导用工程内暂存,到汛期泄洪时随洪水一起排泄掉,不进入运河、南四湖或输水干线,因此不存在对第三者的影响。

5　水资源节约、保护及管理措施

5.1　节约措施

节约用水是水资源保障机制中不可缺少的重要组成部分。要以经济合理和保护水环境为前提,凡是可以重复利用的水要多次使用,做到各种水质的水都能"水尽其用",提高污水回用率。严格执行节水"三同时"和"四到位"制度,建设项目需制订节水措施方案,配套建设节水措施,节水减污设施应当与主体工程同时设计、同时施工、同时投入使用,建设项目还需落实用水计划到位、节水目标到位、节水措施到位、管水制度到位制度,最大限度地保证节约用水。

(1)降低管网漏失率,减少输水过程中的渗漏损失。

(2)采用节水器具。

(3)实施"一户一表"计量改造。

(4)加大节水宣传力度,提高群众节水意识。

(5)发挥经济杠杆作用,制定实施合理的水价。

(6)建立和完善用水器具的市场准入机制。

(7)生活污水处理回用。

(8)水厂定期开展水平衡测试。

5.2　保护措施

水资源保护包括水量保护和水质保护两个方面的内容,其目的是通过行政、法规、科技、经济等手段,合理地开发利用和管理水资源、保护水资源的质量和水量,防止水污染和水源枯竭,防止水流阻塞和水土流失,满足经济社会可持续发展对水资源的需求。本项目作为农村饮水安全巩固提升工程,为保证本建设项目用水需求,严格执行《中华人民共和国水污染防治法》和《饮用水水源保护区污染防治管理规定》等法律法规进行水资源保护是十分必要的。

5.2.1　设立饮用水水源地保护区

本项目取水口处水质高锰酸钾、化学需氧量、总磷、总氮指标超标,虽经过水厂处理后可达到《生活饮用水卫生标准》(GB 5749—2006)要求,但对水源地加以保护还是极其必要的。建议相关部门将本建设项目取水河道潘庄引渠设立为饮用水水源地保护区。

一级保护区范围:取水口上游 500 m 至下游 100 m 的长度,宽度为 5 年一遇洪水所能淹没区域;陆域范围长度为相应的一级保护区水域长度,陆域范围宽度为从河堤外角向外延伸 50 m 之内的区域。

二级保护区范围:水域范围长度为从一级保护区上有边界向上延伸至潘庄引渠引南

四湖水引水口处,下游边界延伸 200 m,宽度为从一级保护区水域边界向外延伸到防洪堤的区域;陆域范围长度为相应的二级保护区水域长度,陆域范围宽度为从河堤外角向外延伸 1 000 m,扣除一级保护区范围的区域。

5.2.2 建设饮用水水源地污染防治工程

1. 加大城镇污水处理设施建设

在水源地镇驻地逐步配套建设污水处理厂,加大生活污水处理力度,完善污水处理设施运行机制,提高排污监管力度。建设污水处理设施配套管网,推行雨污分流,提高污水收集的能力和效率。

2. 农业污染源控制

遵循生态经济理念,深入推广生态农业、生态施肥、保护性耕作等措施。划定化肥、农药限量使用区,大力推广高效低毒低残留农业,发展生物灭虫技术。

3. 工业污染源控制

巩固工业企业点源治理成果,下大力气进行水源地污染安全隐患排查,一经查出坚决关闭或搬迁,严格环境准入制度,从源头减少新上项目带来的水污染问题。建立以总量控制为核心的环境管理机制,实施排污许可证制度。引导企业采用先进的生产工艺和技术手段,厉行节水减污,降低单位工业产品或产值的排水量及污染物排放负荷,鼓励一水多用和再生水的开发利用,提高工业用水的重复利用率。

4. 规模养殖业污染源控制

根据环境保护的需要划定畜禽禁养区,搬迁或关闭位于水源保护区的畜禽养殖场,适度控制养殖规模,走生态养殖道路,减少畜禽废水排放。

5.2.3 引水渠道沿线进行生态修复

(1)引水渠道两侧建设隔离工程。本项目取水口位于潘庄引渠上,应在引水渠道两侧建立绿林体系的生态屏障,减少农田径流等非点源对湖库水体的污染,减轻波浪的冲刷影响,减缓渠道周围的水土流失。

(2)引水渠道生态修复工程。针对本建设项目水质部分项目超标的问题,一是种植优质芦苇、芦竹、香蒲、苦江草等水生植物,吸收水源地内总氮等污染物;二是放养适宜的水生动物,完善渠道内生态系统结构,提高水体净化能力。

5.2.4 加强宣传,提高水资源保护意识

在水源地流域内居民较集中的村、镇驻地,设立宣传警示牌,在警示牌上标明饮用水水源地划分范围,写明饮用水水源地污染防治管理规定,引导公众积极参与饮用水源地保护,科学安排生活和生产活动,举报各种违反环境保护法律法规的行为。

采取广播、电视、网络等多种形式,大力宣传水资源保护的重要性和迫切性。对公民进行水资源法制和知识教育,使其明确自己在水资源保护方面的责任、权利和义务。树立保护水资源、保护水环境就是保护生产力、发展生产力的思想,在全社会形成节水、惜水、保水的良好风尚。

5.3 管理措施

(1)建立科学的监督管理体系。

饮用水源保护工作需建立由各级人民政府负责,环保、水利、卫生、规划建设、农业、林

业、畜牧、国土资源等部门结合各自职责,对饮用水水源地污染防治实施监督管理的科学监督管理体系。

(2)饮用水水源地环境应急能力建设。

①组织机构。市政府应急管理办公室为全市应急管理指挥机构,负责指挥、协调全市饮用水水源地环境应急工作,保证饮用水水源地环境应急工作及时、得力、有效。

②建立潜在污染隐患源档案库。认真开展潜在突发性污染事故污染源调查,查清水源地流域内污染事故隐患类型与污染物名称、所处位置及分布,易燃易爆、有毒有害物质用量及管理措施、安全手段等,建立翔实的潜在污染隐患源档案库,为水源地环境应急打下基础。

③加强应急设备配置。全面配备污染物吸附清除、饮用水净化处理、净水装置运输、应急监测等饮用水源环境应急物品设备。

④建立环境应急技术方法体系。针对水源地可能发生的环境事故,健全相关的事故处理和处置技术规范体系,主要包括城市供水管网应急处理技术体系、易造成水体污染的有毒有害物质应急处理技术体系、污染预警模型、污染应急评价技术体系等,为制定科学合理的应急策略提供技术支持。

⑤加强环境应急培训及演练。组织相关培训及演练,提高应急处置能力,保证环境应急防治结合、常备不懈,环境应急体系行动快速、运行有效。

⑥建设应急备用水源地。应急备用水源地建设是保证居民饮水水量和水质安全的重要工程,本建设项目将地下水作为应急备用水源。

(3)实施最严格的水资源管理制度。

围绕水资源的配置、节约和保护,明确水资源开发利用、用水效率用水总量控制、水功能区限制纳污"三条红线",建设节水型社会,强化需水管理,走内涵式发展道路。严格实施用水总量控制,遏制不合理用水需求;大力发展节水经济,提高用水效率;严格水功能区的监督管理,控制入河排污总量。强化水行政执法,做好建设项目取水、用水、节水及退水的依法管理、合理利用和有效保护。

(4)对供水区内的各类用水实行统一管理、总量控制,成立专门用水管理机构,强化用水、节水的计量管理。

案例12 东营市某水厂扩建工程水资源论证

常兵兵 袁 野

山东新汇建设集团有限公司

1 项目简介及建设项目概况

某水厂于1996年3月开工建设,1998年5月27日一期工程投产运行,设计供水规模为10万 m^3/d,取水水源为经南郊水库调蓄的黄河水,从曹店引黄闸取水,经曹店干渠引水,由泵站提升入库。水厂投产运行后为东营市中心城东城、经济开发区生产及居民生活用水提供了保障。至2010年,随着东营市中心城城市规模的扩大、城市化带来的城市化人口增加,城市经济实力大幅提升,供水需求越来越大,供水能力超出设计能力,作为维持和保证城市正常运转的基本条件之一,东营市自来水公司于2011年着手建设南郊水厂扩建工程,设计供水规模由10万 m^3/d 提高至20万 m^3/d,扩建后在现状取水水源的基础上,新增一条取水路线,从十八户引黄闸引水,经十八户干渠输水,进永镇水库调蓄供水。

2012年东营市建立实施最严格水资源管理制度,为了完善水资源管理制度、强化取水许可管理,根据国务院第460号令《取水许可和水资源费征收管理条例》,水利部、国家计委第15号令《建设项目水资源论证管理办法》和水利部第34号令《取水许可管理办法》的有关规定,需要对该项目扩建工程进行水资源论证工作,一方面是为解决南郊水厂山东省许可水量未在黄河水利委员会备案的问题;另一方面是随着水厂供水规模的扩大,重新论证需引取的黄河水量,换发取水许可证。

依据《建设项目水资源论证导则》(GB 35580—2017)(简称《导则》),本项目水资源论证工作等级主要根据引黄取水情况、用水合理性、取水和退水影响分析等多方面因素考虑确定,其水资源论证工作等级为一级。

2 用水合理性分析

2.1 用水节水工艺和技术分析

2.1.1 生产工艺分析

南郊水厂扩建工程是在原水厂现有流程基础上,进一步扩建水厂处理能力,除考虑自身完成10万 m^3/d 净水处理能力和污泥处理系统的建设,统筹兼顾现有流程的处理系统,并将现有水厂的污泥处理系统进一步完善。扩建工程主要建设内容包括新建净水流程和新建污泥处理流程。

水厂采用预氧化+粉末活性炭投加+混凝沉淀+膜处理的组合工艺。

2.1.2　用水工艺分析

水厂净化后现状年及规划年年产水率为96.8%，厂区自用及产水损失为3.2%。根据《关于印发〈山东省饮用水生产企业产水率标准（暂行）的通知〉》（鲁水经信协字〔2011〕258号），以地表水为水源、水质类型为Ⅲ类、日产水量5万t以上的自来水生产企业产水率标准大于或等于92%，本项目产水率高于企业标准。

水厂水经处理后，通过供水管网输送至用水户，经调研现状管网漏失率为10.5%，规划年管网漏失率取8%，满足《山东省节水型社会建设技术指标》中节水型社会8%的要求。因此，本项目用水工艺合理。

2.1.3　节水技术分析

1. 净水厂节水工艺

净水厂净水流程中包括污泥回流沉淀膜滤池，内设混合池、机械絮凝区、沉淀区、膜池区及辅助系统部分。通过沉淀区、膜滤池和反冲洗系统加大废水的循环使用，大大降低了水厂的自用水量。

2. 给水管网节水工艺

（1）加强供水管网管理：自来水公司严格控制供水管网管理，主要从管网维修改造、计量管理和用水管理三方面加强。

（2）实行“一户一表”改造：目前供水公司供水范围内已实现用户“一户一表”，制定和实施合理的水价，促进供水工程良性循环。

3. 用水户节水工艺

（1）推广节水型设备，降低管网漏失。

（2）加强节水宣传工作。

2.2　供水范围内用水过程及节水潜力

2.2.1　建设项目厂区给水系统

项目厂区给水系统主要包括给水系统（循环水系统）、生活给水系统、消防系统，厂区给水管网根据生产、生活、消防用水布置成环状管网。

2.2.2　供水范围及供水范围内用水户用水现状

南郊水厂现状主要向东营市东城及东营经济开发区供水，供水范围西至东青高速，东至东八路，北至东营区边界，南至东营区边界。

水库原水通过水厂处理后，经水厂二级泵房送入管网，通过管网送至各用水户。供水范围内用水户主要包括居民生活用水（含行政办公、学校、福利机构用水）、工业生产用水、城市绿化和喷洒道路用水以及特种用水。

水厂扩建工程2012年投产运行，2012~2018年各用水环节引水、取水、供水、用水情况见表1。用水户用水情况见表2。南郊水库、永镇水库各用水环节水量统计见表3。

表1 2012~2018年引水、取水、供水、用水情况 单位:万 m³/a

年度	引黄闸口引水量	入库水量	出库水量	水厂进水量	水厂出水量	用水户抄表水量
2012	4 042.2	3 439.2	3 277.0	3 174.6	3 059.5	2 452.0
2013	4 083.3	3 462.4	3 356.8	3 312.3	3 189.9	2 596.0
2014	5 356.7	4 611.7	4 374.7	4 194.7	3 870.3	3 121.0
2015	5 773.5	5 043.3	4 766.7	4 526.9	4 108.5	3 217.0
2016	6 255.8	5 473.8	5 193.0	4 901.0	4 550.4	3 949.0
2017	6 186.7	5 430.6	5 170.7	4 877.3	4 563.1	3 932.0
2018	5 875.5	5 135.4	4 815.0	4 511.5	4 368.9	3 912.0

表2 2012~2018年用水户用水情况 单位:万 m³/a

年度	生活用水	工业用水	绿化用水	道路喷洒用水	特种用水	合计
2012	746.1	1 105.9	386.9	212.6	0.5	2 452.0
2013	1 195.5	893.0	326.5	179.4	1.6	2 596.0
2014	1 223.1	1 066.2	534.9	294.0	2.8	3 121.0
2015	1 029.1	1 531.0	423.5	232.8	0.6	3 217.0
2016	1 136.1	1 758.5	679.4	373.4	1.6	3 949.0
2017	1 356.5	1 769.4	518.4	284.9	2.8	3 932.0
2018	1 195.1	1 906.7	519.1	285.2	5.9	3 912.0

表3 南郊水库、永镇水库各用水环节水量统计 单位:万 m³/a

年度	南郊水库			永镇水库		
	曹店引黄闸引水量	入库水量	出库水量	十八户引黄闸引水量	入库水量	出库水量
2012	2 420	2 052.2	1 997	1 622	1 387.0	1 280
2013	3 381	2 857.1	2 800	702	605.3	557
2014	2 560	2 178.9	2 124	2 796	2 432.8	2 250
2015	2 074	1 820.7	1 770	3 700	3 222.6	2 997
2016	1 787	1 590.0	1 542	4 469	3 883.8	3 651
2017	1 742	1 550.0	1 504	4 445	3 880.6	3 667
2018	1 187	1 056.0	1 021	4 689	4 079.4	3 794

2.2.3　节水潜力分析

根据现状用水水平分析，现状配水管网漏失率为 10.5%，较《山东省节水型社会建设技术指标》中节水型社会要求的 8%仍有一定的节水潜力。可通过管网维修、改造降低管网漏失。

现状供水范围内生活用水定额 130.4 L/(人·d)，较《山东省节水型社会建设技术指标》中节水型社会要求的 120 L/(人·d)仍有一定的节水潜力，可通过生活节水措施，降低生活用水定额。

现状供水范围内万元工业增加值用水定额为 10.9 m^3，较《山东省节水型社会建设技术指标》中节水型社会要求的 10 m^3/万元仍有一定的节水潜力，可通过工业节水措施，降低万元工业增加值用水定额。

现状供水范围内企业及城市绿化和喷洒道路用水全部为新鲜水，再生水未得到充分利用，可通过污水处理厂配套建设再生水处理设施及配水管网，提高再生水利用率，进而降低新鲜水取水量。

2.3　工业用水合理性分析

2.3.1　现状工业用水水平分析

根据现状水厂供水范围内工业用水调研统计数据，并根据《东营区统计年鉴》，查得东营市中心城及东营经济开发区近几年万元工业增加值，计算近几年万元工业增加值用水定额，见表 4。从表 4 可以看出，2012～2018 年万元工业增加值平均用水定额为 13.6 m^3/万元，其中 2018 年为 10.9 m^3/万元。根据《山东省节水型社会建设技术指标》，节水型社会万元工业增加值用水定额为 10 m^3/万元，用水户工业用水水平基本达到节水型社会的要求。

表 4　用水户工业用水水平分析

年度	工业增加值/亿元	工业用水/(万 m^3/a)	工业用水定额/(m^3/万元)
2012	60.0	1 105.9	18.4
2013	70.0	893.0	12.8
2014	93.0	1 066.1	11.5
2015	102.0	1 531.0	15.0
2016	122.0	1 758.5	14.4
2017	144.7	1 769.4	12.2
2018	175.0	1 906.7	10.9

2.3.2　规划工业用水量预测

南郊水厂扩建工程于 2012 年正式投产，现状年工业用水量实际值为 1 906.7 万 m^3。

根据水厂扩建工程建设运行至今，供水范围内 2012～2018 年工业增加值平均增长率预测规划 2022 年经济指标。根据《东营市统计年鉴》，供水范围内近几年工业增加值平均增长率为 19.73%，即工业增加值增长率按 19.73%，则预测规划年 2022 年供水范围内工业增加值 359.6 亿元。根据《山东省节水型社会建设技术指标》确定规划年 2022 年工业增加值用水定额按 9.0 m^3/万元,经计算,规划年供水范围内工业需水量 3 236.2 万 m^3。

2.3.3 工业用水量核定

根据南郊水厂控制范围内近 3 年主要用水企业用水计划,南郊水厂供水范围内企业新增需水量为 1 513.6 万 m^3/a,而本次论证采用定额法预测规划年 2022 年南郊水厂供水范围内工业用水量为 3 236.2 万 m^3,较现状年 1 906.7 万 m^3 新增 1 329.5 万 m^3。考虑到本次论证采用的是《山东省节水型社会建设技术指标》中的节水指标预测出的水量,且结合了近几年水厂供水范围内的工业用水增长趋势,因此工业用水采用本次论证的成果。

本项目供水范围东营经济开发区污水处理厂设计总规模 8 万 m^3/d,具有再生水回用的潜力,且污水处理厂管理单位为严格落实国家政策要求,拟在 2020 年后着手准备中水回用设施、中水供水管线的建设,初步拟定一期工程按再生水利用率 20%进行相关配套设施的建设,即设计再生水回用规模为 1.6 万 m^3/d。考虑 5%的管道输水损失后,可供出的再生水量为 555.0 万 m^3/a。项目区受特殊地理位置等影响,再生水氯离子含量常年超过 2 000~3 000 mg/L,以使用再生水影响较小为前提,考虑到规划年城市道路喷洒用水可使用再生水,用水水量为 143.7 万 m^3,剩余 411.3 万 m^3 再生水用于企业的规划用水中,以此替代企业新鲜水用水。因此,在考虑再生水用水量后,规划年工业用水需新鲜水量为 2 824.9 万 m^3。

2.4 生活用水合理性分析

2.4.1 现状生活用水水平分析

根据《东营区统计年鉴》,查得东营市中心城及东营经济开发区近几年城市人口,计算近几年城市生活用水定额。其中 2012~2018 年城市生活平均用水定额为 137.4 L/(人·d),2018 年为 130.4 L/(人·d)。根据《山东省节水型社会建设技术指标》,节水型社会人均用水定额为 120 L/(人·d),用水户生活用水水平略微高于节水型社会的要求。

2.4.2 生活用水量预测

南郊水厂扩建工程于 2012 年正式投产,水厂运行至今,现状年生活用水量采用现状实际值,即 1 195.1 万 m^3。根据《东营市统计年鉴》,供水范围内近几年人口平均增长率为 5.33%,本次论证规划年人口增长率按近几年实际增长率的平均值考虑,则预测规划年(2022 年)供水范围内人口 30.9 万。

根据《山东省节水型社会建设技术指标》确定规划年生活用水定额按 110 L/(人·d),经计算,规划年供水范围内生活需水量 1 240.4 万 m^3。

2.4.3 生活用水量核定

本次论证采用定额法预测出至规划年 2022 年南郊水厂供水范围内生活用水量为 1 240.4 万 m^3,考虑到本次论证采用的是《山东省节水型社会建设技术指标》中的节水指标预测出的水量,且结合了近几年水厂供水范围内的生活用水增长趋势,因此生活用水采用本次论证的成果。

2.5 其他用水合理性分析

2.5.1 其他用水现状用水水平分析

供水范围内城区绿化及交通道路基本定型,根据现状调研统计数据,绿化及道路面积

2012~2018 年变化不大,绿化年用水天数平均为 185 d,道路喷洒年用水天数平均为 170 d,经计算,2012~2018 年绿化用水定额平均为 5.1 L/(m^2·d),其中 2018 年为 5.5 L/(m^2·d);道路喷洒用水定额平均为 5.6 L/(m^2·d),其中 2018 年为 6.0 L/(m^2·d)。根据《室外给水设计标准》(GB 50013—2018):浇洒绿地用水可按浇洒面积以 1.0~3.0 L/(m^2·d)计算,浇洒道路用水可按浇洒道路面积以 2.0~3.0 L/(m^2·d)计算,现状水厂供水范围内城市绿化和道路浇洒用水定额相比规范要求来说偏高。

2.5.2　其他用水量预测

供水范围内建城区城区绿化及交通道路基本定型,规划年面积不变。其中绿化年用水天数结合现状确定按 185 d,道路喷洒年用水天数结合现状确定按 170 d,根据《室外给水设计规范》,确定城市绿化及喷洒道路用水定额取 3.0 L/(m^2·d),经计算,规划年供水范围内绿化需水量 284.6 万 m^3,道路喷洒需水量 143.7 万 m^3。

2.5.3　其他用水量核定

考虑到本次论证是采用的《室外给水设计规范》中的规划标准指标预测出的水量,且结合了近几年水厂供水范围内的城市绿化、喷洒道路用水增长趋势,因此城市绿化、喷洒道路用水采用本次论证的成果。

对于规划年可供出的再生水量为 555.0 万 m^3,城市道路喷洒用水可使用再生水 143.7 万 m^3,城市绿化仍使用新鲜水,则考虑再生水用水量后,规划年城市绿化、喷洒道路用水所需新鲜水量分别为 284.6 万 m^3、0。

由于特种用水具有一定的不可预测性,规划年特种用水采用现状年实际数值,即 5.9 万 m^3。

2.6　各环节输水沿途损失分析

2.6.1　管网漏失率分析

南郊水厂扩建工程于 2012 年正式投产,水厂运行至今,引、取、供、用水量均为已发生水量,因此现状年管网漏失量采用现状实际值,即 456.9 万 m^3,管网漏失率为 10.5%。

规划年水厂管理单位进行管网维修改造,降低管网漏失率,根据《山东省节水型社会建设技术指标》确定规划年管网漏失率按 8.0%,经计算规划年管网漏失量为 378.8 万 m^3。

2.6.2　水厂产水损失分析

根据 2012~2018 年水厂进厂、出厂水量统计数据,从水厂扩建后近几年运行情况来看,水厂产水损失(水厂自用水率)平均为 5.9%,2018 年为 3.2%。根据《关于印发〈山东省饮用水生产企业产水率标准(暂行)的通知〉》(鲁水经信协字〔2011〕258 号),以地表水为水源、水质类型为Ⅲ类、日产水量 5 万 t 以上的自来水生产企业产水率标准大于或等于 92%,本项目产水率高于企业标准。

本次论证核定后水厂产水损失率现状及规划均按现状年实际数值,即 3.2%,经计算,现状年及规划年水厂产水损失量分别为 142.6 万 m^3、156.5 万 m^3。

2.6.3　水库至水厂输水损失分析

南郊水厂取水自南郊水库、永镇水库。南郊水厂建于南郊水库旁,水库至水厂的输水损失可忽略不计;永镇水库至南郊水厂采用地下管道进行输水,输水距离 25 km,水库至水厂的管道输水损失平均为8%,符合《山东省节水型社会建设技术指标》中8%的要求。本次论证,水库至水厂输水损失率按现状值,经计算现状年及规划年水库至水厂的输水损失量为128万m^3。

2.6.4 水库蒸发、渗漏损失分析

水厂现状通过南郊水库和永镇水库供水,从2012~2018年南郊水库和永镇水库供水数据来看,水厂建设初期南郊水库供水量居多,近2年曹店引黄闸及曹店干渠受黄水东调工程建设影响,水厂主要以永镇水库供水为主。本次论证考虑到永镇水库库容远大于南郊水库库容,南郊水库引黄口引水可能与广南水库、曹店灌区引水冲突等因素,确定优先利用永镇水库向水厂供水,不足部分由南郊水厂供水。

现状年及规划年南郊水库蒸发和渗漏损失水量之和分别为98万m^3、95万m^3。现状年及规划年永镇水库蒸发、渗漏损失水量之和均为145万m^3。

2.6.5 引黄闸至水库输水损失分析

经与东营市水务局灌溉处对接,近3年暂无对渠道进行大规模的配套工程建设规划,因此本次论证核定现状年及规划年曹店干渠、十八户干渠输水损失均按现状年实际值,即曹店干渠输水损失11%,十八户干渠输水损失13%。经计算,曹店干渠输水量现状年及规划年分别为387.9万m^3、434.3万m^3;十八户干渠输水量现状年及规划年均为260.7万m^3。

2.7 项目合理取水量核定

2.7.1 合理取水量核定

1. 现状年合理取水量

根据前述分析论证,核定后本次论证现状南郊水厂供水范围内用水户实际用水量3 912.0万m^3,计入水厂至用水户的管网输水损失456.9万m^3后,水厂出厂水量4 368.9万m^3;计入水厂产水损失142.6万m^3后,水厂入厂水量4 511.5万m^3;计入水库至水厂管道输水损失128.0万m^3后,水库出库水量4 639.5万m^3;计入水库蒸发、渗漏损失243.0万m^3后,水库入库水量4 882.0万m^3;计入引黄取水口至水库的渠道输水损失648.6万m^3后,从引黄口门引黄水量5 530.6万m^3。

本次论证的现状年用水户水量平衡见表5。

表5 现状年用水户水量平衡 单位:万m^3/a

用水项目	新鲜水用水量V_1	耗水量V_2	退水量V_3	水量平衡 $V_1-(V_2+V_3)$
生活	1 195.1	239.0	956.1	0
工业	1 906.7	572.0	1 334.7	0
绿化	519.1	519.1	0	0
道路喷洒	285.2	285.2	0	0
特种	5.9	5.9	0	0
合计	3 912.0	1 621.2	2 290.8	0

2. 规划年合理取水量

本次论证核定后，规划年 2022 年南郊水厂供水范围内用水户用水量 4 355.8 万 m^3；计入水厂至用水户的管网输水损失 378.8 万 m^3 后，水厂出厂水量 4 734.6 万 m^3；计入水厂产水损失 156.5 万 m^3 后，水厂入厂水量 4 891.1 万 m^3；计入水库至水厂管道输水损失 128.0 万 m^3 后，水库出库水量 5 019.1 万 m^3；计入水库蒸发、渗漏损失 239.9 万 m^3 后，水库入库水量 5 259.0 万 m^3；计入引黄取水口至水库的渠道输水损失 695.0 万 m^3 后，从引黄口门引黄水量 5 954.0 万 m^3。

本次论证的规划年用水户水量平衡见表 6。

表 6　用水户水量平衡

单位：万 m^3/a

用水项目	新鲜水用水量 V_1	耗水量 V_2	退水量 V_3	水量平衡 $V_1-(V_2+V_3)$
生活	1 240.4	248.1	992.3	0
工业	2 824.9	847.5	1 977.4	0
绿化	284.6	284.6	0	0
特种	5.9	5.9	0	0
合计	4 355.8	1 386.1	2 969.7	0

2.7.2　项目取水与最严格水资源管理制度符合性分析

1. 用水总量控制指标符合性分析

从区域上来说，现状年水厂实际引黄水量在 7.28 亿 m^3 的总量控制指标范围内，全市总引黄水量能够满足区域用水的要求。规划年充分考虑节水要求，并充分考虑再生水利用量后，规划年较现状年引黄水量增加 423.4 万 m^3，规划年需引黄水量也在全市 7.28 亿 m^3 的引黄总量指标范围内。

从引黄口门许可指标来说，根据水利部黄河水利委员会取水许可证，曹店引黄闸许可指标 7 730 万 m^3，其中曹店灌区农业 3 000 万 m^3，南郊水库 2 500 万 m^3（生活 800 万 m^3，工业 1 700 万 m^3），调配至垦东扬水站农业指标 700 万 m^3，由东营市统一调配未分配用水户的指标 1 530 万 m^3（生活 1 230 万 m^3，生态 300 万 m^3）。本项目规划年自曹店引黄闸引黄水量 3 948.3 万 m^3，拟在曹店引黄闸许可南郊水库 2 500 万 m^3 指标的基础上，将剩余未分配的 1 530 万 m^3（生活 1 230 万 m^3，生态 300 万 m^3）指标分配 1 448.3 万 m^3（生活 1 230 万 m^3，生态 218.3 万 m^3）到南郊水库，则分配后南郊水库自曹店引黄闸引黄指标为 3 948.3 万 m^3，能够满足南郊水厂现状及规划年自曹店闸引黄水量 3 524.9 万 m^3、3 948.3 万 m^3 的要求，不超过曹店引黄闸总许可指标且不占用该口门其他用水户的许可指标。

根据水利部黄河水利委员会取水许可证，胜利引黄闸许可指标 8 400 万 m^3，其中胜利灌区农业 3 310 万 m^3，辛安水库生活和工业 2 111.2 万 m^3，广北水库生活和工业 900 万 m^3，由东营市统一调配未分配用水户的生活和工业指标 2 078.8 万 m^3。本项目规划年自十八户引黄闸引黄水量 2 005.7 万 m^3，拟将胜利引黄闸剩余未分配的生活和工业指标 2 078.8 万 m^3 调配 2 005.7 万 m^3 至十八户引黄闸分配给永镇水库，能够满足南郊水厂现状年及规划年自十八户闸引黄水量 2 005.7 万 m^3 的要求,调配水量不超过胜利引黄闸总许可指标且不占用该口门其他用水户的许可指标。

2. 用水效率控制指标符合性分析

本次论证核定后,现状年及规划年万元工业增加值取水量分别为 10.9 m^3、9.0 m^3;根据《东营市水资源公报》(2010 年),东营市 2010 年万元工业增加值取水量为 53.0 m^3。本次论证的现状年及规划年万元工业增加值取水量比 2010 年下降分别为 79.4%、83.0%,符合《东营市 2018 年用水效率控制指标》中万元工业增加值比 2010 年下降率 27.7%的要求。

3. 对地表水功能区限制纳污总量达标性分析

东营市省重点考核水功能区有 5 个一级水功能区和 4 个二级水功能区,重点水功能区水质达标率要求为 60%,现状水功能区限制纳污总量达标率为 80%。本项目以黄河水为水源,不从当地河道直接取水,不涉及水功能区,对水功能区限制纳污总量达标性基本无影响。

3 取水水源论证

3.1 水源论证方案

曹店、十八户引黄闸附近最近的水文站为利津水文站。黄河来水量以利津水文站的水文资料进行分析。分析黄河来水量在满足利津水文站上游用水的同时,可保证本项目供水的可靠性和可行性。按照《导则》的要求,确定水源论证方案如下:

(1)根据黄河利津站的水文资料,分析黄河来水水源条件及可引黄水量和可引黄水天数。

(2)曹店引黄闸为黄河利津水文站上游第 2 个引黄闸,区间有胜利引黄闸,将黄河利津水文站资料加上区间胜利闸和曹店引黄闸现状实际引黄水量,还原曹店引黄口门可引黄水量。

(3)十八户引黄闸与黄河利津水文站区间有路庄引黄闸、王庄引黄闸、一号扬水东站、双河引黄闸,将黄河利津水文站资料减去区间引黄闸现状实际引黄水量,还原十八户引黄闸可引黄水量。

(4)调查引黄取水口、水库、输水渠道等供水工程的基本情况,分析论证保证率 95%特枯年份水库的可供水量以及供水的可靠性和可行性。

(5)对水库的水质进行评价。

(6)分析取水口位置的合理性。

3.2 引黄供水工程基本情况

3.2.1 曹店引黄闸和曹店干渠

曹店引黄闸位于东营区龙居乡曹店村附近,黄河右堤桩号 200+770 处,设计引水流量 30 m^3/s,加大引水流量 80 m^3/s。闸前设计水位 10.24 m,闸后设计水位 9.89 m,闸底板高程 7.89 m,闸门现状引水流量 50 m^3/s,2017 年随着黄水东调工程的建设,曹店引黄闸建设闸前泵站,泵站设计流量 35 m^3/s。

曹店干渠又名五干渠,1958 年由山东省打渔张引黄灌溉工程指挥部修建,同年秋季开始运行。1984~1987 年,东营市和胜利油田对曹店干渠进行一次规模较大的扩建延长治理,干渠上接引黄闸,下延至广南水库,长度达到 49.52 km。干渠渠首段设计流量 50

m^3/s,中间段设计流量35 m^3/s,末尾段设计流量30 m^3/s,运行状况良好。

3.2.2　南郊水库

南郊水库位于东营市东城南二路以南200 m,东营市南郊畜牧场场部以东600 m。其兴建主要用于解决东营市东城城区机关、企事业单位及市政、居民生活用水问题。水库设计库容640万 m^3,死库容62万 m^3,坝轴线全长4 776 m,形状近似为长方形,有效水深4.8 m,坝高8.7 m(黄海高程11.2 m)。

3.2.3　十八户引黄闸和十八户干渠

十八户引黄闸位于垦利县黄河右岸,建于2000年,共2孔,每孔净宽3 m,设计流量30 m^3/s。

十八户干渠渠首设计流量30 m^3/s,全长7.8 km,运行状况良好。

3.2.4　永镇水库

永镇水库为中型平原水库,位于垦利区城东20 km。于1998年建成,设计库容3 000万 m^3,2001年进行扩建增容,扩建增容后库容3 972万 m^3,有效库容3 572万 m^3,死库容240万 m^3。库区面积9.2 km^2,坝顶高程10.4 m,防浪墙顶高程11.6 m,设计蓄水位9.12 m,坝顶宽8.0 m,坝体内外边坡均为1∶3,进库泵站设计流量12 m^3/s。

3.3　可引黄水量分析

3.3.1　资料系列的选择

1.系列一致性分析

考虑各引水条件,选定1980~2018年实测资料,分析现状条件下利津站可引黄水量。根据黄河水利委员会统计资料,黄河流域平均年引用水量20世纪50年代为130.5亿 m^3,60年代为184.3亿 m^3,70年代为252.0亿 m^3,80年代为314.7亿 m^3,90年代为300.1亿 m^3,小浪底水库建成运用和统一调度后,2000~2018年平均年引用水量为273.1亿 m^3。80年代以后流域引用水基本稳定,可作为现状来水条件分析。

2.系列代表性分析

由于受黄河流域引黄工程、大中型水库调节以及土地利用变化等因素影响,中华人民共和国成立后近60年间,黄河径流发生了很大变化。利津站1950~2018年平均年来水量为304.6亿 m^3,1950~1979年平均年来水量为430.3亿 m^3,1980~2018年平均年来水量为193.7亿 m^3,1980年以后由于上游引用水量增加,来水量明显减少。利津站1950~2018年和1980~2018年两个系列的统计参数见表7。

表7　利津水文站不同保证率来水量　　单位:亿 m^3

系列	统计参数			不同保证率来水量			
	均值	C_v	C_s/C_v	50%	75%	95%	97%
1950~2018年	304.6	0.68	2	261.2	153.2	59.8	46.0
1980~2018年	189.7	0.68	2	161.5	94.9	37.0	28.5

由表7可以看出,就均值而言,1980~2018年系列比1950~2018年偏少114.9 m^3,偏少36.4%。为保证引黄供水,采用1980~2018年来水量分析计算偏于安全,比较合理。

3.3.2 利津站可引水天数和可引黄水量分析

根据可引水条件,对黄河利津站 1980 年 7 月至 2018 年 6 月水文年系列实测流量、含沙量、冰情及调水调沙资料,逐日、逐月、逐年进行统计分析,得利津站历年逐月可引水天数和可引黄水量。

采用 P-Ⅲ型频率曲线,取 $C_s/C_v=2.0$,对现状条件下的利津站可引黄水量系列进行频率适线。对历年可引水天数进行从大到小排序,计算历年可引水天数经验频率,点绘各可引水天数经验频率点据,利用"多项式"对经验频率点据进行拟合,得出利津站不同保证率可引黄水量、不同保证率下的可引水天数,见表 8。

表 8　利津站可引水天数和引黄水量分析成果

项目	统计参数			不同保证率可引黄水量、可引水天数		
	均值	C_v	C_s	50%	75%	95%
可引黄水量/万 m^3	1 337 596	0.66	2.0	990 166	499 714	139 489
可引水天数/d	286			302	240	125

3.3.3 95%保证率典型年可引黄水量月分配

经分析,利津站 95%保证率的可引黄水量为 139 489 万 m^3,可引水天数为 125 d。按照可引黄水量最接近原则,本次论证选取 2001 年 7 月至 2002 年 6 月水文年作为 95%保证率典型年。采用同倍比放大法,求得 95%保证率典型年逐月可引黄水量、可引水天数。

利津站 95%保证率典型年逐月可引黄水量、可引水天数见表 9。

表 9　利津站 95%保证率典型年逐月可引黄水量、可引水天数

时间	2001~2002 年		95%典型年	
	可引水天数/d	可引黄水量/万 m^3	可引水天数/d	可引黄水量/万 m^3
7 月	29	21 113	13	22 408
8 月	29	42 893	13	45 468
9 月	23	4 364	11	4 632
10 月	24	10 990	11	11 664
11 月	30	24 236	14	25 723
12 月	13	3 918	6	4 159
1 月	28	10 245	13	10 874
2 月	12	597	6	634
3 月	6	699	3	742
4 月	26	2 339	12	2 482
5 月	29	4 276	13	4 538
6 月	22	5 809	10	6 165
全年	271	131 425	125	139 489

3.3.4　引黄取水口可引黄水量分析

1. 曹店引黄闸可引黄水量

曹店引黄闸为黄河利津水文站上游第2个引黄取水口，区间有胜利引黄闸，主要负责东营区生活、工业、农业供水。由于黄河利津水文站实测资料中不包含胜利闸和曹店闸的实际引黄水量，因此在计算曹店闸可引黄水量时，需要在利津水文站可引黄水量中加入胜利闸和曹店闸现状实际引黄水量。

曹店引黄闸的可引黄水量还原计算公式为

$$W_{还原} = W_{实测} + W_{现状}$$

式中：$W_{还原}$为引黄闸还原后可引黄水量；$W_{实测}$为根据利津站实测资料推算的可引水量；$W_{现状}$为胜利闸、曹店闸现状实际引黄水量。

根据上式计算，曹店闸95%保证率典型年逐月可引黄水量、可引水天数见表10。

表10　曹店闸95%保证率典型年逐月可引黄水量、可引水天数

时间	利津站95%典型年		曹店引黄闸95%典型年	
	可引水天数/d	可引黄水量/万 m^3	可引水天数/d	可引黄水量/万 m^3
7月	13	22 408	14	24 394
8月	13	45 468	14	49 497
9月	11	4 632	12	5 043
10月	11	11 664	12	12 698
11月	14	25 723	15	28 003
12月	6	4 159	7	4 528
1月	13	10 874	14	11 838
2月	6	634	7	690
3月	3	742	3	808
4月	12	2 482	13	2 702
5月	13	4 538	14	4 940
6月	10	6 165	11	6 711
全年	125	139 489	136	151 853

2. 十八户引黄闸可引黄水量

十八户引黄闸与黄河利津水文站区间有路庄引黄闸、王庄引黄闸、一号扬水东站、双河引黄闸，主要负责东营区、垦利区、利津县生活、工业、农业供水。在计算十八户闸可引黄水量时，需要在利津水文站可引黄水量中减去路庄闸、王庄闸、一号扬水东站和双河闸现状实际引黄水量。

十八户引黄闸的可引黄水量还原计算公式为

$$W_{还原} = W_{实测} - W_{现状}$$

式中：$W_{还原}$为引黄闸还原后可引黄水量；$W_{实测}$为根据利津站实测资料推算的可引水量；$W_{现状}$为路庄闸、王庄闸、一号扬水东站、双河闸现状实际引黄水量。

根据上式计算，十八户闸95%保证率典型年逐月可引黄水量、可引水天数见表11。

表11 十八户闸95%保证率典型年逐月可引黄水量、可引水天数

时间	利津站95%典型年		十八户引黄闸95%典型年	
	可引水天数/d	可引黄水量/万 m^3	可引水天数/d	可引黄水量/万 m^3
7月	13	22 408	10	16 419
8月	13	45 468	10	33 314
9月	11	4 632	8	3 394
10月	11	11 664	8	8 546
11月	14	25 723	10	18 848
12月	6	4 159	4	3 047
1月	13	10 874	10	7 968
2月	6	634	4	465
3月	3	742	2	544
4月	12	2 482	9	1 819
5月	13	4 538	10	3 325
6月	10	6 165	7	4 517
全年	125	139 489	92	102 206

3.3.5 可引黄水天数和可引黄水量分析

1. 曹店引黄闸引黄水量分析

1) 曹店灌区农业需水量

根据《东营市水利普查》，曹店灌区设计灌溉面积30万亩，现状有效灌溉面积13.2万亩，根据《曹店灌区续建配套与节水改造工程可行性研究报告》(2018年)，曹店灌区农业灌溉供水保证率为50%，曹店灌区农作物复种指数为1.35，其中小麦35%、棉花4.5%、玉米64.5%、经济作物31.0%。

曹店灌区农业灌溉水有效利用系数为0.638 9，根据曹店灌区农作物灌溉制度，经计算,曹店灌区农业灌溉天数为 71 d,灌溉毛需水量为 2 944 万 m^3,见表 12。

表 12　曹店灌区农业灌溉天数和灌溉水量

时间	灌溉天数/d	灌溉需水量/万 m^3	引水流量/(m^3/s)
7 月	0	0	0
8 月	5	533	12
9 月	13	648	6
10 月			0
11 月			0
12 月			0
1 月	0	0	0
2 月	0	0	0
3 月	9	308	4
4 月	13	337	3
5 月	10	334	4
6 月	21	784	4
合计	71	2 944	

2)广南水库引黄充库水量

根据《山东省黄水东调应急工程初步设计报告》(山东省水利勘测设计院,2016 年),黄水东调应急工程利用东营市曹店、麻湾 2 座引黄闸引取黄河水,通过曹店干渠、麻湾总干渠及四干渠进行改建后输水至沉沙池,经沉沙提水入增容后的广南水库进行调蓄,向潍坊南部、青岛、烟台、威海供水,统筹解决近期青岛、烟台、潍坊、威海四市的供水危机,设计供水保证率为 75%,目前该工程已基本建设完成。该报告指出:曹店、麻湾末端渠道规模 50 m^3/s(曹店 30 m^3/s、麻湾 20 m^3/s),规划年考虑耿井水库、南郊水库城市供水充库规模 12 m^3/s(耿井水库已取消城市供水水源地功能,作为景观湖),入广南水库沉沙池流量为 38 m^3/s(曹店 18 m^3/s、麻湾 20 m^3/s);规划 2030 年入广南水库沉沙池流量为 50 m^3/s(曹店 30 m^3/s、麻湾 20 m^3/s),规划年向东营市供水规模为 20 万 t/d,年供水量 7 300 万 m^3。

本次水资源论证规划水平年为 2022 年,则广南水库沉沙池流量为 38 m^3/s,其中曹店干渠引水 18 m^3/s,麻湾四干渠引水 20 m^3/s。广南水库引水天数和引黄水量见表 13。

表 13 广南水库引水天数和引黄水量

时间	引水天数/d	引水流量/(m^3/s)	引黄水量/万 m^3
7月	0	0	0
8月	0	0	0
9月	22	18	3 421
10月	22	18	3 421
11月	19.2	18	2 986
12月	10	18	1 555
1月	10	18	1 555
2月	0	0	0
3月	3	18	467
4月	7	18	1 089
5月	14	18	2 177
6月	0.45	18	70
合计	107.65		16 741

3)本项目可引水天数和可引水量

根据《曹店灌区续建配套与节水改造工程可行性研究报告》(2018 年),曹店灌区农业灌溉供水保证率为 50%,根据《山东省黄水东调应急工程初步设计报告》(山东省水利勘测设计院,2016 年),广南水库设计供水保证率为 75%,本项目设计供水保证率为 95%。本次论证考虑到曹店引黄闸控制区域内用水户供水保证率不同,且曹店灌区、广南水库、南郊水库当黄河来水充足时,可同时引水,单从引水天数扣除区间用水户天数可能存在误差,因此本次从各用水户引水流量来分析本项目可引水量。经分析,曹店干渠输水流量为 30 m^3/s,扣除区间农业灌溉引水流量和广南水库引水流量后,本项目可引水流量为 6~30 m^3/s,可引水天数为 136 d,可引水水量为 16 135 万 m^3,见表 14。

2. 十八户引黄闸引黄水量分析

十八户引黄闸除向本项目永镇水库供水外,还向十八户灌区供水。

1)十八户灌区农业需水量

根据《东营市水利普查》,十八户灌区设计灌溉面积 3.0 万亩,现状有效灌溉面积 2.6 万亩,根据《垦利区十八户灌区土地综合整治项目》(2018 年),十八户灌区农业灌溉供水保证率为 50%,十八户灌区农作物复种指数为 1.40,其中小麦 40%、棉花 60%、玉米 40%。

十八户灌区农业灌溉水有效利用系数为 0.623 9,根据十八户灌区农作物灌溉制度,经计算,十八户灌区农业灌溉天数为 65 d,灌溉毛需水量为 711 万 m^3,见表 15。

表 14　本项目可引水天数和可引水量

时间	曹店干渠输水流量/(m^3/s)	农业灌溉引水流量/(m^3/s)	广南水库引水流量/(m^3/s)	本项目可引水流量/(m^3/s)	本项目可引水天数/d	本项目可引水量/万 m^3
7 月	30	0	0	30	14	3 630
8 月	30	12	0	18	14	2 136
9 月	30	6	18	6	12	646
10 月	30	0	18	12	12	1 244
11 月	30	0	18	12	15	1 555
12 月	30	0	18	12	7	726
1 月	30	0	18	12	14	1 452
2 月	30	0	0	30	7	1 814
3 月	30	4	18	8	3	208
4 月	30	3	18	9	13	1 011
5 月	30	4	18	8	14	984
6 月	30	4	18	8	11	729
合计					136	16 135

表 15　十八户灌区农业灌水天数和灌溉水量

时间	灌溉天数/d	灌溉需水量/万 m^3	引水流量/(m^3/s)
7 月	0	0	0
8 月	5	65	2
9 月	13	160	1
10 月			0
11 月			0
12 月			0
1 月	0	0	0
2 月	0	0	0
3 月	9	114	1
4 月	13	103	1
5 月	10	131	2
6 月	15	138	1
合计	65	711	

2)本项目可引水天数和可引水量

根据《垦利区十八户灌区土地综合整治项目》(2018 年),十八户灌区农业灌溉供水保证率为 50%,本项目设计供水保证率为 95%。本次论证考虑到十八户引黄闸控制区域内用水户供水保证率不同,且十八户灌区、永镇水库当黄河来水充足时,可同时引水,单从引水天数扣除区间用水户天数可能存在误差,因此本次从各用水户引水流量来分析本项目可引水量。经分析,十八户干渠输水流量为 30 m^3/s,扣除区间农业灌溉引水流量后,本项目可引水流量为 28~30 m^3/s,可引水天数为 92 d,可引黄水量为 23 326 万 m^3,见表 16。

表 16　本项目可引水天数和可引水量

时间	十八户干渠输水流量/(m^3/s)	农业灌溉引水流量/(m^3/s)	本项目可引水流量/(m^3/s)	本项目可引水天数/d	本项目可引水量/万 m^3
7 月	30	0	30	10	2 591
8 月	30	2	28	10	2 462
9 月	30	1	29	8	1 975
10 月	30	0	30	8	2 074
11 月	30	0	30	10	2 592
12 月	30	0	30	4	1 037
1 月	30	0	30	10	2 592
2 月	30	0	30	4	1 037
3 月	30	1	29	2	493
4 月	30	1	29	9	2 262
5 月	30	2	28	10	2 461
6 月	30	1	29	7	1 750
合计				92	23 326

3. 水库可引黄水量分析

1)南郊水库

南郊水库从曹店引黄闸引水,经曹店干渠输水。因此,需要计算曹店干渠和南郊水库可引进的黄河水量。

可引黄水量取决于引黄闸、干渠输水流量和入库流量,引黄闸可引黄水量取决于黄河取水口河段与引黄闸可引黄水量,两者取其最小值。水库可引黄水量取决于渠道输水流量和入库流量，两者取其最小值。引蓄水工程设计指标情况见表 17。根据本项目自曹店干渠的可引水天数、可引水流量和可引黄水量，分析南郊水库自曹店干渠可引黄水天数和可引黄水量，见表 18。

表 17　引蓄水工程设计指标　单位：m^3/s

引黄流量		引水流量		提水流量	
名称	设计流量	名称	设计流量	名称	设计流量
曹店引黄泵站	35	曹店干渠	30	南郊水库	8

表 18　95%保证率南郊水库自曹店干渠可引黄水量

时间	本项目可引水天数/d	曹店干渠可引水流量/(m^3/s)	南郊水库入库流量/(m^3/s)	南郊水库可引水流量/(m^3/s)	南郊水库可引水量/万 m^3
7 月	14	30	8	8	968
8 月	14	18	8	8	968
9 月	12	6	8	6	646
10 月	12	12	8	8	829
11 月	15	12	8	8	1 036
12 月	7	12	8	8	484
1 月	14	12	8	8	968
2 月	7	30	8	8	484
3 月	3	8	8	8	207
4 月	13	9	8	8	899
5 月	14	8	8	8	968
6 月	11	8	8	8	729
合计	136				9 186

2）永镇水库

永镇水库从十八户引黄闸引水，经十八户干渠输水，因此需要计算十八户干渠和永镇水库可引进的黄河水量。

可引黄水量取决于引黄闸、干渠输水流量和入库流量，引黄闸可引黄水量取决于黄河取水口河段与引黄闸可引黄水量，两者取其最小值。水库可引黄水量取决于渠道输水流量和入库流量,两者取其最小值。引蓄水工程设计指标见表19。

表19　引蓄水工程设计指标　　单位:m^3/s

引黄流量		引水流量		提水流量	
名称	设计流量	名称	设计流量	名称	设计流量
十八户引黄闸	30	十八户干渠	30	永镇水库	12

根据十八户引黄闸95%保证率可引水天数和可引黄水量,分析永镇水库自十八户干渠可引水天数和可引黄水量,见表20。

表20　95%保证率永镇水库自十八户干渠可引黄水量

时间	本项目可引水天数/d	十八户干渠可引水流量/(m^3/s)	永镇水库入库流量/(m^3/s)	永镇水库可引水流量/(m^3/s)	永镇水库可引水量/万m^3
7月	10	30	12	12	1 037
8月	10	28	12	12	1 037
9月	8	29	12	12	829
10月	8	30	12	12	829
11月	10	30	12	12	1 037
12月	4	30	12	12	415
1月	10	30	12	12	1 037
2月	4	30	12	12	415
3月	2	29	12	12	207
4月	9	29	12	12	933
5月	10	28	12	12	1 037
6月	7	29	12	12	726
合计	92				9 539

3.4　水库调节计算

3.4.1　调节计算原理与方法

1.调节计算原理

水库水量平衡方程:

$$W_{入} + W_{雨} - W_{蒸渗} - W_{用水} = \Delta V$$

式中：$W_{入}$ 为引黄入库水量，万 m^3；$W_{雨}$ 为库区降水补给量，万 m^3；由各月降水量乘以水库库面面积求得，万 m^3；$W_{蒸渗}$ 为库区蒸发渗漏损失量，万 m^3；$W_{用水}$ 为用户用水量，万 m^3；ΔV 为水库蓄水变量，万 m^3。

2. 调节计算方法

采用典型年法完全年调节计算，调算时段为月，调算时以供定蓄，水库蓄满为止，不发生弃水。从年末最低允许蓄水量开始逆时序逐月推算，根据水库可引黄水量和需水量，以供定蓄，推求水库逐月最低控制库容。如果逐月最低控制库容的最高值不大于水库最大允许库容，则说明水库可引黄水量能满足用水户的需求；反之则不能满足用水户的需求。

3.4.2　用水户取水量

1. 本项目用水户用水量

通过分析，现状年水厂控制范围内用水户用水量为 3 912.0 万 m^3，水厂进厂水量为 4 511.5 万 m^3，其中南郊水库供水量 3 039.5 万 m^3，南郊水厂建在南郊水库旁，水库至水厂的输水损失可忽略不计，则需南郊水库出库水量为 3 039.5 万 m^3；永镇水库供水量 1 472 万 m^3，考虑水库至水厂的输水损失后，永镇水库出库水量为 1 600 万 m^3。

规划年水厂控制范围内用水户用水量为 4 355.8 万 m^3，水厂进厂水量为 4 891.1 万 m^3，其中南郊水库供水量 3 419.1 万 m^3，南郊水厂建在南郊水库旁，水库至水厂的输水损失可忽略不计，则需南郊水库出库水量为 3 419.1 万 m^3；永镇水库供水量与现状保持一致为 1 472 万 m^3，考虑水库至水厂的输水损失后，永镇水库出库水量为 1 600 万 m^3。

2. 其他用水户用水量

永镇水库除向本项目供水外，还向垦利区永镇水厂和东营财金水厂供水。

1）永镇水厂用水量

永镇水厂设计供水能力 6 万 m^3/d，供水覆盖范围是垦利城区、西宋乡、永安镇、黄河口镇、红光办事处、畜牧良种场和黄河农场等 155 个自然村，共计 10.2 万，根据现状调研统计，供水范围内生活用水、牲畜用水、城市公共用水、水厂产水损失及管网漏失水合计用水量 1 550 万 m^3。

2）东营财金水厂用水量

东营财金水厂设计供水能力 15 万 m^3/d，主要向东营经济开发区和东城生活、工业供水，根据现状调研统计，供水范围内生活用水、工业用水、城市公共用水、水厂产水损失及管网漏失水合计用水量 2 700 万 m^3。

3.4.3　水库水面降水量与蒸发渗漏损失水量

1. 水库水面降水量与水面蒸发损失量

水库水面降水量与水库水面蒸发损失量，根据《胜利油田平原水库资料汇编》中附表中的数据，查得东营市的多年平均年降水量为 556.2 mm，水面蒸发量 1 126.0 mm。月分配过程见表 21。

表21 东营市多年平均降水量、蒸发量统计 单位:mm

时间	7月	8月	9月	10月	11月	12月	1月	2月	3月	4月	5月	6月	全年
降水	177.8	118.6	57.2	27.8	18.0	7.8	4.8	5.1	9.6	28.9	31.5	69.1	556.2
蒸发	145.2	114.6	116.2	96.5	43.9	33.1	26.9	37.9	90.1	123.2	177.8	120.6	1 126.0

南郊水库、永镇水库降水增加水量与水面蒸发损失量等于各月水库降水量和水面蒸发量乘以相应水库水面面积。

2. 水库渗漏损失量

南郊水库、永镇水库渗漏损失量包括水库坝体及坝基渗漏损失水量之和,根据各水库多年运行经验,水库渗漏损失量按月末蓄水量的1%计算。

3.4.4 水库控制条件

根据水库实际运行情况,考虑水库水质情况以及安全运行水位的限制,南郊水库调算的起调库容为62万 m^3,水库调算的最大允许库容为650万 m^3。永镇水库调算的起调库容为400万 m^3,水库调算的最大允许库容为3 972万 m^3。

3.4.5 水库调节计算

根据充库过程及水库用水量和蒸渗损失水量,按完全年调节的方法,进行水量平衡计算,求得水库现状年和规划年的入库水量。

根据调节计算成果,南郊水库在95%保证率来水条件下,满足南郊水厂用水户用水和水库蒸发、渗漏损失水量后,现状年引黄入库水量为3 137万 m^3,所需水库库容为634.4万 m^3,水库能够满足用水户用水需求。水库调节计算成果见表22;规划年引黄入库水量为3 514万 m^3,所需水库库容为633.4万 m^3,水库能够满足用水户用水需求。水库调节计算成果见表22、表23。

永镇水库在95%保证率来水条件下,满足永镇水厂、东营财金水厂、本项目用水户用水和水库蒸发、渗漏损失水量后,现状年及规划年引黄入库水量为6 380万 m^3,所需水库库容为2 627.2万 m^3,水库能够满足用水户用水需求,其中本项目需引黄入库水量为1 745.0万 m^3,水库调节计算成果见表24。

3.4.6 需引黄水量

曹店干渠目前已全线实现衬砌,根据曹店引黄闸多年平均引水量资料和南郊水库多年平均入库资料,确定南郊水库引黄干渠输水利用系数为0.89。根据调节计算成果,南郊水库在95%保证率来水条件下,满足南郊水厂用水户用水和水库蒸发、渗漏损失水量后,现状年引黄入库水量为3 137.0万 m^3,需从曹店引黄闸引黄水量为3 524.9万 m^3;规划年年引黄入库水量为3 514.0万 m^3,需从曹店引黄闸引黄水量为3 948.3万 m^3。

表 22　南郊水库现状年调节计算成果

单位：流量，m^3/s；水量，万 m^3/a；天数，d

时间	95%保证率可引水天数	95%保证率可引水流量	95%保证率水库可引水量	水库来水量					用水量				月末蓄水量
				引水天数	引水流量	入库水量	库面降水量	总来水量	用水户用水	蒸发量	渗漏量	总用水量	
6													62
7	14	8	968	12	8	829	4	833	258.1	2.4	0.6	261.1	634.4
8	14	8	968	6	5	259	10.4	269.4	258.1	9.3	6.3	273.7	630.2
9	12	6	646	6	5	259	5	264	249.8	9.4	6.3	265.5	628.9
10	12	8	829	6	5	259	2.4	261.4	258.1	7.6	6.3	272	618.5
11	15	8	1 036	6	5	251	1.6	252.6	249.8	3.9	6.2	259.9	610.7
12	7	8	484		5	0	0.7	0.7	258.1	2.9	6.1	267.1	344.2
1	14	8	968	8	8	553	0.3	553.3	258.1	1.9	3.4	263.4	634
2	7	8	484	5	5	216	0.4	216.4	233.2	3.4	6.3	242.9	607.5
3	3	8	207		5	0	0.8	0.8	258.1	7	6.1	271.2	337.2
4	13	8	899	7	8	511	2	513	249.8	7.5	3.4	260.7	589.1
5	14	8	968		8	0	2.7	2.7	258.1	10.2	5.9	274.2	317.5
6	11	8	729		8	0	4.7	4.7	249.8	7.3	3.2	260.3	62
总计	136		9 186	56		3 137	35.2	3 172.0	3 039.5	72.7	60.1	3 172.0	

表23 南郊水库规划年调节计算成果

单位:流量,m^3/s;水量,万 m^3/a;天数,d

月份	95%保证率可引水天数	95%保证率可引水流量	95%保证率水库可引水量	水库来水量					用水量				月末蓄水量
				引水天数	引水流量	入库水量	库面降水量	总来水量	用水户用水	蒸发量	渗漏量	总用水量	
6													62.0
7	14	8	968	12	8.0	829	4.0	833.4	290.4	2.3	0.6	293.3	602.1
8	14	8	968	7	5.0	302	10.2	312.6	290.4	9.3	6.0	305.7	609.0
9	12	6	646	7	5.0	302	5.0	307.4	281.0	9.4	6.1	296.5	619.9
10	12	8	829	7	5.0	302	2.4	304.8	290.4	7.6	6.2	304.2	620.5
11	15	8	1 036	7	5.0	302	1.6	304.0	281.0	3.9	6.2	291.1	633.4
12	7	8	484		5.0	0	0.7	0.7	290.4	2.9	6.3	299.7	334.4
1	14	8	968	8	8.0	553	0.3	553.3	290.4	1.9	3.3	295.6	592.1
2	7	8	484	6	5.0	259	0.4	259.6	262.3	3.3	5.9	271.5	580.2
3	3	8	207		5.0	0	0.8	0.8	290.4	7.0	5.8	303.2	277.8
4	13	8	899	6	8.0	415	1.9	416.6	281.0	7.5	2.8	291.3	403.1
5	14	8	968	6	5.0	248	2.4	250.4	290.4	10.2	4.0	304.6	348.9
6	11	8	729		5.0	0	4.9	4.9	281.0	7.3	3.5	291.8	62.0
总计	136		9 186	66		3 514	34.6	3 548.6	3 419.1	72.7	56.8	3 548.6	

表24 永镇水库现状年及规划年调节计算成果

单位：流量，m^3/s；水量，万 m^3/a；天数，d

月份	95%保证率可引水天数	95%保证率可引水流量	95%保证率水库可引水量	水库来水量					用水量						月末蓄水量
				引水天数	引水流量	入库水量	库面降水量	总来水量	永镇水厂	财金水厂	本项目用水	蒸发量	渗漏量	总用水量	
6															400
7	10	12	1 037	10	12	1 037	161	1 198	131. 6	229. 3	135. 9	105. 56	4	606	991. 4
8	10	12	1 037	10	12	1 037	108	1 145	131. 6	229. 3	135. 9	85. 3	9. 91	592	1 544. 1
9	8	12	829	8	12	829	52	881	127. 4	221. 9	131. 5	86. 87	15. 44	583	1 842. 4
10	8	12	829	8	12	829	25	854	131. 6	229. 3	135. 9	72. 32	18. 42	588	2 109. 3
11	10	12	1 037	10	12	1 037	16	1 053	127. 4	221. 9	131. 5	32. 97	21. 09	535	2 627. 2
12	4	12	415		12	0	7	7	131. 6	229. 3	135. 9	24. 96	26. 27	548	2 086. 1
1	10	12	1 037	10	12	1 037	4	1 041	131. 6	229. 3	135. 9	20. 2	20. 86	538	2 589
2	4	12	415		12	0	5	5	118. 9	207. 1	122. 7	28. 57	25. 89	503	2 090. 8
3	2	12	207		12	0	9	9	131. 6	229. 3	135. 9	67. 65	20. 91	585	1 514. 4
4	9	12	933		12	0	26	26	127. 4	221. 9	131. 5	92. 08	15. 14	588	952. 3
5	10	12	1 037	6	12	574	29	603	131. 6	229. 3	135. 9	132. 29	9. 52	639	916. 7
6	7	12	726		12	0	63	63	127. 4	221. 9	131. 5	89. 71	9. 17	580	400
合计	92		9 539	62		6 380	505	6 885	1 549. 7	2 699. 8	1 600	838. 48	196. 62	6 885	

十八户干渠现状为土渠,未衬砌,根据十八户引黄闸多年平均引水量资料和永镇水库多年平均入库资料,确定永镇水库引黄干渠输水利用系数为 0.87。根据调节计算成果,永镇水库在 95%保证率来水条件下,满足永镇水厂、东营财金水厂、本项目用水户用水和水库蒸发、渗漏损失水量后,现状年及规划年年引黄入库水量为 6 380.0 万 m^3,其中本项目引黄入库水量为 1 745.0 万 m^3,需从十八户引黄闸引黄水量为 2 005.7 万 m^3。

综上所述,现状年引黄入库水量 4 882.0 万 m^3,从引黄口门引黄水量 5 530.6 万 m^3;规划年 2022 年引黄入库水量 5 259.0 万 m^3,从引黄口门引黄水量 5 954.0 万 m^3。

3.5　水资源质量评价

3.5.1　黄河水和水库原水水质评价

1. 评价标准

1) 黄河水

黄河水和水库原水采用《地表水环境质量标准》(GB 3838—2002)评价。

2) 生活饮用水

采用《生活饮用水卫生标准》(GB 5749—2006)评价。

2. 评价方法

1) 单参数评价方法

对检测资料中的各水质参数逐一进行评价,确定各水质参数的类别。

2) 综合污染指标 P 方法

根据对水质用途的要求,以《地表水环境质量标准》(GB 3838—2002)的Ⅲ类标准为评价标准,采用综合污染指标 P 方法进行综合评价,评价方法如下。

综合污染指数 P 计算公式为

$$P = \frac{1}{n}\sum_{i=1}^{n}\frac{c_i}{c_{oi}} = \frac{1}{n}\sum_{i=1}^{n}P_i$$

式中:c_i 为某污染物实测浓度值;c_{oi} 为某污染物的评价标准浓度(标准中的Ⅲ类标准限值);P_i 为某污染物的污染指数。

按综合污染指数将地表水分为六个等级,分级情况见表 25。

表 25　综合污染指标法地表水评价分级

综合污染指数 P	<0.2	0.2~0.4	0.4~0.7	0.7~1.0	1.0~2.0	>2.0
分级结果	清洁	尚清洁	轻污染	中污染	重污染	严重污染

3. 评价结果

黄河干流水质以利津站下游垦利浮桥处的水质检测结果评价,从水质检测成果看出,在检测的 30 个水质参数中,除总氮项目超《地表水环境质量标准》(GB 3838—2002)的Ⅲ类水标准外,其他项目符合《地表水环境质量标准》(GB 3838—2002)的Ⅲ类标准。南郊水库、永镇水库原水采用取水水样检测,从水质检测成果可看出,检测的 102 个水质参数均符合《地表水环境质量标准》(GB 3838—2002)的Ⅲ类标准。

3.5.2　净水厂出水水质

1. 净水厂处理工艺

南郊水厂以黄河水为水源,水质浊度比较高,水质净化工艺流程采取二级沉淀处理,即原水进入净水厂前先通过沉沙池进行预沉,以满足净水厂对进水水质的要求。

水厂原处理工艺为混凝+沉淀+过滤+消毒的常规水处理工艺,主要生产构筑物为一级泵房、沉淀池、滤池、加药间、加氯间、清水池、二级泵房、反冲洗水塔、鼓风机房、废水池、废水泵房、生产废水调蓄水池以及锅炉房、机修车间、中控室等附属建筑。

2009 年在原工艺的基础上增加碳粉+超滤膜处理。主要包括:一级泵房、二级泵房、碳粉投加间、加氯加药间、普通快滤池(已停用)、一二期平流沉淀池、V 形滤池、超滤膜车间及清水池 2 座。

2. 净水厂的出水水质

根据净水厂的水质检测报告,检测的 46 个水质参数均符合《生活饮用水卫生标准》(GB 5749—2006)标准。

3.5.3　取水口合理性分析

本项目取用黄河水,由曹店引黄取水口、十八户引黄取水口取水,取水口位置处河床处于长期相对稳定状态,附近无入河排污口,引水条件良好。

黄河 2002 年第一次调水调沙期以前,下游河床逐年呈淤高趋势,2002 年至今黄河进行调水调沙以来,对下游河道冲刷效果明显。经分析,调水调沙导致取水口河段河床下降明显,但与 1986 年背景相比,取水口河段河床仍高于 1986 年的河床。曹店引黄闸、十八户引黄闸于 20 世纪 60 年代建成,已安全运行至今,取水口断面稳定,位置合理。

3.5.4　取水可靠性分析

1. 可靠性分析

1) 水库供水可靠性分析

本次论证核定后,南郊水厂由南郊水库和永镇水库供水,根据调节计算成果,南郊水库在 95%保证率来水条件下,满足南郊水厂用水户用水和水库蒸发、渗漏损失水量后,现状年引黄入库水量为 3 137.0 万 m^3,所需水库库容为 634.4 万 m^3,水库能够满足用水户用水需求。规划年引黄入库水量为 3 514.0 万 m^3,所需水库库容为 633.4 万 m^3,水库能够满足用水户用水需求。

永镇水库在 95%保证率来水条件下,满足永镇水厂、东营财金水厂、本项目用水户用水和水库蒸发、渗漏损失水量后,现状年及规划年引黄入库水量为 6 380.0 万 m^3,所需水库库容为 2 627.2 万 m^3,水库能够满足用水户用水需求,其中本项目需引黄入库水量为 1 745.0 万 m^3。

2) 水库引水可靠性分析

曹店引黄闸除向本项目南郊水库供水外,还向曹店灌区和广南水库供水。本次论证分析了曹店灌区和广南水库的引水天数、引水流量和引水量,在分析曹店干渠向本项目可供水量时,扣除了区间曹店灌区和广南水库的引水。经分析,曹店干渠来水量能够在满足区间用水户用水的基础上,保障向本项目输水的要求。

十八户引黄闸除向本项目永镇水库供水外,还向十八户灌区供水。本次论证分析了十八户灌区的引水天数、引水流量和引水量,在分析十八户干渠向本项目可供水量时,扣除了区间十八户灌区的引水,经分析,十八户干渠来水量能够在满足区间用水户用水的基础上,保障向本项目输水的要求。

3)引黄取水口引水可靠性分析

根据黄河利津段的水资源条件和可引黄水量分析,黄河利津段的可引黄水量较大,本次分析曹店引黄闸和十八户引黄闸可引黄水量时,已扣除区间其他用水户的用水。经论证,现状年、规划年曹店引黄闸可满足南郊水库年引黄水量3 524.9万m^3、3 948.3万m^3的需求。十八户引黄闸可满足永镇水库现状年、规划年引黄水量2 005.7万m^3的需求。

2. 水源风险分析

根据黄河利津段的水资源条件和可引黄水量分析,黄河利津段的可引黄水量较大,可满足本项目现状年引黄水量的需要。黄河水利委员会自1999年3月1日开始对黄河水资源实行统一调度以来,增加了下游河段枯水年的可利用水量,可引水量与可引水天数均有所增加,供水保证率有较大提高。

本项目由曹店引黄闸、十八户引黄闸取水,经曹店干渠、十八户干渠引水入南郊水库、永镇水库,经调节计算水库可满足本项目用水的需要。

综上所述,本项目取水水源是可靠的,也是可行的。

4 取水影响论证

4.1 对水资源的影响

4.1.1 区域水资源配置影响分析

东营市当地淡水资源相对缺乏,约70%用水量来自于黄河水,黄河水是东营市的主要供水水源。山东省分配给东营市的计划引黄指标为7.28亿m^3,随着东营市和胜利油田节水水平的提高,尤其是农业节水水平的提高,引黄供水具有较强的配置调节能力。

本项目为城市自来水供水工程,现状年用水户用水量3 912.0万m^3,全部由引黄水供水,该水量已统计在全市现状实际引黄水量7.02亿m^3中,从区域上来说,全市实际引黄水量在7.28亿m^3的总量控制指标范围内,全市总引黄水量能够满足区域用水的要求。

规划年充分考虑节水要求,采用《山东省节水型社会建设技术指标》中要求的节水定额核算各用水项目用水量,并充分考虑再生水利用量后,规划年用水户用水量为4 355.8万m^3,从黄河口门引黄水量5 954.0万m^3,较现状年引黄水量增加423.4万m^3,因此规划年需引黄水量也在全市7.28亿m^3的引黄总量指标范围内。

4.1.2 引黄口门许可水量分析

本项目拟分配曹店引黄闸许可指标至南郊水库,调配胜利引黄闸许可指标至十八户引黄闸。

1. 原取水许可指标

曹店引黄闸原许可指标15 000万m^3,其中曹店灌区农业3 000万m^3,广南水库4 000万m^3(生活3 000万m^3,生态1 000万m^3),耿井水库生活5 500万m^3,南郊水库2 500万m^3(生活800万m^3,工业1 700万m^3)。胜利引黄闸原许可指标7 500万m^3,其中胜利灌区农业3 310万m^3,辛安水库4 190万m^3(生活2 190万m^3,工业2 000万m^3)。

2. 油田水资源论证指标调配

2017 年中国石化集团胜利石油管理局供水公司水资源论证(鲁水许字〔2017〕153 号文),对曹店引黄闸、胜利引黄闸引黄指标进行了调配,调配方案如下:

曹店引黄闸曹店灌区农业指标 3 000 万 m^3 维持不变;广南水库 4 000 万 m^3 中的生活用水指标 3 000 万 m^3 调配 1 730 万 m^3 至丁字路泵站,核减生活用水指标 1 230 万 m^3,未分配用水户由东营市统一调配;广南水库 4 000 万 m^3 中的生态用水指标 1 000 万 m^3 进行核减,未分配用水户由东营市统一调配。耿井水库 5 500 万 m^3 指标调配 4 600 万 m^3 至麻湾引黄闸纯化水库,调配 900 万 m^3 至胜利引黄闸广北水库;南郊水库 2 500 万 m^3 维持不变。

调配后曹店引黄闸许可指标 7 730 万 m^3,其中曹店灌区农业 3 000 万 m^3,南郊水库 2 500 万 m^3(生活 800 万 m^3,工业 1 700 万 m^3),由东营市统一调配未分配用水户的指标 2 230 万 m^3(生活 1 230 万 m^3,生态 1 000 万 m^3)。

胜利引黄闸胜利灌区农业指标 3 310 万 m^3 维持不变;辛安水库 4 190 万 m^3 调减至 2 111.2 万 m^3;从曹店引黄闸调增 900 万 m^3 至广北水库。

调配后胜利引黄闸许可指标 8 400 万 m^3,其中胜利灌区农业 3 310 万 m^3,辛安水库生活和工业 2 111.2 万 m^3,广北水库生活和工业 900 万 m^3,由东营市统一调配未分配用水户的生活和工业指标 2 078.8 万 m^3。

3. 现代畜牧业示范区水资源论证指标调配

2018 年东营市现代畜牧业示范区取水项目水资源论证(鲁水许字〔2018〕118 号文),对曹店引黄闸引黄指标进行了调配,调配方案如下:

曹店灌区农业用水指标 3 000 万 m^3 维持不变,南郊水库 2 500 万 m^3 维持不变,将东营市统一调配未分配用水户的指标 2 230 万 m^3 调配 700 万 m^3 至垦东扬水站。

调配后曹店引黄闸许可指标 7 730 万 m^3,其中曹店灌区 3 000 万 m^3,南郊水库 2 500 万 m^3,调配至垦东扬水站农业指标 700 万 m^3,由东营市统一调配未分配用水户的指标 1 530 万 m^3。

经论证核定,本项目规划年需引黄水总量 5 954.0 万 m^3,其中曹店引黄闸引黄水量 3 948.3 万 m^3,十八户引黄闸引黄水量 2 005.7 万 m^3。

从引黄口门许可指标来说,根据黄河水利委员会取水许可证,曹店引黄闸许可指标 7 730 万 m^3,其中曹店灌区农业 3 000 万 m^3,南郊水库 2 500 万 m^3(生活 800 万 m^3,工业 1 700 万 m^3),调配至垦东扬水站农业指标 700 万 m^3,由东营市统一调配未分配用水户的指标 1 530 万 m^3(生活 1 230 万 m^3,生态 300 万 m^3)。

本项目规划年自曹店引黄闸引黄水量 3 948.3 万 m^3,拟在曹店引黄闸许可南郊水库 2 500 万 m^3 的指标的基础上,将剩余未分配的 1 530 万 m^3(生活 1 230 万 m^3,生态 300 万 m^3)指标分配 1 448.3 万 m^3(生活 1 230 万 m^3,生态 218.3 万 m^3)到南郊水库,则分配后南郊水库自曹店引黄闸引黄指标为 3 948.3 万 m^3,能够满足南郊水厂现状年及规划年自曹店闸引黄水量 3 524.9 万 m^3、3 948.3 万 m^3 的要求,不超过曹店引黄闸总许可指标且不占用该口门其他用水户的许可指标。

根据黄河水利委员会取水许可证,胜利引黄闸许可指标 8 400 万 m^3,其中胜利灌区农业 3 310 万 m^3,辛安水库生活和工业 2 111.2 万 m^3,广北水库生活和工业 900 万 m^3,由东营市统一调配未分配用水户的生活和工业指标 2 078.8 万 m^3。本项目规划年自十八户引黄闸引黄水量 2 005.7 万 m^3,拟将胜利引黄闸剩余未分配的生活和工业指标 2 078.8 万 m^3 调配 2 005.7 万 m^3 至十八户引黄闸分配给永镇水库,能够满足南郊水厂现状年及规划年自十八户闸引黄水量 2 005.7 万 m^3 的要求,调配水量不超过胜利引黄闸总许可指标且不占用该口门其他用水户的许可指标。

综上所述,本项目引取黄河水,其取水量控制在东营市的总引黄指标范围内,亦在各引黄口门许可的水量指标范围内,对区域水资源可利用量基本无影响,符合东营市水资源配置方案的要求。

4.2 对水功能区的影响

本项目以黄河水为取水水源,水厂有两条取水路线,取水路线一:自曹店引黄闸引水,经曹店干渠输水,进南郊水库调蓄供水;取水路线二:自十八户引黄闸引水,经十八户干渠输水,进永镇水库调蓄供水。项目取水不占用当地水资源量,对水功能区纳污能力基本无影响。

4.3 对生态系统的影响

本项目引黄指标在全市总引黄指标控制范围内,在引黄口门许可的指标范围内,本项目取水不会占用周边水生态用水指标,生态系统仍处于可调节的良性状态,对生态系统基本无影响。

4.4 对其他用水户的影响

4.4.1 对其他权益相关方取用水条件的影响

根据引蓄水工程的设计指标和运行情况,通过对引黄干渠可引水量和水库的调节计算,南郊水库规划年在 95%保证率来水条件下,能够满足向南郊水厂年供水量 3 419.1 万 m^3 的需求。永镇水库规划年在 95%保证率来水条件下,能够在满足永镇水厂、财金水厂用水的基础上,满足向南郊水厂年供水量 1 472 万 m^3 的需要。

曹店引黄闸除向本项目南郊水库供水外,还向曹店灌区和广南水库供水。本次论证分析了曹店灌区和广南水库的引水天数、引水流量和引水量,在分析曹店干渠向本项目可供水量时,扣除了区间曹店灌区和广南水库的引水。经分析,曹店干渠来水量能够在满足区间用水户用水的基础上,保障向本项目输水的要求。

十八户引黄闸除向本项目永镇水库供水外,还向十八户灌区供水。本次论证分析了十八户灌区的引水天数、引水流量和引水量,在分析十八户干渠向本项目可供水量时,扣除了区间十八户灌区的引水,经分析,十八户干渠来水量能够在满足区间用水户用水的基础上,保障向本项目输水的要求。

综上所述,本项目取水方案合理,现状年和规划年取水不占用取水口门其他用水户的许可指标,对其他用水户取水条件无影响。

4.4.2 对其他权益相关方权益的影响

在分析黄河来水水源时,以利津水文站的现状来水量还原到曹店引黄闸、十八户引黄闸,已经扣除了区间其他引黄取水口的引水需求,经分析黄河来水可以满足本项目的取水需求,且本项目取水在东营市全市总引黄指标范围内,在各引黄口门许可的水量指标范围内,不占用该引黄口门其他用水户的引黄指标,且不会占用区间其他引黄取水口的引黄指标,对其他用水户权益基本无影响。

本项目为已建项目,已运行多年,项目拥有完整的引水、输水、蓄水配套系统,对其他用水户用水条件无影响。

本项目由南郊水库和永镇水库供水,东营市属于鲁北平原区,水库为东营市建市初期兴建的平原型水库,引黄闸、输水干渠是为满足水库蓄水和农业灌溉用水的两用型配套设施,水库取水不占用农业用水指标,且水库取水尽量避开农业灌溉期,对农业用水基本无影响。

因此,本项目取水对其他权益相关方基本无影响。

5　退水影响论证

5.1　退水方案

5.1.1　退水系统及组成

本项目退水包括厂区退水和用水户退水,其中厂区退水主要是少量生活污水、生产废水和厂区雨水,用水户退水主要是生活污水和工业废水。

1. 厂区退水

厂区生活污水排入城区排污管道送至东营经济开发区污水处理厂,排水量 300 m^3/a;厂区生产废水主要是沉淀池排泥水和反冲洗排水,经厂区污泥回流沉淀膜滤池处理后,其中上清液回流,剩余少量污水随污泥排入污泥处理系统,经处理后外排入城区排污管道送至东营经济开发区污水处理厂,排水量 1.2 万 m^3/a。厂区雨水通过雨水管道收集后排入厂外城市雨水管网中。

2. 用水户退水

用水户产生的生活污水和工业废水排入城区排污管道送至东营经济开发区污水处理厂,经处理后出水水质达到《地表水环境质量标准》(GB 3838—2002)Ⅴ类水标准后排入东营河,经论证核定后现状年、规划年排水量分别为 2 290.8 万 m^3、2 969.8 万 m^3,主要污染物 COD 浓度小于 40 mg/L,氨氮浓度小于 2.0 mg/L。

5.1.2　退水总量、主要污染物排放浓度和排放规律

1. 退水总量

水厂生活污水、工业废水退水总量为 1.2 万 m^3/a。

对现状供水范围内退水情况进行调查分析,生活用水产污率为 0.8,工业用水产污率为 0.7,现状年退水总量为 2 290.8 万 m^3,规划年退水总量为 2 969.8 万 m^3。

2. 主要污染物排放浓度和排放规律

排放主要污染物为 COD、BOD_5、SS、NH_3—N、TP 等,排放规律为连续排放。处理厂出水水质达到《地表水环境质量标准》(GB 3838—2002)中的Ⅴ类水标准,主要污染物排放浓度见表 26。

表 26　污水处理厂污染物排放浓度　单位:mg/L

项目	COD	SS	BOD_5	TN	NH_3—N	TP
出水	≤40	≤10	≤10	≤15	≤2	≤0.5
去除率/%	95	90	97	87.50	95	87.50

5.1.3　退水处理方案和达标情况

供水范围产生的生活污水和工业废水排入城区排污管道送至东营经济开发区污水处理厂,经处理后出水水质达到《地表水环境质量标准》(GB 3838—2002)Ⅴ类水标准后排入东营河。其中,主要污染物排放浓度为COD≤40 mg/L、氨氮≤2 mg/L。

5.2　退水影响

5.2.1　对水功能区的影响

南郊水厂厂区退水和供水范围产生的生活污水和工业废水排入城区排污管道送至东营经济开发区污水处理厂,经处理后出水水质达到《地表水环境质量标准》(GB 3838—2002)Ⅴ类水标准后排入东营河,根据《东营市水功能区划》,东营河划分二级水功能区"东营河东营排污控制区",区划依据为接纳污水,根据东营市"河长制"实施要求,东营河排污水质要求为Ⅴ类水,东营经济开发区污水处理厂排水水质符合水功能区水质要求,退水不会影响水功能区水质,对排水河段水功能区基本无影响。

5.2.2　对水生态的影响

本项目厂区生活污水、生产废水以及供水范围内用水户生活、生产废水均通过城区排污管道送至东营经济开发区污水处理厂,经处理后出水水质达到《地表水环境质量标准》(GB 3838—2002)Ⅴ类水标准排入东营河,污水排放水质满足河道入河水质标准要求,因此退水对水生态基本无影响。

5.2.3　对其他用水户的影响

本项目厂区生活污水、生产废水以及供水范围内用水户生活、生产废水均通过城区排污管道送至东营经济开发区污水处理厂,经处理后出水水质达到《地表水环境质量标准》(GB 3838—2002)Ⅴ类水标准排入东营河,东营河水功能区功能制定为纳污区,没有取水及其他用途,因此本项目退水对其他用水户基本无影响。

5.2.4　入河排污口(退水口)设置方案论证

有关东营市东营区"东区水排污字〔2018〕003号文的批复"指出:同意东营经济开发区污水处理厂入河排污口设置在东营河右岸(19+200处),由管道自厂区排入东营河,排污口地理坐标为东经118°43′47.1″,北纬37°28′14.1″,入河排污口性质为混合废污水入河排污口,排放方式为连续排放,入河方式为管道排水。

案例 13　济宁市南四湖供水项目水资源论证

王林海　杨　朔　王效宸

济南兴水水利科技有限公司

1　总　论

1.1　项目来源

济宁市现状工业供水水源主要为地表水、地下水、南水北调长江水和再生水，随着济宁市工业生产的发展，工业用水量逐年增加，地下水水源地集中开采区因超采出现地下水漏斗等地质灾害。目前济宁市的引江水指标已全部用于企业供水，为解决邹城市和兖州区工业用水及压采地下水，计划引上级湖地表水向工业供水，以缓解工业用水的紧张局面。

1.2　工作等级与水平年

根据建设项目取水类别、规模、用途、当地的水资源开发状况和开发利用程度、取退水影响的程度与范围，以及水功能区管理等方面的因素，确定本项目水资源论证工作等级为一级。

确定 2018 年为现状水平年，2025 年为规划水平年。

1.3　水资源论证范围

分析范围确定为济宁市所辖区域，总面积 11 187 km^2，并对用水企业所在市区邹城市和兖州区进行分析，论证范围为南四湖上级湖流域。

2　建设项目概况

本项目向工业供应原水，取水水源为南四湖上级湖地表水，由济宁市南水北调续建配套工程石桥泵站取水，利用南水北调配套工程输水系统向邹城工业园太平水厂、兖州太阳新材料产业园、兖州区颜店工业园的工业供水，以缓解工业用水的紧张局面。

2.1　建设规模

供水规模现状年供水 6 万 m^3/d，年供水量 2 131 万 m^3（含输水损失），其中向邹城工业园太平水厂供水 979 万 m^3/a，由太平水厂向 5 家企业供水；另向兖州太阳新材料产业园供水 1 153 万 m^3/a。规划年增加向颜店工业园供水 863 万 m^3/a，供水规模 8.5 万 m^3/d，年供水量 2 994 万 m^3/a（含输水损失）。供水工程利用济宁市南水北调配套工程石桥提水泵站和输水管线向邹城工业园太平水厂供水，新建太平水厂至企业的供水管道；新建南水北调配套工程输水主管线至兖州太阳新材料产业园、颜店工业园的输水管线供水。

计划 2019 年向邹城市太平水厂和太阳新材料产业园供水,2025 年向兖州区颜店工业园供水。

2.1.1　提水工程

石桥提水泵站取水口位于南四湖湖东堤桩号 10+400 处的内堤侧,济三煤矿湖东堤码头南侧,该处临水侧地面高程 33.5~34.6 m。利用前池开挖土方填筑平台,平台长 145 m、宽 50 m、顶高程 39.30 m。石桥提水泵站将水加压输送至邹城市太平水厂、高新区长江水厂及二级加压站处。

2.1.2　输水工程

输水工程包括二级加压泵站、输水主管道及支管道工程。输水主管道起点为提水泵站出口接管点,管道沿湖东堤内侧向南铺设再沿泗河右滩地沿堤防走向埋设,主管道线路总长 37.59 km。

输水支管道,其中邹城市太平水厂支管道位于主管线桩号 7+628 处,长 7.287 km,输水管道采用 DN800 预应力钢筋混凝土管双管铺设。

高新区水厂支管道位于主管线桩号 16+430 处,长 12.175 km。沿 2 号井专用铁路北侧铺设至德源路和山博路交界处至水厂。

输水主管线末端桩号 37+590 处设两条支线:一条为兖州区水厂支管道,长 3.94 km;另一条为曲阜市水厂支管道,长 16.57 km。

本项目依托济宁市南水北调续建配套工程供水,供水量增加后,为保证正常供水,需要对现有工程供水能力进行核算和改造。

2.1.3　增加本项目供水后的总供水量

石桥提水泵站取水口目前已经批复的取水量包括南水北调分配给济宁市 4 500 万 m^3/a 的江水指标、高新区生态补水 1 500 万 m^3/a 的南四湖地表水指标,本项目申请最大取水量为 2 994 万 m^3/a,以上合计总取水量 8 994 万 m^3/a,日平均取水量 24.6 万 m^3/d。为了保障供水能力,对取水泵站取水能力、高压变配电设施及管道输水能力进行核算,对不能满足供水要求的设备进行改造。

2.1.4　石桥泵站

目前,取水泵站配有 4 台 600KQSN-N19-518 双吸离心泵,单台水泵供水量 2 460 m^3/h,3 台机组供水量 17.71 万 m^3/d,最大扬程 26 m,不能满足项目最大供水量 25.1 万 m^3/d 的供水需要。因此,计划对水泵进行改造。根据泵型比较,拟采用 4 台 S 型 600S47 单极双吸离心泵,该泵额定流量 3 600 m^3/h,扬程 40.5 m,额定电机功率 560 kW,4 台水泵三用一备,额定供水量 25.9 万 m^3/d,总装机容量 2 240 kW,正常使用功率 1 680 kW,水泵的供水量、扬程均满足供水要求。

2.1.5　管道输水能力

本项目输水线路依托南水北调济宁市续建配套工程的输水管道向邹城市、兖州区供水。经核算,主管道和邹城支线、太阳产业园、颜店工业园输水管线均满足供水要求。

2.2　项目与产业政策、有关规划的相符性分析

2.2.1　与产业政策的相符性

本项目为向工业供水项目，不属于国家发改委发布实施的《产业结构调整指导目录(2013 年本)》限制类和淘汰类项目，符合济宁市城市发展规划需要，工程建设符合国家产业政策。

2.2.2　与水资源条件、规划的相符性

本项目取水水源为南四湖上级湖地表水，实施向工业供水后，可改善工业用水的紧缺局面，有利于工业生产的发展。本项目建设符合《济宁市水资源综合规划》、《济宁市地下水超采区综合整治方案》和《济宁都市区水资源配置及供水规划》的要求。济宁市城市供水水源现状为地下水，由于城市用水快速增加，任城区和兖州区城市供水水源地已形成超采区，需要对地下水进行限采和压采。邹城太平镇工业园区企业集中，用水量大，该区域在南水北调受水区内，需要压采地下水，邹城市的南水北调供水指标已分配完毕，因此需要增加地表水供水以满足企业的用水需要。

南四湖上级湖来水量丰富，多年平均来水量为 23.00 亿 m^3，多年平均下泄水量为 14.63 亿 m^3，南水北调工程通水以后，供水保证率有所提高，可保证正常供水，本项目取用南四湖上级湖地表水的方案合理。

2.2.3　水源配置的合理性

根据《济宁市水利局关于印发〈各县市区 2018 年度水资源管理控制目标〉的通知》(济水资字〔2018〕11 号)，2018 年济宁市的用水控制指标 26.98 亿 m^3，其中地表水 11.71 亿 m^3，地下水 9.72 亿 m^3，引黄水 4 亿 m^3，引汶水 1.1 亿 m^3，引江水 0.45 亿 m^3。2018 年济宁市总供水量 21.531 9 亿 m^3，其中地表水 8.453 1 万 m^3，地下水 8.491 9 亿 m^3，引水量 2.875 8 亿 m^3，污水回用量 1.711 亿 m^3(不占指标)，则地表水、地下水、引水量剩余指标量分别为 3.256 9 亿 m^3、1.228 1 亿 m^3、2.674 2 亿 m^3。本项目取地表水量 2 994 万 m^3/a 在总用水控制指标之内。因此，本项目取水符合济宁市用水总量控制指标的要求。

2.3　建设项目取用水情况

本项目向工业供应原水，本身不用水。用水的企业有：邹城工业园的鲁抗医药、荣信余热发电、荣信煤炭干馏、恒信新型炭材料和泰山玻纤；兖州区兖州太阳新材料产业园和颜店工业园等企业。企业总用水量现状年为 2 024.6 万 m^3/a，规划年增加颜店工业园用水量 820 万 m^3/a，总供水量 2 844 万 m^3/a。由于输水线路较长，考虑输水损失率 5%，则现状年需供水量 2 131 万 m^3/a，规划年增加向颜店工业园供水量 8 636 万 m^3/a，总供水量为 2 994 万 m^3/a。供水保证率为 95%。取水水源为南四湖上级湖地表水，从石桥提水站取水。

2.4　建设项目退水情况

本项目向工业供应原水，本身不产生污水。向邹城工业园供水后各企业产生的污水，通过城区污水收集管网进入邹城工业园新城污水处理厂处理，处理后的中水大部分回用，剩余部分排入幸福河净化，最后汇入白马河。

兖州太阳新材料产业园产生的工业污水,通过污水收集管网进入增容后的太阳纸业污水资源化工程处理,处理后的污水经氧化塘净化,由排水管道排入泗河龙湖湿地。该湿地总蓄水量约 1 000 万 m^3。通过湿地系统,对企业中水和泗河水进行连片蓄存、循环净化,处理后的中水既可排入泗河,又可引水入城,补充城区生态景观用水。

兖州区颜店工业园产生的工业污水,通过污水收集管网排入园区污水处理厂处理,处理达标后一部分回用于生产用水,一部分外排至北跃进沟,下游进入洸府河人工湿地和截蓄导用工程调蓄水库净化,回用于农业灌溉和工业用水。

3 水资源及其开发利用状况分析

本项目地处济宁市,取水水源为南四湖上级湖地表水,其所在区域水资源状况及开发利用分析范围确定为济宁市所辖区域。对济宁市和用水企业所在邹城市、兖州区的开发利用状况进行了现状年和规划年的供需分析。提出来水资源开发利用潜力分析和开发利用中存在的问题。具体分析从略。

4 用水合理性分析和节水评价

本项目以上级湖地表水作为取水水源,从石桥泵站取水,采用管道输水,向多家企业供水。用水企业有邹城市邹城工业园的鲁抗医药、荣信余热发电、荣信煤炭干馏、恒信新型炭材料和泰山玻纤等 5 家企业,由太平水厂加压供水。兖州区太阳新材料产业园和颜店工业园,由输水管道送到企业水厂供水。以下对各用水企业的用水环节和用水工艺进行分析。

4.1 现状节水评价与节水潜力分析

4.1.1 现状节水水平评价

本项目以上级湖地表水作为取水水源,从石桥泵站取水,采用管道输水,供水管道在进出口位置安装水量在线监测设备。该工程供水范围内的各用水企业均采用国家鼓励的生产设备和生产工艺,并积极进行工业水循环利用和废水处理回用,在各用水工艺安装用水计量设备。

本项目向工业供应原水,根据现状年供水资料分析输水损失率平均为 9%,输水损失率较大。各用水企业积极采取节水措施,采用先进节水工艺和节水生产设备,降低单位用水指标,根据已建企业现状用水量分析,各企业取水符合国家产业政策和地方发展规划及水资源管理配置的要求,用水指标符合山东省和行业单位取水定额标准。

4.1.2 现状节水潜力分析

本项目向工业供应原水,主要是减少输水损失,加强输水管道的巡查管理,及时处理漏水隐患,减少漏水损失。各用水企业均采取了节水措施,采用先进的生产工艺,各项用水指标优于定额管理标准。节水潜力主要是工艺节水和加强用水环节的计量管理,杜绝跑、冒、滴、漏等现象,加大污水处理回用,减少新水使用量,提高水的重复利用率。

4.1.3　现状节水存在的主要问题

1. 本项目输水损失率较大

本项目现状年节水存在的主要问题是输水损失较大,应加强输水管道的巡查管理,及时处理漏水隐患,减少漏水损失。根据南水北调现状输水损失情况,根据现状年供水资料分析输水损失率平均为 9%,输水损失率较大。

2. 各用水企业应提高节水水平

各用水企业应积极采取节水措施和先进的生产工艺,采用先进的生产设备和节水器具,使各项用水指标优于定额标准要求。主要是强化工艺节水和用水环节的计量管理,杜绝跑、冒、滴、漏等浪费现象,加大污水处理回用,减少新水使用量,提高水的重复利用率。

4.2　用水工艺与用水过程分析

4.2.1　用水环节与用水工艺分析

本项目向工业供应原水,取水水源为南四湖上级湖地表水,由济宁市南水北调续建配套工程石桥泵站取水,经输水管道向用户供水。

用水企业有邹城市邹城工业园的 5 家企业,由太平水厂加压供水。该项目用水企业总用水量,现状年为 2 024.6 万 m^3,规划年增加向兖州区颜店工业园供水 820 万 m^3,总供水量 2 844.6 万 m^3/a。输水损失率为 8.8%~9.1%,经分析南水北调输水管网现状输水损失率偏大,供水企业应采取节水措施,加强输水管线巡查,减少跑、冒、滴、漏,使输水损失率降至 5%,则现状年需供水量 2 131 万 m^3/a,规划年供水量为 2 994 万 m^3/a。本项目南四湖地表水向企业供用水量见表 1、图 1。各企业总用水情况见表 2、图 2。

表 1　本项目南四湖地表水向企业供用水量　　单位:万 m^3/a

序号	企业名称	企业用新水量	供水量（含输水损失 5%）	用地表水退水量	水平年
1	鲁抗医药	406	427	338	现状年
2	荣信余热发电	122.5	129	20	现状年
3	荣信煤炭干馏	210	221	72	现状年
4	恒信新型炭材料	142.6	150	25	现状年
5	泰山玻纤	48.5	51	36	现状年
6	邹城合计	929.6	978	491	
7	太阳新材料产业园	1 095	1 153	848	现状年
8	颜店工业园	820	863	574	2025 年
9	兖州合计	1 915	2 016	1 422	
10	合计	2 844.6	2 994	1 913	

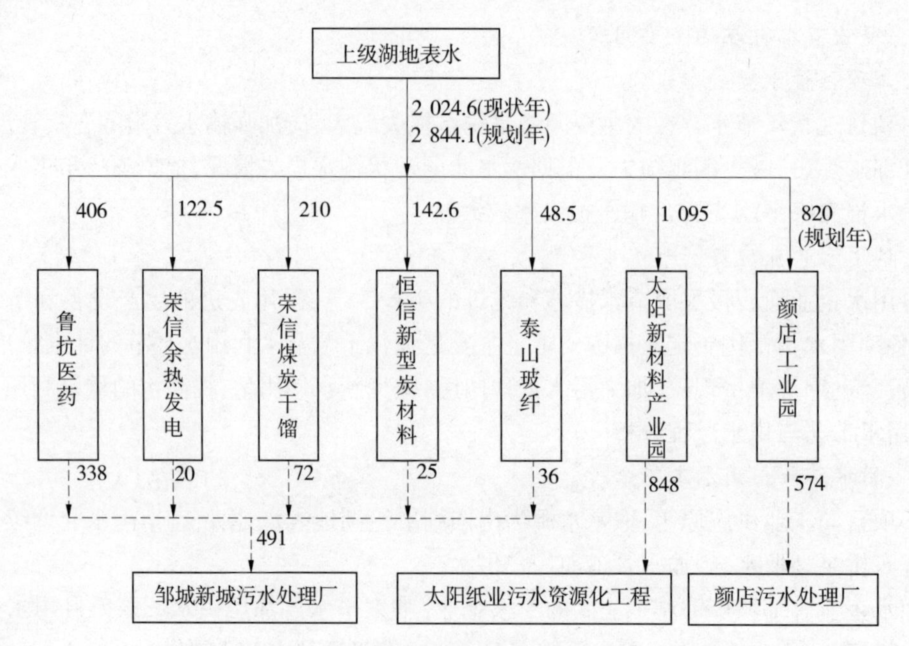

图1 本项目企业用南四湖水量框图 （单位：万 m^3/a）

表2 本项目各用水企业总用水量

单位：万 m^3/a

序号	企业名称	企业总用水量	各水源用水量				外排水量
			南四湖水	地下水	再生水	外供蒸汽	
1	鲁抗医药	1 236	406	612	140	78	1 028
2	荣信余热发电	122.5	122.5				20
3	荣信煤炭干馏	269.8	210	59.8			93
4	恒信新型炭材料	142.6	142.6				25
5	泰山玻纤	96.7	48.5	7.85		40.3	51.2
6	邹城合计	1 867.6	929.6	679.65	140	118.3	1 217.2
7	太阳新材料产业园	2 060.1	1 095	489.6	476		1 519
8	颜店工业园	1 033	820		213		1 150
9	兖州合计	3 093.1	1 915	489.6	689	0	2 669
10	合计	4 960.7	2 844.6	1 169.25	829	118.3	3 886.2

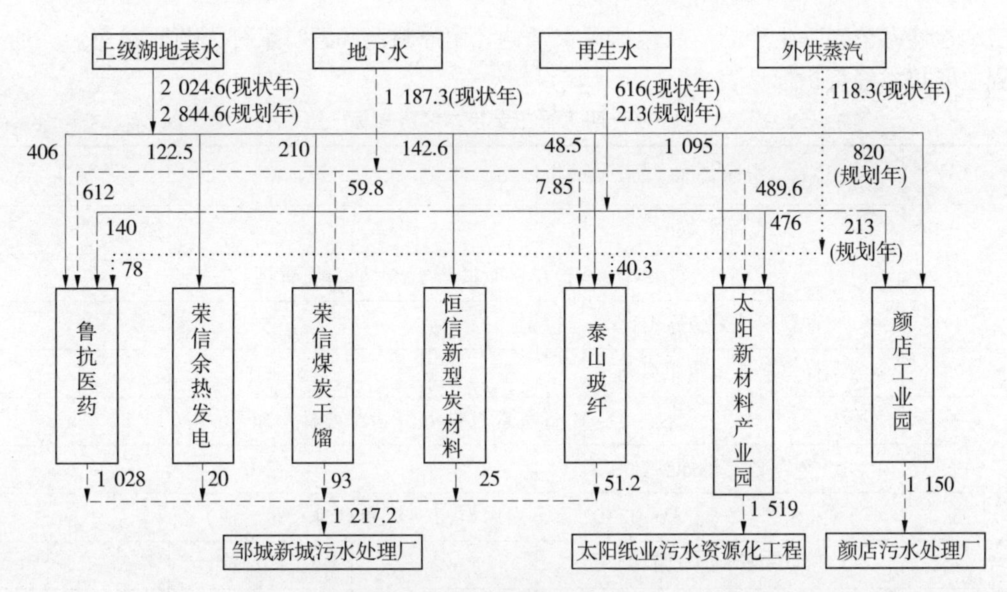

图 2　本项目企业总用水量框图　(单位:万 m^3/a)

4.2.2　企业用水环节与用水工艺分析

本项目向 7 家企业供水,对各企业的用水环节与用水工艺进行了详细的分析。现选择 2 个典型企业进行叙述。

1. 鲁抗医药

1)企业概况

鲁抗医药成立于 1993 年 2 月 15 日,是山东省国资委控股的大型制药企业,隶属华鲁控股集团。主营业务为抗生素原料药及制剂、动植物生物药品,现已形成鲁抗医药(人用原料药和制剂)、鲁抗动保、环保科技和鲁抗生物四大产业板块。公司主导产品主要有青霉素系列产品、头孢菌素系列产品、大观霉素系列产品、兽用生物药品及其他类药品的原料药及制剂。

鲁抗医药原厂址位于济宁市城区,根据济宁市城区废止和退城进园的需要,鲁抗医药南北厂区实施退城进园搬迁转型升级,新址位于邹城市太平镇工业园区华鲁路 88 号,鲁抗邹城生物制造公司园区内,一期工程于 2017 年 9 月建成,二期工程现已开工建设,计划 2019 年 10 月建成。本建设项目为生物发酵制药类项目,采用先进的、污染程度较低的生物发酵法,为生物类高新技术产业,该项目技术含量高,产品用途广泛,市场前景广阔。属于国家发改委《产业结构调整指导目录(2011 年本)(修正)》中允许类项目,项目建设符合济宁市退城进园的政策,符合邹城市工业园发展的总体目标和建设的总体规划。

本建设项目于 2015 年 12 月完成水资源论证报告书并通过省厅的审查。主要建设内容为在厂区南区新建 SY-15、SY-02-01、SY-02-02、SY-03-A、SY-03-B、SY-03-C、SY-16 等生产装置、配套动力系统 SY-06 及配套的仓储系统;在北区新建 SY-12、SY-09、SY-10、SY-11 等生产装置、配套动力系统及配套的仓储系统;在厂区中部建设厂前区,主要包括质检楼、办公楼、辅助生产楼及食堂;在厂区南面环保用地板块新建配套的 SY-05 环保综合治理装置及 SY-05-01 厌氧项目;同时新建配套的机电公司项目,包括机加工厂房和检修办公楼。生产的产品包括青霉素钠无菌原料药和青霉素钾无菌原料药。一期工程主要技术经济指标见表3。

表3 一期工程主要技术经济指标一览

序号	指标名称	单位	指标	备注
一	产品规模			
1	SY-15 青霉素原料药1(无菌青钠、青钾)			
(1)	青霉素钠无菌原料药	t/a	55	
(2)	青霉素钾无菌原料药	t/a	60	
2	SY-02-01 青霉素原料药2(氨苄西林钠冻干)			
	氨苄西林钠原料药	t/a	240	
3	SY-02-02 青霉素原料药3(阿莫西林及小合成)			
(1)	阿莫西林(氨苄西林)	t/a	1 080	
(2)	美洛西林酸	t/a	142.8	
(3)	阿洛西林酸	t/a	40.8	
(4)	哌拉西林酸	t/a	20	
4	SY-03-A 头孢类原料药1(冻干法)			
(1)	头孢唑啉酸	t/a	202	
(2)	头孢唑林钠	t/a	170	
(3)	头孢匹胺酸	t/a	18	
(4)	头孢匹胺钠	t/a	15.6	
5	SY-03-B 头孢类原料药2(溶媒法)			
(1)	头孢曲松钠	t/a	220	
(2)	头孢硫脒	t/a	8	
(3)	头孢噻肟钠	t/a	30	
6	SY-12 7ACA 发酵、提炼			
	SY-12	t/a	880	
7	SY-09 大观霉素发酵、提炼装置			
	大观霉素	10亿	24万	
8	SY-10、SY-11 乙酰螺旋霉素发酵、提炼装置			
	乙酰螺旋霉素	t/a	139.2	
9	泰乐菌素	t/a	1 280	
10	盐霉素	t/a	6 600	
11	色氨酸	t/a	2 000	

续表3

序号	指标名称	单位	指标	备注
二	建筑面积(新建)	m^2	154 557.15	
三	公用消耗			
1	水	m^3/h	767	
2	电	kW	18 143	装机容量
3	蒸汽	t/h	95.6	最大小时用量
四	废水排放量	t/d	15 123	日最大排放量
五	年工作日	d	340	
六	劳动定员	人	3 060	
七	建设投资	万元	147 792.54	

2)生产工艺

为适应新的市场竞争局面,建设项目新上车间生产的产品趋向高附加值的新产品,工艺技术较为先进。建设项目产品生产工艺路线成熟、先进,注重技术创新和环境保护,避免低水平重复,通过对产品工艺不断的摸索和工艺参数的改进,产品收率高,质量好,成本低,所选生产设备均为国内先进设备,并且符合 GMP 规范要求。设备选型生产能力平衡,技术方案先进合理。其工艺过程符合国家《药品生产质量管理规范(2011 年修订)》,并根据其工艺过程确定相应等级的洁净区环境要求。

3)用水工艺

本项目用水范围主要为职工生活用水、生产用水、无盐水制备系统、循环冷却补水、车间冲洗、绿化用水和消防供水用水。根据工厂生产和生活用水性质及用水条件,为了节约能源,采用分质分压供水。给水系统划分为生产、生活、生物发酵给水、消防给水系统,循环水给回水系统。

(1)职工生活用水。本项目全部建成后职工人数 5 200 人,生活用水由自备水井地下水供给,年生活用水量 19.0 万 m^3,主要用于职工生活、洗浴、食堂和办公用水。本厂于 2018 年 7 月取得地下水取水许可证。

(2)生产用水。本项目生产用水中生物发酵用水以自备水井取用地下水。无盐水系统及部分循环补充水和消防供水用水由南四湖地表水供水。冲洗用水及工业冷却循环水补水由邹城某污水处理有限公司的再生水供给。发酵过程中物料灭菌等所需的蒸汽由山东某发电有限公司供给。

(3)绿化用水。本项目绿化用水由邹城某污水处理有限公司的再生水供给。

(4)消防供水用水。本项目室外消防给水量 40 L/s,室内消防用水量 10 L/s 。厂区 3 000 m^3 清水池(分 2 格)储存 540 m^3 消防用水,室内外消火栓通过一套变频消防自动恒压给水设备提供消防给水。在泰乐菌素发酵厂房屋面上设有效容积 6 m^3 消防水箱 1 座,供 10 min 消防用水量。

本项目设计一、二期总取水量为 1 236 万 m^3/a,其中职工生活、办公和制药生产取用地下水量 18 000 m^3/d(合 612 万 m^3/a);无盐水系统及部分循环补充水和消防供水用水由地表水供水,取水量为 11 941 m^3/d(合 406 万 m^3/a);冲洗用水、绿化用水及循环冷却水补水由再生水供水,取水量为 4 118m^3/d(合 140 万 m^3/a);山东某发电有限公司外供蒸汽冷凝水 2 295 m^3/d(合 78 万 m^3/a)。

4)取水水源

本项目生产用水设计取水水源为当地地下水、南四湖上级湖地表水和邹城新城污水处理厂再生水。原水资源论证确定取用上级湖地表水,从白马河取水,由于白马河取水口一直未建成。太平水厂建成后从济宁南水北调供水工程供上级湖地表水 406 万 m^3/a,邹城某污水处理厂再生水供水为 140 万 m^3/a,生活、办公和制药生产取用厂区附近岩溶裂隙地下水 612 万 m^3/a。山东某发电有限公司外供蒸汽冷凝水 2 295 m^3/d(合 78 万 m^3/a)。

2. 兖州区颜店工业园

1)园区规划

颜店镇位于济宁市兖州区西部,驻地距城区 8 km,颜店镇下辖 4 个管区 66 个行政村,镇域面积 102 km^2,总人口 7.5 万。根据《兖州区颜店镇总体规划(2017—2030 年)说明书》(济宁市规划设计研究院,2017 年 10 月),2020 年镇区人口 3.0 万,2030 年镇区人口 3.5 万。规划控制范围北至十八中以北,南至前海路,西至黄狼沟,东至洸府河,东西长约 6.0 km,南北宽约 4.0 km,控制区总面积约 24.0 km^2。

园区工业用地规划:根据现状及集聚发展的原则,镇区工业规划为"两区、五园"的空间布局,用地面积 707.13 hm^2。

两区:沿镇区公共服务轴线两侧形成的南北两大工业片区。

五园:北片区依托镇区现状工业园区形成食品加工产业园、新材料产业园、节能环保产业园,用地面积分别为 215.01 hm^2、125.01 hm^2、72.83 hm^2。南片区规划形成装备制造产业园和电子信息产业园,用地面积分别为 180.60 hm^2、113.68 hm^2。

兖州区颜店工业园是兖州区颜店镇总体规划的一部分,是兖州区提出打造颜店工业新城的重大战略部署。该规划符合《关于统筹城乡发展加快城乡一体化进程的意见》和《济宁市城市总体规划(2014—2030 年)》《兖州区国民经济和社会发展第十三五年规划纲要》等上位规划,符合《中华人民共和国城乡规划法》(2008 年)、《山东省城乡规划条例》(2012 年 12 月 1 日)等相关法律、法规、政策。

兖州区颜店工业园的水资源论证报告书已通过济宁市组织的审查。

2)工业用水

工业园现状工业用水情况:颜店工业区现入驻企业共计 25 家,其中正产生产企业 19 家。总用水量 2 342 m^3/d,现由地下水供水。企业用水情况见表 4。

工业园规划用水情况:依据《城市给水工程规划规范》(GB 50282—2016),工业用地用水指标 30~150 $m^3/(d \cdot hm^2)$,结合颜店镇城镇工业用水量现状,确定规划工业用水量标准为 40 $m^3/(d \cdot hm^2)$,工业用地规划面积为 707.13 hm^2,预测工业用水量为 2.83 万 m^3/d,年工业用水量为 1 033 万 m^3。按照关于印发《山东省关于加强污水处理回用工作的意见》的通知(鲁发改地环〔2011〕678 号)文件精神,工业用水中再生水用水量不少于 20%的要求,本项目需用再生水量 213 万 m^3/a,用上级湖地表水供水量确定为 820 万 m^3/a。由于工业园规划中未提供其他工业指标,因此无法用其他方法预测工业园的用水量。

表 4　颜店工业现有企业用水量统计　单位:m^3/d

序号	企业名称	用水量
1	兖州市绿源食品有限公司	2 000
2	兖州市嵫山水泥厂	30
3	兖州市磊鑫玻璃有限责任公司	20
4	兖州市雯鑫包装有限公司	3
5	山东祥通胶带有限公司	38
6	中联混凝土	100
7	兖州晨宇混凝土有限公司	10
8	山东芯诺电子科技有限公司	70
9	山东瑞通高分子医疗器械有限公司	10
10	山东福特尔地毯有限公司	4
11	兖州市中捷机械有限公司	2
12	兖州市金恒建材有限公司	10
13	兖州市九华钢结构有限公司	2
14	兖州市奥宇包装有限公司	2
15	山东六佳食品有限公司	5
16	山东六佳药用辅料股份有限公司	20
17	山东巧嫂农业科技发展有限公司	3
18	济宁市金益菌生物科技有限公司	10
19	山东坤博化纤有限公司	3
合计		2 342

3)供水管网

供水管线采用环状与枝状相结合的布置方式,为满足消防要求,最小管径不低于 DN200,最不利点的自由水压不小于 0.28 MPa。给水干管沿建设路和九州路敷设;地块内支线应根据具体情况酌情考虑,管径控制在 DN200 左右。在工业园区内部铺设再生水供水管网,主干管沿建设路敷设,管径 DN300。

4)取水水源

本项目生产用水取水水源为南四湖上级湖地表水和再生水,上级湖地表水年供水量为 820 万 m^3;园区污水处理厂再生水量 213 万 m^3。生活用水取用当地自来水厂地下水。生活用水由园区自来水供给。

5)用水过程及水量平衡分析

(1)本项目向工业供应原水,本身不用水。主要用水企业为邹城工业园太平水厂向鲁抗医药、荣信煤化工 3 家企业和泰山玻纤等企业用水;兖州太阳新材料产业园和兖州区颜店工业园用水。各企业用水水平分析省略。

(2)用水水平评价:本项目由于生产产品较多,而且各产品的用水互相串通,无法确定各产品的用水量,因此各产品的单位产品取水指标无法计算。依据本项目的工业增加值和年生产取水量,计算本项目的工业增加值取水指标为 10.6 m^3/万元。查济宁市 2018 年水资源公报中济宁市平均工业增加值取水量为 12.61 m^3/万元,邹城市的工业增加值取水量为 12.13 m^3/万元。本项目工业增加值取水量优于济宁市和邹城市的工业增加值取水量,并接近《山东省节水型社会建设技术指标》工业增加值取水量为 10 m^3/万元的节水指标。

本项目采取了行之有效的节水工艺和设备,水的重复利用率达到 96.2%,优于《山东省节水型社会建设技术指标》重复利用率 85%的标准要求。

综上所述,本项目各项用水基本符合有关标准要求,取用水量合理。

4.3　取用水规模节水符合性分析

4.3.1　节水指标先进性评价

本项目积极采取节水措施,加强对企业输水线路的管理,采取加强巡查、在线检测等防止跑、冒、滴、漏的先进监测措施,降低输水损失率,由现状输水损失 9%计划降低到 5%。各企业积极采取节水措施,采用先进节水工艺和节水生产设备,降低单位用水指标;在生产用水中可以取用再生水的尽量利用再生水,减少新鲜水的利用量。经分析,各企业取水符合国家产业政策和地方发展规划及水资源管理配置的要求,用水指标符合地方和行业单位取水定额标准。

4.3.2　取用水规模合理性评价

1. 项目用水与节水政策的符合性

本项目向工业供应原水,在输水管道铺设中严格按照节水要求施工,采用节水性管道器材,减少输水损失。各用水企业严格执行“三同时、四到位”制度。即节水设施与主体工程同时设计、同时施工、同时投入运行,做到用水计划到位、节水目标到位、节水措施到位、管水制度到位。以节水和优化用水为目的,采用先进节水技术,不断改造用水工艺,建立健全建设项目水务管理体制,切实做好节水工作。本项目用水符合国家《关于加强工业节水工作的意见的通知》(国经贸资源〔2000〕101 号)、《关于全面加强节约用水工作的通知》(水资文〔1999〕245 号)和《山东省节约用水办法》、《山东省节水型社会建设技术指标》等节水政策。各用水企业的单位产品用水指标、间接冷却水循环率、水的重复利用率等各项指标符合《节水型企业评价导则》(GB/T 7119—2018)、《山东省节水型社会建设技术指标》和行业取水定额标准的要求。

2. 项目取用水与最严格水资源管理制度符合性分析

本项目取地表水量在总用水控制指标之内,因此本项目取水符合济宁市用水总量控制指标的要求。本项目向工业供应原水,本身不用水。向邹城工业园鲁抗医药、荣信煤化工、泰山玻纤等5家企业和向兖州区太阳新材料产业园、颜店工业园供水。经分析,各企业单位产品取水指标和水的重复利用率均符合山东省及行业单位产品取水定额标准。各企业取用水合理。

本项目向工业供应原水,本身不产生污水。各企业产生的污水排入企业污水处理厂和市政污水处理厂处理,处理后的出水水质达到《城镇污水处理厂污染物排放标准》(GB 18918—2002)一级A标准和《山东省南水北调沿线水污染物综合排放标准》(DB 37/599—2006)的要求。2018年邹城市和兖州区水功能区全达标。本项目取用水符合最严格水资源管理制度要求。

3. 污废水处理及回用合理性分析

本项目向工业供应原水,本身不产生污水。各企业产生的污水排入企业污水处理厂和市政污水处理厂处理,处理后的出水水质达到《城镇污水处理厂污染物排放标准》(GB 18918—2002)一级A标准和《山东省南水北调沿线水污染物综合排放标准》(DB 37/599—2006)的标准要求。各企业均建有污水处理站和再生水回用设施,充分利用本企业处理后的污水进行回用,绿化和冲洗用水采用处理后的回用水。各企业水的重复利用率均高于《山东省节水型社会建设技术指标》重复利用率85%的标准要求。

4.3.3　取用水规模核定

本项目向工业供应原水,企业总取用水量现状年为2 024.6万 m^3/a,规划年增加兖州区颜店工业园用水量820万 m^3/a,总供水量2 844.6万 m^3/a。考虑输水损失率5%,则现状年需取水量2 131万 m^3/a,规划年取水量为2 994万 m^3/a。

4.4　节水评价结论与建议

4.4.1　结论

1. 节水水平评价

本项目以上级湖地表水作为取水水源,从石桥泵站取水,采用管道输水,供水管道在进出口位置安装水量在线监测设备。该工程供水范围内的各用水企业均采用国家鼓励的生产设备和生产工艺,并积极进行工业水循环利用和废水处理回用,在各用水工艺安装用水计量设备。本项目积极采取节水措施,加强对企业输水线路的管理,采取加强巡查,在线检测等防止跑、冒、滴、漏的先进监测措施,降低输水损失率,输水损失由现状的9%计划降低到5%。

各企业积极采取节水措施,采用先进的节水工艺和节水生产设备,降低单位用水指标,在生产用水中可以取用再生水的尽量利用再生水,减少新鲜水的利用量,提高水的重复利用率。各项目产品用水指标优于山东省单位取水定额标准,各企业取水符合国家产业政策和地方发展规划及水资源管理配置的要求。

2. 合理取用水量

根据各企业的用水合理性分析和节水评价,企业的各项用水指标均符合定额标准要求,根据各企业的用水指标计算总用水量和地表水的用水量。从取水口至企业的输水损失率按5%,确定从石桥提水站的取水量。

本项目向工业供应原水,用水的企业有邹城市邹城工业园的5家企业,由太平水厂加压供水;兖州区兖州太阳新材料产业园和颜店工业园由输水管道直接供水。企业总取用水量现状年为2 024.6万m^3/a,规划年增加兖州区颜店工业园用水量820万m^3/a,总供水量2 844.6万m^3/a。考虑输水损失率5%,则现状年需取水量2 131万m^3/a,规划年取水量为2 994万m^3/a。

4.4.2 建议

(1)本项目应积极采取节水措施,加强对企业输水线路的管理,采取加强巡查、在线检测等防止跑、冒、滴、漏的先进监测措施,降低输水损失率。

(2)各用水企业应积极采取节水措施和先进的生产工艺及节水生产设备,使各项用水指标优于定额标准要求。加强工艺节水和用水环节的计量管理,杜绝跑、冒、滴、漏等浪费现象,加大污水处理回用,减少新水使用量,提高水的重复利用率。

5 取水水源论证

5.1 水源方案

本项目向工业供应原水,为充分发挥济宁市南水北调续建配套工程的效益,依托济宁市南水北调续建配套工程向邹城工业园和太阳新材料产业园及兖州区颜店工业园企业供水。附近的供水水源有南水北调长江水和南四湖上级湖地表水,以及第四系浅层孔隙地下水和再生水。各水源情况介绍如下。

(1)南水北调长江水:济宁市南水北调长江水的指标现状年为4 500万m^3/a,已分配到各县(市、区)的企业用水。

(2)南四湖上级湖地表水:南四湖属淮河流域,汇集鲁、苏、豫、皖四省三十余县(市、区)来水,上级湖流域面积为27 263 km^2,多年平均来水量为23.00亿m^3/a,多年平均下泄水量为14.63亿m^3/a,上级湖的兴利库容为8.36亿m^3。现状用水单位为湖周边农业灌溉用水和部分工业、城市生活用水,以及船闸航运用水等。经调算有剩余水量可向工业供水,因此可作为本项目的供水水源。

(3)地下水:济宁市浅层地下水较为紧缺,兖州区局部处于超采区,邹城工业园处于南水北调受水区,属于地下水压采区,工业用水不宜取用地下水。因此,本项目不宜以地下水作为供水水源。

(4)供水水源的确定:本项目向工业供应原水,为充分发挥济宁市南水北调续建配套工程的效益,依托济宁市南水北调续建配套工程向邹城工业园和太阳新材料产业园及兖州区颜店工业园企业供水。根据水源条件,确定以上级湖地表水作为供水水源。现状年取水量为2 131万m^3/a,规划年取水量为2 994万m^3/a。

根据本项目确定的取水水源,拟定水源论证方案如下:

(1)收集南四湖上级湖的基本资料和流域内水文站的水文观测资料,计算上级湖的来水量和用水单位的用水量,进行兴利调节计算,分析向本项目供水的可供水量和供水的可靠性。

(2)对南四湖上级湖水质进行检测评价,分析是否满足本项目的用水水质要求。

(3)对取水口位置进行分析,论证取水口位置是否合理。

5.2　南四湖上级湖取水水源论证

5.2.1　南四湖基本情况

南四湖位于山东省南部,由南阳湖、独山湖、昭阳湖和微山湖串联而成,湖面南北长126 km,东西宽5~25 km,最大水面面积为1 266 km^2。1960年10月在湖腰兴建二级坝枢纽工程,将南四湖分为上级湖和下级湖,见表5。

表5　南四湖基本情况

水位/m		湖面面积/km^2	相应库容/亿 m^3	湖深/m	
				最大	平均
最高水位	上级湖 37.00	602	26.24	7.50	4.30
	下级湖 35.50	664	27.47	7.50	4.27
	全湖	1 266	53.71	7.50	4.28
兴利水位	上级湖 34.50	600	11.04	3.00	1.84
	下级湖 32.50	585	7.78	2.50	1.41
	全湖	1 185	18.82	3.00	1.59
死水位	上级湖 33.00	439	2.68	1.50	0.60
	下级湖 31.50	359	3.06	1.50	0.86
	全湖	798	7.74	1.50	0.73

1. 南四湖治理和防洪标准

根据沂河、沭河、泗河洪水东调南下工程规划,南四湖的防洪标准为湖西大堤及湖东大堤的大型煤矿区段,防1957年洪水(约90年一遇),湖东大堤的其他堤段防20~50年一遇洪水。近期防洪工程的标准为20年一遇洪水标准。南四湖20年一遇防洪水位,上级湖为36.50 m,下级湖为36.00 m;50年一遇防洪水位,上级湖为37.00 m,下级湖为36.50 m;按1957年洪水防洪标准,上级湖为37.20 m,下级湖为36.70 m。(采用高程基面为废黄河口精高)

2. 南四湖上级湖蓄水情况

南四湖自1960年二级坝枢纽工程建成以后,将南四湖分为上级湖和下级湖。上级湖流域面积较大,来水量较多;下级湖流域面积较小,来水量较少。在丰水年和平水年南四湖可以满足湖滨地区工农业用水的要求,在特枯水年上、下级湖工农业用水较为紧张,均发生过湖干现象。南水北调工程通水后南四湖未发生湖干现象。

3. 上级湖下泄水量

据二级湖闸水文站1961~2018年实测下泄水量统计,多年平均下泄水量为14.63亿

m³,最大下泄水量为 76.19 亿 m³,发生在 1964 年;最小下泄水量为 0,发生在 1968 年、1986~1990 年、1992 年、1997 年、1999~2002 年。从历年下泄水量系列看,1961~1980 年下泄水量较大,平均为 27.18 亿 m³;1980 年后,由于降水量偏枯,入湖水量减少,工农业用水量增加,下泄水量明显减少;1981~2002 年平均下泄水量为 3.66 亿 m³。

经对上级湖下泄水量(水文年)进行频率分析,求得频率为 50%的下泄水量为 8.46 亿 m³,频率为 75%的下泄水量为 2.67 亿 m³,频率为 97%的下泄水量为 0.11 亿 m³。

5.2.2 上级湖来水量分析

上级湖的水源主要来自降水形成的地表径流,根据入湖水文站的实测水文资料,采用水文比拟法分析计算上级湖的现状来水量。为保证来水量系列的一致性,现状来水量系列采用上游水利工程基本建成后的 1961~2018 年水文年系列。

1. 水文站控制面积的现状来水量计算

现状来水量是指流域内现有(2018 年)水利工程条件下的入湖水量。上级湖流域内自 1958 年以来已建成大中型水库 8 座,总控制流域面积为 1 436 km²,占上级湖流域面积的 5.3%;总兴利库容为 3.74 亿 m³,占多年平均年来水量的 15.3%。水库建成后,水文站实测来水量中已不包含水库工程的拦用水量,因此对水库未建成年份的拦用水量进行了扣除,形成水文站控制面积的现状来水量系列。

具体计算分湖东、湖西区分别进行,首先对已有水文站的资料进行统计,湖东区采用了黄庄、书院、尼山水库、马楼、马河水库、滕县等 5 处水文站的资料;湖西区采用了后营、梁山闸、孙庄、鱼城等 4 处水文站的资料。对各水文站缺测年份采用年降水—径流关系进行插补,分别计算出各站的历年逐月现状来水量,最后相加求得湖东区、湖西区已控面积的历年逐月现状来水量。

2. 未控面积的现状来水量计算

未控面积的现状来水量,是根据水文站控制面积的来水量系列采用水文比拟法计算的。湖东区水文站已控面积为 4 175 km²,未控面积为 3 177 km²;湖西区水文站已控面积为 14 648 km²,未控面积为 4 661 km²。用计算的水文站控制面积的现状来水量系列,采用水文比拟法和面积比法求得未控面积的现状来水量系列。年内按已控面积来水量月分配比进行月分配。

3. 上级湖现状来水量

上级湖现状来水量为湖东区、湖西区水文站控制面积的现状来水量与未控面积的现状来水量之和(不包括湖面损失水量)。求得上级湖 1961~2017 年(水文年)现状来水量系列。多年平均现状来水量为 229 956 万 m³。

4. 上级湖规划年来水量

南四湖流域内规划年无大型蓄引水工程建设,来水情况无大的变化,因此采用南四湖上级湖现状年来水量作为规划年来水量。

5.2.3 用水量分析

南四湖为综合利用的天然湖泊,除滞蓄当地洪水、航运、水产养殖外,是山东省济宁、枣庄两市工农业用水的重要水源。在上级湖的总用水量中,主要用水为农业灌溉用水,工业用水和其他用水所占比例较小。各用水部门的供水保证率:农业灌溉中,水田为 75%,

旱田为50%(按灌溉面积计算的综合保证率为54.5%);一般工业为95%,电厂为97%。本次重点对农业灌溉用水进行分析。

1. 现状年用水分析

1)农业用水

上级湖农业用水的范围主要有济宁市的鱼台、微山、嘉祥、任城、邹城等5个县(市、区)及枣庄的滕州市和江苏省沛县。上级湖农业灌溉直接从与上级湖连通的河道引水,无法控制农业灌溉用水量。为切合实际,本次计算按近年来的实际灌溉用水量计算。根据济宁市近5年水资源公报中引湖灌溉用水定额平均值为261 m^3/亩,计算净灌溉定额为157 m^3/亩。

济宁市南四湖引水受益面积225万亩,为了核实上级湖的农业灌溉面积变化情况,本次调算对上级湖的农业灌溉面积进行了调查,统计了各县(市)实际的引湖灌溉面积为114.6万亩。

枣庄市滕州市引湖灌溉面积按照省厅有关规划及批复,滕州市引湖灌溉面积按10万亩计。

江苏省徐州市沛县自上级湖引灌面积合计25.2万亩。根据水利部文件精神,南四湖分水原则:上级湖用水以山东省为主,下级湖用水以江苏省为主。两省分水量为上级湖蓄水位在34.5 m时,江苏省可以引水1.5亿 m^3;下级湖蓄水位在32.5 m时,山东省可以引水1.5亿 m^3。如果达不到这一蓄水位,两省分水量均按比例(约为7:3)相应减少。

上级湖灌区的总灌溉面积为山东省济宁市和枣庄市的滕州市引湖灌溉面积为124.6万亩,江苏省徐州市的沛县年用水量按1.5亿 m^3。

2)工业及航运用水

现状年上级湖工业及航运总用水量21 322万 m^3(包括已审批水量)。外加本项目现状年取水量2 131万 m^3。

3)本项目取水量

本项目现状年取水量2 131万 m^3。

2. 2025年用水分析

1)农业用水

根据济宁市农业节水规划,滨湖区现状用水比较浪费,针对这一实情,计划在该区全面推行节水灌溉。首先全面推行渠道防渗衬砌,同时大力推广喷灌、滴灌、管灌等多项节水技术,计划在2020年前在该区推广各种节水灌溉技术60万亩以上。由于上级湖引水灌区多年引用地表水量较大,目前该区地下水水位很高,仅为0.5~2.0 m,潜水蒸发量很大,年均潜水蒸发量就达1.44亿 m^3,致使该区发生盐渍灾害,在滨湖有关各县(市、区)的地下水规划中被列入鼓励开采区。随着地下水资源开发利用的发展,滨湖引湖灌区采用地下水的比例将逐步提高。到2025年农业引湖灌溉面积保持在现状水平,济宁市的引湖灌溉面积为114.6万亩。滕州市引湖灌溉面积按10万亩计,山东省引湖灌溉面积按124.6万亩计,江苏省年用水量按1.5亿 m^3 计。

综上所述:规划年上级湖灌区的总灌溉面积为山东省引湖灌溉面积124.6万亩,灌溉水利用系数采用0.62。江苏省年用水量按1.5亿 m^3 计。

另外,济宁高新区生态水系综合治理及景观提升项目取上级湖水量1 427.5万m^3,供水保证率为50%。该水量在农业用水中加入。

2)工业用水量

规划年工业用水量,包括现状年用水的工业企业用水量和已获得批准的取水项目的用水量。按取水许可统计,规划年工业、船闸和生活供水的取水量为27 410万m^3。

3)规划年取水量

本项目规划2025年取水量2 994万m^3。

5.2.4 南水北调供水分析

由于南水北调东线工程通过南四湖上级湖输水,济宁市用长江水量通过上级湖供水,因此在南四湖上级湖的调节计算中需考虑济宁市的引江水量。山东省水利厅下达的2018年用水总量控制指标中济宁市的南水北调引江水量指标为0.45亿m^3。

5.2.5 南四湖上级湖供水调算

1.调节计算方法

采用长系列变动用水时历列表法,以月为单位逐月进行调算。

2.调算原则

(1)在南四湖上级湖的兴利调算时,南水北调引江水量根据上级湖蓄水情况确定是否引水,当调算的月末无下泄水时,在来水量中加入南水北调引江水量。

(2)南水北调引江水量的控制方案:在上级湖无下泄水量时,考虑各提水泵站的取水能力和缺水量,为满足工业用水和避免大流量集中调水,并避免多引水造成浪费,当上级湖水为低于33.6 m时即开始调水,在满足工业用水的前提下,各月平均调水,由上级湖调蓄供水。

(3)用水量包括上级湖农业、工业、航运和城市生活各用水部门的用水量。

(4)调算农业用水时,由于上级湖农业灌溉直接从与上级湖连通的河道引水,无法控制农业灌溉用水量,因此调算时农业灌溉和工业等用户同时用水,在上级湖水位降至死水位时停止用水,并以此作为农业灌溉用水系列。

(5)调算工业用水时,在来水量中加入南水北调引江水量进行调算,以上述农业用水为农业灌溉用水系列(农业灌溉用水不用外调水量),调算工业等用户的可用水量。

(6)供水保证率:农业灌溉用水旱田为50%、水田为75%,依据灌溉面积计算农业灌溉用水综合保证率为54.5%,按年保证率计算。工业供水保证率为95%,采用年保证率和月保证率分别计算。

3.控制条件

根据上级湖的工程应用指标和供水的具体要求,确定如下控制条件:

(1)各水平年的库容曲线,由于南四湖上级湖泥沙淤积量较少,对调算无影响,因此各水平年的库容曲线不进行改正,均采用现状库容曲线。

(2)湖面结冰的影响,考虑上级湖结冰期不在最枯月份,冰融化后仍可利用,故不考虑冰情影响。

(3)为保证生态、航运及渔业正常生产,湖内最低水位控制在死水位,即33.00 m,相应上级湖蓄水量为2.68亿m^3。

(4)汛中限制水位为 34.20 m,相应上级湖蓄水量为 9.24 亿 m^3。汛末蓄水位即兴利水位为 34.50 m,相应库容为 11.04 亿 m^3。(依据国汛〔2005〕8 号《关于沂沭泗河洪水调度方案的批复》)

4. 调算结果

1)现状年

现状年在考虑南水北调水量后,在保证上级湖山东农业灌溉用水和江苏用水 1.5 亿 m^3 的情况下,调算现状工业用水量 21 322 万 m^3 和本项目用水量 2 131 万 m^3 时,农业供水保证率为 82.8%,工业供水年保证率为 96.6%、月保证率为 99.4%。在保证工业供水年保证率 95%的情况下,本项目需要上级湖供水量 1 951 万 m^3,南水北调外调水量 180 万 m^3。

2)规划年

规划年在考虑南水北调水量后,在保证上级湖山东农业灌溉用水和江苏用水 1.5 亿 m^3 及高新区生态水系综合治理及景观提升项目 1 427.5 万 m^3 的情况下,调算规划年工业用水量 27 410 万 m^3 和本项目用水量 2 994 万 m^3 时,农业供水保证率为 82.8%,工业供水年保证率为 95%、月保证率为 99%。在保证工业供水年保证率 95%的情况下,本项目需要上级湖供水量 2 766 万 m^3,南水北调外调水量 228 万 m^3。

5. 连续枯水年的调算结果

为分析连续枯水年的供水情况,在南四湖上级湖的来水量系列中,选择最枯的 2014~2016 年(水文年)作为连续枯水年进行调算,经对现状年和规划年来水量系列中的连续枯水年调节计算,结果表明:现状年和规划年在连续枯水年来水量系列调算中,农业灌溉用水量 3 年平均值分别为 25 161 万 m^3、21 249 万 m^3,工业用水分别有 3 个月、6 个月不能正常供水,需要调用南水北调外调水,满足工业正常供水。

6. 典型年调节计算

为了解江苏省平水年用水 1.5 亿 m^3 的保证程度和工业用水及本项目用水的保证程度,采用典型年法分别对 50%、90%、95%3 个保证率供水保证程度进行了分析。经调算,50%保证率的可供水量,现状年和规划年均可满足工农业用水部门的需要。90%、95%保证率的可供水量,现状年和规划年均不能满足农业灌溉用水量的需要,工业用水有少量缺水。

6　取水影响论证

从济宁市供需平衡分析,济宁市 50%、75%保证率年份情况下,可供水量大于总需水量,供需基本平衡;75%、95%保证率年份总需水量大于可供水量,缺水率分别为 4.2%、17.6%。从现状供水结构分析,还需要增加地表水的可供水量,以满足济宁市经济发展对水的需求。本项目取用南四湖上级湖地表水向工业供水,取水量在城区用水总量控制指标之内。本项目用水符合济宁市水资源规划、配置和管理的要求。对区域水资源、水功能区、水生态系统基本无影响。对其他用水户的利益取用水条件基本无影响。由于南四湖上级湖现状条件下农业灌溉用水无法控制,本次调算按不控制农业灌溉用水量,采取工业、农业同时用水调算。农业灌溉用水保证率高于农业综合保证率,农业灌溉用水基本不受本项目的用水影响。因此,可不对农业灌溉用水进行补偿。

7 退水影响论证

本项目向工业供应原水,本身不产生污水。向邹城工业园供水后各企业产生的污水通过城区污水收集管网进入邹城工业园新城污水处理厂处理,处理后的中水大部分回用,剩余部分排入幸福河净化,最后汇入白马河。

兖州太阳新材料产业园产生的工业污水,通过污水收集管网进入增容后的太阳纸业污水资源化工程处理,处理后的污水经氧化塘净化,回用于本项目生产年用水量476万m^3和太阳纸业造纸固废焚烧发电厂年用水量111.7万m^3,剩余部分由排水管道排入泗河龙湖湿地。该湿地总蓄水量约1 000万m^3。通过湿地系统,对企业中水和泗河水进行连片蓄存、循环净化,处理后的中水既可排入泗河,又可引水入城,补充城区生态景观用水和工业用水。

经监测,受影响的水功能区水质均达到控制标准,对水功能区、水生态、其他利益相关方基本无影响,可不进行补偿。

8 水资源节约、保护及管理措施

本项目以上级湖地表水作为取水水源,从石桥泵站取水,采用管道输水,供水管道在进出口位置安装水量在线监测设备。该工程供水范围内的各用水企业均采用国家鼓励的生产设备和生产工艺,并积极进行工业水循环利用和废水处理回用,在各用水工艺安装用水计量设备应加强非常规水源利用。按照《山东省关于加强污水处理回用工作的意见》,积极回用再生水,工业用水中使用再生水量要达到20%以上,在用水企业中,凡是有条件使用再生水的企业,均考虑了再生水的用水量。各用水企业采取各项节约措施,严格水资源保护措施,加强管理措施,提高水资源的利用率。

9 结论与建议

9.1 结论

9.1.1 项目用水量及合理性

本项目向工业供应原水,考虑输水损失率5%,用水的企业现状年供水量为2 131万m^3,规划年供水量为2 994万m^3。用水水平:本项目向工业供应原水,本身不用水。各企业用水水平经分析各项用水指标符合山东省和行业取水定额标准,各企业产品取水指标和取用水量基本合理。

9.1.2 项目的取水方案及水源可靠性

本项目向7家用水的企业供水,现状年南四湖上级湖供水量1 951万m^3,南水北调长江水180万m^3;规划年南四湖上级湖供水量2 766万m^3,南水北调长江水228万m^3,供水保证率为95%。南四湖上级湖多年平均来水量为23.00亿m^3/a,上级湖的兴利库容为8.36亿m^3。经长系列时历法调算,可满足各用水户的用水需要,供水水源可靠。

9.1.3 取水和退水影响补救与补偿措施

本项目取用南四湖上级湖地表水向企业供水,取水和退水对其他用水户和水功能区基本无影响,可不进行补偿。

9.2　存在的问题及建议

(1)本项目用水户较多,应严格计量管理,科学进行调度,严防跑、冒、滴、漏现象,做到安全供水。

(2)南四湖上级湖来水量较大,但用水户较多,农业用水口门多而分散,难以控制其取水量,枯水年工农业用水矛盾比较突出。为保证本项目的供水安全,建议供水单位在适当位置兴建调蓄水库,当遇特枯水年地表水供水紧张时,进行调蓄供水,保证供水安全。

案例14　枣庄市某区化工产业园规划水资源论证

闫丽娟　程　飞　韩顺渊

枣庄市水利勘测设计院

1　总则

1.1　规划水资源论证的目标和任务

1.1.1　规划水资源论证的目标

依据《中华人民共和国水法》,化工产业园区的规划应当与当地的水资源条件相适应,在水资源不足的地区,应当对涉及耗水量大的园区加以限制。化工产业园区规划水资源论证属于对重大建设项目的布局的水资源论证,本次水资源论证的目的是:通过规划水资源论证,识别制约规划实施的主要水资源因素,论证规划实施对区域水资源系统的影响,协调规划实施和水资源承载能力、水环境容量之间的关系,提出水资源开发利用、节约保护的对策措施及建议,从流域或者区域的水资源条件对化工产业园区的规模和耗水量进行限制,从水资源的角度对化工产业园区规划的合理性进行评价,以水资源的可持续利用促进区域的可持续发展,为规划的决策和水资源管理提供依据。

1.1.2　规划水资源论证的任务

本次水资源论证的任务主要包括水资源论证范围分析、区域水资源现状及开发利用分析、规划需水预测与合理性分析、水源配置与供需平衡分析、水源分析、退水分析、规划合理性分析、取退水的影响分析及补偿建议、水资源节约保护与管理对策措施,对化工产业园区规划提出相应的评估结论与建议。

1.2　水平年

根据《规划水资源论证技术要求(试行)》及《建设项目水资源论证导则》(GB/T 35580—2017)的要求,规划水资源论证报告的水平年应与“规划”一致,现状水平年选取与工程建设时间较接近的年份,并避免特枯或特丰水年。考虑到与已有成果资料配套及时效性,与化工产业园区近期规划时间一致,经综合考虑,本次论证的现状水平年为2018年,规划水平年为近期2023年、远期2035年。

2　规划与水资源相关的内容识别与分析

2.1　规划概况及主要内容

本次规划水资源论证对象为枣庄市某区化工产业园,属于山东省第四批化工产业园区。主要以精细化工、化工新材料、生物化工、新能源汽车等产业为主。

2.1.1　规划面积

规划园区建设用地总面积301.89 hm^2。

2.1.2　规划时段

规划时段为 2018~2035 年,按照统一规划、分步实施的原则,拟分二期建设,同时根据发展中的具体情况进行合理调整,做到“一次规划,分期实施,滚动发展”。

(1)近期:2018~2023 年。

(2)中期:2024~2035 年。

2.1.3　规划功能定位、产业定位

1. 功能定位

园区突出集约发展、绿色发展、安全发展三大主题,重点发展以精细化工、化工新材料为主,以新型建材、机械加工、光伏发电为辅的产业园区,形成多产品链、多产业集群的枣庄市综合型化工产业基地。

2. 产业定位

近期优化发展精细化工、机械制造、新型建材、光伏发电等优势产业,同时配套发展商贸服务、仓储物流等服务业;远期重点培育发展化工新材料产业。

2.2　规划与水资源相关的内容

2.2.1　规划取水水源

根据《山东某城经济开发区东部产业园供水项目水资源论证报告》,近期产业园供水取水水源为张庄富水主地区单元,取水地点位于张庄附近。园区企业自来水由枣庄市某供水有限公司供给,能够满足园区近期规划用水量的需求。远期考虑使用某城水源地地下水。

2.2.2　供水设施规划

规划在园区东北侧建设供水厂,占地面积 2.03 hm^2。此外,综合考虑水厂需要为全镇区供水,根据镇区总体规划,确定水厂供水规模达到 5.5 万 m^3/d,供水保证率 100%。给水管网采用支状与环状相结合的布置方式,分区分压串联供水,提高供水保障率。结合扩建的污水处理厂,建设中水回用工程,为园区部分低质工业用水和市政用水供水。

规划工业用水和生活用水各建设供水管网,采用环状和枝状相结合的方式,干管沿干路敷设,干管管径为 DN200~DN400,给水管道埋深需在冰冻线以下,主干道不低于 0.7 m,供水普及率达到 100%。消防给水采用与生活给水同一低压给水管网供给。消火栓沿规划主干道布置,其间距不超过 120 m,消火栓保护半径不超过 150 m。

2.2.3　供水水质

生活供水水质要达到国家《生活饮用水卫生标准》(GB 5749—2006)的要求,管网服务压力满足 0.28 MPa,工业用水水源为污水处理厂再生水,工业供水水质必须达到《城市污水再生利用工业用水水质》(GB/T 19923—2005)的标准,主要适用于冷却用水、洗涤用水、锅炉用水、工艺用水、化工产品用水等。

2.2.4　涉水内容的识别

1. 地下水水源条件符合性

根据《枣庄市水资源调查评价》、《枣庄市地下水开发利用规划》和对张庄富水区水资源计算及现场调查成果,张庄富水区多年平均地下水资源量为 344.7 万 m^3/a,可开采量为 225.26 万 m^3/a。2018 年当地农村农业实际开采量为 25.17 万 m^3,枣庄市某供水有限

公司取水许可量 85.17 万 m^3(供园区使用),取水地点位于张庄富水区腹部径流区,水源条件完全可满足该近期规划项用水要求。

2. 再生水水源条件符合性

化工产业园扩建后的污水处理厂枣庄某水务有限公司投资新建污水处理厂既要满足扩建后的化工产业园的需要,又要考虑工程投资及运行费用,同时又要考虑具体位置及其对周围的卫生环境影响。近期规划新建污水处理厂,处理规模达到 1.5 万 m^3/d。规划中水主要用于市政绿化用水、河道景观用水、道路广场浇洒和工业企业大户重复用水的补充用水。

3. 水资源规划符合性

根据《枣庄市地下水开发利用规划》和某区的有关规定,张庄富水区地下水除保障当地居民生活用水外,全力保障化工产业园区生活用水。某区污水处理厂再生水及扩建后的化工产业园污水处理厂和新建污水处理厂再生水用于化工产业园区工业用水,规划化工产业园取水水源符合某区水资源规划要求。

4. 水资源配置符合性

该规划项目位于某区东部,取用当地地下水用于生活用水,取用某城污水处理厂、扩建后的化工产业园污水处理厂再生水作为生产供水水源,符合水源配置、统一管理的要求,符合“优水优用、劣水劣用”的配置原则。

5. 最严格水资源管理符合性

根据《关于印发〈枣庄市 2018 年度水资源管理控制目标〉的通知》(鲁水资字〔2018〕第 12 号),某区现状(2018 年)用水总量控制指标见表 1。

表 1 某区现状年(2018 年)用水总量控制指标 单位:万 m^3

地表水	地下水	合计	备注
1 550	2 759	4 309	不含南四湖水及中水

某区近 3 年平均总供水量为 3 953.3 万 m^3,其中地表水源供水量 899 万 m^3,地下水源供水量 2 949.3 万 m^3,再生水供水量 81.0 m^3,雨水利用 24.0 万 m^3,具体供水量见表 2。

表 2 某区近 3 年用水量 单位:万 m^3/a

年份	地表水源供水量			地下水源供水量	其他水源供水量		总供水量
	蓄水	引水	提水	浅层水	污水处理回用	雨水利用	
2016	187.7	280.0	527.3	3 002.0	73.0	24.0	4 094.0
2017	162.1	140.0	560.9	2 911.0	97.0	24.0	3 895.0
2018	53.6	200.0	585.1	2 935.0	73.0	24.0	3 870.7
平均	134.5	206.7	557.8	2 949.3	81.0	24.0	3 953.3

某区近 3 年的用水量在用水总量控制指标范围之内,符合最严格水资源管理要求。

根据山东省人民政府第 227 号令《山东省用水总量控制管理办法》《关于印发〈枣庄市 2018 年度水资源管理控制目标的通知》（鲁水资字〔2018〕第 12 号），某区地下水用水总量控制指标（含市直在某区 730 万 m^3/a）为 3 489 万 m^3/a，现状年（2018 年）某区地下水实际用水量 2 935 万 m^3/a（包括市直指标），地下水剩余指标 554 万 m^3/a，枣庄市某供水有限公司取水许可量 85.17 万 m^3/a。在用水总量控制指标范围之内，符合最严格水资源管理要求。

6. 规划用水效率分析

某区化工产业园近期规划面积 3.018 9 km^2，园区现状工业用地共 2.239 5 km^2，设计总取用水量 1.54 万 m^3/d。工业用地取用水量 0.69 万 $m^3/(km^2 \cdot d)$，在《城市给水工程规划规范》（GB 50282—2016）给出的工业用地用水量指标之内，见表 3，说明化工产业园规划设计用水水平及用水效率较高，所规划项目均属于节水型企业。

表 3　不同类别用地用水量指标　　单位：$m^3/(hm^2 \cdot d)$

类别代码	类别名称		用水量指标
R	居住用地		50~130
A	公共管理与公共服务设施用地	行政办公用地	50~100
		文化设施用地	50~100
		教育科研用地	40~100
		体育用地	30~50
		医疗卫生用地	70~130
B	商业服务业设施用地	商业用地	50~200
		商务用地	50~120
M	工业用地		30~150
W	物流仓储用地		20~50
S	道路与交通设施用地	道路用地	20~30
		交通设施用地	50~80
U	公用设施用地		25~50
G	绿地与广场用地		10~30

7. 退水回用

园区内现状排水系统较落后，虽有简易的排水设施，但疏于管理，效果不显著。园区已建设 1 处污水处理厂，日处理污水约 3 000 m^3。

规划近期扩建现污水处理厂 1 座，处理规模 4.5 万 m^3/d。再生水回用处理规模 0.74 万 m^3/d。采用生物二级处理工艺，污水处理出水水质达到一级 A 排放标准的同时达到《污水再生利用工程设计规范》（GB/T 50335—2002）中工业用水水质标准，再生水水质标准满足规划项目回用水标准。在规划污水处理厂下游规划建设湿地处理系统，接收污水处理厂再生水回用后的剩余水量,以达到排入水体水质目标的要求。

2.3 规划的退水方案

2.3.1 排水现状

园区内现状排水系统较落后,虽有简易的排水设施,但疏于管理,效果不显著。园区已建设1处污水处理厂,日处理污水3 000 m^3。

2.3.2 排水原则

规划园区排水采用雨污分流制。保护水体,污水统一收集处理。雨水排放采用短距离、多出口、分散就近排放的原则。

2.3.3 污水量预测

规划污水排放量按其用水量的80%计。根据用水量预测,规划近期园区污水排放量为1.23万 m^3/d;远期园区污水排放量为2.90万 m^3/d。此外,根据镇总体规划,现有污水处理厂扩建后还需要处理来自镇区的污水,近期约0.3万 m^3/d,远期约0.7万 m^3/d。

2.3.4 污水处理厂规划

规划对园区现有污水处理厂进行扩建,为整个园区服务,远期规模达到4.5万 m^3/d,占地面积为4.18 hm^3。

2.3.5 污水管网规划

污水管沿道路敷设,主干管设在主要道路上。污水系统管网呈树枝状布置,以重力流为主。排水体制按照雨污分流原则,雨水管渠充分利用地形、水系进行合理分区,保证管渠以最短路线、较小管径将雨水就近排入附近河道。

2.3.6 污水排放标准

排入污水管道的污水水质应符合《污水排入城市下水道水质标准》(GB/T 31962—2015)的规定。再回收利用的中水要符合《城市污水再生利用-景观环境用水水质》《城市污水再生利用-城市杂用水水质》的标准。经过污水处理厂处理后的废水排入河道,在规划污水处理厂下游进一步规划湿地处理系统,以达到排入水体水质目标的要求。

2.3.7 事故水收集系统规划

为防范和控制产业区内各企业废水事故时,在事故水处理过程中产生的污废水进入自然水域对区域水环境造成污染,规划要求各企业内部必须设置事故水收集系统。

2.4 与有关规划的符合性

2.4.1 与国家规划产业政策的符合性

依据《"十三五"国家科技创新规划》《国家中长期科学和技术发展规划纲要》《国务院关于加快培育和发展战略性新兴产业的决定》《新材料产业"十二五"发展规划》《国务院关于石化产业调结构促转型增效益的指导意见》《关于加快推进农作物秸秆综合利用的意见》等有关文件,未来发展的重点包括:特种合成橡胶、工程塑料、高性能纤维、氟硅材料、可降解材料、功能性膜材料、功能高分子材料及复合材料等领域。在新能源汽车领域,国家出台了《关于进一步做好新能源汽车推广应用工作的通知》《关于2016—2020年新能源汽车推广应用财政支持政策的通知》等系列鼓励措施和补贴政策,已成为我国产业发展的重要方向。因此,枣庄市某区化工产业园可以依托区域比较优势,紧跟国家和区域政策,有选择地在化工新材料、生物化工、新能源等领域突破发展,符合国家规划产业政策。

2.4.2　地方国民经济发展规划的协调性

《枣庄市国民经济和社会发展第十三个五年规划纲要》指出按照发展优势产业、打造核心企业、延伸产业链条、培育产业集群的工作思路,合理定位、布局园区发展。《枣庄市精细化工发展规划》明确"协调处理好产品链条间的关系,按照循环经济的发展模式,逐步形成发展项目聚集化、产业规模化、大型化、一体化";"加快园区建设,促进产业的集群发展。坚持市场机制与政府推动相结合的原则,以建设特色的精细化工产业园区为载体,增强大型优势企业的辐射和带动作用,优化产业布局"。

园区按照"区域化布局、规模化开发、基地化建设、标准化生产、产业化经营、外向型发展"的超前思路,以"五个一体化"为总体思路,通过对园区内产品项目、公用工程、仓储物流、"三废"治理和管理服务的整合,做到专业集成、投资集中、资源集约、效益集聚。

园区充分发挥自身优势,进行产品结构调整、着力园区布局优化、资源共享利用,实现某区化工产业园的转型发展和可持续发展,园区规划与地方国民经济发展规划是协调的。

3　水资源条件分析

3.1　水资源状况

3.1.1　水资源总量

1. 地表水资源量

根据《枣庄市水资源调查评价》(2010 年),某区多年平均降水量为 828 mm,多年平均地表水资源量为 13 222 万 m^3。

2. 地下水资源量

根据《枣庄市水资源调查评价》(2010 年),某区多年平均地下水资源量为 9 217.8 万 m^3/a。

3. 水资源总量

根据《枣庄市水资源调查评价》(2010 年),某区多年平均水资源总量为 19 901.8 万 m^3/a,不同保证率下水资源总量见表 4。

表 4　不同保证率下某区水资源总量　　单位:万 m^3/a

保证率	地表水资源量	地下水资源量	重复计算量	水资源总量
平均	13 222	9 217.8	2 538	19 901.8
50%	12 296	9 217.8	2 479	19 034.8
75%	7 933	9 217.8	1 972	15 178.8
95%	3 305	9 217.8	1 268	11 254.8

4. 水资源可利用量

地表水资源可利用量参照《枣庄市水资源调查评价》(2010 年)、《枣庄市水资源综合规划》等成果,在 50%、75%、95%保证率分别为 3 604 万 m^3、2 434 万 m^3、1 431 万 m^3。

地下水资源可开采量依据地下水水文地质条件的不同,分别采用开采系数法、排泄量法计算,得到某区地下水资源可开采量为 7 990 万 m^3。

3.1.2 水资源质量状况

枣庄市 2018 年度水环境质量监测通报资料显示,某区境内水质情况基本良好。河道监测断面除总磷、氨氮等部分指标外,河道水质基本为Ⅳ、Ⅲ类;城市供水水源地徐楼水源地为劣Ⅴ类、三里庄水源地为Ⅳ类。

3.2 水资源开发利用分析

3.2.1 供水工程及供水量

1. 供水工程

(1)地表水供水工程。①蓄水工程:该区除北部为浅山区外,其他大多是丘陵、平原、洼地,故无大、中型蓄水工程,建有小型水库 20 座和塘坝 96 座,总库容 1 380 万 m^3。②引水工程:主要以灌渠、水闸为主,本区建有引水工程 3 处,设计供水能力 1 120 万 m^3。③提水工程:该区现有提水泵站工程 1 332 处,年设计供水能力 4 490 万 m^3。

(2)地下水供水工程。全区共有机电井 1 541 眼,已建成配套机电井 1 329 眼。

2. 供水量

某区近 3 年平均总供水量为 3 953.3 万 m^3,其中地表水源供水量 899 万 m^3,地下水源供水量 2 949.3 万 m^3,再生水供水量 81.0 万 m^3,雨水利用 24 万 m^3,具体供水量见表 5。

表 5 某区现状近 3 年各水源供水量 单位:万 m^3/a

年份	地表水源供水量			地下水源供水量	其他水源供水量		总供水量
	蓄水	引水	提水	浅层水	污水处理回用	雨水利用	
2016	187.7	280.0	527.3	3 002.0	73.0	24	4 094.0
2017	162.1	140.0	560.9	2 911.0	97.0	24	3 895.0
2018	53.6	200.0	585.1	2 935.0	73.0	24	3 870.7
平均	134.5	206.7	557.8	2 949.3	81.0	24	3 953.3

3.2.2 用水量及用水结构

1. 用水量情况

根据水资源公报统计数据,某区近 3 年平均农田灌溉用水量 1 448.7 万 m^3,林牧渔畜用水量 796.3 万 m^3,工业用水量为 587.9 万 m^3,城镇公共用水量为 220.6 万 m^3,生活用水总量 788.3 万 m^3,其中城镇生活用水量 218.4 万 m^3,农村居民生活用水量 569.9 万 m^3,具体见表 6。

表 6　某区近 3 年用水量

单位：万 m^3/a

年份	农田灌溉用水量		林牧渔畜用水量			工业用水量			城镇公共用水量		居民生活用水量		生态与环境补水量		总用水量
	水浇地	菜田	林果地灌溉	鱼塘补水	牲畜用水	火(核)电 循环式	国有及规模以上	规模以下	建筑业	服务业	城镇	农村	城镇环境	农村生态	合计
2016	1 353	286	489	276	206	8.4	197	118.4	108	175	173	588	19.2	97	4 094
2017	1 044	154	429	181	136	30	360	330	123	185	241	561	24	97	3 895
2018	1 236	273	292	196	184	28	385	307	22	49	241	560.7	73	24	3 870.7
平均	1 211.0	237.7	403.3	217.7	175.3	22.1	314.0	251.8	84.3	136.3	218.4	569.9	38.8	72.7	3 953.3

2. 用水结构

从行业用水看,农牧业用水所占比重较大,为57%;生活用水次之,为20%。从水源类型看,地下水所占比重较大。

3.2.3 用水水平

全区农业灌溉以渠灌、喷灌为主,现状年全区实际灌溉面积23.84万亩,灌溉用水量1 509万m^3,亩均用水量63.3 m^3。

某区现状年用水总量为3 870.7万m^3,据统计局公布的数据,某区现状年GDP为140.56亿元,新鲜水万元GDP取水量27.5 m^3,低于2018年万元GDP用水量指标。

全区工业增加值51.37亿元,工业用水总量720万m^3,万元工业增加值取水量14 m^3,高于2018年万元工业增加值的用水指标。

3.2.4 水资源供需平衡分析

参照《某区统计年鉴》、《枣庄市水资源综合规划》(2007年)、《某区"十三五"规划纲要》等成果,确定的经济发展指标,利用定额法预测规划水平年的需水量,结合可供水量进行水资源供需平衡分析。

1. 规划水平年经济社会发展指标预测

1)人口及城市化水平

现状年总人口为42.75万,其中城镇人口为14.98万人,农村人口为27.77万人;根据相关规划,本次按6‰的增长率计算,2023年城镇化达到40%,见表7。

表7 某区规划年人口预测 单位:万人

类别		城镇	农村	合计
现状	2018年	14.98	27.77	42.75
规划年	2023年	17.62	26.43	44.05

2)第一产业发展指标

现状年实灌溉面积23.84万亩,2023年灌溉面积达到25.00万亩。根据某区畜牧局提供的资料确定各畜禽养殖量,见表8。

表8 某区规划年灌溉面积牲畜发展指标预测 单位:万亩

规划年	水浇地	菜地	林果	合计	牲畜		合计
					大牲畜	小牲畜	
2018	18.53	2.65	2.66	23.84	4.35	287	291.35
2023	19.50	2.80	2.70	25.00	5.00	300	305.00

3)第二产业发展指标

根据《枣庄市城市总体规划》、《某区十三五规划》、某区各类产业规划及相关资料,结合某区仅今年工业增加值的增加速度,确定某区工业增加值增长率为6%。

4)第三产发展指标(含建筑业)

根据《某区十三五规划》结合某区第三产业发展趋势,确定某区工业增加值增长率为 7%。

某区规划年(2023 年)经济社会发展指标详见表 9。

表 9　某区规划年社会经济发展指标

规划年	人口/万人		第一产业					第二产业	第三产业
			农业/万亩			牲畜/(万头/万只)			
	城镇	农村	水浇地	菜地	林果	大牲畜	小牲畜	工业	服务、建筑
2018	13.71	28.91	18.53	2.65	2.66	4.35	287	41.66	54.15
2023	17.60	26.19	19.50	2.80	2.70	5.00	300	55.76	75.95

2. 需水定额

(1)生活用水定额。城镇生活用水定额按《山东省城市生活用水量标准(试行)》中每人每日 85~120 L。按 120 L/(人·d)计算;农村生活用水量定额按《山东省农村居民生活用水定额》(DB37/T 3773—2019)中每人每日 40~90 L,按 70 L/(人·d)计算,牲畜用水定额按《枣庄市水资源综合规划》中牲畜用水量标准计算,见表 10。

表 10　规划年某区生活需水定额预测

生活/[L/(人·d)]		牲畜/[L/(头·d)]	
城镇	农村	大牲畜	小牲畜
120	70	40	15

(2)农业用水定额。由于农业用水为非充分灌溉,本次对某区多年日降雨量(1980~2008 年)进行频率分析,选择典型年份,按照时历法结合灌溉制度确定的需水定额作为农业需水定额,见表 11。表 11 中定额略低于《山东省主要农作物灌溉定额》(DB37/T 1640—2010)中Ⅵ区(鲁南片)的定额标准,是充分考虑了采取节水措施后的定额。

表 11　规划年某区农业需水定额　　单位:m^3/亩

保证率	水浇地	菜地	林果
50%	215	350	90
75%	246	400	100
95%	271	410	110

(3)工业用水定额。根据枣庄市水利和渔业局《关于印发〈枣庄市 2018 年度水资源管理控制目标〉的通知》,枣庄市分配给某区的用水效率指标为:万元 GDP 耗水量及万元

工业增加值用水量比 2015 年下降幅度分别为 8%、5%，分别为 4.52 m^3、35.97 m^3。结合某区工业用水实际，某区 2023 年万元工业增加值用水量按 11 m^3 计算。

(4)第三产业用水定额。根据中国水利水电科学研究院对黄淮地区第三产业用水定额，到 2023 年，服务业综合用水定额为 6.5 m^3/万元，建筑业用水定额为 7.1/万元，第三产平均用水定额为 6.8 m^3/万元。

3. 需水量预测

根据某区规划年社会经济发展指标和各项用水定额计算规划水平年需水量，见表 12。

表 12　某区规划水平年不同保证率下需水量预测结果　　单位：万 m^3

水平年	保证率	生活(综合)		第一产业				第二产业	第三产业	合计
		城镇	农村	水浇地	林果	菜地	牲畜	工业	服务、建筑	
2023	50%	772	675	4 193	243	928	1 716	1 120	716	10 363
	75%	772	675	4 797	270	1 120	1 716	1 120	716	11 186
	95%	772	675	5 285	297	1 148	1 716	1 120	716	11 729

4. 规划水平年可供水量分析

1)地表水可供水量

根据《某区水资源综合规划》《水资源评价汇总报告》，50%保证率下地表水可供水量为 3 604 万 m^3，75%保证率下地表水可供水量为 2 434 万 m^3，95%保证率下地表水可供水量为 1 431 万 m^3。

2)地下水可供水量

根据《水资源评价汇总报告》，多年平均可开采量为 7 990 万 m^3。

3)再生水可利用量

某区城区建有一座污水处理厂，现状处理能力 4 万 m^3/d，根据《污水再生利用工程设计规范》(CB 50335—2002)，再生水按来水量的 70%计。根据某区污水处理厂处理水量统计资料，现状年可回用量为 726 万 m^3，规划水平年为 1 000 万 m^3。

4)矿坑排水可利用量

现状年尚未利用矿坑水(企业内部回用除外)，依据《水资源评价汇总报告》，各规划年矿坑排水可供水 462 万 m^3。

5)客水可利用量

某区的客水主要为南四湖，根据原国家农委国农办字〔1980〕第 50 号文、《山东省水资源综合规划》(2007 年)及相关规划，现状年客水可利用量为 6 000 万 m^3。

6)规划年可利用水量

地表水、地下水、矿坑水、再生水和客水汇总得 2023 年水资源可供水量，见表 13。

表 13　规划年不同保证率下水资源可供水量汇总　　单位:万 m³

水平年	保证率	地表水	地下水	再生水	矿坑排水	客水	合计
2023	50%	3 604	7 990	1 000	462	6 000	19 056
	75%	2 434	7 990	1 000	462	6 000	17 886
	95%	1 431	7 990	1 000	462	6 000	16 883

5. 规划水平年供需平衡分析

根据需水量、可供水量可得规划年供需平衡分析,结果见表 14。由表 14 可看出,如果各种水源都能得到充分利用,各规划年某区整体上不缺水。

表 14　某区各规划年供需平衡分析　　单位:万 m³

规划年	保证率	需水量	可利用量	余缺水量 (+为余,-为缺)
2023	50%	10 363	19 065	8 702
	75%	11 186	17 886	6 700
	95%	11 729	16 883	5 154

3.2.5　水资源开发利用存在的主要问题

通过对某区水资源利用现状分析,发现主要存在以下问题:

(1)部分水利工程老化、配套不力等问题亟待解决。水利工程大部分存在工程老化和配套不力等问题。原有的取水设备已废弃或勉强维持运行,加上地下水水位下降,原设计取水高度不满足取水要求,导致取水工程降低标准使用或废弃,达不到设计供水能力。

(2)取用水结构不够合理。全区农业用水、工业用水多以地下水开采为主,尤其是以某水源地内工业用水取自地下水的集中开采现象较多。而更为重要的一点是,污水处理厂等再生水资源未得到充分利用,导致取用水结构不科学。

4　规划需水量预测及合理性分析

4.1　规划布局、规模合理性分析

4.1.1　用地规划布局

枣庄市某区化工产业园空间结构应突出工业发展为主要职能,完善物流仓储、研发服务设施、市政基础设施,通过完善道路交通网络,有机联系各功能组团,形成“一心、两轴、三组团”的空间布局。

4.1.2　规模合理性

1. 人口规模

根据《枣庄市某区化工产业园总体规划》,取就业人口 75 人/hm²,到 2023 年,建设完

成工业用地 238.36 hm^2,园区工业用地就业人口规模约为 1.8 万人;到 2035 年,建设完成工业用地 562.14 hm^2,园区工业用地就业人口规模约为 4.2 万。

2. 产值规模

近期(2023 年),园区工业总产值达到 120 亿元;远期(2035 年),形成精细化工和化工新材料两个产业集群,基本建成现代化、国际化、生态型科技产业园,园区工业总产值达到 300 亿元,园区单位面积工业总产值达到国内先进水平。

4.2 规划园区需水预测

4.2.1 用水效率指标确定

1. 面积用水定额

面积用水定额根据《化工系统节约用水管理规定》《化学工程节水设计规范》《化工行业重点节水技术目录》《城市给水工程规划规范》等,综合考虑化工产业现状用水水平,确定公共管理与公共服务设施用地、商业服务业设施用地、工业用地用水定额取 50 $m^3/(hm^2 \cdot d)$;物流仓储用地、道路用地用水定额取 20 $m^3/(hm^2 \cdot d)$;交通设施用地用水定额取 50 $m^3/(hm^2 \cdot d)$;公用设施用地用水定额取 25 $m^3/(hm^2 \cdot d)$;绿地与广场用地用水定额 10 $m^3/(hm^2 \cdot d)$。

2. 生活用水定额

根据《室外给水设计规范》(GB 50013—2006)确定的职工生活用水定额和综合生活用水定额指标,结合工业园区职工用水特点,确定人均综合生活用水定额为 50 L/(人·d)。

3. 用水效率控制指标

根据《枣庄市 2018 年度各区(市)用水效率控制指标》,万元工业增加值用水比 2015 年下降 5%,2015 年根据《山东省 2011—2015 年用水效率控制指标》,枣庄市为 19.5 m^3/万元,确定规划年用水效率控制指标为 18.5 m^3/万元。

4. 同类地区借鉴法

根据省内其他城市按规划用地综合用水量指标:东营胜利化工工业园 58 $m^3/(hm^2 \cdot d)$,胶州化工工业园 59 $m^3/(hm^2 \cdot d)$,济宁化工工业园 55 $m^3/(hm^2 \cdot d)$,根据其他地区同类工业用水情况确定规划期综合用水指标为 57 $m^3/(hm^2 \cdot d)$。

5. 供水管网损失率

《城市供水管网漏损控制及评定标准》明确规定,城市供水企业管网基本漏损率不应大于 12%;《山东省节水型社会建设技术指标》规定,供水管网漏失率达到 8%的要求,确定某区化工产业园供水管网漏失率 8%。

4.2.2 需水量预测

1. 生活需水量计算

依据《某区化工产业园总体发展规划(2018—2035 年)》可知:2023 年园区人口规模 1.8 万,综合生活用水量 0.09 万 m^3/d(合 29.7 万 m^3/a);2035 年园区人口规模 4.2 万,综合生活用水量 0.21 万 m^3/d(合 69.3 万 m^3/a)。

2. 工业需水量计算

1)面积定额法

根据《枣庄市某区化工产业园总体发展规划(2018—2035 年)》中园区用地分类及用

水量,具体见表 15、表 16。

表 15　近期用水量

用地名称		总面积/hm^2	用水定额/[m^3/(hm^2·d)]	用水量/(m^3/d)
商业服务业设施用地		1.77	50	88.5
工业用地		238.36	50	11 918.0
物流仓储用地		4.81	20	96.2
道路与交通设施用地		33.35		0
其中	S1 城市道路用地	28.98	20	579.6
	S3 交通枢纽用地	1.15	50	57.5
	S42 社会停车场用地	3.22	50	161.0
公用设施用地		10.24	25	256.0
绿地与广场用地		13.36	10	133.6
合计				13 290.4

表 16　远期用水量

用地名称		总面积/hm^2	用水定额/[m^3/(hm^2·d)]	用水量/(m^3/d)
商业服务业设施用地		1.77	50	88.5
工业用地		562.14	50	28 107.0
物流仓储用地		4.81	20	96.2
道路与交通设施用地		114.40		0
其中	S1 城市道路用地	110.03	20	2 200.6
	S3 交通枢纽用地	1.15	50	57.5
	S42 社会停车场用地	3.22	50	161
公用设施用地		10.24	25	256.0
绿地与广场用地		125.53	10	1 255.3
合计				32 222.1

2023 年园区用水总量约为 1.33 万 m^3/d(合 438.58 万 m^3/a),2035 年园区用水总量约为 3.22 万 m^3/d(合 1 063.33 万 m^3/a)。

2)借鉴法

规划综合用地:近期 301.89 hm^2,远期 818.89 hm^2,综合用水指标为 57 m^3/(hm^2·d)。

近期需水量 1.72 万 m^3/d,远期需水量 4.67 万 m^3/d。

3. 供水管网损失水量预测

某区化工产业园供水管网漏失率 8%,经计算,近期规划水平年(2023 年)供水管网损失水量为 0.12 万 m^3/d(合 39.60 万 m^3/a);远期规划水平年(2035 年)供水管网损失水量为 0.30 万 m^3/d(合 99.00 万 m^3/a)。

4. 某区化工产业园各规划期需水量

经上述分析计算,某区化工产业园各规划期需水量见表 17。

表 17 某区化工产业园各规划期需水量计算 单位:万 m^3/d

序号	方法	工业需水量		生活需水量		其他用水		管网损失		总用水量	
		近期	远期	近期	远期	近期	远期	近期	远期	近期	远期
1	面积定额法	1.19	2.81	0.09	0.21	0.14	0.41	0.12	0.30	1.54	3.73
2	借鉴法									1.72	4.67

注:全年按 330 d 计算。

5. 化工产业园总需水量确定

根据面积定额法及借鉴法计算成果,确定化工产业园总需水量按面积定额法较为合理:某区化工产业园规划近期年需水量 507.88 万 m^3,日需水量 1.54 万 m^3;规划远期年总需水量 1 231.63 万 m^3,日需水量 3.73 万 m^3。

5 水源配置与供需平衡分析

5.1 规划水平年水源结构和水源地分布

某区化工产业园由当地地下水、某区污水处理厂再生水和扩建后的化工产业园污水处理厂再生水三部分组成。

5.1.1 地下水

1. 可供水量

根据上述求得的参数结合 2010 年《枣庄市水资源调查评价》成果,分析计算得到论证区各项补给量计算成果。

1)降水入渗补给量

降水量的计算利用某雨量站 1951~2015 年 65 年的长系列资料,采用算术平均法求出论证区多年平均降水量为 841.1 mm,求得论证区内多年平均降水入渗补给量为 273.8 万 m^3。

2)河道入渗补给量

利用比拟法进行河道渗漏量计算,经计算多年平均河道入渗量约 48 万 m^3。

3)侧向补给量

参考《水文地质手册》中同类岩性含水层渗透系数的经验值,K_1 取 22 m/d;含水层厚度取 2 m,求得年均侧向补给量 18.8 万 m^3。

4）地下水总补给量

以上各项为论证区的地下水补给量，据此可求出论证区的地下水总补给资源量为 340.6 万 m^3/a，见表 18。

表 18　地下水资源补给量计算成果　单位：万 m^3/a

补给项目	降水入渗	河道渗漏	侧向补给	总补给量
补给量	273.8	48	18.8	340.6

5）地下水资源量

在地下水资源量计算过程中，上下游地区之间、山丘区与平原区之间存在着重复计算量，在计算地下水资源量时应予扣除。重复计算量包括山前侧渗补给量和由上游山丘区基流形成对下游平原区地下水补给量，扣除重复量后该区地下水资源量为 321.8 万 m^3/a。

6）地下水可开采量

根据《山东省水资源综合规划》《枣庄市水资源调查评价》，考虑该地区含水层的富水性、水文地质参数等综合分析，张庄富水地段可开采系数取地下水资源量的 70%，可开采量为 225.26 万 m^3/a。

2. 取水可靠性分析

1）水资源量采补平衡分析

经计算，多年平均地下水可开采量 225.26 万 m^3/a，地下水可开采量是随年降水量变化而变化的，虽然地下水可开采量为多年调节水量，但是要考虑特殊干旱年和连续干旱年的情况，地下水可开采量的不确定性，所以，在地下水开发利用的同时，根据地下水水动态变化情况，尽量使地下水水位保持在一定水平。

园区取水量为 85.17 万 m^3/a（合 2 473 m^3/d），取水水源为张庄富水地段，剩余水量可以满足用水需求，利用张庄富水地段作为园区生活供水水源地是可靠的。

2）水质可靠性分析

根据水质评价结果，属于良好水质，达到生活饮用水标准，适用于各种用途，水质是可靠的。

3）取水口可靠性分析

规划项目取水点位于张庄水源地腹部，根据地质条件，形成相对稳定的富水地段，根据附近抽水试验成果，单孔出水量 40 m^3/h，降深 4.64 m，而且渗透系数较大，相对地下水富集地段设置取水口是可靠的。

5.1.2　某区污水处理厂再生水

1. 可供水量

现状 50%保证率按 60%可回用率确定再生水量为 1.99 万 m^3/d。95%保证率按 60%可回用率确定再生水量为 1.85 万 m^3/d。根据《关于山东某发电股份有限公司办理取水许可的批复》，山东某发电股份有限公司年取用某区污水处理厂 36 万 m^3，日取水 1 000 m^3，剩余水量可满足园区近期年取用再生水 225.2 万 m^3（合 0.68 万 m^3/d）的要求。

2. 取水可靠性分析

1) 水量的可靠性

在考虑其他用水户情况下,剩余水量可满足园区近期年取用再生水 225.2 万 m^3(合 0.68 万 m^3/d)的要求,取水水量是可靠的。

2) 水质的可靠性

某区污水处理厂再生水符合化工产业园对再生水的水质要求。根据 2017 年 1~12 月在线监测出水水质情况,各指标符合《城镇污水处理厂污染物排放标准》(GB 18918—2002)中的一级 A 排放标准,且水质稳定,是可靠的。

综上所述,园区从某区污水处理厂取再生水,从水量、水质方面分析,取水是可靠的。

5.1.3 扩建后化工产业园污水处理厂再生水

1. 可供水量

根据《污水再生利用工程设计规范》(GB 50335—2016),再生水可利用量按污废水排放量的 80%计算,2023 年污废水排放量 0.75 万 m^3,2035 年污废水排放量 1.73 万 m^3。近期再生水可利用量 0.6 万 m^3/d,远期再生水可利用量 1.39 万 m^3/d。

2. 取水可靠性分析

工业园污水处理厂属于二级污水处理厂,外排水质同时达到《城镇污水处理厂污染物排放标准》(GB 18918—2002)中的一级 A 标准,并满足《山东省南水北调沿线水污染物综合排放标准》(DB 37/599—2006)中“重点保护区域”标准。

根据化工产业园规划的污水处理厂,在产业园规划正常实施的情况下,水量和水质符合规划产业的用水要求,将产业园污水处理厂再生水作为化工产业园工业供水水源之一,是可靠的。

6 规划实施影响分析

6.1 对区域水资源配置及水资源量的影响

根据“优水优用、劣水劣用、分质供水、节约用水”的原则。园区用水拟从当地地下水、某污水处理厂、扩建化工产业园污水处理厂 3 个水源取水。根据《山东省用水总量控制管理办法》(山东省人民政府第 227 号令)、《枣庄市年用水总量控制指标分配方案》,某区地下水用水总量控制指标(含市直在某区 730 万 m^3)为 3 489 万 m^3/a,现状年(2018 年)某区地下水实际用水量 2 935 万 m^3/a,地下水剩余指标 554 万 m^3/a。园区取水许可量 85.17 万 m^3/a,可满足园区生活用水要求。在用水总量控制指标范围之内,不会对区域水资源量产生较大的影响。

化工产业园从某污水处理厂取用再生水,规划近期取 225.20 万 m^3/a(合 0.68 万 m^3/d)。促进水资源合理开发利用,实现水资源的良性循环,因此也不会对区域水资源配置及水资源量产生不利影响。

化工产业园拟从扩建后的园区污水处理厂取 197.51 万 m^3/a(合 0.6 万 m^3/d)。扩建后的化工产业园污水处理厂属于园区内部废水处理设施,所用再生水属内部循环利用,所以对区域水资源配置及水资源量不会产生不利影响。

6.2　对生态环境的影响

6.2.1　取水时的影响

1. 地下水取水影响

张庄富水地段多年平均地下水可开采量 225.26 万 m^3/a，现状年当地农村农业实际开采量为 26.8 万 m^3，枣庄市某供水有限公司取水许可量 85.17 万 m^3/a，不新增取水量，不会对当地水生态环境产生影响。

2. 污水处理厂再生水取水影响

再生水是城市的第二水源。再生水合理回用既能减少水环境污染，又可以缓解水资源紧缺的矛盾，是贯彻可持续发展的重要措施。化工产业园取用某区及产业园内部污水处理厂再生水能减少污水排放量，不会对当地水生态造成负面影响。

6.2.2　退水时的影响

1. 退水量

规划实施后，园区所产生污废水全部退至扩建后的化工产业园污水处理厂进行处理，规划近期(2023 年)污废水接收总量 0.07 万 m^3/d，再生水可利用量 0.058 万 m^3/d，大部分回用于园区生产和绿化等。少量达到《城镇污水处理厂污染物排放标准》(GB 18918—2002)中的一级 A 标准水，经下游湿地净化后排入河道。

2. 退水处理方案

1)生活污水

在各工作场所、生活场所、卫生间都有向外排放的下水管道，排放各种生活污水，包括洗涤污水和粪便等，在工作场所和公共场所前都建有地埋式生化池(化粪池)，作用是将生活污水进行初步的分解(或叫水化)，经沉淀后排入污水管网，进入污水处理厂统一处理。

2)工业废水

化工产业园各企业所产生的废水由各车间废水收集后进入废水支管再汇入厂内污水干管，同生活污水排入厂内污水处理站进行处理，达到扩建后的化工产业园污水处理厂进水要求后排入园区污水管网，进入扩建后的化工产业园污水处理厂统一处理。

3)初期雨水

由于化工产业园为化工产业项目，初期雨水可能受到污染，规划在园区建设初期雨水收集管网，各企业厂区内的初期雨水由企业负责收集处理，处理后排入园区污水管网，其他直接进入污水管网，初期雨水(前 10 mm 的雨污水)量计算。

4)事故水

为杜绝事故性排放的发生，规划在各企业厂区内建设容积 200 m^3 的事故水池，在污水处理厂内增设容积 2 500 m^3 的事故水池，能够保证事故废水的收集，并采用有效的防渗措施，出现非正常工况时，立即启动本项目事故水池，待事故状态解除后，重新进行处理达标后外排。

3. 对地下水环境影响分析

化工产业园污水处理厂在正常运行情况下，达标后的污废水经密闭管道输送至河道排放，对地下水可能产生的影响主要有两方面：一是外排废水流动过程中的下渗对地下水环境的影响;二是厂区内各企业的废水处理设施、排水管道及车间出现的跑、冒、滴、漏对地下水环境的影响。为防止污染地下水环境,规划采取以下防渗措施。

1)厂区、车间地面防渗处理措施

对厂区、车间地面,严格按照《石油化工工程防渗技术规范》(GB/T 50934—2013)中地面防渗要求,混凝土的强度等级不应低于C25,抗渗等级不应低于P6,厚度不应小于100 mm,防渗层可采用抗渗钢纤维混凝土、抗渗合成纤维混凝土、抗渗钢筋混凝土和抗渗素混凝土。

2)污水、污泥处理构筑物、事故水池防渗处理措施

污水、污泥处理构筑物、事故水池开挖深度为3.0 m,地基1.0 m厚2∶8水泥压实地坪,地面铺设厚度为6.4 mm覆膜膨润土防渗毯作为防渗基础。防渗基础上面建设钢筋混凝土处理构筑物。污水池均采用玻璃钢复合面层:4~7 mm厚呋喃砂浆面层(池底);呋喃封面料二道(池壁);呋喃玻璃钢二底二布隔离层;环氧树脂底料2道;20 mm厚1∶2水泥砂浆找平层。

3)管道、阀门防渗措施

对于地上管道、阀门严格质量管理,如发现问题,应及时解决。对工艺要求必须地下走管的管道、阀门设专用混凝土防渗管沟,防水混凝土抗渗强度等级不低于40,防渗管沟厚度不小于100 mm,管沟内壁涂防水涂料,管沟上设活动观察顶盖,以便出现渗漏问题及时观察、解决。管沟与污水集水井相连,并设计不低于5‰的排水坡度,便于废水排至集水井,统一处理。

4)污泥临时储存场所防渗措施

本项目严格制定防渗措施:①4~7 mm厚呋喃砂浆面层(池底),呋喃封面料二道(池壁);②呋喃玻璃钢二底二布隔离层;③环氧树脂底料2道;④20 mm厚1∶2水泥砂浆找平层(仅用于池底);⑤钢筋混凝土池底、池壁,钢筋混凝土池底、地下池壁(0.5 m)复膜膨润土防渗毯。

5)固体废渣存贮防渗措施

栅渣、沉砂和职工产生的生活垃圾定点存放,采用小型垃圾桶临时贮存,由环卫部门定期清运,做到日产日清。脱水机产生的污泥放在设置的钢制污泥暂存罐,暂存罐放置地面应采用水泥固化地面防渗,四周设边沟,将洒漏的渗水排往集水池,顶部设雨棚。污泥等固体废物及时处理,不得在厂内长时间存放。同时加强装卸运输管理,防止固体废弃物泄漏。

规划项目建设及运行均采取严格有效的防渗漏措施而且废水能够稳定达标排放,同时在严格落实各项环保及防渗措施,并加强管理,防止影响地下水,则污废水排放短期内不会对地下水水质产生大的影响。

4.对河道水生态的影响

退水河道不是主要产鱼区,也没有鱼类产卵场分布。污水处理厂在正常运行情况下,达标后的污废水经下游湿地净化后排入河道水域,入河后,水域水质将保持原有状态,所以规划实施后的退水,对河道及下游运河水生态没有明显的影响。

6.2.3　对相关利益方面的影响

1. 取水相关利益的影响

1) 地下水

化工产业园生活用水主要来源于当地地下水,取用当地地下水已许可,不存在与当地居民在取水方面的矛盾,所以不会因取水产生相关利益问题。

2) 某区污水处理厂再生水

规划近期取用某污水处理厂再生水 225.20 万 m^3/a(合 0.68 万 m^3/d)。某污水处理厂 95%保证率再生水量为 1.85 万 m^3/d。年可供水量为 675 万 m^3;现已审批给某电厂 36 万 m^3/a(合 0.1 万 m^3/d),剩余量满足本园区再生水需求,利用再生水作为供水水源既减少了污废水的排放量,又不存在相关利益问题。

3) 扩建后的化工产业园污水处理厂再生水

化工产业园拟从扩建后的化工产业园污水处理厂取用再生水,近期取用再生水 197.51 万 m^3/a(合 0.6 万 m^3/d)。扩建后的化工产业园污水处理厂属于园区内部废水处理设施,所用再生水回用属内部循环利用,不存在第三方相关利益问题。

2. 退水相关利益方的影响

园区污废水由相应管道排入污水处理厂,经污水处理厂处理后,大部分回用,少部分达标排放。按照污水处理厂进出水质要求进行处理,由于外排水水质较好,不会对当地地表水体和河道带来不利影响。经下游湿地净化,可用于农田灌溉,既节约其他水源,又给当地居民带来经济效益。

3. 固体废弃物的产生及处置

规划化工产业园固体废弃物主要由格栅渣、沉砂、脱水污泥和职工生活垃圾组成。这些物质在一定的温度和湿度下,特别是在闷热天气,在微生物的作用下,容易腐烂发臭,其中尤以脱水污泥对周围环境影响最大。污泥中很大一部分是微生物团,主要是微生物残骸及其他有机分解产物,此外还有泥土颗粒。这些微生物团中含有大量的有毒有害物质,如寄生虫卵、病原微生物、细菌、合成有机物及重金属离子等。

1) 污泥脱水及堆存过程对环境的影响

污泥脱水过程中容易散发恶臭,脱水后的污泥如不及时清运,遇水易成糊状,容易流失,且随着雨水的淋洗,容易产生渗滤液,其中的污染物容易进入地表水或下渗污染地下水和土壤;脱水污泥尚未完全稳定,污泥厌氧消化产生恶臭物质,对环境空气造成污染;脱水污泥堆放地容易滋生蚊蝇,对环境卫生产生不利影响。

因此,产生的污泥应及时脱水,脱水后的污泥应及时运走。对于不能及时运走的脱水污泥,应设置专门的临时堆放场所,设置遮雨棚,并采取防渗措施,在夏季应定期对堆放场所喷洒消毒水。

2) 运输过程对环境的影响

脱水后的污泥在运输过程中容易散落、散发恶臭,从而对环境产生影响。因此,在运输过程中,对固体废弃物运输车辆底部加装防漏衬垫,避免渗滤液渗出造成二次污染。在车顶部加盖篷布,即可避免影响城市景观,又可避免遗洒。同时,要合理选择运输路线和时间,尽量减少对环境和沿线居民生活的影响。

处置好固体废弃物,保持当地居民良好的生存环境,不会产生相关利益方面的问题。

7 水资源节约保护管理对策措施分析

7.1 规划的适应性分析及对策措施

本着节约用水的原则,提高水的利用率是加强水资源管理、缓解水资源紧缺矛盾的关键,规划园区积极推广用水效率高及生产工艺、用水工艺先进的企业,制定准入、禁入政策,除核定的入园项目外,严禁其他化工项目入园,严禁高耗水、污染严重项目入驻。所有规划入园项目均实行定额计划管理,按企业不同情况制定用水定额和用水计划,超量加价,制定一系列用水奖罚制度。

严格执行"优水优用、劣水劣用、一水多用"和"水资源重复利用、循环利用"的用水原则,企业内部尽量循环利用,所有工业用水补水全部利用污水处理厂再生水。

7.2 水资源管理及对策

水资源节约保护管理,从广义上讲包括水量保护和水质保护两个方面内容,其目的是通过法律、行政、工程、科技、经济等手段合理开发、管理和利用水资源,保护水资源的质量和水量供应,防止水污染、水源枯竭、水流阻塞和水土流失,满足经济社会可持续发展对水资源的需求。由于工农业生产的日益发展,水资源紧缺与水资源污染问题已成为人类所面临的一个亟待解决的重要问题。

水资源保护工作涉及社会各个方面,必须建立完善的法律法规,才能确保水资源保护措施的实施。目前,山东省人大、省政府依据国家有关水资源保护和利用的法律法规,相继出台了与之相配套的《山东省实施〈水法〉办法》《山东省水资源管理条例》《山东省取水许可管理办法》等地方性法规、规章制度和管理办法。使水资源保护和利用做到有章可循,有法可依,对水资源保护和水污染治理起到了一定的作用。要广泛深入地宣传有关的法律法规,加强监管力度,加大执法力度,通过法律手段,依法利用、管理和保护水资源。根据本建设项目取水情况与排水情况,结合水功能区的纳污能力及当地地下水状况,为合理利用水资源,充分发挥水资源的效益,提出如下水资源保护措施。

7.2.1 工程措施

(1)各企业内部所产生的生活污水及工业废水全部进入内部污水处理站,经处理后的污水排入市政污水管网,进入园区污水处理厂统一处理。

(2)该项目位于枣南平原东区东北角,地质条件较为稳定,第四系覆盖层较薄,地下水对水环境较为敏感,所产生的污废水严格按照《建筑物防渗漏技术措施(设计部分)》中的规定进行防渗。企业院内除绿化区外要全部实施地面硬化。

(3)园区加大供排水设施检查力度,选用、更换节水型生活器具,防止"跑、冒、滴、漏",减少供水管网损耗,节约用水。

(4)污水处理厂全面实施防渗措施。包括污水收集管网、处理设施及排水管网,防止污水渗漏而造成地表水、地下水的污染。

(5)建立可靠的运行监控系统,包括计量、采样、监测、报警等设施,本项目应建立环境监测室,对进水口、排水口每班进行一次水质监测。

7.2.2　非工程措施

(1)严格执行《中华人民共和国水法》《中华人民共和国水污染防治法》《山东省水资源管理条例》等法律、法规的有关规定,强化水政执法,做好取水、用水、节水及退水等的管理,科学、合理利用和有效保护水资源。

加大宣传力度、提高环境保护意识;开展全体职工的思想教育,树立安全生产的理念,加强水务管理和技术人员的岗位培训,以提高技术人员的管理素质和水务管理水平。

(2)对园区内各类用水实行统一管理、统一调配、总量控制,成立专门用水管理机构,强化用水、节水意识,优化配置,加强计量管理,确保合理用水,高效用水,充分发挥水资源的最大效能。

(3)为防止废水量过大,造成冲击负荷,以及因 pH、有毒物质和水温等因素而造成污水处理设施处理率下降,应加强对各工业污染源的预处理和管理,严禁各企业废水超标排放入管,以确保污水厂处理设施的正常运行。

(4)选用优质设备,对污水处理厂各种机械电器、仪表等设备,必须选择质量优良、事故率低、便于维修的产品。水泵、污泥泵、反冲洗风机等关键设备一用一备,易损部件要有备用件,在出现事故时能及时更换。加强设施的维护和管理,提高设备的完好率,关键设备要配备足够的备件,一旦事故发生能够及时处理。

(5)加强排水管的检查、维护和管理,一旦发现问题,应及时与当地管理部门取得联系,及时维修,保证排水管的安全运行。

(6)加强设备管理,认真做好设备、管道、阀门的检查工作,对存在安全隐患的设备、管道、阀门应及时进行修理或更换。

(7)要建立完善的档案制度,记录进厂水质、水量变化及污水处理设施的处理效果和尾水水质变化状况,尤其要记录事故的工况,以便总结经验,杜绝事故的再次发生。

7.3　水源的支撑条件及对策

要树立惜水意识,开展水源保护警示教育,必须合理开发水资源,避免水源破坏。有效防止水资源污染,保证水体自身持续发展。由于该规划项目位于化工产业园生活用水水源地上游,支撑着规划园区和当地农村农业的生活用水,某区污水处理厂支撑着规划园区工业用水,为了保护供水水源,规划园区采取以下措施。

7.3.1　工程措施

(1)大力发展绿化,增加绿化面积涵养水源。涵养水源、减少无效蒸发具有节流意义。

(2)提高水资源的综合利用,引导入园企业建设好的污水处理设施,提高再生水水质,回用于生产,减少新水用水量和外排水量,提高产品经济效益,鼓励一水多用和再生水的开发利用,提高工业用水的重复利用率。

(3)引导企业开发利用污水资源,发展中水处理、污水回用技术。部分工业生产和生活产生的优质杂排水经处理净化后,可以达到一定的水质标准,作为非饮用水应用在绿化、卫生用水等方面。

(4)加强对园区各取水设施和主要用水系统的水量、水质监测,按水质、水量要求控制调度园区用水,在各单元取水口、分水口和退水口安装水量计量设施,有效地监测用水量和退水量,对化工园区及各单元的用水水平进行动态评价。在园区正常运行时,将总用水量、总排水量和各单元的用水量进行连续和阶段性统计,以供园区对供、排水进行管理和监测,发现问题及时处理。针对计量设备安装监控设备,保证计量设施有效的运行切实发挥作用。

7.3.2 非工程措施

强化保护水资源、节约用水的法制建设和宣传工作,增强全民的节水意识,使人们自觉认识到水是珍贵的资源,摈弃“取之不尽,用之不竭”的陈腐观念,树立一个珍惜水资源、节约水资源和保护水资源的良好社会风尚。

7.4 公众参与

积极推行公众参与机制,鼓励节约用水,爱护水环境,形成良好的自下而上的互相监督机制及高效便捷的管理体制。公众参与的对象主要是可能受到化工产业园区取用水和退排水影响、关注化工产业园区取用水和退排水的群体和个人。

对本报告而言,公众参与的对象为某区污水处理厂供水单元所有用水户,以张庄富水地段水源地为取水水源的用户。应该向上述用户告知化工产业园区的取用水和退排水的主要影响,公布论证的结论和拟采取的措施。公众参与可采用媒体公布、社会调查、问卷、听证会、专家咨询等方式,将公众参与的意见与建议进行归纳、汇总分析和落实。

8 结论与建议

8.1 结论

(1)依据《“十三五”国家科技创新规划》《国家中长期科学和技术发展规划纲要》《国务院关于加快培育和发展战略性新兴产业的决定》《新材料产业“十二五”发展规划》《国务院关于石化产业调结构促转型增效益的指导意见》《关于加快推进农作物秸秆综合利用的意见》等有关文件,某区化工产业园可以依托区域优势,紧跟国家和区域政策,有选择地在化工新材料、生物化工、新能源汽车等领域突破发展。入园项目需符合产业政策和行业规范(准入)条件要求,根据《产业结构调整指导目录》、《外商投资产业指导目录》和《产业转移指导目录》,为支持鼓励类项目进入园区,符合国家产业规划政策。

(2)根据产品定额法、面积定额法及借鉴法计算成果,确定化工产业园需水量:某区化工产业园规划近期(2023年)需水量507.88万m^3,其中地下水85.17万m^3,某污水处理厂再生水225.2万m^3,园区污水处理厂再生水197.51万m^3;规划远期(2035年)总需水量1231.63万m^3。

(3)当地地下水的支撑条件。

①地下水支撑条件。根据枣庄市某供水有限公司取水许可量85.17万m^3/a(合2 473 m^3/d),取水水源为张庄富水地段。

②某区污水处理厂再生水支撑条件。某区污水处理厂现状50%保证率再生水量为1.99万m^3/d,95%保证率再生水量为1.85万m^3/d。根据《关于某发电股份有限公司办理取水许可的批复》,山东某发电股份有限公司年取用某区污水处理厂36万m^3(合1 000 m^3/d),剩余水量可满足园区近期取用再生水225.2万m^3/a(合0.68万m^3/d)的要求。

③扩建及新建的园区再生水支撑条件。根据《某区化工产业园总体规划》,规划产业

园污水处理厂可利用的再生水全部回用于园内企业,规划近期取用新建及现状的化工产业园污水处理厂再生水 197.51 万 m^3/a(合 0.6 万 m^3/d)。

(4)根据《枣庄市某区化工产业园总体发展规划》《枣庄市某区化工产业园产业发展规划》,近期污水处理厂在原来的基础上进行二期扩建;规划新建 1 座污水处理厂,近期污水处理规模 1.5 万 t/d,再生水回用处理规模 1.2 万 t/d。污水处理厂根据所接收的污废水中主要污染物情况,采用“水解酸化+WA200”的处理工艺。化工产业园污水处理厂属于二级污水处理厂,污水经处理后所生产的再生水大部分回用,剩余少量外排,排污口已设置。

8.2　建议

(1)目前,化工产业园处于在规划基础上建设初期,对入园企业生产工艺和用水工艺要进行审核,确保用水工艺先进,用水水平达到国内外先进水平。

(2)对入园企业内部所建设的污水处理设施进行设计升级,出水水质要达到回用标准,实现废水直接回用,减少新水利用量以增加经济效益。

(3)规划园区污废水管理应严格执行环境影响评价报告和环境保护部门的规定和要求,未经环境保护部门验收合格的,项目不能投产。

(4)规划园区生活供水水源位于化工产业园下游,建议在水源地布设地下水水位、地下水水质、地下水水温等动态观测点,随时掌控地下水变化情况。

(5)园区远期规划用水量 1 231.63 万 m^3/a。根据某区水资源配置方案,园区远期新增水量可由园区污水处理厂再生水、某区污水处理厂再生水、南四湖地表水、南水北调地表水等合理配置解决。

(6)园区外排水应严格按照排污口论证和批复要求。

案例15 某公司3万 m^3/d 再生水供水项目水资源论证

姜玉旺 张 惠 谭啟晨 陈 良

淄博金轩资源环境技术开发有限公司

1 总论

1.1 水资源论证的目的和任务

1.1.1 目的

根据国家法律法规和相关政策、国家和行业标准及淄博市水资源综合规划,为实施最严格的水资源管理,科学合理高效地开发利用和保护水资源,按照淄博市“优先利用客水、合理利用地表水、控制开采地下水、积极利用雨水洪水、推广使用再生水、大力开展节约用水”的用水方略,对某公司取用水的合理性、可行性和可靠性进行分析论证,以保障建设项目的合理用水需求,促进经济社会的可持续发展。

同时水资源论证也是通过取水许可审批、合法获得取水许可权限的必要程序,是深化取水许可制度管理的要求。

本次水资源论证在分析区域水资源及开发利用状况的基础上,调查收集某公司的污水收集、处理和再生水利用及用户需求等情况,合理确定取用水量和论证范围,论证建设项目以某公司的达标出水为水源,深度处理后,外供再生水的可行性、可靠性、合理性,以最大限度地实现污水资源化,置换替代优质水源,达到节水与减排双重目的。

1.1.2 任务

根据国家法律法规和相关政策、国家和行业标准,按照淄博市水资源综合规划及用水方略,在全面调查建设项目所在区域水资源开发利用现状和规划要求基础上,对该项目从取用水合理性、取水水量、水质、取退水影响等方面进行论证,分析取水的可行性和可靠性,提出水资源保护措施与建议。主要内容包括如下几点:

(1)建设项目概况分析,对项目与产业政策、有关规划的相符性进行分析评价。

(2)分析论证建设项目所在区域水资源开发利用现状,对水资源开发利用过程中存在的问题进行分析研究。

(3)对建设项目取用水的可行性、可靠性和合理性进行论证,提出节水潜力和节水措施。

(4)对建设项目取水水源的可行性、可靠性进行论证。

(5)对取水、供水水质进行调查评价,分析适应性和稳定性。

(6)对建设项目取退水对区域水资源、水功能区和其他用户的影响进行分析论证。

(7)提出水资源开发、利用、保护、管理的建议、措施与结论。

综合分析后提出结论性的建议,为水行政主管部门审批取水许可提供科学依据,便于有关主管部门的决策和工程运行期间的实施操作。

1.2　主要工作过程

1.2.1　现场查勘与收集资料

多次进行现场勘查,调查和收集项目工艺布局、污水处理及再生水回用的工艺流程、用水及退水等情况的相关资料、论证范围和影响范围的水资源资料、自然环境资料、社会环境资料,以及水文、水质和水生态资料。

1.2.2　编制工作大纲

根据《建设项目水资源论证导则》(GB/T 35580—2017)等有关规范要求,编制工作大纲。

1.2.3　资料整理与分析

根据所收集的资料,对论证范围和影响范围内的取用水户状况进行分析;明确工程布局、工艺流程、取水、用水的基本情况;对业主提出的用水方案和用水量进行分析论证,提出水源选取和取退水方案的建议,并进行分析评价。

1.2.4　报告编制与审查

根据收集并整理的资料,在充分分析区域水资源开发利用现状的基础上,进行了项目取用水合理性、取水水源、取退水影响等分析论证工作,进一步优化取用水方案,编制水资源论证报告书。

1.3　工作等级与水平年

1.3.1　工作等级

根据《建设项目水资源论证导则》(GB/T 35580—2017)的规定,水资源论证工作等级由分类等级的最高级别确定,再生水取水工作等级参照地表水取水的分级指标执行,水资源论证分类分级指标见表 1。

本建设项目规划合理取达标出水量为 1 816 万 m^3/a,日平均取达标出水量为 49 753.4 m^3,均为工业取水量,等级属于一级;取水水源达标出水取水影响中开发利用程度 13.69%,等级属于二级;取水影响中水资源利用对区域水资源、第三者取用水影响轻微,现状无敏感生态问题,取水对生态影响轻微,属于三级;退水影响属于一级。因此,本项目水资源论证工作等级为一级。

1.3.2　水平年

现状水平年:根据《建设项目水资源论证导则》(GB/T 35580—2017)的规定,现状水平年应选取具有代表性的年份,宜取最近年份,并考虑水文情势的资料条件,避免特枯水年和特丰水年,故选取 2019 年为现状水平年。根据再生水规划建设情况、各用水户的规划情况及企业提供资料,选取 2025 年为规划水平年。

表1　水资源论证分类分级指标

分类	分类指标	分类等级			本建设项目	
		一级	二级	三级	指标	等级
达标出水取水	开发利用程度/%	≥30	30~10	< 10	13.69	二级
	工业取水量/(万 m^3/d)	≥2.5	2.5~1	< 1	4.975 3	一级
	生活取水量/(万 m^3/d)	≥15	15~5	< 5	0	三级
取水和退水影响	水资源利用	对流域或者区域水资源利用产生显著影响	对第三者取用水影响显著	对第三者取用水影响轻微	对区域水资源、第三者取用水影响轻微	三级
	生态	现状生态问题敏感,取水对水文情势、生态水量与流量产生明显影响,退水有水温或水体富营养化影响问题	现状生态问题较为敏感,取水对生态水量与流量产生一般影响,退水有潜在水体富营养化影响	现状无敏感生态问题,取水和退水对生态影响轻微	现状无敏感生态问题,取水和退水对生态影响轻微	三级
	论证范围内水域管理要求	涉及一级水功能区的保护区、缓冲区或二级水功能区的饮用水水源区,涉及除饮用水水源区外其他3个及以上二级水功能区,涉及水功能区水质管理目标为Ⅰ、Ⅱ类的	涉及一级水功能区的保留区、跨地(市)级的二级水功能区或涉及2个二级水功能区,涉及水功能水质管理目标为Ⅲ类的	涉及1个水功能二级区	涉及1个水功能二级区	三级
	退水污染类型	含有毒有机物、重金属、放射性或持久性化学污染物;含三种以上化学污染物,或含影响水功能区水质保护目标和水域限制排污总量要求的污染物	含有两种以上可降解一般污染物	含有一种一般可降解污染物	COD≤40 mg/L;氨氮≤2.0 mg/L;	二级
	退水量(缺水地区)/(m^3/d)	≥5 000(≥500)	5 000~1 000(500~100)	≤1 000(≤100)	项目本身19 753.4;用水户1 198.6	一级

1.4　水资源论证范围

1.4.1　分析范围

建设项目以某公司处理合格的污水为水源,因此综合考虑水源工程位置及供水范围、取用水可能影响的范围等情况,按照水量平衡分析、突出重点、兼顾一般的原则,确定建设项目水资源论证分析范围为某公司污水收集管线沿线的污水收集区,某公司与另一污水处理厂收集的污水可互相调配,两家污水处理厂收集范围基本覆盖淄川区,确定这次分析范围是淄川区,总面积960 km^2。

1.4.2　取水水源论证范围

根据《建设项目水资源论证导则》(GB/T 35580—2017),采用再生水为取水水源的,应综合考虑污水处理厂污水的收集范围和污水收集管网覆盖范围等因素确定取水水源论证范围。因此,综合考虑某公司的污水收集范围情况、现有工程等情况予以确定,本次再生水取水水源论证范围为某公司的污水收集范围。

1.4.3　取水影响范围

根据《建设项目水资源论证导则》(GB/T 35580—2017),取水影响范围应涵盖取水直接影响的水域、取水用户和取水供水范围;对于取用再生水的,取水影响范围应包括再生水厂供水区域内的现有用水户、原排入水域及其该水域取水的有关用水户。本次取用某污水处理厂达标出水影响范围为再生水项目供水区域和某公司达标出水管线及所在水功能区。

1.4.4　退水影响范围

根据《建设项目水资源论证导则》(GB/T 35580—2017),退水影响范围应涵盖受纳退水的水功能区、退水影响的相关水域及受影响的取用水户。应依据建设项目主要退水口所在位置、退水影响程度,结合水功能区划予以确定。建设项目再生水装置本身退水的影响范围为某公司及污水处理厂达标出水管线至所在水功能区,再生水的用水户的退水影响范围是各用水户排入市政污水管线至某公司及污水处理厂排污口沿达标出水管线至所在水功能区。

2　建设项目概况

2.1　建设项目概述

公司于2021年4月动工,12月建成投产,建成后再生水供水能力为3万m^3/d,同时配套建设2万m^3/d再生水浓水处理工程。扩建项目及现状项目均已在市、区相关部门立项或备案,扩建项目及现有项目均已通过市、区级环保部门环评审批,现有项目均已通过市、区级环保部门的验收。

2.2　项目与产业政策、有关规划的相符性分析

2.2.1　与产业政策相符性

根据国家发展和改革委员会令第29号《产业结构调整指导目录(2019年本)》,即已建项目和拟扩建项目均属于鼓励类项目,因此建设项目符合国家的产业政策要求。

根据淄博市《关于印发淄博市产业结构调整指导意见和指导目录的通知》(淄政办发〔2011〕35号),已建项目和拟扩建项目均属于鼓励类项目。因此,建设项目符合淄博市产业政策要求。

某公司已建项目和拟扩建项目均已在市、区相关部门立项或备案,拟扩建项目及现有

项目均已通过市、区级环保部门环评审批，现有项目均已通过市、区级环保部门的验收。

从以上国家、行业和地方的产业政策规划要求来看，项目建设符合国家和淄博市相关产业政策的要求。

2.2.2　与水资源条件、规划的相符性

根据《关于印发〈山东省关于加强污水处理回用工作的意见〉的通知》（鲁发改地环〔2011〕678 号）、《山东省"十三五"水资源消耗总量和强度双控行动实施方案》、《淄博市节约用水办法》（淄博市人民政府令第 106 号）、《淄博市水利局〈关于进一步加强再生水利用工作〉的通知》（淄水资〔2020〕19 号）。再生水供水项目符合山东省和淄博市对污水处理厂的再生水利用率的要求和再生水规划政策的要求。

该项目以某公司的达标出水为水源，通过深度处理工艺制备再生水供给各用水户，符合淄博市"优先利用客水、合理利用地表水、控制开采地下水、积极利用雨洪水、推广使用再生水、大力开展节约用水"的用水方略；利用污水推广使用再生水，涵养地下水源，节省地表水源，符合当地水资源管理要求。

2.3　生产工艺技术介绍

建设项目生产工艺技术为污水处理工艺、再生水处理工艺和再生水浓水处理工艺。

2.4　建设项目取用水情况

2.4.1　取水方案

取水水源：某污水处理厂达标出水。

取水方式：某污水处理厂达标出水通过消毒池，经 8 台额定功率为 360 m^3/h 的机泵通过 DN500 输水管线输送至再生水处理系统的预处理水池，经再生水装置处理达到《城市污水再生利用 工业用水水质》（GB/T 19923—2005）再生水水质标准后，经输水管道输送到用水户。

2.4.2　用水方案

根据建设项目立项批复及环评审批文件，经用水水量的合理性分析，核定其合理取用某公司达标出水量为 1 816 万 m^3/a，再生供水量为 1 095.0 万 m^3，设计漏失率为 5%，各用水户可用再生水量为 1 040.0 万 m^3，均为工业用水量。

根据某公司提供的资料，再生水管线自污水处理厂接出，供给用水户主要包括 5 家公司。供水管线规模达 5 万 m^3/d，即 1 825 万 m^3/a，可满足供水管线的用水户。

2.5　建设项目退水情况

项目退水包括两部分：一部分为项目本身的退水情况；另一部分为各用水户的退水情况。

（1）现有及拟扩建再生水供水项目自身产生的污水全部为生产废水，包括自清洗过滤器浓水、超滤装置反洗废水、反渗透装置冲洗废水、超滤及反渗透化学清洗用水、反渗透浓水，通过污水管道进入某公司污水处理系统。项目自身废水排放量为 721 万 m^3/a，经污水处理厂处理后达到出水标准后，排入张相湖人工湿地，再排入贾村水库，汇入孝妇河淄川农业用水区。

（2）根据 5 家用水户各单位的水平衡测试报告书、环评报告书及现状运行污水排放情况，相应产生污水量合计为 437.5 万 m^3/a，通过污水管道进入某公司污水处理系统。

某公司达标出水水质达到《城镇污水处理厂污染物排放标准》（GB 18918—2002）中

一级 A 标准、《淄博市生态环境"十三五"规划要求》、淄博市人民政府办公厅《关于印发淄博市孝妇河流域"治用保"水污染综合治理实施方案的通知》(淄政办发〔2015〕15 号)及《淄博市 2019 年全市污染防治攻坚战实施方案》要求。一部分经再生水回用处理系统,出水达到《城市污水再生利用城市杂用水水质》(GB/T 18920—2002)、《城市污水再生利用工业用水水质》(GB/T 19923—2005)和《工业循环冷却水处理设计规范》(GB/T 50050—2017)的要求,实现再生水回用;另一部分排入孝妇河淄川农业用水区。

3　用水合理性分析

3.1　各用水户用水节水工艺和技术分析

2018 年现有 3 家用水户使用公司再生水量为 454.0 万 m^3,2019 年因再生水供水管线的问题,使用公司再生水量为 364.0 万 m^3,根据各产业公司发展规划,2025 年 5 家公司使用再生水量为 1 040.0 万 m^3,再生水使用比例为 57.9%。

3.2　再生水项目用水节水工艺和技术分析

3.2.1　再生水回用工程

1. 现有再生水回用工程

现有的再生水回用工程再生水处理能力为 2 万 m^3/d,主要工艺包括初滤(自清洗过滤器)+超滤(浸没式超滤系统)+反渗透,自清洗过滤器排放废水、超滤装置反洗废水及化学清洗废水、反渗透装置冲洗废水及自清洗过滤器排放废水、反渗透浓水等混合废水全部排入某公司污水处理装置处。生产工艺流程见图 1。

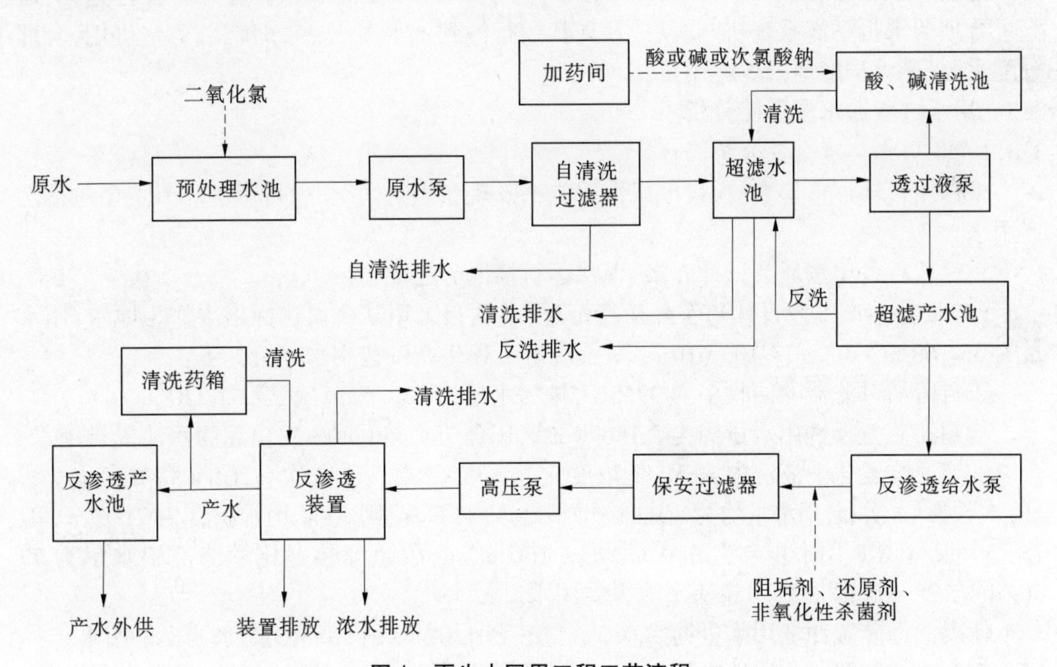

图 1　再生水回用工程工艺流程

2. 拟扩建再生水回用工程

拟扩建再生水回用工程主要采用的自清洗过滤器+超滤+反渗透系统,处理工艺与一、二期再生水项目一致。

同时配套建设 2 万 m^3/d 再生水浓水深度处理工程,处理工艺为活性污泥处理工艺+臭氧催化氧化,再生水浓水处理工程工艺见图 2。

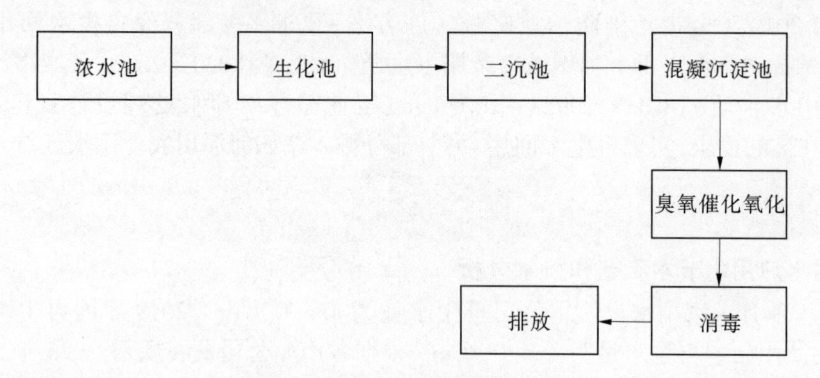

图 2　再生水浓水处理工程工艺

3.2.2　用水工艺分析

根据项目环评报告、项目可研性报告书和现状运行情况,项目工业用水工艺主要包括生产工艺用水。生产工艺用水主要包括:①自清洗过滤器运行过程的回收率为 99.5%,废水排放率为 0.5%;②超滤装置反洗用水、化学清洗用水;③反渗透装置冲洗用水、化学清洗用水、反渗透制水率为 65%。

3.2.3　节水技术分析

建设项目根据用水工艺对水量、水质的不同要求,对各用水环节进行了合理分配,建立了合理的水量平衡系统,企业设计及现状运行做到一水多用、优水优用、劣水劣用、合理分配水源,最大程度地减少耗用量。

3.3　用水过程和水量平衡分析

3.3.1　各用水环节水量分析

根据项目环评报告书、项目可研性报告书及现状运行情况,项目用水环节主要包括生产用水。

建设项目各用水环节设计方案、现状运行情况分述如下。

(1)根据生产工艺设计与实际运行情况,本项目采用某公司达标出水作为原水,用水量为 33 169 m^3/d(合 12 106 610 m^3/a),现有工程生产工艺用水分析如下:

①自清洁过滤器的回收率为 99.5%,排污水量为 170.5 m^3/d(合 62 220 m^3/a)。

②超滤装置反洗用水量约为 2 150.0 m^3/d(合 784 750 m^3/a),由超滤水池提供用水。

③超滤装置化学清洗中 EFM(低浓度化学清洗)次数为 144 次/a,CIP(高浓度化学清洗)次数为 12 次/a,用水量均为 30 m^3/(次 · 套),共 6 套,则 EFM 用水折合为 71.0 m^3/d、25 920 m^3/a,CIP 用水折合为 6.0 m^3/d、2 160 m^3/a,故超滤装置化学清洗用水量为 77 m^3/d(合 28 105 m^3/a),由超滤水池提供用水。

④反渗透装置冲洗用水量约为 0.3 m^3/d(合 110 m^3/a),由 RO 产水池提供用水。

⑤反渗透装置化学清洗次数为 4 次/a,用水量为 16.0 m^3/(次 · 套),共 6 套,故折合后反渗透装置化学清洗用水量为 1.05 m^3/d(合 384 m^3/a),由 RO 产水池提供用水。

⑥反渗透的制水率为 65%,制取 20 001.35 m^3/d(合 7 300 494 m^3/a)再生水,排污水量为 10 770.0 m^3/d(合 3 931 041 m^3/a)。

综上所述，现有再生水回用工程（2.0 万 m^3/d 再生水）用某公司达标出水量合计为 12 106 610 m^3/a。

（2）根据生产工艺设计与实际运行情况，本项目采用某公司达标出水作为原水，用量为 16 584.6 m^3/d（合 6 053 390 m^3/a），拟扩建再生水工程（1.0 万 m^3/d 再生水）生产工艺用水分析如下：

①自清洁过滤器的回收率为 99.5%，排污水量为 85.5 m^3/d（合 31 190 m^3/a）。

②超滤装置反洗用水量约为 1 075.0 m^3/d（合 392 375 m^3/a），由超滤水池提供用水。

③超滤装置化学清洗中 EFM（低浓度化学清洗）次数为 144 次/a，CIP（高浓度化学清洗）次数为 12 次/a，用水量均为 30 m^3/（次·套），共 3 套，则 EFM 用水折合为 35.5 m^3/d、12 960 m^3/a，CIP 用水折合为 3.0 m^3/d、1 095 m^3/a，故超滤装置化学清洗用水量为 38.5 m^3/d（14 055 m^3/a），由超滤水池提供用水。

④反渗透装置冲洗用水量约为 0.15 m^3/d（合 55.0 m^3/a），由 RO 产水池提供用水。

⑤反渗透装置化学清洗次数为 4 次/a，用水量为 16.0 m^3/（次·套），共 3 套，故折合后反渗透装置化学清洗用水量为 0.53 m^3/d（合 192 m^3/a），由 RO 产水池提供用水。

⑥反渗透的制水率为 65.0%，制取 10 000.68 m^3/d（合 3 650 247 m^3/a）再生水，排污水量为 5 385.0 m^3/d（合 1 965 523 m^3/a）。

综上所述，拟扩建再生水回用工程（1.0 万 m^3/d 再生水）用某公司达标出水量合计为 6 053 390 m^3/a。

（3）根据生产工艺设计与实际运行情况，本项目采用某公司达标出水作为原水，用量为 49 753.4 m^3/d（合 1 816 万 m^3/a）。汇总现有及拟扩建的再生水工程（3.0 万 m^3/d 再生水）生产工艺用水分析如下：

①自清洁过滤器的回收率为 99.5%，排污水量为 255.9 m^3/d（合 93 410 m^3/a）。

②超滤装置反洗用水量约为 3 225.0 m^3/d（合 1 177 125 m^3/a），由超滤水池提供用水。

③超滤装置化学清洗中 EFM（低浓度化学清洗）次数为 144 次/a，CIP（高浓度化学清洗）次数为 12 次/a，用水量均为 30 m^3/（次·套），共 9 套，则 EFM 用水折合为 106.5 m^3/d、38 875 m^3/a，CIP 用水折合为 9.0 m^3/d、3 255 m^3/a，故超滤装置化学清洗用水量为 115.5 m^3/d（合 42 160 m^3/a），由超滤水池提供用水。

④反渗透装置冲洗用水量约为 0.45 m^3/d（合 165.0 m^3/a），由 RO 产水池提供用水。

⑤反渗透装置化学清洗次数为 4 次/a，用水量为 16.0 m^3/（次·套），共 9 套，故折合后反渗透装置化学清洗用水量为 1.58 m^3/d（合 576 m^3/a），由 RO 产水池提供用水。

⑥反渗透的制水率为 65%，制取 30 002.03 m^3/d（合 10 950 741 m^3/a）再生水，排污水量为 16 155.0 m^3/d（合 5 896 564 m^3/a）。

综上所述，现有及拟扩建再生水回用工程（3.0 万 m^3/d 再生水）规划使用某公司达标出水合计为 1 816 万 m^3/a。

3.3.2　水量平衡分析

根据项目生产工艺和用水工艺，分析建设项目现状用水量平衡表见表 2，拟扩建项目水平衡表见表 3，扩建后建设项目的总水平衡表见表 4。

表2 建设项目现状用水量平衡表

单位:m³/a

序号	用水设备及设施名称	总用水量	输入水量						输出水量				
			新鲜水		达标出水	预处理水	超滤处理水	再生水	预处理水	超滤处理水	再生水	厂区污水	耗水量
			自来水	合计									
1	自清洗过滤器	12 106 610			12 106 610				12 044 390			62 220	
2	超滤装置	12 044 390				12 044 390				11 231 535		812 855	
3	反渗透装置	11 232 029					11 231 535	494			7 300 494	3 931 535	
合计		35 383 029			12 106 610	12 044 390	11 231 535	494	12 044 390	11 231 535	7 300 494	4 806 610	

表3 拟扩建项目用水量平衡表

单位:m³/a

序号	用水设备及设施名称	总用水量	输入水量						输出水量				
			新鲜水		达标出水	预处理水	超滤处理水	再生水	预处理水	超滤处理水	再生水	厂区污水	耗水量
			自来水	合计									
1	自清洗过滤器	6 053 390			6 053 390				6 022 200			31 190	
2	超滤装置	6 022 200				6 022 200				5 615 770		406 430	
3	反渗透装置	5 616 017					5 615 770	247			3 650 247	1 965 770	
合计		17 691 607			6 053 390	6 022 200	5 615 770	247	6 022 200	5 615 770	3 650 247	2 403 390	

表 4　扩建后的建项目用水量平衡表

单位：m^3/a

序号	用水设备及设施名称	总用水量	输入水量						输出水量				
			新鲜水		达标出水	预处理水	超滤处理水	再生水	预处理水	超滤处理水	再生水	厂区污水	耗水量
			自来水	合计									
1	自清洗过滤器	18 160 000			18 160 000	0	0	0	18 066 590	0	0	93 410	0
2	超滤装置	18 066 590	0	0	0	18 066 590	0	0	0	16 847 305	0	1 219 285	0
3	反渗透装置	16 848 046	0	0	0	0	16 847 305	741	0	0	10 950 741	5 897 305	0
合计		53 074 636			18 160 000	18 066 590	16 847 305	741	18 066 590	16 847 305	10 950 741	7 210 000	

3.4 用水水平评价及节水潜力分析

3.4.1 用水水平指标计算与比较

根据《建设项目水资源论证导则》(GB/T 35580—2017),对于再生水供水项目及供水工程的合理性分析重点放在供水区域用水指标方面。为此,对工业用水水平、管网漏失率和达标出水制取再生水的产水率进行分析。

达标出水制取再生水的制水率为

$$K_1 = \frac{V_{cin}}{V_{ch}} \times 100\%$$

式中:K_1 为化学水制取水率;V_{cin} 为制取化学水所用的取水量,m^3;V_{ch} 为化学水水量,m^3。

2018 年再生水制水率为 58.68%,2019 年再生水制水率为 60.21%,设计再生水制水率为 60.30%。

再生水项目中反渗透工艺制水率设计为 65%,自清洗过滤器运行过程的回收率为 99.5%、废水排放率为 0.5%,超滤装置反洗用水、化学清洗用水同样设置了最低冲洗水量,达标出水制取再生水总的产水率为 60.3%,优于 2018 年产水率 58.68%和 2019 年产水率 60.21%。经分析,设计方案中再生水产水率设计合理。

3.4.2 管网漏失率分析

根据《淄博市水资源公报》(2019 年),淄川区城市管网漏失率为 9.87%,根据现有某公司对供水区域内再生水供水管网漏失率统计,管网漏失率为 3%~5%。某公司通过供水管网向用水户供水,规划年其输水损失率控制在 5%之内,满足《山东省节水型社会建设控制指标》中管网漏失率 8%的要求。

3.4.3 污废水处理及回用合理性分析

项目退水包括两部分:一部分为项目本身的退水情况;另一部分为各用水户的退水情况。

(1)现有及拟扩建再生水供水项目自身产生的污水主要包括自清洗过滤器浓水、超滤废水、反渗透浓水。

超滤装置反洗废水、反渗透装置冲洗废水、超滤及反渗透化学清洗用水经地沟排入中和废水池,并在中和废水池内经亚硫酸氢钠、盐酸中和后与自清洗过滤器排放废水、反渗透浓水及生活污水混合全部排入某公司污水处理设施进行达标处理,经计算排入污水处理厂污水量为 721 万 m^3/a,处理出水水质达到《城镇污水处理厂污染物排放标准》(GB 18918—2002)中一级 A 标准及 COD 浓度不大于 40 mg/L,氨氮浓度不大于 2 mg/L 后,经张相湖湿地处理后排入孝妇河淄川农业用水区。

(2)根据各用水户的水平衡测试报告书、环评报告书及现状运行污水排放情况,使用 1 040 万 m^3/a 再生水,相应产生污水量合计为 437.5 万 m^3/a,通过污水管道进入某公司污水处理系统。

某公司达标出水水质达到《城镇污水处理厂污染物排放标准》(GB 18918—2002)中一级 A 标准、《淄博市生态环境"十三五"规划要求》、淄博市人民政府办公厅《关于印发〈淄博市孝妇河流域"治用保"水污染综合治理实施方案〉的通知》(淄政办发〔2015〕15 号)、《淄博市 2019 年全市污染防治攻坚战实施方案》的要求。一部分经再生水回用处理系统,出水达到《城市污水再生利用城市杂用水水质》(GB/T 18920—2002)、《城市污水再生利用工业用水水质》(GB/T 19923—2005)和《工业循环冷却水处理设计规范》(GB/T 50050—2017)的要求,实现再生水回用;另一部分排入孝妇河淄川农业用水区。

3.4.4　节水潜力分析

某公司再生水供水项目,为达到节约用水的目的,拟采取以下措施:

(1)建立完善用水管理制度。为贯彻节能节水的有关政策法规,使节水管理与企业管理相适应,并推动再生水项目的节水工作不断深入开展,制定《再生水用水管理办法》《供排水管理办法》,使节水管理工作向制度化和标准化迈出一大步。

(2)使用节水型卫生器具和配水器具。卫生器具和配水器具的节水性能直接影响着节水的效果。在选择节水型卫生器具和配水器具时,除要考虑价格因素和使用对象外,还要考虑其节水性能的优劣,同时供用水管网使用优质管材、阀门。

(3)加强管理,经常检查输水管网及设施的完好情况,发现问题及时解决。加强管理人员业务培训,定期巡查供水管道、回水管道跑、冒、滴、漏现象。成立水资源管理领导小组,具体负责水资源管理及业务工作。安排定期抄表,按时上报水量,建立管水用水档案。定期维护及维修损坏水表,对用户加强节水法规、节水知识宣传。

3.5　项目用水量核定

3.5.1　论证前后水量变化情况说明

本项目作为再生水供水项目,水源为某公司达标出水,采用"自清洗过滤器+超滤+反渗透"处理工艺,制取再生水,反渗透工艺制水率设计为 65%、达标出水制取再生水总的产水率为 60.3%,优于 2018 年产水率 58.68%和 2019 年产水率 60.21%。设计方案及实际运行过程用水环节的水源选择合理、处理工艺先进,论证前后水量不发生变化。

3.5.2　合理用水量的核定

合理用水量分析后,使用某公司达标出水 1 816 万 m^3/a,外供再生水量为 3.0 万 m^3/d(合 1 095 万 m^3/a),漏失率为 5%,供至再生水用水户水量为 2.85 万 m^3/d(合 1 040.0 万 m^3/a)。

4　节水评价

4.1　用水工艺与用水过程分析

4.1.1　用水环节分析

(1)自清洁过滤器的回收率为 99.5%,排污水量为 255.9 m^3/d(合 93 410 m^3/a)。

(2)超滤装置反洗用水量约为 3 225.0 m^3/d(合 1 177 125 m^3/a),由超滤水池提供用水。

(3)超滤装置化学清洗中 EFM(低浓度化学清洗)次数为 144 次/a,CIP(高浓度化学清洗)次数为 12 次/a,用水量均为 30 m^3/(次·套),共 9 套,则 EFM 用水折合为 106.5 m^3/d、38 875 m^3/a,CIP 用水折合为 9.0 m^3/d、3 255 m^3/a,故超滤装置化学清洗用水量为 115.5 m^3/d(合 42 160 m^3/a),由超滤水池提供用水。

(4)反渗透装置冲洗用水量约为 0.45 m^3/d(合 165.0 m^3/a),由 RO 产水池提供用水。

(5)反渗透装置化学清洗次数为 4 次/a,用水量为 16.0 m^3/(次·套),共 9 套,故折合后反渗透装置化学清洗用水量为1.58 m^3/d(合576 m^3/a),由RO产水池提供用水。

(6)反渗透的制水率为65%,制取30 002.03 m^3/d(合10 950 741 m^3/a)再生水,排污水量为16 155.0 m^3/d(合5 896 564 m^3/a)。

综上所述,现有及拟扩建再生水回用工程(3.0万 m^3/d再生水)规划使用某公司达标出水合计为1 816万 m^3/a,见表5。

表5 扩建后的建设项目用水量平衡表

单位:m^3/a

序号	用水设备及设施名称	总用水量	输入水量						输出水量				
			新鲜水		达标出水	预处理水	超滤处理水	再生水	预处理水	超滤处理水	再生水	厂区污水	耗水量
			自来水	合计									
1	自清洗过滤器	18 160 000			18 160 000	0	0	0	18 066 590	0	0	93 410	0
2	超滤装置	18 066 590	0	0	0	18 066 590	0	0	0	16 847 305	0	1 219 285	0
3	反渗透装置	16 848 046	0	0	0	0	16 847 305	741	0	0	10 950 741	5 897 305	0
合计		53 074 636			18 160 000	18 066 590	16 847 305	741	18 066 590	16 847 305	10 950 741	7 210 000	

4.1.2 用水工艺分析

根据项目环评报告、项目可研性报告书和现状运行情况,项目工业用水工艺主要包括生产工艺用水。生产工艺用水主要包括:①自清洗过滤器运行过程的回收率为99.5%,废水排放率为0.5%;②超滤装置反洗用水、化学清洗用水;③反渗透装置冲洗用水、化学清洗用水、反渗透制水率为65%。

4.2 取用水规模节水符合性评价

4.2.1 节水指标先进性评价

设计再生水制水率为60.30%,高于企业2018年制水率58.68%、2019年制水率60.21%。

根据《淄博市水资源公报》(2019年)淄川区城市管网漏失率为9.87%,根据现有某公司对供水区域内再生水供水管网漏失率统计,管网漏失率为3%~5%。某公司通过供水管网向用水户供水,规划年其输水损失率控制在5%之内,满足《山东省节水型社会建设控制指标》中管网漏失率10%的要求。

4.2.2　取用水规模合理性评价

本项目作为再生水供水项目,水源为某公司处理达标出水,采用"自清洗过滤器+超滤+反渗透"处理工艺,制取再生水,反渗透工艺制水率设置设计65%、达标出水制取再生水总的产水率为60.3%,优于2018年产水率58.68%和2019年产水率60.21%。设计方案及实际运行过程用水环节的水源选择合理、处理工艺先进,论证前后水量不发生变化。

4.2.3　取用水规模核定

合理用水量分析后,使用某公司达标出水1 816万 m^3/a,外供再生水量为3.0万 m^3/d(合1 095万 m^3/a),漏失率为5%,供至再生水用水户水量为2.85万 m^3/d(合1 040.0万 m^3/a)。

4.3　节水措施方案与保障措施

4.3.1　节水措施方案

(1)再生水供水项目使用达标出水量为1 816万 m^3/a,通过"自清洁过滤器+超滤+反渗透"处理工艺制备再生水,达标出水制取再生水的制水率为60.3%。

(2)某公司近期设计污水处理规模为8.0万 m^3/d,再生水设计供水规模为2.0万 m^3/d,再生水利用率比例为25%;规划设计污水处理规模为12.0万 m^3/d,再生水设计供水规模为3.0万 m^3/d,再生水利用率比例为25%,符合山东省对污水处理厂再生水利用率的要求。

4.3.2　保障措施

(1)建立健全污水处理厂内各项用水管理制度,进行统一管理,并对各项制水、用水进行优化配置和调度。不断加强对职工用水的节水宣传和学习,树立职工用水节水意识。要加强对主要管理人员的培训,防止操作失误等造成再生水水处理系统的不正常运行,从而增加非正常工况的污废水量。

(2)加强用水户取用水管理,对用水户的用水计量管理,及时发现用水户用水过程中存在的问题,并采取相应措施,减少水资源的浪费,提高区域用水效率。

(3)取水要遵守经批准的水量分配方案,严格按《取水许可制度实施办法》等规定办理取水手续,限制非法取水。

综上所述,某公司再生水供水项目的用水指标合理,符合山东省及淄博市的管网漏失率,用水水平处于先进水平。取水水源为达标出水,符合国家及淄博市的鼓励政策,不占用常规水资源控制指标管控目标,最大限度地实现污水资源化,置换替代优质水源,达到节水与减排双重目的,节水措施可行。

建议:①加强和完善地下水环境监测管理体系;②源头控制措施;③编制污水处理回用应急预案,建立污水处理回用突发事件应急处置机制;④对公司各类用水实行统一管理、总量控制,成立专门用水管理机构,强化用水、节水的计量管理。

5　取水水源论证

5.1　水源方案比选及合理性分析

(1)根据《关于印发〈山东省关于加强污水处理回用工作的意见〉的通知》(鲁发改地环〔2011〕678号)、《山东省"十三五"水资源消耗总量和强度双控行动实施方案》、《淄博市水利局〈关于进一步加强再生水利用工作〉的通知》(淄水资〔2020〕19 号),再生水供水项目符合山东省和淄博市对污水处理厂的再生水利用率的要求。

(2)建设项目位于某公司污水厂内,再生水供水项目的水源是某公司的达标出水,取水方便,经“自清洗过滤器+超滤+反渗透”工艺处理后,再生水水质满足《城市污水再生利用 工业用水水质》(GB/T 19923—2005)、《工业循环冷却水处理设计规范》(GB/T 50050—2017)、《污水再生利用工程设计规范》(GB 50335—2002)等标准要求。

(3)企业已建设再生水供水管网,自公司再生水供水装置处向西南侧和东南侧分别供给 5 家单位。西南侧供水管线全长 5 617 m,其中管径 DN500 的供水管管线长度为 3 566 m、管径 DN450 的供水管管线长度为 1 500 m、管径 DN300 的供水管管线长度为 551 m,材质均为钢衬超高分子量聚乙烯管;东南侧供水管线全长 2 555 m,均为管径 DN500 的钢衬超高分子量聚乙烯管。两侧供水规模可满足 5 万 m^3/d,即 1 825 万 m^3/a,2018 年供水量为 454 万 m^3,本次论证再生水供水量为 1 095 万 m^3,可满足再生水供水沿线的各用水户的取水需求。

因此,再生水供水建设项目选择以某公司达标出水为生产用水水源,符合山东省及淄博市对污水处理厂深度处理提供再生水的要求,有利于政策的落实落地,符合淄博市水资源优化配置方案,建设项目水源选取合理。

综上所述,选取某公司达标出水作为生产用水水源。

5.2　再生水取水水源论证

5.2.1　污水处理厂现状概况

1. 设计规模

某公司设计污水总处理规模为 12.0 万 m^3/d,现有工程处理规模为 8.0 万 m^3/d,拟扩建污水处理规模为 4.0 万 m^3/d。

2. 设计进出水水质

现有工程设计进出水水质具体见表 6。

表 6　现有工程设计进出水水质一览

污染物	水量/(m^3/d)	污染物浓度/(mg/L)							
		COD	BOD	SS	NH_3—N	TN	TP	色度	氟化物
设计进水水质	80 000	500	250	300	45	70	8.0	100	1.5
设计出水水质	—	40	10	10	2	15	0.5	10	1.5
出水控制标准	—	40	10	10	2	15	0.5	10	1.5

现有污水处理厂出水水质应稳定达到《城镇污水处理厂污染物排放标准》(GB 18918—2002)一级 A 标准、《淄博市生态环境“十三五”规划》的要求、淄博市人民政府办公厅《关于印发〈淄博市孝妇河流域“治用保”水污染综合治理实施方案〉的通知》(淄政办发〔2015〕15 号)及《淄博市 2019 年全市污染防治攻坚战实施方案》(COD≤40 mg/L, NH_3—N≤2 mg/L, BOD_5≤10 mg/L, SS≤10 mg/L, TN≤15 mg/L, TP≤0.5 mg/L, 色度≤10, 氟化物≤1.5)。

现有工程排水先进入张相湖人工湿地,经湿地深度处理后排入孝妇河贾村水库(Ⅴ类水体功能),汇入孝妇河淄川农业用水区。

3. 污水处理工艺

处理工艺采用粗格栅+提升泵+细格栅+沉砂池+水解酸化池+厌氧池+氧化沟+二沉池+污泥浓缩池+高密度沉淀池+消毒池+板框机房。

现有工程污水处理工艺见图 3。

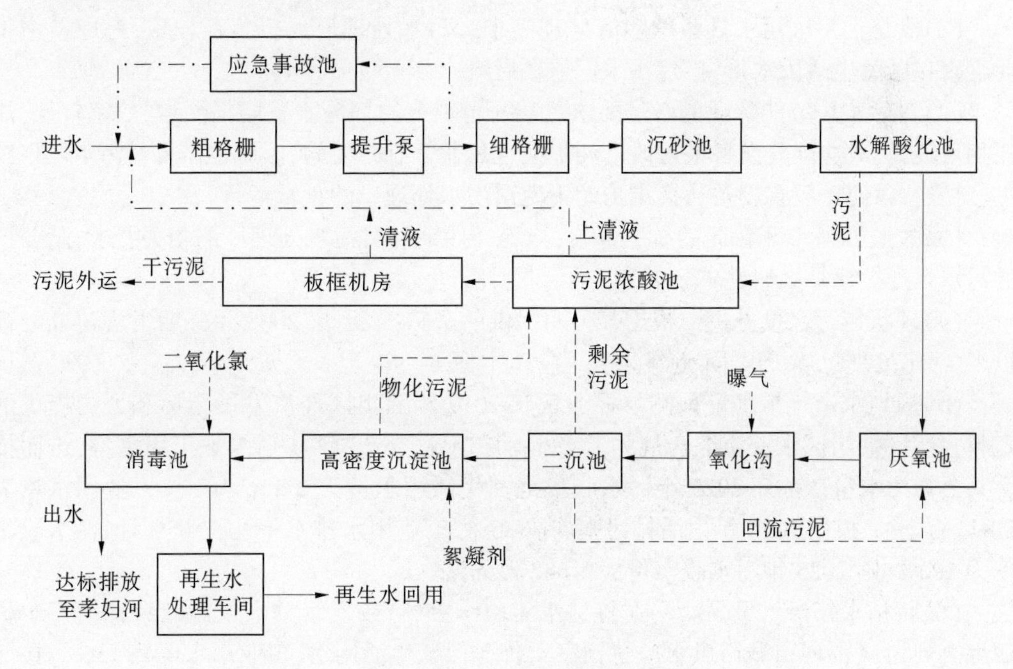

图 3　现有工程污水处理工艺

4. 再生水处理工艺

再生水处理主体工艺为“自清洗过滤器+超滤+反渗透”,综合处理效率不低于 60%。

5.2.2　污水处理厂现状污水收集量分析(现状污水处理厂处理水量)

现有污水处理厂废污水收集概况:生活污水进水服务人口数量为 38.59 万,进水水量约为 57 700 m^3/d,工业企业废水进水水量约为 21 933.5 m^3/d,合计进水水量约为 79 633.5 m^3/d,现状接纳的生活污水约占 72%,工业废水约占 28%。

5.2.3　污水处理厂现状出水量及水质分析

根据 2017~2019 年在线数据统计,2017 年污水处理量 29 199 763 m^3、2018 年污水处

理量 2 412 536 m^3、2019 年污水处理量 27 933 045 m^3。

5.2.4 再生水处理工程现状进出水水量分析

根据 2017 年 4 月至 2019 年数据统计,2017 年累计处理 581.016 8 万 m^3(合 21 127.9 m^3/d)达标出水,制备再生水量为 344.868 3 万 m^3(合 12 540.7 m^3/d),制水率为 59.36%;2018 年累计处理 804.989 4 万 m^3(合 22 054.5 m^3/d)达标出水,制备再生水量为 472.374 万 m^3(合 12 941.8 m^3/d),制水率为 58.68%;2019 年累计处理 612.985 3 万 m^3(合 16 794.1 m^3/d)达标出水,制备再生水量为 369.108 9 万 m^3(合 10 112.6 m^3/d),制水率为 60.21%。

企业提供的 2018 年再生水管网供水漏失率为 3.90%,2019 年再生水管网供水漏失率为 1.38%。

5.2.5 污水处理厂规划建设概况

1. 污水处理扩建工程建设的必要性及规划汇水量

(1)满足淄川区污水日益增多的处理需求。污水处理厂运行负荷较重,考虑新增工业废水和居民生活用水量,扩建污水厂迫在眉睫。

(2)对污水厂节能降耗的必然要求。某公司现有的部分设备磨损严重,效率较低,能耗相对较高,对这部分设备进行改进和更换也是非常有必要的,因此也需要对污水厂规模进行扩建,以便于现有设备替换维护时不耽误污水处理厂的正常运行。

(3)按照淄博市环保局的统一部署,当地环保部门对污水处理厂的相关要求,某公司的污水处理扩建是必然要求。

(4)现状年污水量分析。根据某公司提供的资料,该厂自 2008 年二期工程建成运行以来,污水处理量逐步增大,近年来处理量基本稳定。

(5)规划水平年污水量预测。根据现状 2019 年淄川区经济发展指标和公司提供的资料,参考《淄川区水资源综合规划》,预测淄川城区 2025 年规划水平年用水量,进而推算某公司污水量。预计 2025 年污水收集范围生活用水量为 2 156 万 m^3,工业用水量为 2 845 万 m^3。根据 2025 年生活排污率均取 85%,工业用水排水率均按 65%计,污水收集率为 100%,则 2025 年污水收集量为 3 682 万 m^3。

(6)特枯水年污水量预测。在特枯水年($P=95\%$)或连续枯水年,参照《淄博市水资源综合规划》《淄博市城市供水应急预案》,优先保证生活用水,工业用水压减 15%。按照上述的排污率预测城区污水排放量,则 2019 年、2025 年分别为 2 547 万 m^3、3 405 万 m^3。

综上所述,2025 年城区收集污水量为 3 682 万 m^3,其中工业污水量为 1 849 万 m^3/a、生活污水量为 1 833 万 m^3/a;2025 年汇入某公司污水量为 3 682 万 m^3/a(合 10.1 万 m^3/d),超出现有处理量 8.0 万 m^3/d(合 2.1 万 m^3/d),综合考虑社会经济发展,并考虑一定的生活污水富余量,某公司本次工程设计扩建规模为 1 460 万 m^3/a(合 4 万 m^3/d),满足要求。

2. 拟扩建污水处理工程设计进出水水质

设计扩建污水处理工程出水水质 COD≤40 mg/L、NH_3—N≤2 mg/L、TN≤15 mg/L、TP≤0.5 mg/L、氟化物≤1.5 mg/L、全盐量≤1 600 mg/L,出水水质达到《城镇污水处理厂污染物排放标准》(GB 18918—2002)一级 A 标准、《淄博市生态环境“十三五”规划》要求、《淄博市人民政府办公厅关于印发〈淄博市孝妇河流域“治用保”水污染综合治理实施方案〉的通知》（淄政办发〔2015〕15 号）及《淄博市 2019 年全市污染防治攻坚战实施方案》。

工程排水依托现有工程排污口，排污口性质为混合排放口，排放方式为连续，入河方式为暗管；经张相湖人工湿地处理进入孝妇河。

3. 扩建项目布置及污水处理工艺

污水处理扩建项目生产区可分为预处理区、生化处理区、深度处理区及污泥处理区 4 个功能分区，扩建厂区位于现有厂区的西侧。依托现有厂区南侧 1 个出入口，进水口位于新建厂区东北部，出水口依托现有工程，新建厂区北部布置有粗格栅渠及提升泵站、细格栅渠、旋流沉砂池、事故水池、水解酸化池各 1 座，污泥浓缩池在现有厂区东北部新建，依托现有的污泥脱水机房；中间布置 1 座 A_2O 生化池，南部建设 1 座回流污泥泵房、2 座二沉池；深度处理区包括 1 座高密度沉淀池、1 座消毒池，位于厂区中部东侧。生物滤池除臭系统位于新建厂区东北侧。

扩建项目生产工艺拟采用预处理（粗格栅+提升泵站+细格栅+旋流沉砂池）+一级处理（事故池+水解池）+二级处理（预缺氧池+厌氧池+一级缺氧池+一级好氧池+二级缺氧池+二级好氧池+二沉池）+深度处理（高密度沉淀池+消毒池）。

4. 扩建再生水处理工艺

再生水处理主体工艺为“自清洗过滤器+超滤+反渗透”，综合处理效率 65%。

再生水工程设计进水水质具体见表 7。

表 7　再生水工程设计进水水质一览

水质项目	单位	指标
透明度	cm	≥30
色度	稀释倍数	≤10
pH	—	6~9
悬浮物	mg/L	≤10
硬度	以 $CaCO_3$ 计，mg/L	≤1 500
TDS	mg/L	≤7 000
COD	mg/L	≤40

再生水工程设计供水水质具体见表 8。

表 8 再生水工程设计供水水质一览

水质项目	单位	指标
透明度	cm	≥30
色度	稀释倍数	≤10
浊度	NTU	<5
pH	—	6.5~8.5
铁	mg/L	≤0.1
锰	mg/L	≤0.1
悬浮物	mg/L	≤30
硫酸盐	mg/L	≤250
氯离子	mg/L	≤250
硬度	以 $CaCO_3$ 计,mg/L	≤150

5.2.6 再生水水质评价

按再生水用作工业用水水源的水质标准和本项目现有出水水质标准进行评价,工业用水评价的主要依据为《污水再生利用工程设计规范》(GB 50335—2002)、《城市污水再生利用 工业用水水质》(GB/T 19923—2005)、《工业循环冷却水处理设计规范》(GB/T 50050—2017),本次工业用水评价选用的参评因子有:pH、悬浮物、浑浊度、色度、BOD_5、COD_{Cr}、铁、锰、氯离子、二氧化硅、总硬度、总碱度、硫酸盐、氨氮、总磷、溶解性总固体、石油类、阴离子表面活性剂、余氯、粪大肠菌群等 20 项。

评价采用单因子对比法,现有再生水水质与工业用水标准对比可知,再生水水质均满足进行工业用水水源的水质指标要求。

拟扩建 1 万 m^3/d 再生水处理工程工艺、出水水质要求设计与现有 2.0 万 m^3/d 再生水处理系统是一致的,因此再生水水质可满足工业用水中冷却用水、洗涤用水、锅炉补给水、工艺与产品用水的水质标准要求。

5.2.7 取水口位置合理性分析

本项目从某公司的退水口位置取水,在深度处理后,经泵站提水至本厂区内的再生水处理装置位置,对其他用户无影响,取水口位置合理。

因此,再生水建设项目取水口合情合理。

5.2.8 取水可靠性分析

2019 年某公司收集污水量为 2 793 万 m^3(合 7.65 万 m^3/d),最少污水量为 6.4 万 m^3/d,可满足本项目取用合格出水量 1 816 万 m^3/a,即 4.975 万 m^3/d。

规划 2025 年,考虑 95%枯水年份,年收集污水量为 3 405 万 m^3,污水量日均 9.33 万 m^3,类比推算最少污水量为 7.8 万 m^3/d,可满足本项目取用合格出水量 1 816 万 m^3/a,即 4.975 万 m^3/d。某公司排水量可满足再生水项目达标出水量的需要。

再生水项目两路供给 5 家用水单位,两路供水管网供水规模可满足 5 万 m^3/d,即 1 825 万 m^3/a,可满足本项目论证再生水供水量 3 万 m^3/d(合 1 095 万 m^3/a)的供水能力。

综上所述,建设项目以某公司提供的达标出水为水源,论证分析范围内的水量、水质、管网供水能力均满足建设项目的取水需求,处理后再生水水质满足工业用水和城市杂用水水质要求,取水口设置合理,方案可行可靠。

6　取水影响论证

6.1　对水资源的影响

建设项目以某公司达标出水作为主要水源,符合当地水资源实际和淄博市水资源优化配置方案,节省了大量的优质常规水资源,有利于缓解当地地下水开采压力和当地地表水的调蓄压力,对区域常规水资源无不利影响。

首先,建设项目用水使用某公司合格的外排污水作为水源,经"浸没式超滤+反渗透技术"处理后为周边企业工业用水提供再生水水源,符合当地水资源配置要求。

其次,建设项目取用某公司达标出水,不占用淄川区常规用水总量及分类控制指标。

6.2　对水功能区的影响

建设项目以某公司达标出水为主要水源,经"浸没式超滤+反渗透技术"深度处理后为周边企业工业用水提供再生水水源,水量不占用淄川区常规水资源的分配指标,同时再生水利用后可相应减少外排污水量,减少水功能区污染负荷,再生水工程满负荷运行后,可减少外排 COD 量为 438.0 t/a、NH_3—N 量为 21.9 t/a,因此对水功能区的现状功能影响轻微。

6.3　对水生态系统的影响

项目取用某公司达标出水,经处理后作为再生水用于工业用水,排水进入公司污水处理系统深度处理合格后外排。

2019 年某公司污水处理量为 2 793.3 万 m^3,2019 年再生水项目使用达标出水量为 613.0 万 m^3,最终排入孝妇河水量为 2 180.3 万 m^3;规划 2025 年某公司污水处理量为 3 682 万 m^3,2025 年再生水项目使用达标出水量为 1 816 万 m^3,外供再生水量为 1 095 万 m^3,最终排入孝妇河水量为 2 587 万 m^3,高于现状年排入孝妇河达标出水量,因此取水对水生态系统影响轻微。

6.4　对其他用水户的影响

6.4.1　受影响的其他利益相关方取用水状况

建设项目以某公司达标出水作为主要水源,由专用水泵(现有项目配置 5 台额定流量为 360 m^3/h 的专用机泵,扩建项目拟配置 3 台额定流量为 360 m^3/h 的专用机泵)经 DN500 衬四氟碳钢管线输送至再生水处理装置处。再生水用水户 5 家企业一直使用,供水管线供水能力均可满足用水户要求,不会对区域水资源及其他用水户产生负面影响。

6.4.2　对其他权益相关方取用水条件的影响

污水处理扩建工程的建设,可以有效保证再生水的来水水源,项目区取用某公司达标出水为制取再生水的供水水源,项目用水量不占用淄川区常规水资源的控制指标。因此,该项目取水对淄川区常规水资源工程其他权益相关方无影响。

6.4.3 对其他权益相关方权益的影响损失估算

本建设项目拟合理申请某公司达标出水为1 816万m^3/a(合49 753.4 m^3/d),项目用水量不占用淄川区常规水资源的控制指标,经"浸没式超滤+反渗透技术"深度处理后为周边各企业提供再生水水源。因此,该项目取水和供水对淄川区常规水供水工程其他权益相关方无影响,不涉及影响损失估算。

6.4.4 补救与补偿原则

(1)坚持"水资源可持续利用"的方针和开源、节流的原则。

(2)坚持开发、利用、节约、保护水资源和防治水害综合利用的原则。

(3)坚持水量与水质统一的原则。

(4)坚持取水权有偿转让原则。建立健全保护水资源、恢复生态环境的经济补偿机制。

(5)坚持公平、公开、协商、互利的原则。

6.4.5 补救措施与补偿方案建议

建设项目以某公司达标出水为主要水源,不会对区域水资源产生负面影响,对城市和工业等非农用户影响轻微。因此,不涉及补偿方案。

7 退水影响论证

7.1 退水方案

7.1.1 退水系统及组成

项目退水包括两部分:一部分为项目本身的退水情况;另一部分为各用水户的退水情况。

(1)再生水供水项目自身产生的污水主要包括自清洗过滤器浓水、超滤废水、反渗透浓水。

超滤装置反洗废水、反渗透装置冲洗废水、超滤及反渗透化学清洗用水经地沟排入中和废水池,并在中和废水池内经亚硫酸氢钠、盐酸中和后与自清洗过滤器排放废水、反渗透浓水及生活污水混合全部排入某公司污水处理设施进行达标处理。

(2)主要用水户产生污水量合计为437.5万m^3/a,通过污水管道进入某公司污水处理系统。

7.1.2 退水总量、主要污染物排放浓度和排放规律

(1)某公司再生水供水项目本身产生的生产废水主要污染物为含盐量、COD、氨氮,管道排至污水处理厂污水处理系统的预处理系统处,经污水处理厂深度处理后排入张相湖人工湿地和贾村水库。

(2)再生水供水项目主要供给5家用水企业,各企业使用后产生的废水主要污染物为COD、氨氮、含盐量等,经城镇污水管网收集后排入某公司,经污水处理厂处理后水质达到《城镇污水处理厂污染物排放标准》(GB 18918—2002)中一级A标准,其中COD≤40 mg/L、氨氮≤2 mg/L、色度≤10的淄博市地方标准,达标出水一部分经再生水回用处理供水项目,其余排入孝妇河淄川农业用水区。

7.2　对水功能区的影响

某公司排污受纳水体：现有项目依托现有工程排污口，排污口性质为混合排放口，排放方式为连续，入河方式为暗管，由于张相湖人工湿地处理能力为 6 万 m^3/d，现状已达满负荷，扩建污水处理厂出水 4.0 万 m^3/d，由污水厂排水口直接排入贾村水库进入孝妇河。

根据该公司入河排污口设置批复，入河排污口采用管道方式连接至污水排放口，设计污水处理能力为 8.0 万 m^3/d（其中再生水回用量 2 万 m^3/d）；根据项目立项文件和环评批复，扩建项目处理能力为 4.0 万 m^3/d，入河排污口排放方式为连续排放，出水水质需满足处理出水水质 COD≤40 mg/L、NH_3—N≤2 mg/L、TN≤15 mg/L、TP≤0.5 mg/L、氟化物≤1.5 mg/L 等，出水水质达到《城镇污水处理厂污染物排放标准》（GB 18918—2002）中一级 A 标准、《淄博市生态环境"十三五"规划要求》、淄博市人民政府办公厅《关于印发〈淄博市孝妇河流域"治用保"水污染综合治理实施方案〉的通知》（淄政办发〔2015〕15 号）要求、《淄博市 2019 年全市污染防治攻坚战实施方案》要求。

某公司已运行多年，出水水质稳定，退水所在水功能区水质目标执行地表水环境质量Ⅴ类标准（COD≤40 mg/L、氨氮≤2 mg/L、氟化物≤1.5 mg/L），因此退水对孝妇河淄川农业用水区影响轻微。

7.3　对水生态的影响

建设项目退水经某公司深度处理，达标后退水经张相湖人工湿地处理后排入孝妇河淄川农业用水区，某公司已运行多年，多次提标改造，出水水质稳定，因此，退水对孝妇河淄川农业用水区水生态影响轻微。

再生水供水项目污废水在汇集、存储、处理和输送过程中，或多或少存在一定的渗漏，如防治不当，将对地下水产生污染影响。因此，必须对再生水处理装置区、运输管线处做好防渗、防溢处理，杜绝渗漏或外溢影响地下水，严格防渗防漏的前提下对地下水的影响轻微。

7.4　对其他用水户的影响

7.4.1　受影响的其他利益相关方的取用水状况

本建设项目取用某公司的达标出水作为水源，经"浸没式超滤+反渗透技术"处理后，再生水供给 5 家用水企业，产生的废污水进入某公司污水处理系统，拟申请的达标出水量 1 816 万 m^3/a，再生水供水量 3.0 万 m^3/d（合 1 095 万 m^3/a），不占用淄川区常规水资源的控制指标，符合淄博市"优先利用客水、合理利用地表水、控制开采地下水、积极利用雨洪水、推广使用再生水、大力开展节约用水"的用水新方略，利用污水推广使用再生水，涵养地下水源，节省地表水源，符合当地水资源管理要求。

7.4.2　对其他利益相关方权益的影响损失估算

某公司处理达标后，排入孝妇河，退水水质达到孝妇河淄川农业用水区水质标准（COD≤40 mg/L、氨氮≤2.0 mg/L），对第三者影响轻微。不涉及其他利益相关方权益的影响损失估算。

7.4.3　补救与补偿原则

（1）坚持"水资源可持续利用"的方针和开源、节流的原则。

（2）坚持开发、利用、节约、保护水资源和防治水害综合利用的原则。

(3)坚持水量与水质统一的原则。

(4)坚持取水权有偿转让原则。建立健全保护水资源、恢复生态环境的经济补偿机制。

(5)坚持公平、公开、协商、互利的原则。

7.4.4 补救措施与补偿方案建议

项目污废水在汇集、存储、处理和输送过程中,存在一定的渗漏隐患,如防治不当,将对地下水产生污染影响。因此,必须对污水储存地区、污水管道及污水泵站做好防渗、防溢处理,杜绝渗漏或外溢影响地下水。

为了杜绝项目退水对地下水的影响,提出以下措施:

(1)实施严格管理,加强对地下水的保护措施。

(2)建立、完善污染事故应急管理机制。

为防止发生事故时污废水的外泄形成地表漫流,对地表水体及地下水体,该公司制定了突发环境事件应急预案,在应急预案中制定了应急救援措施,并配备了应急救援组织,对可能发生的事件制定了应急救援措施,并进行了演练总结。针对项目污染物来源及特性,以实现达标排放和满足应急处置为原则,建立污染源头、处理过程和最终排放的“三级防控”机制。

综上所述,如发生事故,事故废水、泄漏物料或消防废水可全部被收集处理。由于项目区采取严格的防渗措施,并设有完善的废水收集系统,概率较大的泄漏及火灾事故发生后,污染物可全部通过废水收集系统进入事故水池,不会出现物料泄漏和消防水漫流的情况,从而不会通过下渗污染项目区周围地下水和地表水。

7.5 入河排污口(退水口)设置方案论证

本建设项目已设置了独立入河排污口,再生水项目退水和再生水用水户的退水均进入某公司污水处理系统深度处理后,达标排入张相湖人工湿地处理后汇入孝妇河淄川农业用水区。某公司的入河排污口设置在张相湖湿地右岸,入河排污口论证报告已经通过主管部门审查。

8 水资源节约、保护及管理措施

8.1 节约措施

(1)再生水供水项目使用达标出水量为 1 816 万 m^3/a,通过“自清洁过滤器+超滤+反渗透”处理工艺制备再生水,达标出水制取再生水的制水率为 60.3%。

(2)《关于印发〈山东省关于加强污水处理回用工作的意见〉的通知》(鲁发改地环〔2011〕678 号)和《山东省“十三五”水资源消耗总量和强度双控行动实施方案》规定:统筹调配水资源。进一步做好区域水资源统筹调配,强化水资源统一调度,合理有序使用地表水、控制使用地下水、积极利用非常规水,统筹协调生活、生产、生态用水。将非常规水源纳入区域水资源统一配置,新建火力发电项目应优先利用再生水,利用比例不得低于 50%,一般工业冷却循环再生水使用比例不得低于 20%。到 2020 年,山东省污水处理厂再生水利用率达到 25%以上。

某公司近期设计污水处理规模为 8.0 万 m^3/d,再生水设计供水规模为 2.0 万 m^3/d,

再生水利用率为 25%;规划设计污水处理规模为 12.0 万 m^3/d,再生水设计供水规模为 3.0 万 m^3/d,再生水利用率为 25%,符合山东省对污水处理厂再生水利用率的要求。

(3)各用水户现状再生水使用比例未达到规划要求,应尽快按规划要求增加再生水使用比例。

8.2　保护措施

(1)加强和完善地下水环境监测管理体系。

建立地下水环境监测管理体系,包括制订地下水环境影响跟踪监测计划、建立地下水环境影响跟踪监测制度、配备先进的监测仪器和设备,以便及时发现问题,采取措施。

通过对厂区防渗规范施工、加强管理可使发生废水渗漏的可能性降到最低,为将项目对地下水环境造成的影响降到最低,应对项目所在地周围的地下水水质进行监测,在厂区下游建监控井,定期监测,以便及时、准确地反馈地下水水质状况。当泄漏发生水质异常时,应当立即采取停产措施,对渗漏发生区域进行防渗修补,确保污染物不进入地下水系统中,可有效降低渗漏产生的影响。

按时(宜 2 月一次)向有关部门上报生产运行记录,内容应包括:地下水监测报告,排放污染物的种类、数量、浓度,生产设备、管道与管沟、垃圾储存、运输装置和处理装置、事故应急装置等设施的运行状况,跑、冒、滴、漏记录,维护记录等。建立地下水环境跟踪监测数据信息管理系统,编制地下水环境跟踪监测报告并在网站上公示信息。

(2)源头控制措施。采取有效措施,控制污染物泄露、渗漏,防止污染周边地下水源。具体措施有:对再生水处理装置区、污水处理区等地面均采取硬化防渗措施;厂区污水池做好地面防腐防渗措施。厂区内除绿化用地外全部地面进行水泥固化处理,完善污、雨水及项目排水的收集设施,以防下渗污染。

(3)按照《用水单位水计量器具配备和管理通则》(GB 24789—2009),在各取水、用水、排水系统安装合格的计量设备,其中一、二级的计量误差应小于或等于±2.0%,三级的计量误差应小于或等于±5.0%。

(4)编制污水处理回用应急预案,建立污水处理回用突发事件应急处置机制。对再生水水量、水质发生重大变化,或因突发事件、事故造成的关键设备停机,可能影响供水安全的,应按应急预案要求组织抢修,尽量恢复正常运行。

(5)为防范突发环境事件产生的事故污染废水和事故消防水排入外环境对周边环境造成影响,厂区已建事故应急池(3 000 m^3×2)作为专门的事故废水收集设施。

①对各污水处理单元的装置、污水输送管道、污水收集池均采用水泥进行防渗,严禁生产过程中的跑、冒、滴、漏,废水以及废水处理过程中和地表接触,混凝土厚度大于 300 mm,污水管道均进行防腐处理。

②废水全部通过管道进行收集,并且确保管道的防渗和防腐性能达到设计要求,确保废水在收集过程中不会产生侧渗和泄漏。

③为解决渗漏问题,结合实际现场情况选用水泥土搅拌压实防渗措施,即利用常规强度等级水泥与天然土壤进行拌和,然后利用压路机进行碾压,在地表形成一层不透水盖层,达到地基防渗之效。

8.3　管理措施

(1)严格执行《中华人民共和国水法》《中华人民共和国水污染防治法》等法律法规,合理开发、高效利用、科学保护水资源。

(2)加强和完善本项目区地下水动态监测,包括水位、水量、水质监控,发现问题及时报告有关部门。

(3)地下水污染具有不易发现和一旦污染很难治理的特点,因此地下水污染防控应遵循源头控制、防止渗漏、污染监测和事故应急处理的主动和被动防渗相结合的原则进行。

(4)定期做好突发性事故的应急演练,做好事故应急处理系统的管理维护,保证应急使用,以有效控制事故风险,避免对周边水环境的影响。

(5)建立健全各项用水节水制度,提高企业节水意识,定期开展水平衡测试,做好企业节水工作,发现用水过程中存在的问题,进一步挖掘用水潜力,提高用水水平。

9　结论与建议

9.1　结论

9.1.1　项目用水量及合理性

某公司再生水供水项目合理的取用达标出水量为 1 816 万 m^3/a,以某公司达标出水为生产水源。达标出水制取再生水的制水率 60.3%,符合相关规定要求。该项目设计用水工艺和用水指标优于现状水平,取用水合理。

9.1.2　项目的取水方案及水源可靠性

经核定,再生水供水项目取达标出水量 1 816 万 m^3(合 49 753.4 m^3/d),由某公司供给,作为生产用水。

(1)项目取水不占用淄川区常规水资源的分配指标。

(2)根据某公司规划,设计污水处理量为 12 万 m^3/d,满足本次论证取用达标出水量为 49 753.4 m^3/d 的取水要求,再生水供水量为 3.0 万 m^3/d。

(3)现有再生水项目的达标出水供水泵为 5 台,额定取水量均为 360 m^3/h(合 43 200 m^3/d);规划增加 3 台,额定取水量均为 360 m^3/h(合 25 920 m^3/d),合计 69 120 m^3/d,可满足项目取用达标出水量 49 753.4 m^3/d 的取水要求。

(4)企业已建设再生水供水管网,供水规模达到 5 万 m^3/d(合 1 825 万 m^3/a),可满足再生水供水量 1 095 万 m^3 的要求。经公司再生水处理系统处理后,再生水水质达到生产标准,可满足建设项目对水源水质的要求。

9.1.3　项目的退水方案及可行性

项目退水包括两部分:一部分为项目本身的退水情况;另一部分为各用水户的退水情况。

再生水供水项目自身产生的污水包括生产废水(再生水系统浓水:自清洗过滤器废水、超滤装置废水、反渗透装置废水),生产废水进入污水处理厂污水处理系统的预处理系统处。

用水户产生的污水,通过污水管道进入某公司污水处理系统。

经污水处理厂处理后达到出水标准后，排入张相湖人工湿地，再排入贾村水库。因此，退水方案可行可靠。

9.1.4　取水和退水影响补救及补偿措施

建设项目以某公司达标出水作为水源，不会对区域水资源产生负面影响，对城市和工业等非农用户无影响。

建设项目退水经某公司处理，处理达标后排入孝妇河。某公司出水执行《城镇污水处理厂污染物排放标准》（GB 18918—2002）中一级 A 标准，其中 COD≤40 mg/L、氨氮≤2 mg/L、色度≤10 的淄博市地方标准，处理达标出水一部分经再生水回用处理供水项目，其余排入孝妇河淄川农业用水区，可保证对该项目退水进行达标处理。对水功能区和第三者基本影响轻微。

9.2　建议

（1）成立用水专管部门，对再生水供水项目各项取水、排水和供水实行总量控制、统一管理，建立节水档案，制定各项节水考核制度，提高项目节水意识。在各取水、排水、供水系统安装计量设备，定期做水平衡分析，发现用水过程中存在的问题，进一步挖掘用水潜力，提高用水水平。

（2）严格按照设计方案，建设各类水处理和污水处理系统，做好固化防渗措施，避免污废水下渗或泄露影响地表水和地下水。防止事故性退水外泄影响水环境。

（3）针对项目污染物来源及其特性，以实现达标排放和满足应急处置为原则，建立污染源头、处理过程和最终排放的"三级防控"机制。

（4）严格把再生水装置区废水等储存地区的防渗、防溢处理，浓水的退水系统实施严格管理，加强对地下水的保护措施。

（5）建设项目紧邻孝妇河，企业应采取做好防腐、防渗，杜绝物料、废水出现渗漏现象等有效措施。公司已制定了突发环境事件应急预案，企业应定期做好突发环境事件的应急演练，一旦发生突发事件立即进入预警状态，并立即启动相应的突发环境事件应急预案。

（6）编制污水处理回用应急预案，建立污水处理回用突发事件应急处置机制。对再生水水量、水质发生重大变化，或突发事件、事故造成的关键设备停机，可能影响供水安全的，应按应急预案要求组织抢修，尽量恢复正常运行。

案例 16　淄博市某公司大武水源地新增工业供水项目水资源论证

王仲业　马明茹

山东瀛寰水利服务有限公司

1　建设项目概况

淄博市某公司主要承担着淄博市中心城区及周边乡镇的工业和生活用水,供水水源主要包括大武水源地地下水、太河水库地表水、引黄引江客水、刘征水源地地下水、张店区西郊水源地地下水。现有总许可水量为 12 116 万 m^3。

最初的供水水源地为大武水源地和张店区湖田水源地(湖田水源地因水质原因于 2002 年停用)。大武水源地位于淄博市临淄区,面积 148.3 km^2,是北方地区罕见的特大型岩溶地下水水源地,多年来一直是淄博市中心城区、临淄区和齐鲁石化公司的生活、工业用水的重要水源地,水源地核定日均允许可开采水量 40 万 m^3。

由于历史原因,齐鲁石化公司坐落在大武水源地上,并且衍生了众多的化工企业,对水源地保护工作构成了较大的威胁。分布在大武水源地富水地段的取水井,根据多年的水质监测资料,东风地段地下水水质达到了《地下水环境质量标准》(GB 3838—2002)Ⅲ类水标准。由于大武水源地达不到饮用水水源地保护区的划定条件和要求,水源地的饮用水水源地保护区划定方案未得到省政府的批复。

2017 年 8 月,因大武水源地未划生活饮用水水源地保护区,中央环保督察组要求停止大武水源地作为城镇生活饮用水水源地。2018 年,根据《淄博市贯彻落实中央环保督察反馈意见整改方案》和《淄博市人民政府会议纪要》(〔2018〕第 17 号),自 2018 年 6 月 30 日,大武水源地停止供生活饮用水,该公司自大武水源地的取水不再作为生活用水,改为工业用水。

2018 年中央生态环境保护督察“回头看”对淄博市进行督察,因刘征水源地 12 眼取水井只有 9 号井完成饮用水水源地保护区划分,其余水井因与潍坊市青州市的边界问题暂时未划保护区,要求淄博市停止使用刘征水源地未划保护区的水井作为生活饮用水水源。根据《中共淄博市委办公室　淄博市人民政府办公室关于对中央生态环境保护督察“回头看”有关问题挂牌督办的通知》(淄办发电〔2018〕170 号),淄博市水利局调整中心城区水源配置方案,自 2019 年 4 月 1 日起,中心城区的生活用水水源以引黄引江客水为主,太河水库水作为补充,刘征水源地停止向中心城区供生活用水,调整为生活用水应急备用水源。

由于大武水源地供水功能的转变(由生活用水变为工业用水),根据供水区域水源的调整及新项目的建设和拟通过供水管网分质供水改造企业用水,该公司原有工业取水许可量不能满足工业供水需求。

根据淄博市水源变化的实际情况,同时根据该公司近年来供水区域的需水变化情况,对各供水水源进行全面梳理、调整,提出了大武水源地增加工业供水量,相应减少部分水源地供水量的方案,并进行论证。

2　水资源条件与有关规划的相符性

大武水源地位于淄博市临淄区,面积148.3 km^2,是北方地区罕见的特大型岩溶地下水水源地,允许日开采水量40万m^3,多年来一直是淄博市中心城区、临淄区和齐鲁石化公司的生活、工业用水重要水源地,也是淄博市自来水公司的主要水源地之一。

由于大武水源地地下水达不到国家生活饮用水水源地保护区的划定条件和有关要求,水源地的饮用水水源地保护区划定方案未得到省政府的批复。根据中央环保督察组的要求,自2018年6月30日起,大武水源地调整生活饮用水功能,不再作为生活饮用水水源地。

大武水源地主要作为中心城区、临淄区和齐鲁石化公司的工业用水水源,同时是上述区域生活用水的应急备用水源地。因此,淄博市自来水公司增加大武水源地的工业用水量,符合淄博市水资源规划要求。

近年来,淄博市组织清华大学、山东省地质调查院多次对大武水源地地下水环境进行专题研究,由于大武水源地范围内存在齐鲁石化公司等众多化工企业,部分区域的地下水已经污染,地下水环境存在较高污染风险,为保护水源地地下水环境安全,大武水源地必须维持合理的开采量和地下水水位,防止水位较高造成串层污染。经大武水源地多年的开采实践及不同时期的资源量计算,目前对水源地可开采资源量已形成了较统一的认识,即大武水源地地下水水位控制在20 m时可开采量为40万m^3。2018年6月大武水源地停止供生活饮用水后的日均开采量为26万m^3,尚有较大的开采余量;2018年6月25日,地下水水位降至-5.81 m。进入丰水期后,由于降水丰沛,加之岩溶水地下水开采量大幅减少,岩溶地下水水位迅速回升;至2020年2月,平均水位最高上升至32.6 m,超过大武水源地多年平均水位。同时大武水源地的上游补给面积大、补给快,淄博市自来水公司增加大武水源地的取水量,不会造成大武水源地的地下水超采,适当增加取水量有利于防止大武水源地地下水的串层污染。

本报告拟申请增加大武水源地地下水开采量,作为供水区域的工业用水,符合淄博市水源调整变化的实际情况,水源配置合理。

3　用水合理性分析

3.1　现有工业用水户工业需水量分析

3.1.1　现有地下水工业售水情况统计分析

工业大用户供水水源为地下水,由大武水源地地下水和西郊水源地地下水共同供给企业用水户。淄博市自来水公司2014~2017年大用户售水量分别为26 139 959 m^3/a、25 702 665 m^3/a、25 828 463 m^3/a、25 072 907 m^3/a、22 296 858 m^3/a、20 342 963 m^3/a。2014~2017年,淄博市自来水公司工业售水量相对稳定,在25 072 907~26 139 959 m^3/a,极值差为1 067 052 m^3/a,仅占4年平均售水量25 685 998 m^3/a的4.15%。2018至今售

水量有所减少,根据对企业的用水调查,分析原因为受环保大气污染治理影响,电厂对外供电、供气受到一定影响,减产运行,造成现有企业用水量减少所致。

3.1.2　大武水源地和西郊水源地取水情况分析

根据淄博市自来水公司近5年大用户地下水取售水量及管网漏失统计,西郊水厂输水管道为独立输水管网,根据西郊水厂出厂水水量与用水户水量统计,计算西郊水厂漏失率2015年、2016年、2017年、2018年和2019年分别为5.57%、3.94%、4.10%、3.95%和7.19%。大武水源地由于2018年6月前取水用途为工业和生活用水,取水量累加在一起,根据总取水量与总售水量,淄博市自来水公司计算大武水管网漏失率2015年、2016年、2017年和2018年分别为16.02%、12.85%、13.11%和15.93%,推算出2015年、2016年、2017年和2018年大武水源地工业用水取水量分别为20 388 980 m^3、21 261 281 m^3、21 467 265 m^3 和19 659 853 m^3。

3.1.3　现有用水户典型企业生产用水合理性分析

淄博市自来水公司现状工业用水户用水,根据淄博市自来水公司提供的资料,工业用水户水平衡测试结果分析工业用水户用水如下:

(1)淄博热电集团有限公司成立于1993年5月30日,主要经营范围为供热,电力的生产、销售等。根据2016年的水平衡测试报告,淄博热电集团有限公司单位产品取水量为3.13 m^3/(MW·h),优于《取水定额　第1部分:火力发电》(GB/T 18916.1—2012)规定的用水定额考核值3.2 m^3/(MW·h)的标准,优于《山东省重点工业产品取水定额》(DB37/T 1639.8—2019)规定的用水定额考核值3.2 m^3/(MW·h)标准。工业用水重复利用率为97.2%,符合《山东省节水型社会建设指标》规定的工业用水重复利用率为85%的控制指标,优于淄博市2018年平均工业用水重复利用率96.68%。间接冷却水循环率98.0%,高于《山东省节水型社会建设指标》规定的95%的标准。污水回用率为30.9%,污水外排率为16.1%。

(2)华电淄博热电有限公司前身为山东南定电厂,始建于1952年10月,隶属中国华电集团公司,现有装机规模95万kW。根据2018年的水平衡测试报告,华电淄博热电有限公司单位产品取水量为2.33 m^3/(MW·h),优于《取水定额　第1部分:火力发电》(GB/T 18916.1—2012)规定的用水定额考核值2.75 m^3/(MW·h)标准,优于《山东省重点工业产品取水定额》(DB37/T 1639.8—2019)规定的用水定额考核值2.8 m^3/(MW·h)标准。工业用水重复利用率为98.9%,符合《山东省节水型社会建设指标》规定的工业用水重复利用率为85%的控制指标,优于淄博市2018年平均工业用水重复利用率96.68%。间接冷却水循环率98.5%,优于《山东省节水型社会建设指标》规定的95%的标准。污水回用率为31.8%,污水外排率为14.1%。

(3)中铝山东有限公司是中央直接管理的国有重要骨干企业,位于山东省淄博市。中铝山东有限公司单位产品取水量分别为:氧化铝(拜耳法)为1.43 m^3/t,氧化铝(化学品烧结法)为2.92 m^3/t,经调研,山东省无相关行业标准。《取水定额　第12部分:氧化铝生产》(GB/T 18916.12—2012)先进氧化铝生产企业氧化铝(拜耳法)用水量为1.5 m^3/t,先进氧化铝生产企业氧化铝(化学品烧结法)用水量为3 m^3/t,两种方法均优于国家用水定额标准。工业用水重复利用率为97.3%,符合《山东省节水型社会建设指标》规定的工业用水重复利用率85%的控制指标,优于淄博市2018年平均工业用水重复利用率96.68%。间接冷却水循环率99%,优于《山东省节水型社会建设指标》规定的95%的标准。污水外排率为1%。

综上分析,确定淄博市自来水公司现有工业用水户需水量取用水稳定的2014~2017年售水量平均值,即2 569万 m^3/a。规划水平年需水量均为2 569万 m^3/a。

3.2　新增用水户工业需水量分析

3.2.1　新上项目天辰齐翔新材料有限公司工业需水量分析

1.天辰齐翔新材料有限公司用水工艺分析

1)生活用水(有天润供水公司供给生活管网水)

项目全厂劳动定员1 500人,四班三运转,即每天定员1 125人,生活用水定额取75 L/(人·d),则日生活用水量为3.515 m^3/h。生活污水产生量为2.812 m^3/h。

2)生产用水

设计生产用水量为114.477 m^3/h(其中39.363 m^3/h为废气治理冷凝水回用于联产装置急冷塔补水,联产装置等共计使用脱盐水18.400 m^3/h,新鲜水使用量为56.714 m^3/h),蒸汽35.828 t/h;生产废水产生量为123.870 m^3/h。

3)车间地面冲洗用水

车间需要冲洗的面积共计95 243.6 m^2,按照1 L/(d·m^2)核算,地面冲洗用水量为3.969 m^3/h,地面冲洗废水产生量为3.175 m^3/h。

4)冲洗设备用水

冲洗设备用水加氢装置析出不溶固体会造成脱水塔和脱焦塔塔板堵塞,因此两塔必须每2~3个月水蒸馏一次。产生冷凝废水,一次清洗设计需新鲜水20 m^3,设计全年用水量为120 m^3/a(合0.015 m^3/h),产生废水0.012 m^3/h。

5)绿化用水

总用地面积1 823 431 m^2,绿化面积约为226 247 m^2,绿化用水按照《山东省城市生活用水量标准》(GB/T 5015—2017)中,公共设施管理业中城区绿化0.3 L/(m^2·d)(冷季)、0.5 L/(m^2·d)(暖季)用水定额计算,绿化用水量为4.129 m^3/h。

6)实验室用水

己二腈项目设有分析化验室,设计用水量3.00 m^3/h,产废水量2.4 m^3/h。

7)脱盐水站用水

根据设计,脱盐水站得水率为70%,除盐水主要用于HCN/AN联产装置精制工段、尼龙66等装置工艺水,乙腈精制工段、硫铵回收工段水环真空泵补水及各余热利用单元,设计脱盐水使用量为392.200 m^3/h,需要新水量560.285 m^3/h,产生反渗透浓水量为168.085 m^3/h。

8)循环水补水

生产装置需要循环冷却水,设计循环水量为40 179.499 m^3/h,需要补充循环水860.076 m^3/h(其中483.605 m^3/h为新鲜水,其余255.570 m^3/h使用项目中水处理站治理合格后的中水),循环冷却系统损耗量为403.004 m^3/h,循环排污水量为337.171 m^3/h。

天辰齐翔新材料有限公司尼龙新材料项目全厂设计水量平衡表见表1。设计水平衡图见图1。

表1 天辰齐翔新材料有限公司全厂设计用水量平衡

单位:m^3/h

用水分类	序号	用水单元名称	总用水量	输入水量 新鲜水	生成水	原料水	软水	重复利用水量 回用水	循环水	冷凝水	输出水量 重复利用水量 回用水	循环水	蒸汽烘干	蒸汽损耗	损耗	污水	排放水	输出合计
主要生产用水	1	生产用水	207.182	56.714	73.658	19.047		18.400	39.363		—		65.605	0.544	17.163		123.870	207.182
主要生产用水	2	脱盐水站用水	560.285	560.285							392.200					168.085		560.285
主要生产用水	3	循环水	40 918.674	483.605				255.570	40 179.499			40 179.499			403.004	336.171		40 918.674
主要生产用水	4	中水处理站	504.256						504.256		255.570						248.686	504.256
主要生产用水	5	余热产蒸汽	1 236.000				370.800			865.200			1 219.280	16.720				1 236.000
主要生产用水	6	废气治理	65.605							65.605	39.363			26.242				65.605
辅助生产用水	1	设备冲洗	0.015	0.015											0.003		0.012	0.015
辅助生产用水	2	车间冲洗	3.969	3.969											0.794		3.175	3.969
辅助生产用水	3	真空泵用水	3.000					3.000							0.600		2.400	3.000
辅助生产用水	4	实验室用水	3.000	3.000											0.600		2.400	3.000
附属生产用水	1	生活用水	3.515	3.515											0.703		2.812	3.515
附属生产用水	2	绿化用水	4.129	4.129											4.129			4.129
水量总计			43 509.630	1 115.232	73.658	19.047	370.800	276.970	40 723.118	930.805	687.133	40 179.499	1 284.885	43.506	426.996	504.256	383.355	43 509.630

注:取水量为1 115.232 m^3/h,其中工业用新水量为1 111.717 m^3/h,生活用水量为3.515 m^3/h。

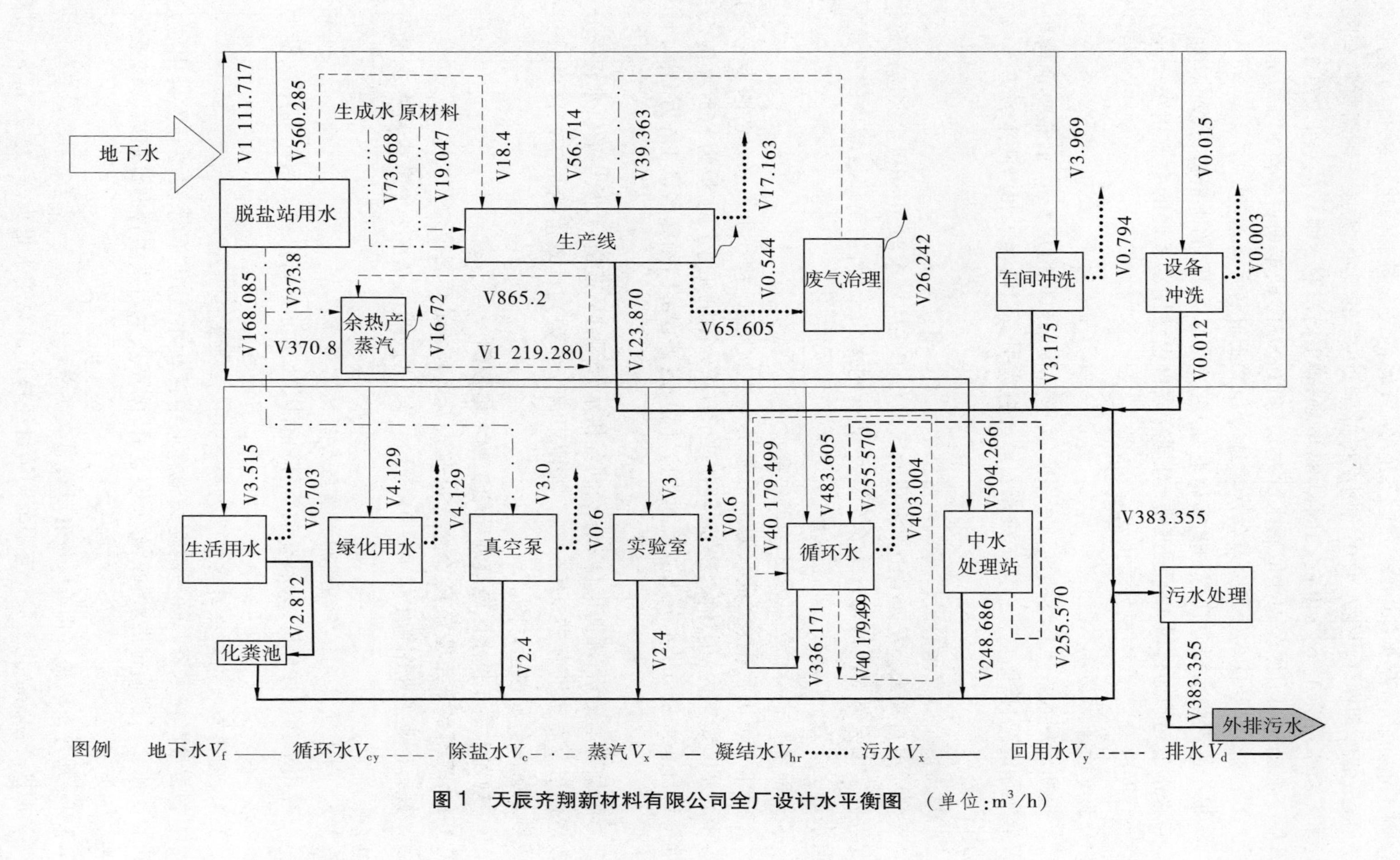

图 1　天辰齐翔新材料有限公司全厂设计水平衡图　（单位：m^3/h）

根据以上分析,新上项目天辰齐翔新材料有限公司尼龙新材料项目年需新水量为8 921 856 m^3/a。根据《山东省“十三五”水资源消耗总量和强度双控行动实施方案》中“一般工业冷却循环再生水使用比例不得低于20%”的规定,天辰齐翔新材料有限公司循环水需新水量为3 868 840 m^3/a(合483.605 m^3/h),按照20%核减水量773 768 m^3/a,则天辰齐翔新材料有限公司年取新水量为8 148 088 m^3/a,本项目取整815万 m^3/a。

3.2.2 规划拟经供水管网分质供水改造增加工业用水户需水量

根据最严格水资源管理制度实施意见中,“优水优用”的水资源开发利用原则,淄博市自来水公司拟通过供水管网改造,对现有取自生活用水管网的企业用水户进行分水源供水管网改造工程,实现分质供水。

1. 朱台水源地供水区域

近期规划水平年和远期规划水平年取水量相同,即300万 m^3/a,根据淄博市水源配置的实际情况,按照主管部门的要求水源配置为引黄引江客水和大武水各占50%,即150万 m^3/a。

2. 淄博市自来水公司四宝山泵站供水区域工业需水

淄博市自来水公司四宝山泵站供水区域位于张店区东部,由于供水区域地势较高,需要经四宝山泵站对淄博市自来水公司生活管网水加压后,供给该区域内的工业用水户。取水量229万 m^3/a 为工业需水量。

3. 淄博市中心城区供水区域工业需水

2018年6月底前(大武水源地不能供生活饮用水后,分质供水改造同步完成),淄博市中心城区短期内(因环保督察限期整改)不好分离的工业用水量为565万 m^3/a。根据淄博市自来水公司供水分水源管网改造计划,以工程部门测算水量396万 m^3/a 计算需水水量。

根据以上分析,淄博市自来水公司经供水管网分质改造后,从生活供水管网分质供水改造供工业需水量为775万 m^3/a。淄博市自来水公司计划待取得本次许可后2年内完成供水管网分质改造计划。

3.3 规划水平年供水区域规划新增工业水量预测

3.3.1 规划水平年现有11个企业用水户工业需水量预测

现有企业工业用新水量为1 953万 m^3/a,比近期规划水平年减少新水水量为756万 m^3/a。

3.3.2 新上项目天辰齐翔新材料有限公司需水量

经用水合理性分析,天辰齐翔新材料有限公司尼龙新材料项目工业用水量为815万 m^3/a。

3.3.3 淄博市自来水公司供水管网分质改造工业需水量

根据最严格水资源管理制度实施意见中,“优水优用”的水资源开发利用原则,淄博市自来水公司拟通过供水管网分质改造后,测算从生活供水管网分质改造供工业用水量为775万 m^3/a。

3.3.4 淄博齐翔腾达化工股份有限公司需水量

淄博齐翔腾达化工股份有限公司项目经核定的总用水量为2 025万 m^3/a,其中引黄引江净水为 1 316 万 m^3/a，再生水为 709 万 m^3/a。

3.3.5　规划水平年张店东部化工区工业需水量预测

根据淄博市水源配置的实际情况，按照主管部门的要求，东部化工区需配置大武水水量为 356 万 m^3。

3.3.6　再生水利用情况分析

企业再生水利用率按照《山东省关于加强污水处理回用工作的意见》（省发改地环〔2011〕678 号）中“一般工业冷却循环再生水使用比例不得低于 20%”的规定和《山东省“十三五”水资源消耗总量和强度双控行动实施方案》的规定执行。

3.4　用水环节用水水平指标比较

3.4.1　工业取售水损失率（供水管网漏失率）分析

根据统计，淄博市自来水公司工业配水系统大武水取售水损失率（供水管网漏失率）为 15.93%，西郊水源地管网漏失率为 3.95%。与《城镇供水管网漏损控制及评定标准》（CJJ 92—2016）规定的 10%～12%的管网漏失率相比，大武供水管网漏失率偏高，有待进一步改进。

3.4.2　制水厂产水率

建设项目水厂以地下水为水源，设计产水率为 100%，符合自来水生产企业产水率标准。

3.5　项目取、用工业水量核定

淄博市自来水公司现有工业用水许可量为 2 816 万 m^3，其中大武水源地地下水许可量 2 130 万 m^3，张店区西郊水源地地下水许可量 686 万 m^3。

近期规划水平年（2021 年），淄博市自来水公司大武水源地工业用水取水量 4 001 万 m^3（总取水量 4 687 万 m^3/a 减去西郊水源地许可水量 686 万 m^3/a，下同）。

远期规划水平年 2025 年，淄博市自来水公司大武水源地工业用水取水量 3 592 万 m^3（总取水量 4 287 万 m^3/a 减去西郊水源地许可水量 686 万 m^3/a）。

4　取水水源论证

4.1　水源方案比选及合理性分析

本项目增加大武水源地取水量符合淄博市水资源规划要求，有利于维持大武水源地合理的地下水开采量和地下水水位，有利于大武水源地的地下水水保护，因此水源选取是合理可行的。

4.2　地下水取水水源论证

多年以来，在长期开采实践的基础上，不同行业的多家单位对大武水文地质单元岩溶地下水允许开采量进行了不同程度的研究，形成了较为统一的认识与评价，主要成果如下：

（1）1977 年，山东省地矿工程勘察院提交的《淄博地区北部水文地质勘察及大武水源地勘探报告》，利用非稳定流有限单元法对地下水资源进行了计算，认为大武水源地的地下水允许开采量为 65.87 万 m^3/d（包括黑旺铁矿的 8.40 万 m^3/d），预测开采中心地下水水位将下降 8.526 4 m。

(2)1989年,山东省地矿工程勘察院提交的《山东省淄博市大武水源地水资源验算报告》再次采用非稳定流有限单元法对地下水资源进行了核算,认为水源地合理开采量为32万m^3/d。

(3)1997年,由清华大学环境工程系与淄博市大武水源管理处联合提交了《淄博市大武水源地水资源开发利用规划研究》及《大武水源地东部地下水石油化工污染特征及防治措施研究》,采用多时段均衡法和简易均衡法计算,认为大武水源地水位控制在25 m时,允许开采量39万m^3/d为合理开采量。

上述三项成果资料计算的资源量有较大出入,分析原因主要是1977年报告提出时大武水源地尚未大规模开采利用,其地下水补给来源包括大气降水、淄河渗漏及南部山区径流补给。1979年太河水库截水使得大坝以下淄河基本断流,淄河渗漏对地下水的补给量锐减,同时大气降水持续维持较低水平,尤其1989年更是遇上历史特枯年,大气降水对地下水的补给量大减,其水文地质条件发生了巨大变化,因而1989年报告提出的资源较1977年的量有较大缩减。

(4)2002年,由山东省地质环境监测总站及淄博市水文水资源勘测局联合提交的《齐鲁化学工业区水资源论证报告》再次对大武水源地进行了资源量核算,利用开采实验法对资源量进行计算,经计算,报告认可了《淄博市大武水源地水资源开发利用规划研究》及《大武水源地东部地下水石油化工污染特征及防治措施研究》,采用多时段均衡法和简易均衡法计算,认为大武水源地水位控制在25 m时,允许开采量39万m^3/d为合理开采量。

(5)2006年,淄博市水文水资源勘测局与淄博市大武水源管理处联合提交《淄博市大武水源地水资源综合调查评价》,对大武水源地地下水资源允许开采量分别采用补给量法、时段均衡法及回归分析法等对大武水源地允许开采量进行核算,计算结果表明:补给量法在扣除太河水库补源量后,其天然补给量为42.11万m^3/d,现状开采条件下,可开采量为36.74万m^3/d;时段均衡法认为水位控制在20 m时可开采量为40万m^3/d,25 m时可开采量为38万m^3/d;回归分析法认为可开采量为47.81万m^3/d,扣除太河水库补源量后,可开采量为38.12万m^3/d。综合分析,大武水源地在不计太河水库放水补源条件下,考虑水环境保护,当水位控制在20 m时,允许开采量为40万m^3/d。

大武岩溶水系统是一双层复合地下水系统,上层为第四系孔隙水,下层为中奥陶系岩溶水,二者通过"天窗"相联系。大武水源地地下水经开采实践及历次水资源量的计算评价,目前形成的最新地下水可开采量计算成果认为:大武水源地岩溶地下水水位控制在20 m时可开采量为40万m^3/d。因大武水源地地下水可开采量最新研究成果各方已达成共识,允许开采量40万m^3/d,未超过多年平均补给量,在连续枯水年,补给条件最不利的情况下计算得出,供水保证率高,也有利于涵养水源。因此,确定大武水源地范围地下水可开采量为40万m^3/d。

4.3　开采后的地下水水位预测

4.3.1　地下水水流数值模型建立

在对大武地区地下水补径排规律认识的基础上,利用数值模拟的方法,建立能够合理反映区域地下水流系统的数值模型,为地下水流预测提供基础。

1. 概念模型建立

概念模型是概化实际的水文地质条件和组织相关的数据，以便能够系统地分析地下水系统，为建立地下水流数值模拟提供依据，包括模型范围的概化、含水层结构的概化、地下水流系统的概化等。

1) 模型范围及边界条件概化

因本次拟取水位置为大武岩溶水富集区，是整个大武水文地质单元的径流-排泄区，主要的开采井和有关试验数据基本分布在该区域，坡子水源地以南除北下册水源地外基本以分散开采为主，试验数据较少，难以获取有效的水文地质参数，进行数值模拟的精度较低，故本次模拟范围主要在单元的中北部，结合地质构造发育特征和现场工程布设的基础上进行科学概化，既能反映水文地质特征、资料翔实可靠，工程投入又经济合理。

南部边界以等水位线为界，向东接黄鹿井断层后与东部地表分水岭相接，是一个动态边界；根据《淄博市大武水源地三维可视化信息系统建设成果报告》，大武水文地质单元西北边界金岭断层为一弱透水断层，在湖田水源地长期停采条件下，湖田向斜地下水水位已逐步高于断层以东地区，随着大武水源地的不断开采，有可能会袭夺湖田水源地的水量，而使得金岭断层成为径流边界，为避免对内部水流系统的影响程度过大，对该区域数值模拟范围进行合理的外扩，故本次模拟将西边界北段西延至阻水的炒米地堑和湖田向斜轴部；模拟区东、北、西南边界与大武水文地质单元边界重合。模拟区总面积为 338 km^2，基本覆盖了大武水源地的全部范围，行政区域上属于潍坊青州市和淄博市临淄区、张店区。数值模拟边界示意图见图 2。

为减少计算过程中产生大量不必要的数据量，在保证运算精度前提下，对曲线边界部分地段进行了适当的趋直处理，具体边界条件概化如下：

东边界：南段以淄河和弥河地表分水岭为界，向北延伸连接南北向的徐姚断层，徐姚断层被第四系覆盖，西侧下伏石炭系地层，东侧下伏奥陶系灰岩，因两盘地层岩性差异性而阻水。因此，东边界整体概化为隔水边界。

西边界：南段以淄河与孝妇河分水岭为界，向北连接炒米店地堑，炒米店地堑西侧地层下降，依次为石炭系、奥陶系地层，东侧为奥陶系地层，断距 200~300 m，形成隔水边界。因此，西边界整体概化为隔水边界。

南边界：西段以 35 m 等水位线为界，向东跨过淄河断裂带接黄鹿井断层，黄鹿井断层北侧为寒武系顶部地层，南侧为奥陶系底部地层，断距较小，为透水断层，再向东连接地表分水岭。因此，南边界整体概化为动态的透水（补给）边界。

北边界：西段以湖田向斜轴部为界，轴部两侧地层以二叠系粉砂岩为主，属于堵水地层，向东连接王家岭断层，根据王庄煤矿地质勘查，该断层为透水断层，后沿新 309 国道向东连接徐姚断层。因此，整体概化西段为隔水边界，东段为透水（排泄）边界。

综上所述，本次基于目前收集到的勘探信息，结合地下水流特征，综合划定了数值模拟的平面范围：东西两侧均为相对阻水的分水岭，南部接受侧向径流补给，区内降水补给地下水后向北汇流，遇煤系地层阻挡在大武一带山前富集区，少量地下水继续向北向煤系地层深部径流。

垂向边界：潜水含水层自由水面为系统的上边界。通过该边界，潜水与系统外界发生

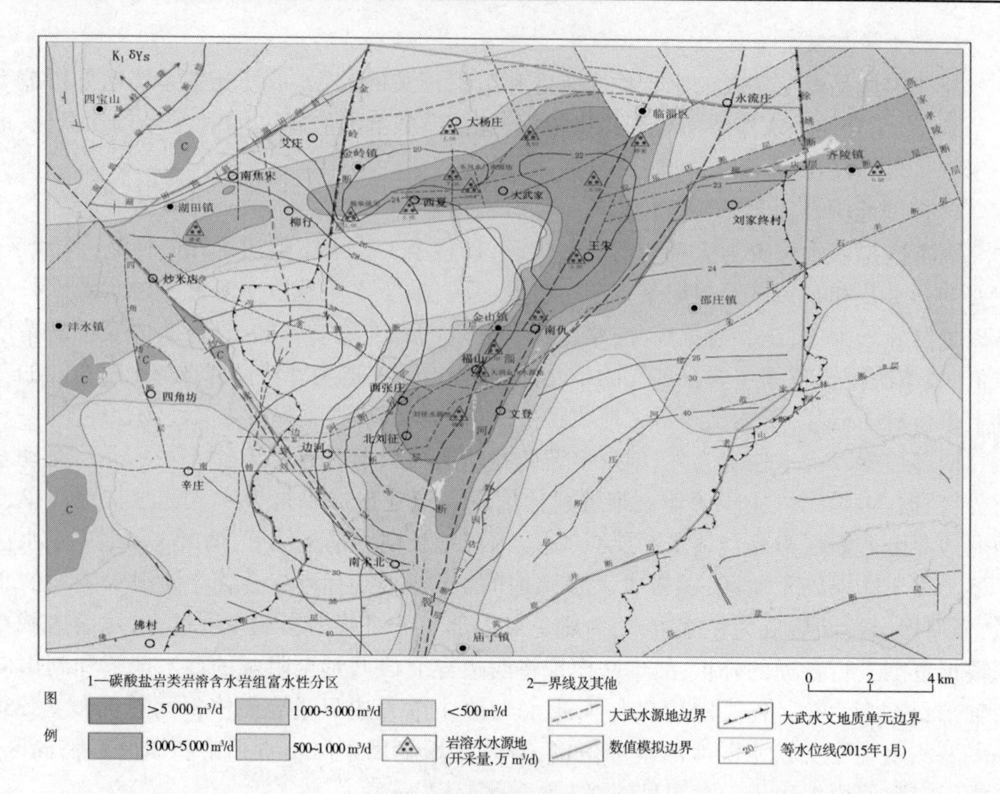

图 2　数值模拟边界示意图

垂向水量交换,如接受大气降水入渗补给、河渠入渗补给等。在灰岩隐伏区,孔隙水含水层和岩溶水含水层通过越流进行水量交换,越流量由浅、深层的水头差及垂向上的渗透系数决定;在灰岩覆盖(煤系地层分布)区,孔隙水含水层和岩溶水含水层无水量交换。岩溶水底板作为系统的下边界,底板以下岩层为不透水地层,定义为隔水边界。

2)含水层结构

根据水文地质钻孔勘测资料和灰岩岩溶发育规律,将模型在垂向上分为三层:第一层为局部第四系冲洪积孔隙含水层组;第二层为局部石炭—二叠系隔水层组;第三层为灰岩裂隙—岩溶含水层组。因此,地下水类型可分为两类:一类是赋存在北部平原区第四系松散沉积层中的孔隙水,主要为潜水;另一类是赋存在灰岩地层中的岩溶水。灰岩地层在地貌上可以分为两部分,在南部山区裸露出露,赋存在其中的岩溶水基本为潜水,在北部地区隐伏在煤系地层之下,赋存在其中的岩溶水多属承压水。

本次模拟将地下水储存、流动的介质概化为等效多孔介质,在断层或岩溶较为发育的特殊区域,概化为裂隙介质,对区域地下水控水作用明显的淄河断裂带,在渗透能力、储水能力和垂向补给上进行重点考虑。

2. 数学模型建立

地下水数学模型是刻画实际地下水流在数量、空间上的一组数学关系式,它具有复制和再现实际地下水流运动的能力,常由偏微分方程及其定解条件构成。根据模拟区水文地质条件,通过研究地下水补排和动态变化特征,将地下水流概化成三维非均质各向异性、非稳态地下水流系统,可用地下水流连续性方程及其定解条件式来描述。

地下水渗流数学模型是数值模型的基础，根据前述含水层特征及边界条件等信息，模拟区地下水渗流的数学模型及其定解条件为：

$$\left.\begin{array}{ll}\dfrac{\partial}{\partial x}\left[K_{xx}(H-Z)\dfrac{\partial H}{\partial x}\right]+\dfrac{\partial}{\partial y}\left[K_{yy}(H-Z)\dfrac{\partial H}{\partial y}\right]+\dfrac{\partial}{\partial z}\left[K_{zz}(H-Z)\dfrac{\partial H}{\partial z}\right]+\varepsilon=\mu\dfrac{\partial H}{\partial t} & \\ \dfrac{\partial}{\partial x}\left[K_{xx}M\dfrac{\partial H}{\partial x}\right]+\dfrac{\partial}{\partial y}\left[K_{yy}M\dfrac{\partial H}{\partial y}\right]+\dfrac{\partial}{\partial z}\left[K_{zz}M\dfrac{\partial H}{\partial z}\right]+W+p=SM\dfrac{\partial H}{\partial t} & \\ H(x,y,z)\Big|_{t=0}=H_0(x,y,z) & \\ H(x,y,z,t)\Big|_{\Gamma_1}=H_1(x,y,z,t) \qquad x,y,z\in\Gamma_1 \quad t>0 & \\ KM\dfrac{\partial H}{\partial n}\Big|_{\Gamma_2}=q(x,y,z,t) \qquad x,y,z\in\Gamma_2 \quad t>0 & \end{array}\right\}$$

式中：H 为水位，m；Z 为第一潜水含水层底板高程，m；K_{xx}、K_{yy}、K_{zz} 为各向含水层渗透系数，m/d；ε 为降水入渗及农业回归强度，m/d；μ 为第一潜水含水层给水度，无量纲；M 为承压含水层厚度，m；W 为越流强度，m/d；p 为单位面积含水层开采强度，m/d；S 为承压含水层贮水率，1/m；H_0 为初始水头，m；Γ_1 为一类水头边界；H_1 为一类边界水位，m；Γ_2 为二类流量边界；q 为边界流量，m^2/d。

3. 数值模型建立

地下水概念模型和数学模型完成后，需要结合模型的初始条件和边界条件对数学模型进行求解，由于其计算量巨大，通常情况下求解工作需要借助数值模拟软件完成。本次研究采用 FEFLOW 软件建立地下水数值模型，共分四个步骤完成。

1）网格剖分

进行有限单元剖分是建模的第一步，FEFLOW 拥有强大的网格剖分技术，能够精确模拟地层、断层裂隙、岩溶管道等复杂地质结构，网格剖分的质量直接决定了数值计算的准确性和稳定性。本项目采用 Triangule 法进行网格剖分，因为该方法生成网格的速度快，生成的有限单元形态相对规整，网格质量好，且能考虑空间内的点、线、面等特征要素。在网格设计时，考虑了开采井的节点和淄河河道，并加入了断层、水文地质特征线等作为约束，单面初步剖分为 7 022 个节点、13 755 个单元格。

在垂向上，根据所概化的水文地质概念模型，自上而下共分为三层：第四系—新近系、石炭—二叠系、奥陶系，据此进行了垂向地层结构的剖分，三维网格剖分图见图 3。

2）边界条件处理

在 FEFLOW 中边界条件分为四种类型，分别是水头边界、流量边界、河流边界和井边界，需要根据实际地质条件进行合理选择。模拟区东西两侧边界设为零通量边界；将南部边界设为侧向补给边界，补给量根据断面法估算并结合多年平均月降水量进行月度动态概化；在北部王家岭地堑和其他可能存在的边界出入流，依照断面法或模型率定进行估算。

在初步的边界设置中，侧向入流量采用 Fluid-flux BC(integral)进行设置，边界中的河床部分是主要的过水通道，外侧区域过流量较小，侧向补排边界设置见图 4。

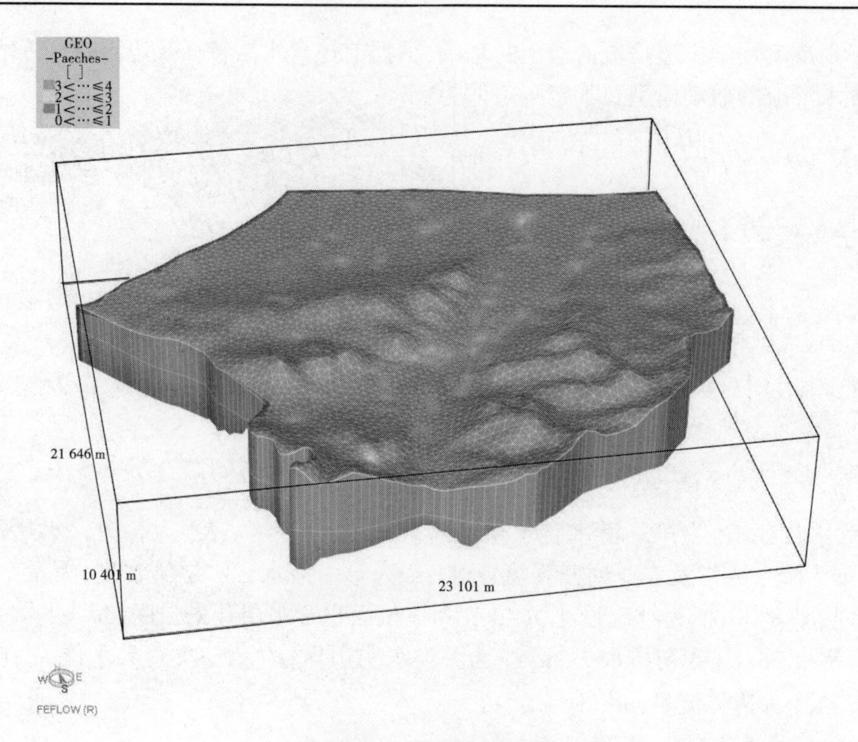

图3　三维网格剖分图

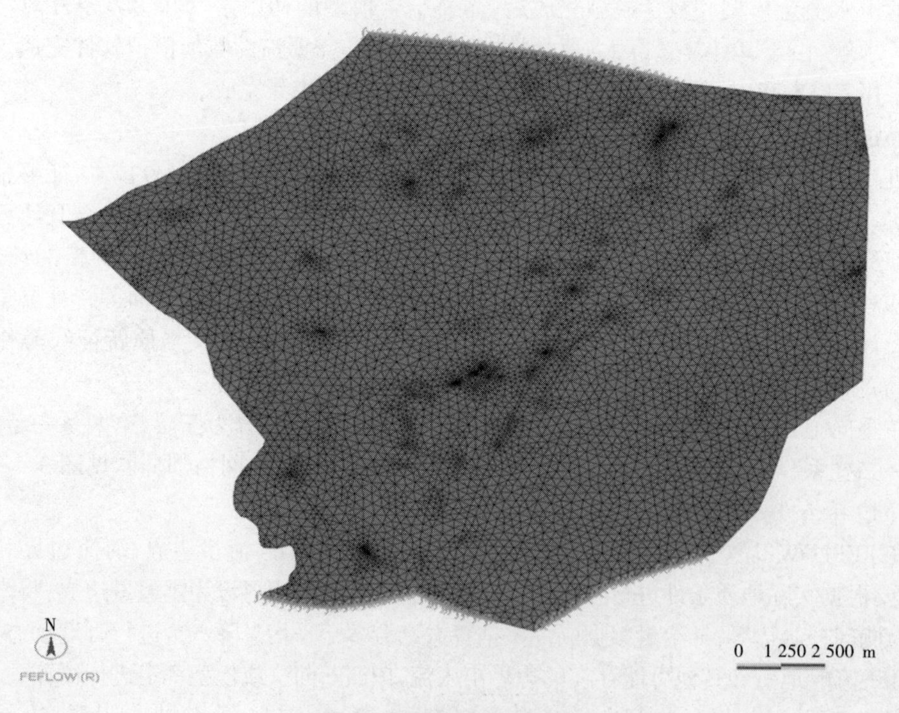

图4　侧向补排边界设置

3)水文地质参数设定

本次模拟中,参考了不同时期的多个抽水试验成果,以及《淄博市大武水源地开采的优化调控研究报告》《淄博市大武水源地三维可视化信息系统建设成果报告》等的数值模拟成果,进行初步的参数界定,并参考了断层和水文地质分区等因素,进行了参数的空间非均质性划分。

在两侧山区,降水入渗后向淄河河道流动,沿淄河断裂的集水廊道向北汇流。因此,在水文地质参数的预估中,结合岩性和区域下水的流动,沿淄河带相应的参数数值较大,且在 Y 方向上偏大,与参数的各向异性相匹配。对于地层的非连续性,在网格离散时采用薄层处理,并将参数设定为临近地层的数值。第四系—新近系、石炭—二叠系和奥陶系地层的参数空间分区见图 5~图 7。

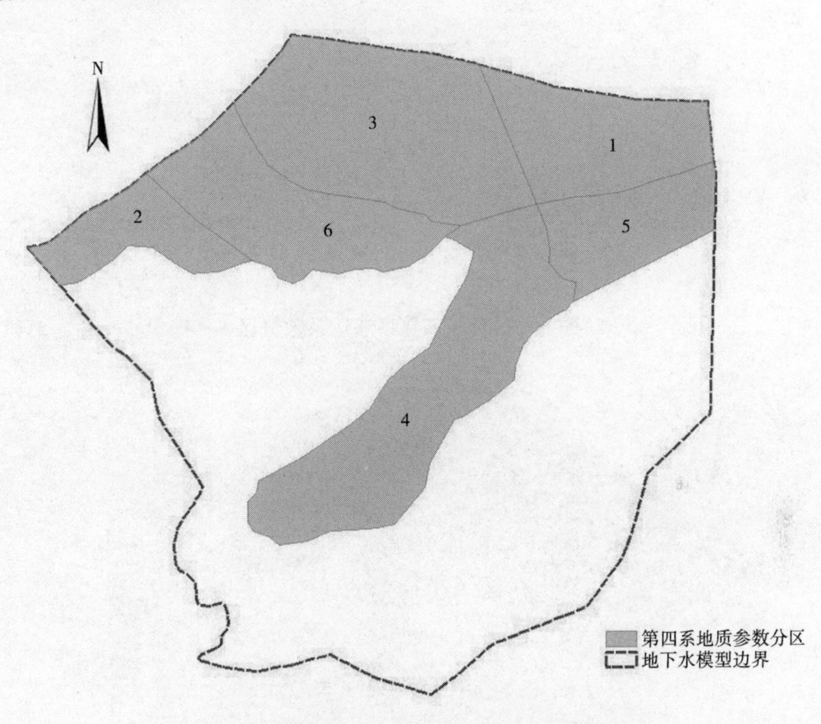

图 5 第四系—新近系渗透系数分区

4)模型求解

地下水模型比较复杂时,求解方程组会产生庞大的矩阵系统,需要非常复杂的解法以确保解的稳定性和准确性。计算能力上,FEFLOW 采用了稀疏矩阵预处理共轭梯度法 PCG 和代数多重网格法 SAMG 两种优越算法,在对复杂地下水流模型进行求解时,可确保解的稳定性和精确性。

FEFLOW 将在代数化的多网格求解器中添加的最新技术 SMAG2. 8,SMAG 的详细设置使之能够与 FEFLOW 经典模型很好的匹配,这一功能使得 FEFLOW 求解器变得更加稳定与精确。另一项开发内存共享的多元处理器 Pardiso,使其能够与稀疏矩阵直接求解法同步运算。作为一个直接求解处理器,它为稀疏线性方程组提供了非迭代的精确答案,使得并行计算不再受内存或计算成本的限制。

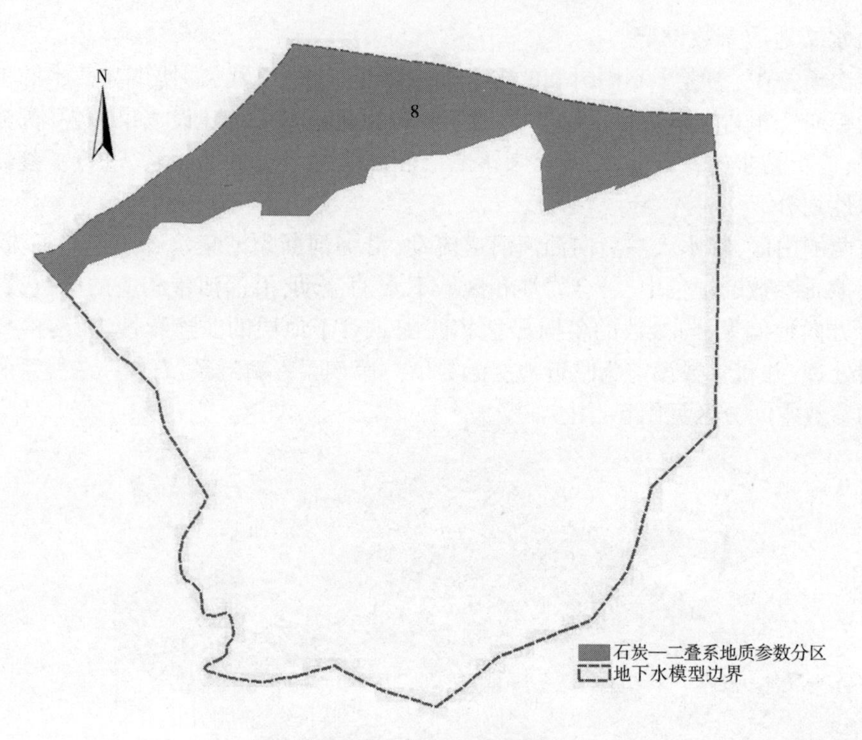

图 6　石炭—二叠系渗透系数分区

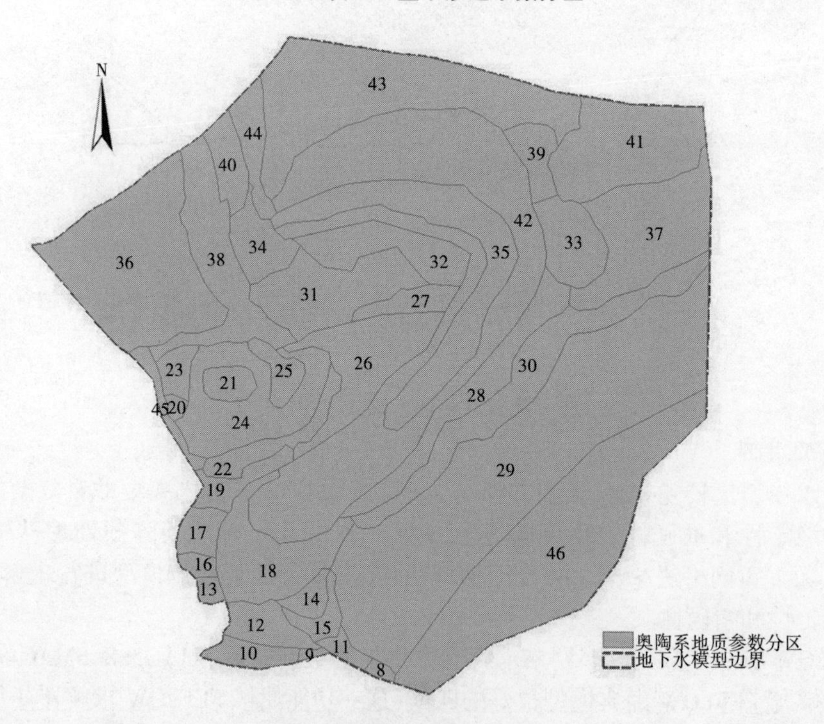

图 7　奥陶系渗透系数分区

5)模型的识别和验证

模拟区位于大武地下水富集区内,开采相对较为集中,用水大户主要有淄博市自来水公司及齐鲁石化、辛店电厂、十化建等企业自备井开采,有些开采井水量较小或井位太近,为方便进行模型识别与验证,合理地进行了合并处理,共划定了 134 个开采井(群)(见图 8)。

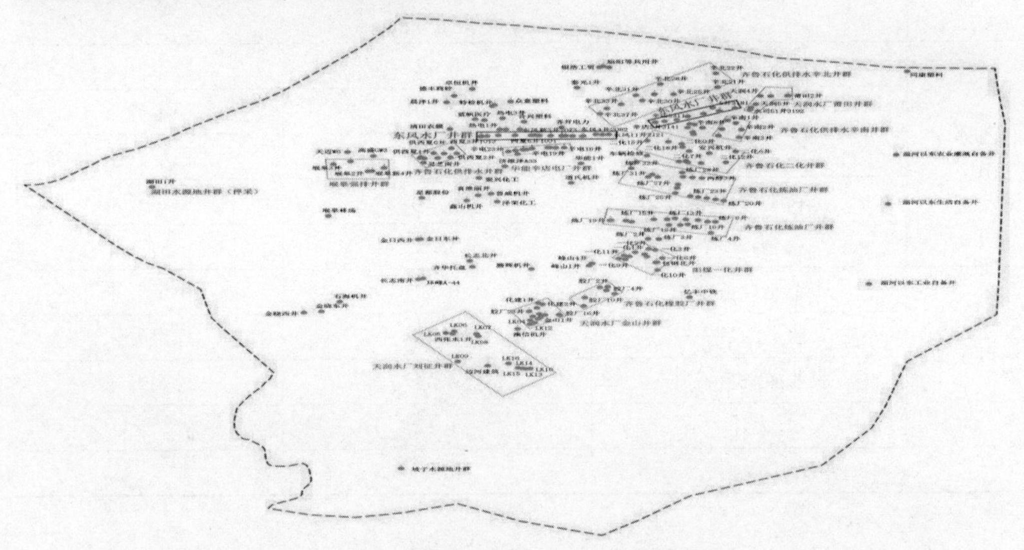

图 8　模拟区内主要开采井(群)分布

根据收集到的 2015 年 1 月至 2018 年 7 月 17 眼长期观测井的地下水水位与大武水源地开采量资料,见表 2,在 2015 年 1 月至 2018 年 7 月期间进行模型的识别与验证,其中 2015 年 1 月至 2016 年 12 月为 2 年识别期,进行参数的调试与验算;调参后的结果作为条件,并以 2017 年 1 月至 2018 年 7 月作为验证。

表 2　模拟区识别与验证期岩溶地下水开采量统计

区域	开采单位	平均开采量/(万 m^3/d)	备注
大武水源地	东风水厂	13.48	正常开采
	刘征水源地		后备水源地
	天润水厂(金山)	2.93	正常开采
	堠皋强排	1.19	正常开采
	齐鲁石化供排水	2.59	正常开采
	华能辛店电厂	1.72	正常开采
	齐鲁石化炼油厂	3.93	正常开采
	阳煤一化	0.73	正常开采
	齐鲁石化橡胶厂	1.04	正常开采
	齐鲁石化二化	2.40	正常开采
	天润水厂(城区)	1.19	后备水源地
	天齐渊化工水厂	0.85	正常开采
	工业自备井	1.61	正常开采
	农业自备井	2.00	正常开采
	小计	35.66	

续表 2

区域	开采单位	平均开采量/(万 m^3/d)	备注
南部山区	坡子水源地	0.12	稳定开采
	北下册水源地	3.00	稳定开采
	工业自备井	0.25	稳定开采
	农业自备井	0.24	稳定开采
	小计	3.61	
淄河以东地区	工业自备井	0.30	稳定开采
	农业生活自备井	0.38	稳定开采
	农业灌溉自备井	0.44	稳定开采
	小计	1.12	
合计		40.39	

模型的识别和验证应符合:①模拟的地下水流场要与实际地下水流场基本一致,地下水流向一致;②模拟地下水的动态过程要与实测的动态过程基本相似,拟合误差应小于拟合计算期间内水位变化值的10%,年际和年内动态变化趋势一致;③从均衡的角度出发,模拟的地下水均衡变化与实际要基本相符;④识别的水文地质参数要符合实际水文地质条件。经过调参和误差分析,校核出的分区参数见表3,综合考虑以往研究成果和现场试验数据,各水文地质参数基本符合实际特征。

表3　分区参数

分区编号	K_{xx}	K_{yy}	K_{zz}	α	S_s
1	7	5	3	0.08	0.4
2	12	6	4	0.07	0.4
3	8	7	2	0.1	0.5
4	50	70	50	0.2	0.4
5	20	25	10	0.12	0.4
6	9	7	2	0.08	0.5
7	0.000 1	0.000 1	0.000 1	0.000 6	0.1
8	10	8	9	0.010 4	0.3
9	10	12	11	0.010 4	0.3
10	2.5	2.2	2.4	0.010 4	0.3
11	15	20	16	0.09	0.3
12	5	6	4.3	0.010 4	0.3
13	1	0.3	5	0.010 4	0.3
14	31.25	33	30	0.092 3	0.4

续表3

分区编号	K_{xx}	K_{yy}	K_{zz}	α	S_s
15	20	22	21.5	0.092 1	0.4
16	1.75	1	2	0.010 4	0.3
17	2.5	2	2.3	0.010 4	0.3
18	500	480	485	0.012 6	0.4
19	50	10	45	0.012 6	0.3
20	0.3	0.3	0.2	0.012 6	0.3
21	0.08	0.08	0.2	0.015	0.2
22	1	1	0.8	0.012 6	0.3
23	0.5	0.3	0.2	0.012 6	0.3
24	0.1	0.2	0.2	0.015	0.3
25	1	1.5	0.8	0.015	0.3
26	4.5	4.3	3.9	0.012 6	0.4
27	2	2	1.5	0.012 6	0.4
28	25	27	26.8	0.08	0.4
29	0.27	0.32	0.3	0.011 4	0.3
30	2.5	2.7	2.4	0.012 6	0.3
31	1	1	0.9	0.012 6	0.4
32	500	550	50	0.012 6	0.4
33	50	55	30	0.08	0.4
34	2	2	1.8	0.011 4	0.4
35	1 500	1 600	1 450	0.093	0.5
36	15	16	13	0.012 6	0.4
37	7.5	8.5	8	0.012 6	0.2
38	10	11.5	8	0.012 6	0.4
39	37.5	37.5	20.5	0.08	0.4
40	9	9.8	5.2	0.011 4	0.4
41	0.5	0.5	0.4	0.000 6	0.1
42	1 000	980	950	0.091	0.5
43	5	5.5	3.5	0.011 4	0.3
44	1	1.2	0.8	0.011 4	0.3
45	2	2.5	1.5	0.012 6	0.3
46	0.25	0.3	0.25	0.010 2	0.3

(1)观测孔拟合。

本次模拟共收集到长期观测孔17个,其空间分布见图9。将应力期内模型计算水位与实测水位进行拟合对比和误差分析。

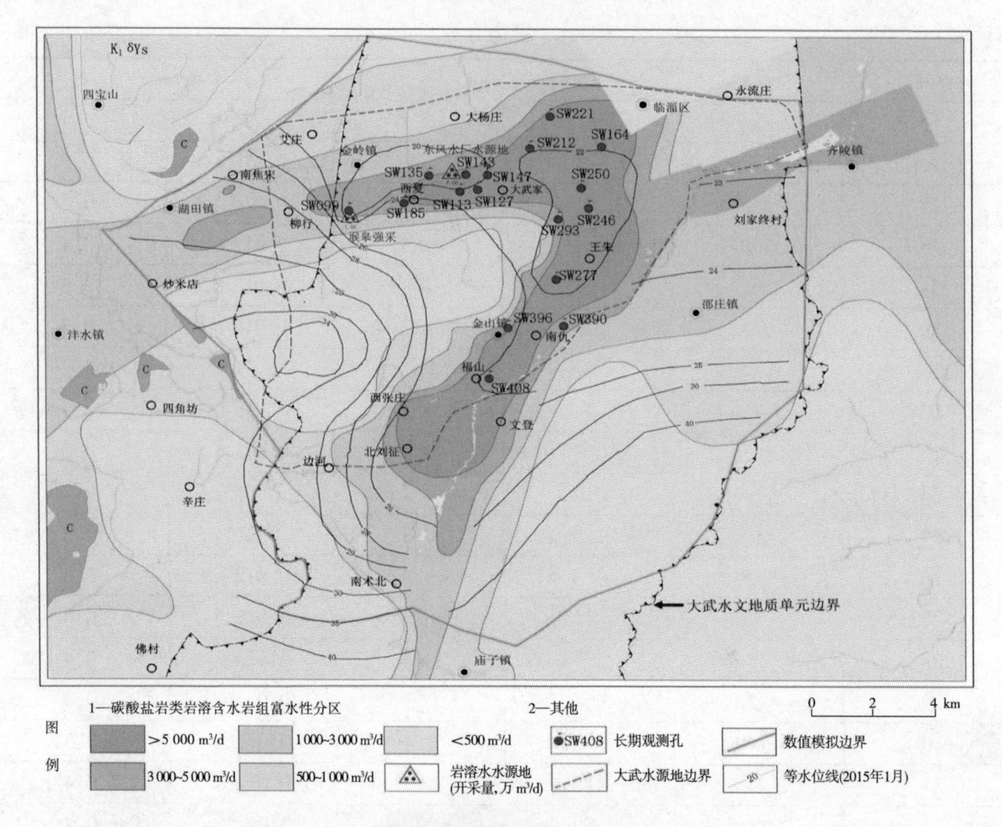

图 9　岩溶水观测孔分布

①识别期。2015 年 1 月至 2016 年 12 月,部分水井水位拟合结果见图 10～图 13,其中点图表示实际监测数据,实线表示模型计算水位。为便于操作,将日期数在 Excel 中转化为常数,对模型计算没有其他影响。

②验证期。验证期内部分水井水位拟合结果见图 14～图 17,其中点图表示实际监测数据,实线表示模型计算水位。

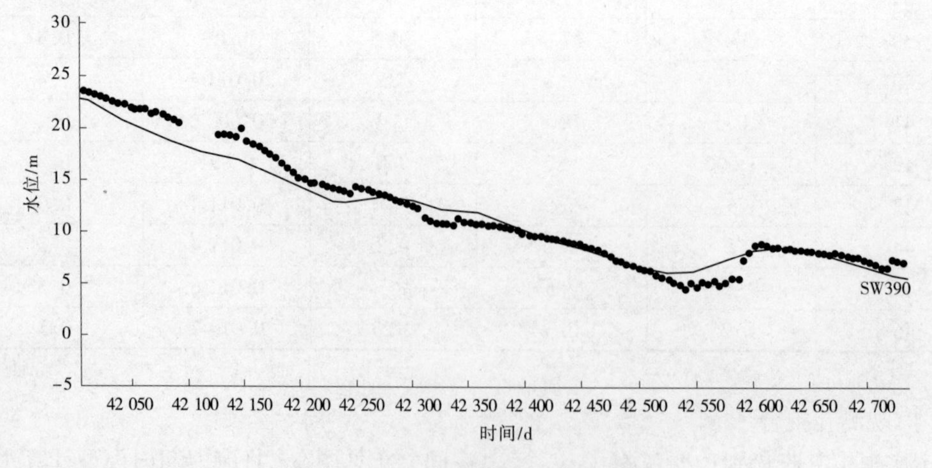

图 10　SW390 识别期水位成果拟合图

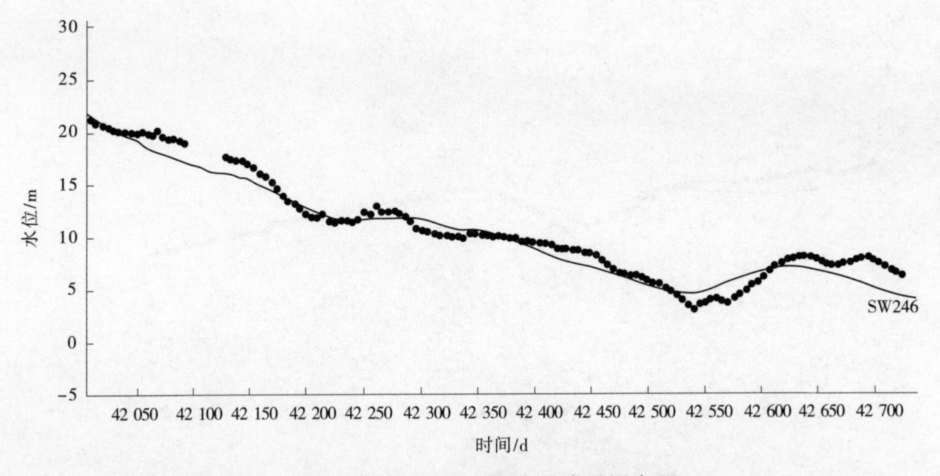

图11 SW246识别期水位成果拟合图

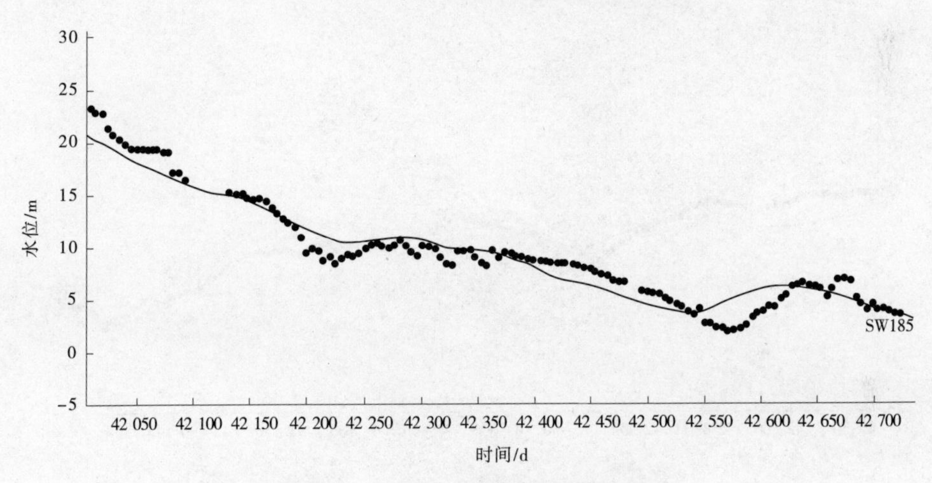

图12 SW185识别期水位成果拟合图

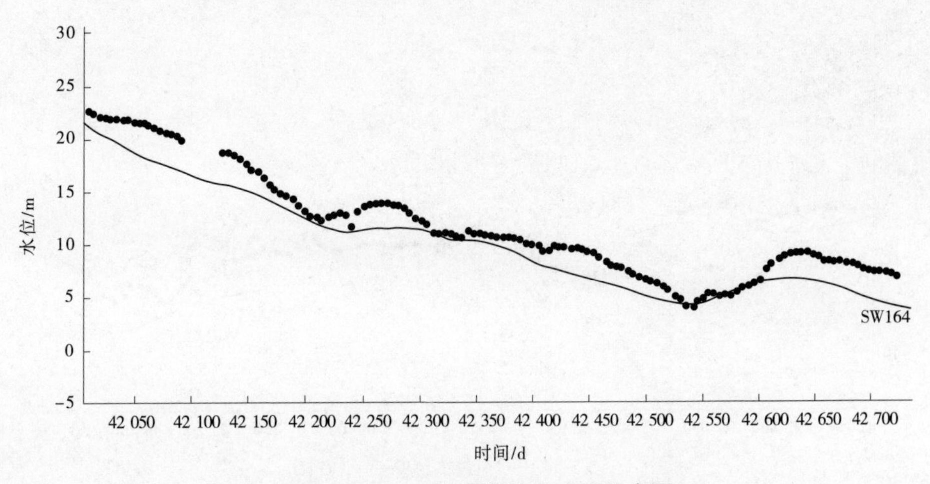

图13 SW164识别期水位成果拟合图

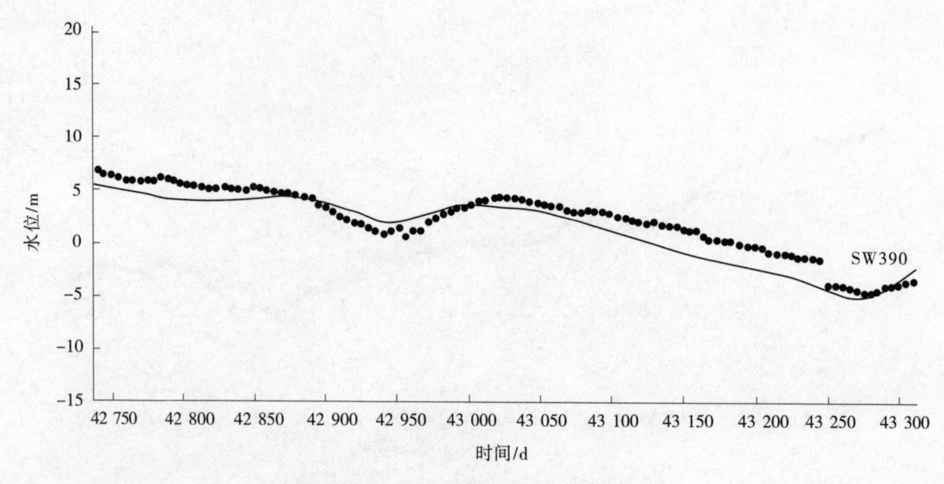

图 14　SW390 验证期水位成果拟合图

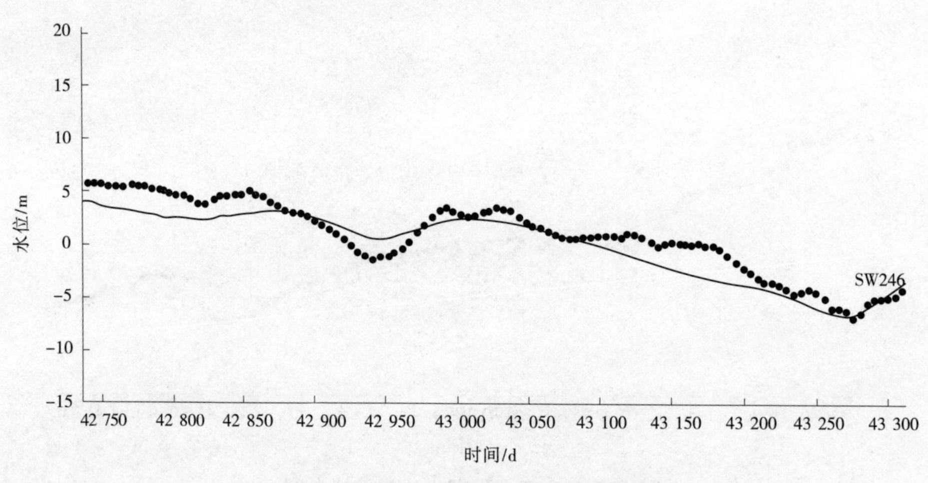

图 15　SW246 验证期水位成果拟合图

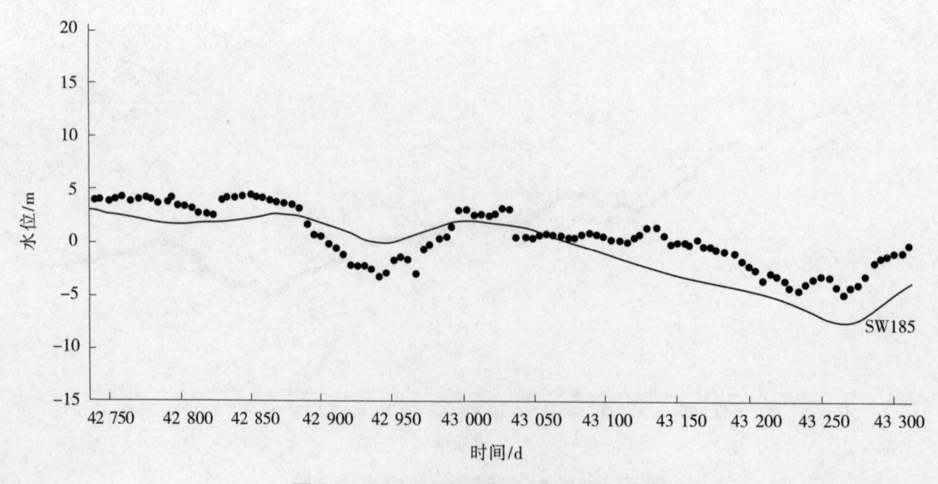

图 16　SW185 验证期水位成果拟合图

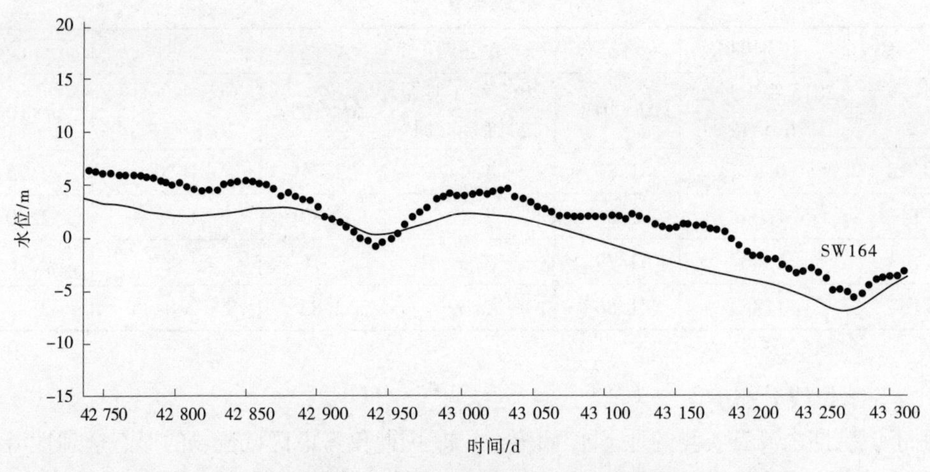

图 17　SW164 验证期水位成果拟合图

③拟合精度分析。采用均方差计算公式进行精度计算，结果见表 4。由表 4 可知，在识别期、验证期内，17 个孔的拟合结果均在允许误差范围内，精度评价表明模型拟合较好，满足精度要求。均方差计算公式为：

$$RMSE = \sqrt{\frac{1}{N}\sum_{t=1}^{N}(\text{observed}_t - \text{simulated}_t)}$$

表 4　观测孔拟合精度评价

观测孔编号	识别期	允许误差	验证期	允许误差	全部时段	允许误差
	2015 年 1 月至 2016 年 12 月	$\Delta h\times10\%$	2017 年 1 月至 2018 年 7 月	$\Delta h\times10\%$	2015 年 1 月至 2018 年 7 月	$\Delta h\times10\%$
SW408	1.55	1.87	1.04	2.81	1.51	2.88
SW396	1.93	1.96	1.25	2.79	2.05	2.79
SW390	1.19	1.90	1.32	2.81	1.31	2.81
SW277	1.45	1.71	1.62	2.66	1.44	2.66
SW293	1.04	1.82	1.43	2.77	1.22	2.77
SW246	1.11	1.80	1.54	2.80	1.26	2.80
SW250	1.16	1.80	1.67	2.78	1.34	2.78
SW113	1.57	1.74	2.70	2.57	2.03	2.57
SW127	1.05	1.82	1.58	2.65	1.29	2.65
SW212	1.81	1.81	2.78	2.85	2.28	2.85
SW185	1.35	2.13	2.28	2.81	2.09	2.81
SW099	1.18	1.45	3.86	2.75	2.61	2.79
SW221	1.41	1.85	2.25	2.68	1.74	2.68

续表 4

观测孔编号	识别期	允许误差	验证期	允许误差	全部时段	允许误差
	2015 年 1 月至 2016 年 12 月	$\Delta h\times10\%$	2017 年 1 月至 2018 年 7 月	$\Delta h\times10\%$	2015 年 1 月至 2018 年 7 月	$\Delta h\times10\%$
SW135	0.97	1.80	1.44	2.75	1.20	2.75
SW147	1.06	1.86	1.49	2.80	1.22	2.80
SW143	1.46	1.79	1.39	2.76	1.52	2.76
SW164	1.85	1.86	2.39	2.83	2.04	2.83

(2)等水位线分布。

由于识别期内没有实测的地下水等值线成果,因此仅考虑区域流场的形态合理性,在验证期内进行水位等值线对比。通过对 2017 年枯、丰水期和 2018 年枯水期的三期地下水水位等值线对比,可知地下水模拟流场应与实测流场形态一致,地下水流向相同,满足相关规范要求,见图 18,图中虚线表示区域统测所绘地下水等值线,实线表示模拟水位分布。

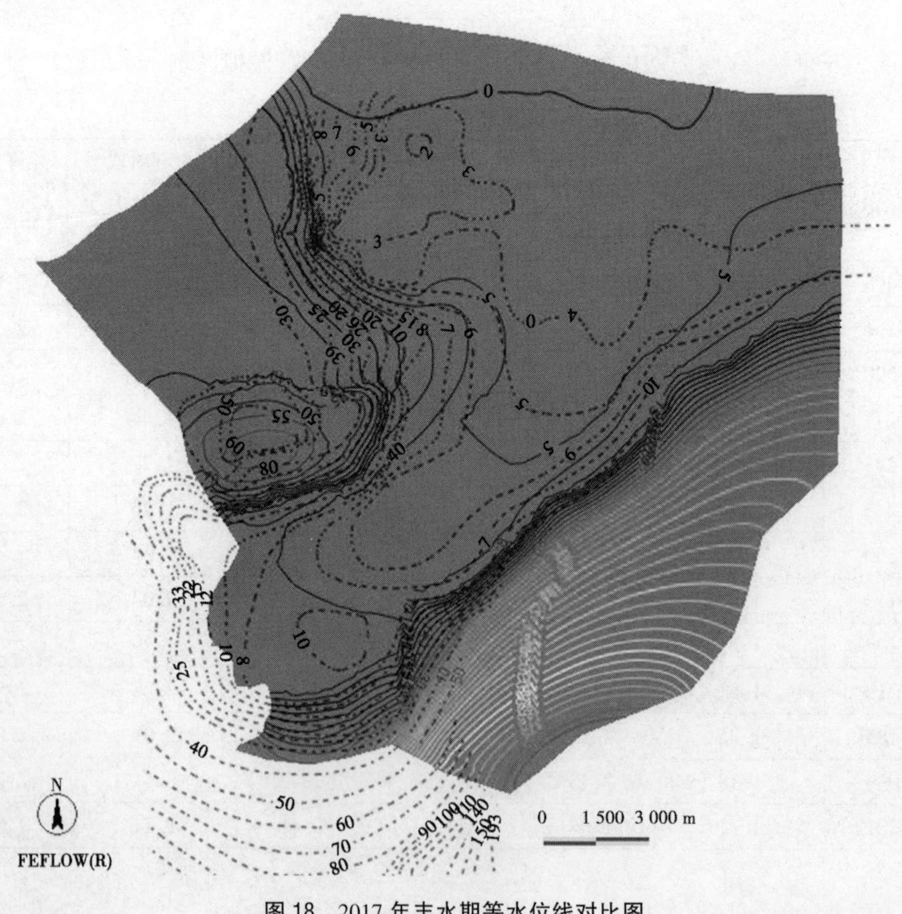

图 18　2017 年丰水期等水位线对比图

(3)地下水均衡分析。

在模拟期内,根据收集到的地下水补、径、排信息,经由模型调整和计算,得到区域地下水均衡情况,见表5。

表5　识别验证期地下水均衡分析　　单位:万 m^3/d

均衡项		2015年1月至2016年12月	2017年1月至2018年7月
		水量	水量
补给项	降水入渗补给	20.62	23.08
	侧向径流	13.48	13.52
合计		34.1	36.6
排泄项	人工开采排泄	36.96	37.01
	侧向径流排泄	2.84	2.83
合计		39.8	39.84
均衡差		-5.7	-3.24

由表5可知,在应力期内各补排项基本与统计值一致,模拟区地下水整体处于负均衡状态。

综合观测孔拟合、地下水等水位线评估和水均衡计算,数值模型达到了精度要求,模型各参数基本符合实际特征,可用于地下水分析和预测计算。

4. 地下水模拟预测

完成地下水数值模型的率定、校核和验证,并达到精度要求后,即可根据不同的工况,预测未来地下水流场演化,为地下水的科学利用与保护提供依据。本次模拟主要考虑现状供水和拟增加供水情景下,结合降水的丰平枯变化,预测未来地下水水位变化情况。

1)预测方案设计

预测方案中的水文地质参数,均采用识别验证期获得的验证数据;侧向补给排泄,采用多年平均进行概化。预测方案中的时变量,主要是降水和开采。

(1)降水方案。

降水是模拟区内地下水的主要补给来源,对地下水水位的影响十分显著。通过对多年降水的排频计算,分析得出75%、50%和25%保证率下的年降水量分别为476.6 mm、629.9 mm和715.2 mm。结合多年平均月降水量在年内的分配比例,分别概化出"枯平丰"年降水量的年内分配,见图19。

考虑不同降水保证率及降水组合情况,分别设计了以2009~2018年期实测降水、平水年降水及具有当地特征的"三枯一丰"降水组合。据此,进行2009~2018降水(10年)、平水年降水及"三枯一丰"的降水情景设计。

(2)初始流场。

大武地区岩溶地下水年内水位主要受降水影响,丰水期来临之前的5~6月,由于开

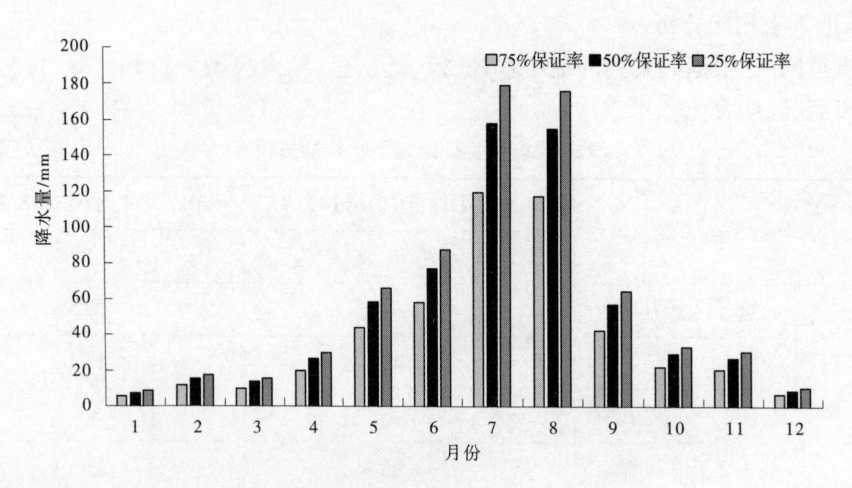

图19　不同降水保证率下年内降水分配

采量维持稳定,甚至不减反增,水位降至年内最低,雨季来临,水位随之上涨,至9月底10月初,上升至年内最高水位,随后缓慢下降,水位年变幅4~74 m。

大武地区岩溶地下水水位年际变化存在陡升缓降的特点。即在丰水年,接受大气降水和淄河(太河水库放水)的充沛补给后,水位迅速回升到高位,之后在平水年或连续枯水年,水位持续缓慢下降,在下一个水文周期到来后,水位再次重复陡升缓降的特点。

2000~2002年为连续3个枯水年,大武地区地下水水位最低达到-6 m多,但随着大武水源地地下水开采量的减小,水位反而得到小幅回升;2003年丰水期开始,随着降水量的增加,水位大幅回升,至2005年11月,水位超过55 m,之后水位持续下降,至2011年枯水期,水位降至15 m,2000年1月至2020年2月大武地区岩溶地下水水位变化曲线,见图20。

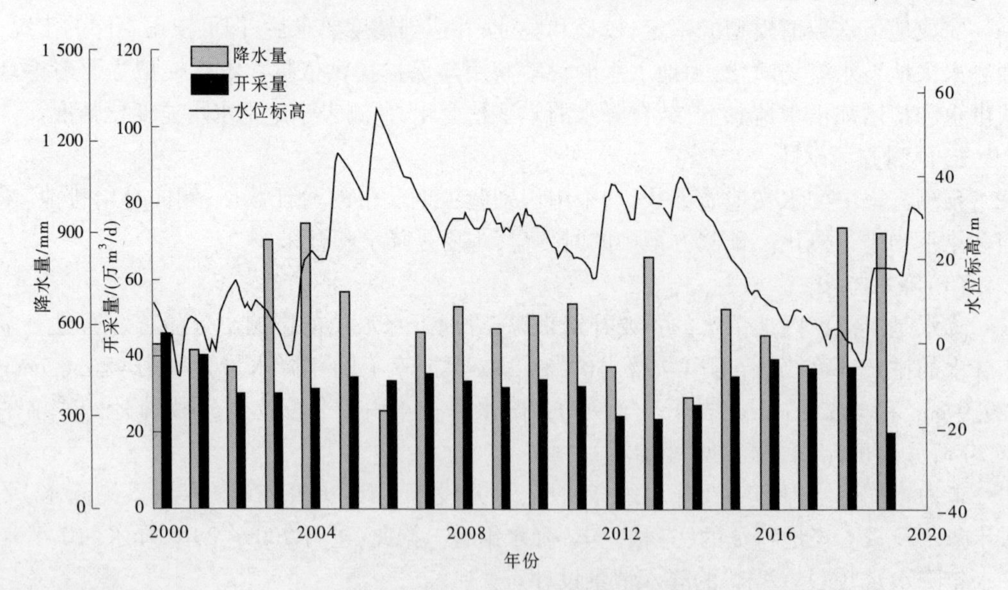

图20　2000年1月至2020年2月大武地区岩溶地下水水位变化曲线

2011年“引太入张”工程运行后,大武水源地开采量大幅度压缩至24万m^3/d左右,大武地区岩溶地下水水位迅速回升，自 2011 年 8 月至 2012 年 1 月平均水位上升了 25 m，地下水得到涵养保护；2012 年为相对枯水年，但因进一步压减了大武水源地的开采量，2012~2013 年地下水水位整体呈现稳定状态；自 2013 年 11 月以后，由于大武水源地增加了岩溶水开采量，岩溶水水位持续下降，至 2018 年 6 月，水位降至最低近-6 m；进入丰水期后，由于降水丰沛，加之岩溶水地下水开采量大幅减少，岩溶地下水水位迅速回升，至 2020 年 2 月，平均水位最高上升至 32.6 m，超过大武水源地多年平均水位。

模型预测阶段，地下水流场采用 2020 年 2 月底的计算成果，见图 21。

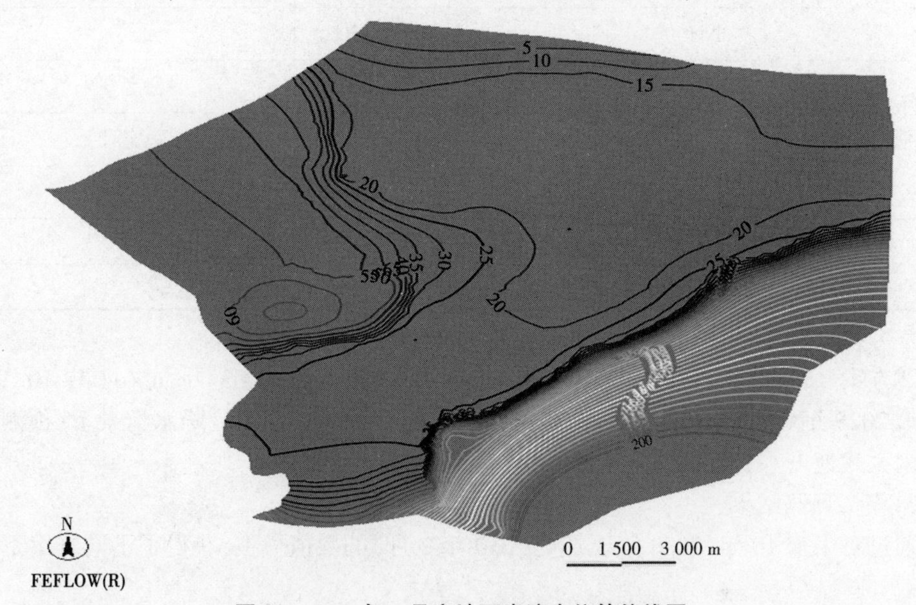

图 21　2020 年 2 月底地下岩溶水位等值线图

(3) 地下水开采。

①方案一。本方案在地下水开采现状条件下，2020 年模拟区岩溶地下水开采量统计见表 6，考虑在不同降水情景下，预测未来时间内区域地下水水位变化情况。

表 6　2020 年模拟区岩溶地下水开采量统计　　单位：万 m^3/d

区域	开采单位	2020 年	备注
大武水源地	东风水厂	4.94	
	天润水厂（金山）	4.13	天润拟办理许可水量包含本部分
	齐鲁石化供排水	2.37	
	华能辛店电厂	1.76	
	齐鲁石化炼油厂	2.88	
	阳煤一化	0.62	
	齐鲁石化橡胶厂	1.16	
	齐鲁石化二化	1.85	
	天齐渊化工水厂	0.70	
	工业自备井	0.30	
	农业自备井	1.14	
小计		21.85	

续表 6

区域	开采单位	2020 年	备注
南部山区	坡子水源地	0.12	稳定开采
	北下册水源地	3.00	稳定开采
	工业自备井	0.25	稳定开采
	农业自备井	0.24	稳定开采
小计		3.61	
淄河以东地区	工业自备井	0.30	稳定开采
	农业生活自备井	0.38	稳定开采
	农业灌溉自备井	0.44	稳定开采
小计		1.12	
合计		26.58	

②方案二。本方案在东风水厂范围内 2020 年增采 6.02 万 m^3/d(共 10.96 万 m^3/d),2025 年后新增 4.3 万 m^3/d(共 9.24 万 m^3/d),考虑在不同降水情景下,预测未来时间内大武地下水富集区的地下水水位变化情况。

2)模拟预测结果

通过对未来 10 年(2020 年 3 月至 2030 年 2 月)的数值模拟,获得了不同方案下的地下水流计算结果。

(1)方案一模拟结果。

图 22~图 24 为现状开采条件下不同降水情景时的地下水平均水位变化过程,可知,降水量对地下水水位的影响是十分显著的。在采用历史 10 年降水序列时(平均年降水量 643.6 mm),地下水水位平均每年回升约 4.0 m;当采用平水年降水时(平均年降水量 629.9 mm),地下水水位平均每年回升约 3.7 m;在“三枯一丰”降水条件下(平均年降水量 536.3 mm),地下水水位平均每年回升约 2.1 m。

特别指出的是,模拟区内地表岩溶发育,存在局部天窗,当奥陶系灰岩地下水水位较高时,可通过天窗流出地表补给地表水或形成泉,有代表性的泉水位置在矮槐树村附近(海拔 67 m 左右)及大武水文地质单元北部地区(海拔 50 m 左右),因此随着时间的延续,当地下水水位恢复到能够补给地表水或出露泉时,便会达到新的平衡状态,水位处于稳定状态,不再上升。如矮槐树村附近泉点,在维持现状开采方案下,2008~2019 历史降水、平水年降水和“三枯一丰”降水情景下,泉水出露所需时间分别为 17 年、21 年和 40 年,此时水位稳定,不再上升。不同降水情景下矮槐树一带水位变化曲线图见图 25。

对不同降水方案下的水均衡进行分析可见,在模拟区不同降水方案中,在现状开采条件下,区内地下水处于正均衡状态,补给量大于开采量,见表 7。

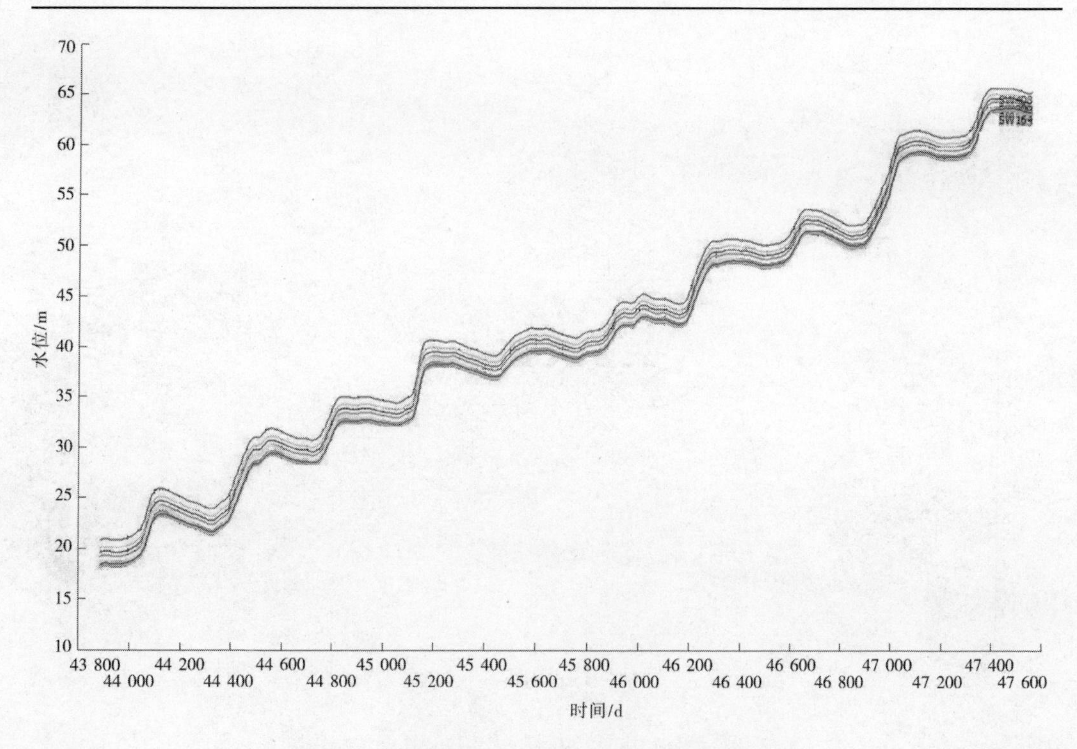

图22　10年历史降水情景下观测孔水位变化曲线

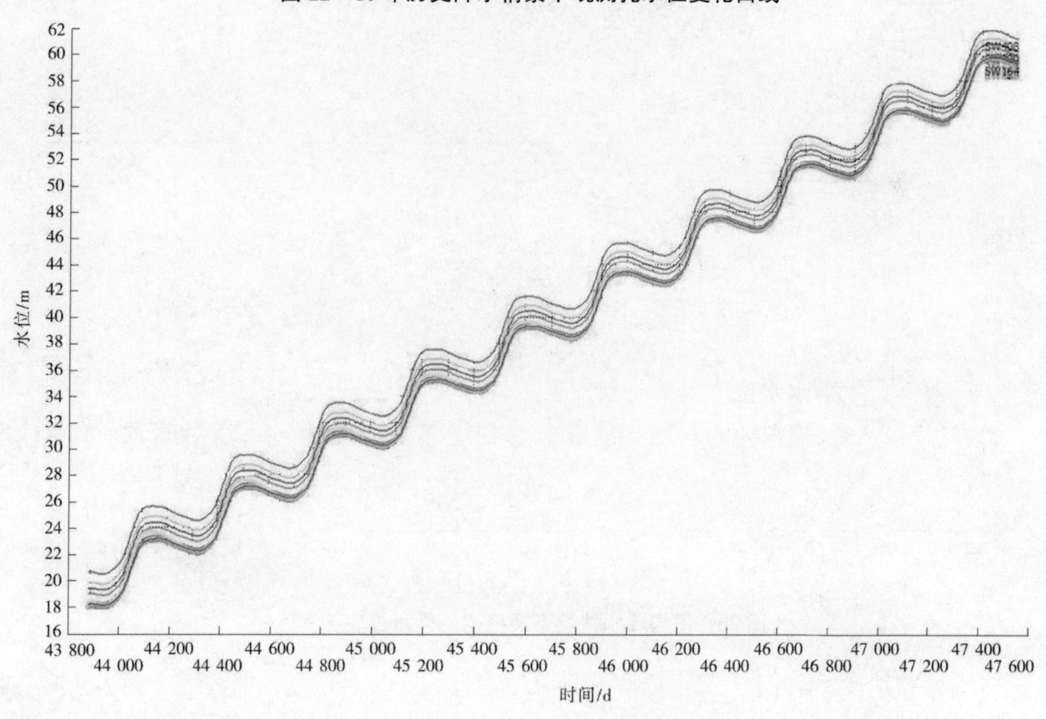

图23　平水年降水情景下观测孔水位变化曲线

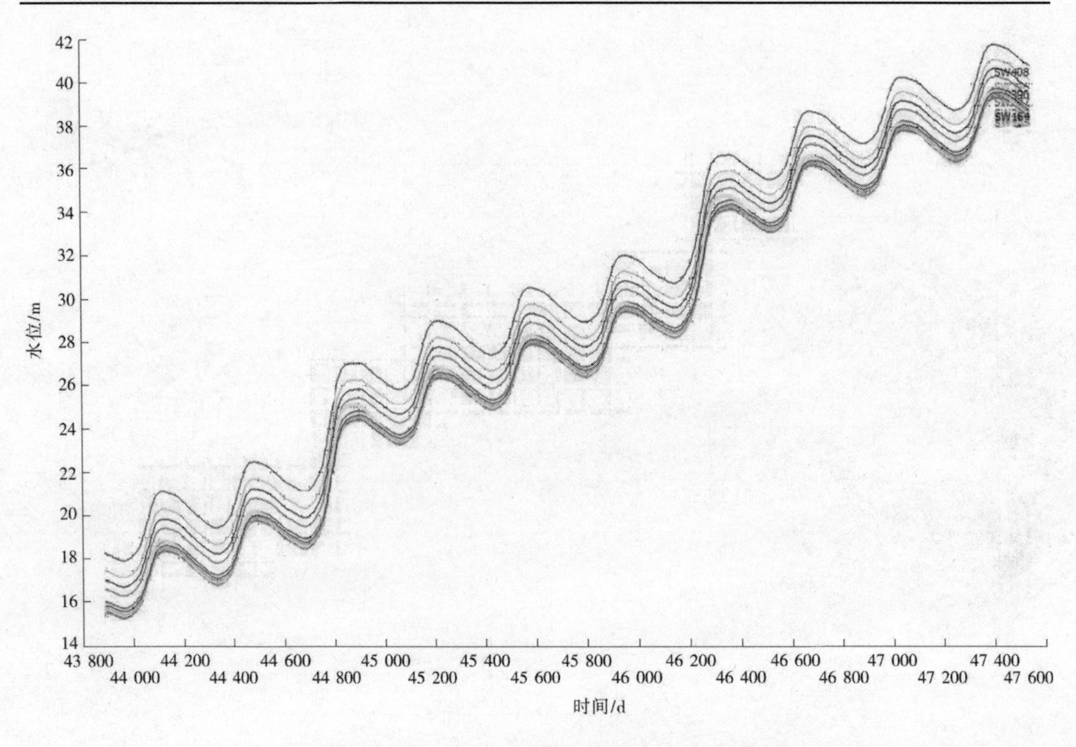

图 24 “三枯一丰”降水情景下观测孔水位变化曲线

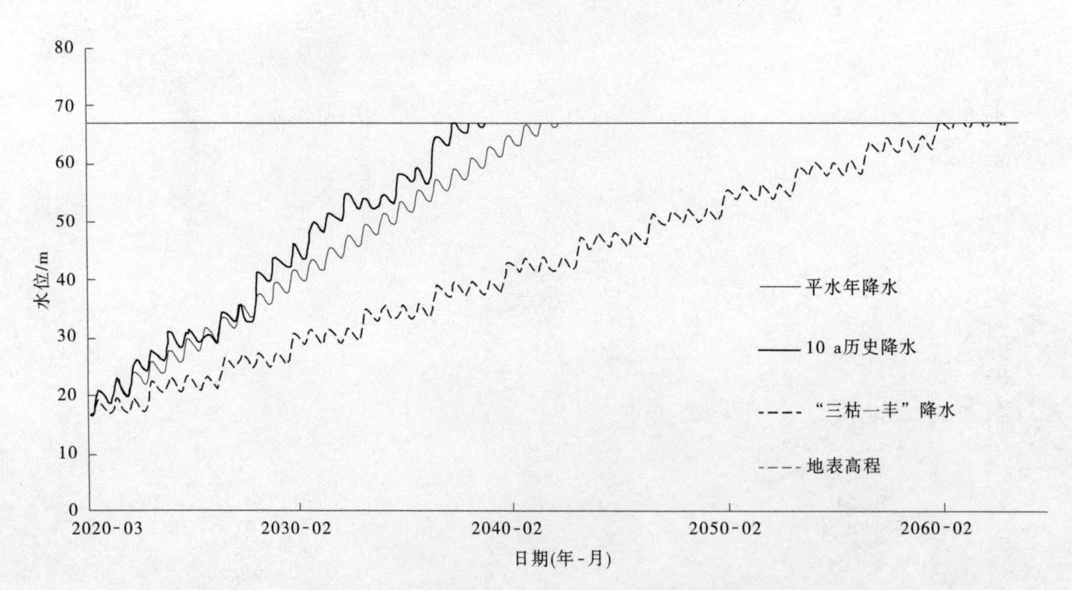

图 25 不同降水情景下矮槐树一带水位变化曲线

表 7　现状条件下不同降水情景的水均衡分析　单位:万 m^3/d

均衡项		历史降水量	平水年降水量	"三枯一丰"降水量
补给项	降水入渗补给	23.53	22.71	18.92
	侧向径流	13.52	13.52	13.52
合计		37.05	36.23	32.44
排泄项	人工开采排泄	24.98	24.98	24.98
	侧向径流排泄	2.84	2.84	2.84
合计		27.81	27.82	27.81
均衡差		9.24	8.41	4.63

不同降水情景下计算的最终水位等值线分布见图 26~图 28,可知,在现状开采条件下,区域内地下水得到涵养。在南部区域,地下水由两侧向淄河强径流带汇集,后流向北部区域,地下水的整体流向为自南向北。

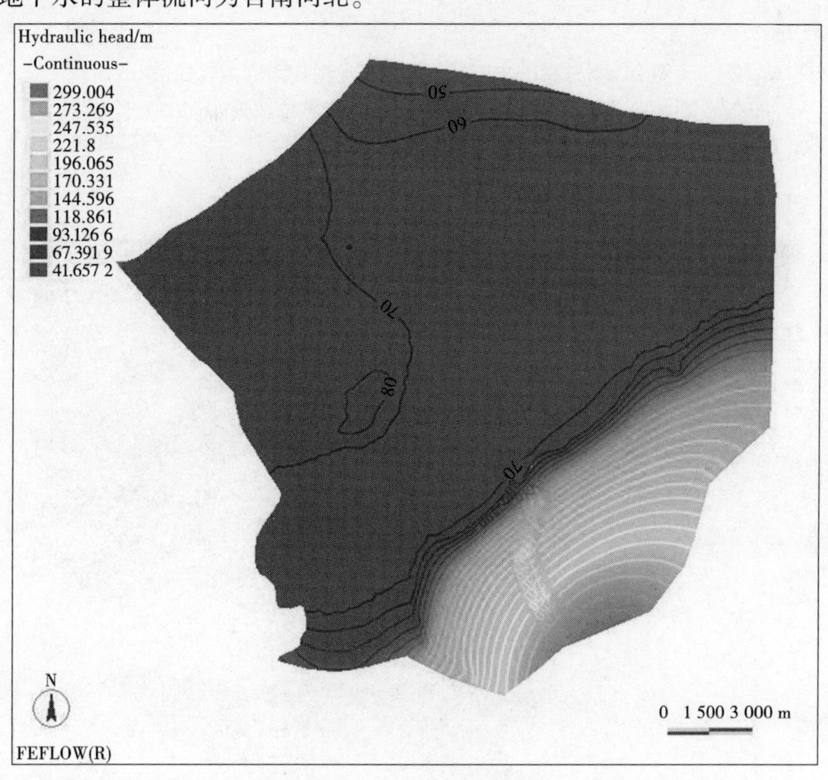

图 26　现状条件下 10 年历史降水情景的预测等水位线分布(2030 年 2 月)

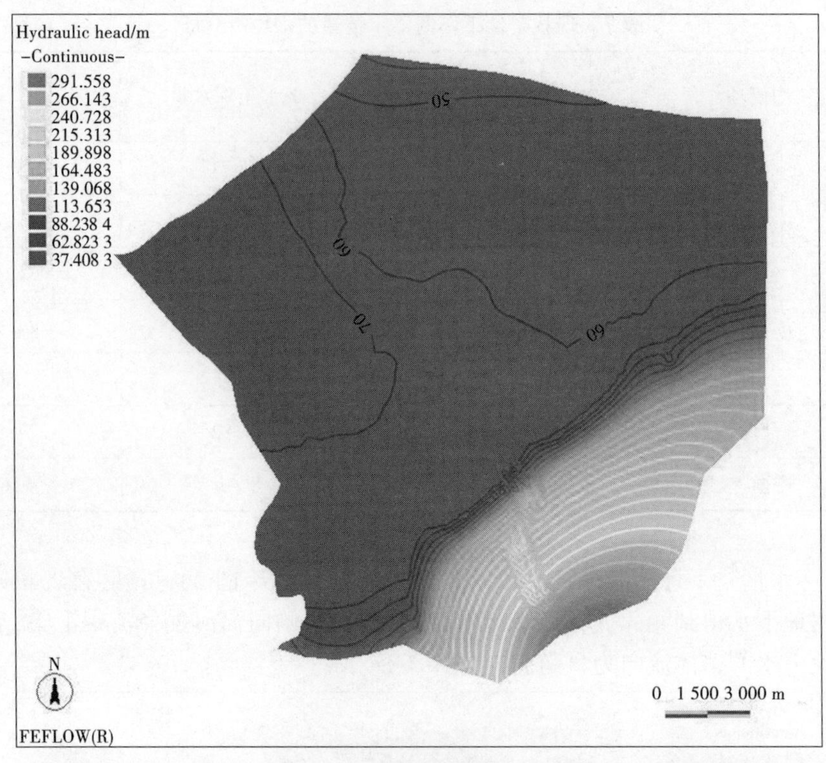

图 27　现状条件下平水年降水情景的预测等水位线分布(2030 年 2 月)

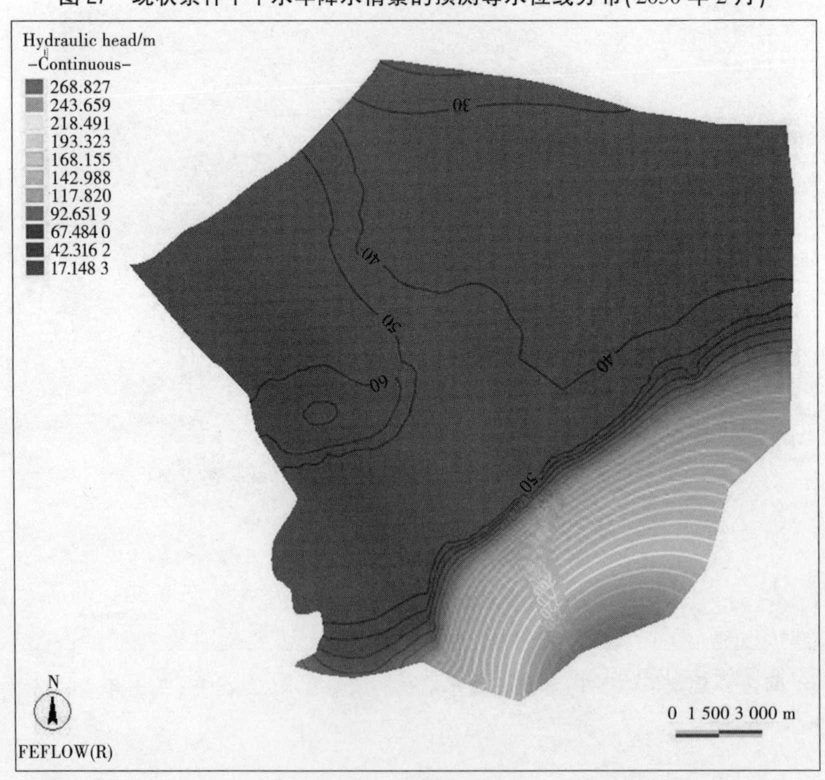

图 28　增采条件下"三枯一丰"降水情景的预测等水位线分布(2030 年 2 月)

(2)方案二模拟结果。

图 29~图 31 中绘制了方案二在东风水厂范围内近期增采 6.02 万 m^3/d,远期增采 4.3 万 m^3/d 开采量条件下,不同降水情景时的地下水平均水位变化过程,可知,在采用近 10 年历史降水序列时,水位呈逐年上升趋势,平均每年回升约 2.05 m;当采用平水年降水时,也呈现上升趋势,10 年内共上升 16.7 m,平均每年上升约 1.67 m;在“三枯一丰”降水条件下,在枯水年,地下水被消耗,导致水位下降,但丰水年地下水迅速得到补给,水位上升,如在第 7 个预测年,最低水位低于 11 m,但紧接着丰水年,丰水期水位又恢复到了 16.2 m,区域地下水系统处于多年动态平衡状态。

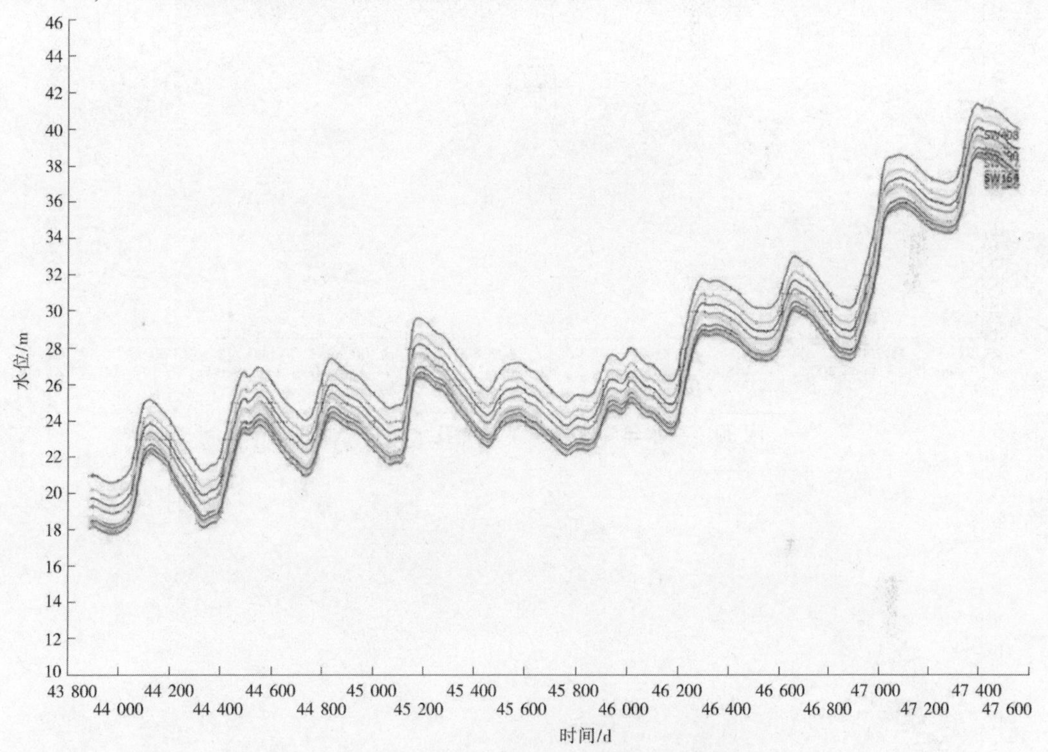

图 29　10 年历史降水情景下观测孔水位变化曲线

对不同降水方案下的水均衡进行分析可见,东风水厂范围内增采条件下,10 年历史降水和多年平均降水情景下区内地下水处于正均衡状态,补给量大于开采量;“三枯一丰”降水情景下,补给量略小于开采量,处于基本采补平衡状态。增采条件下不同降水情景的水均衡分析见表 8。

不同降水情景下计算的最终水位等值线分布见图 32~图 34,可知,东风水厂增采时,10 年历史降水情景和多年平水年降水情景下,地下水流场形态和初始流场相比变化不大,地下水的整体流向不变;“三枯一丰”降水情景下,地下水流场局部水力坡度变化大,但地下水的整体流向仍然不变。

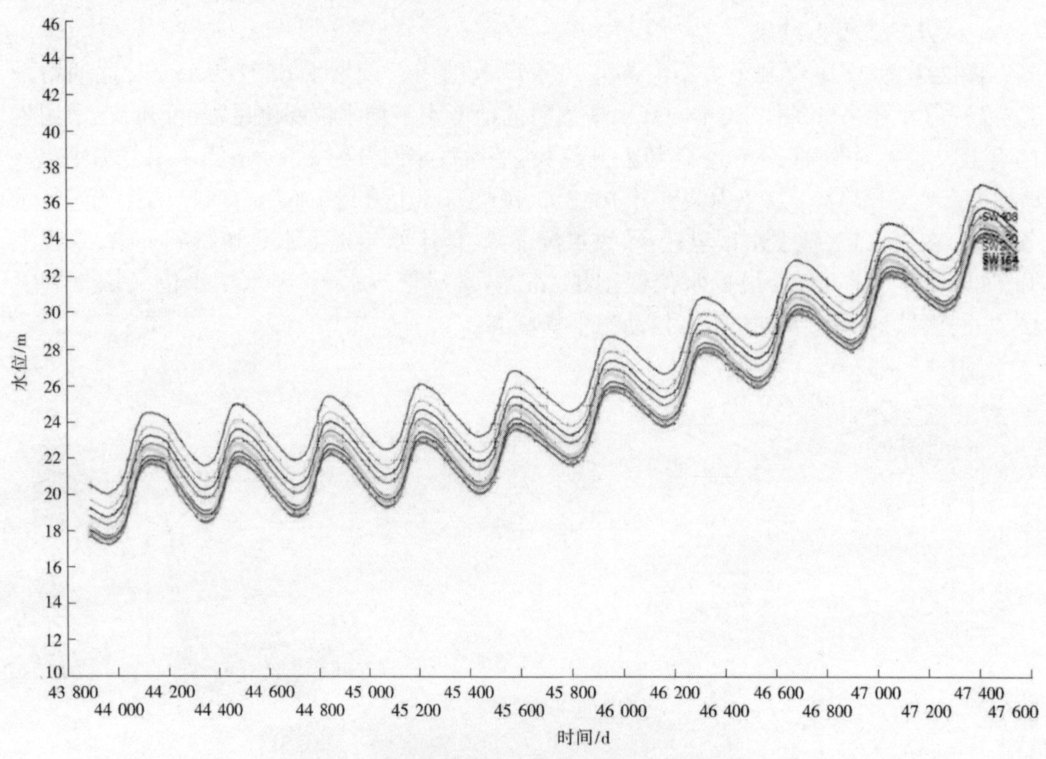

图 30　平水年降水情景下观测孔水位变化曲线

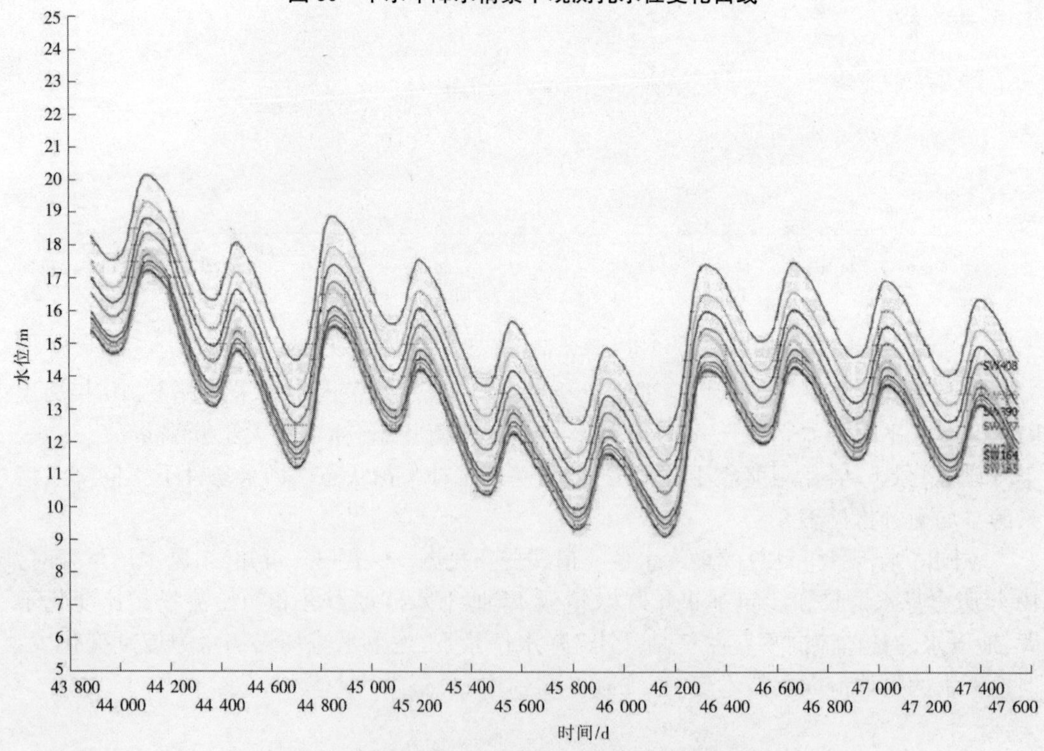

图 31　“三枯一丰”降水情景下观测孔水位变化曲线

表8　增采条件不同降水情景的水均衡分析　　单位：万 m^3/d

均衡项		10 a历史降水量	平水年降水量	“三枯一丰”降水量
补给项	降水入渗补给	23.53	22.71	18.92
	侧向径流	13.52	13.52	13.52
合计		37.05	36.23	32.44
排泄项	人工开采排泄	29.66	29.66	29.66
	侧向径流排泄	2.84	2.84	2.84
合计		32.50	32.50	32.50
均衡差		4.55	3.73	-0.06

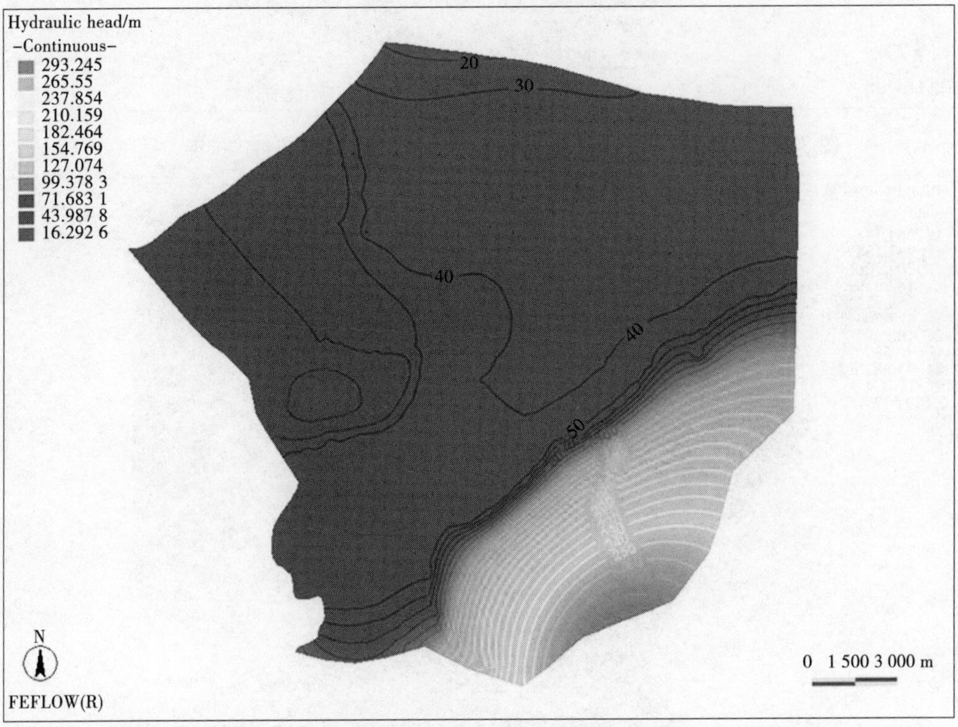

图32　增采条件下10年历史降水情景的预测等水位线分布(2030年2月)

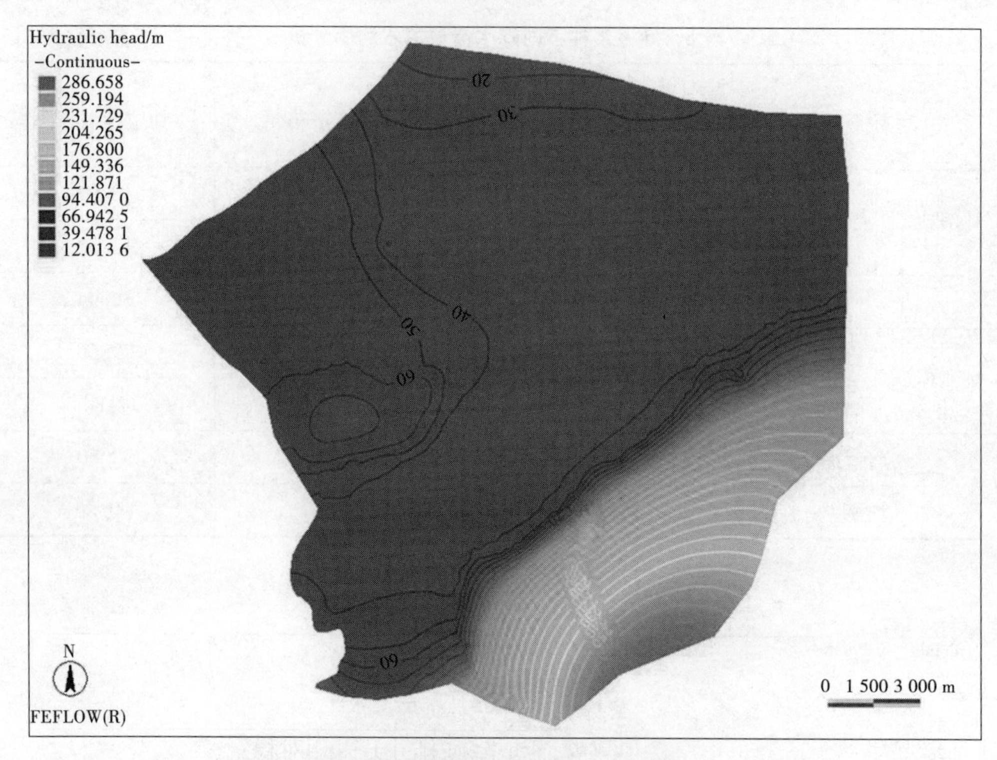

图 33　增采条件下平水年降水情景的预测等水位线分布(2030 年 2 月)

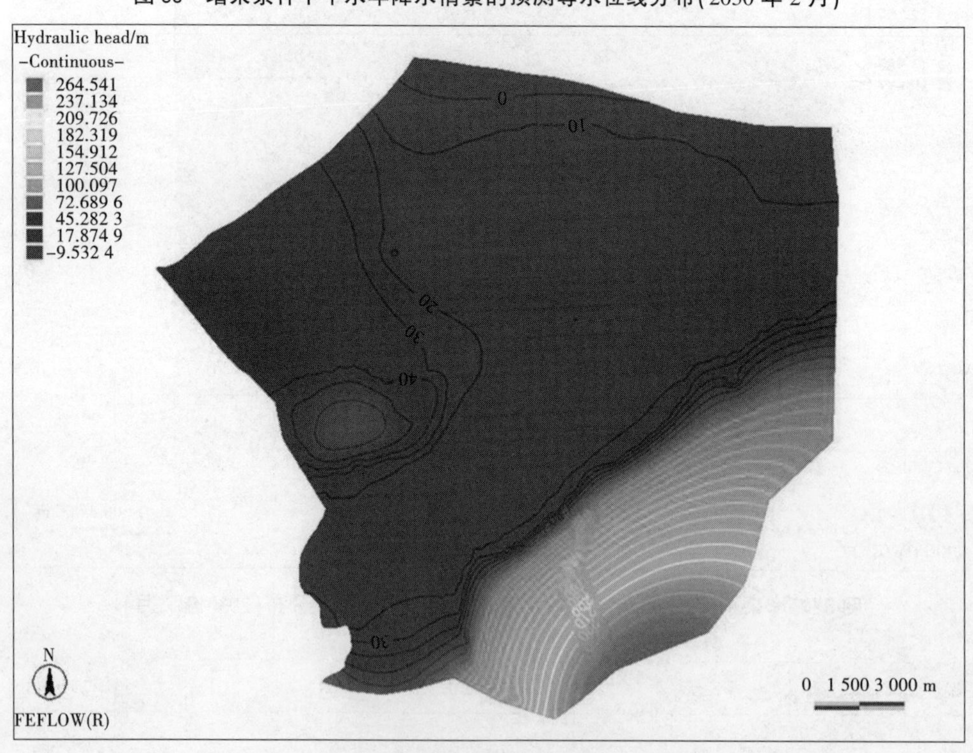

图 34　增采条件下“三枯一丰”降水情景的预测等水位线分布(2030 年 2 月)

3)预测结果分析

(1)项目取水对大武水文地质单元水位变化影响分析。

通过对比增采前后不同降水情景下区域地下水水位线分布情况可以看出,增采使得整个大武水文地质单元的水位上涨趋势减缓,甚至在“三枯一丰”降水情景下水位不再上升,但未在取水地及周边区域产生降落漏斗,整体仍处于采补动态平衡状态,地下水流场形态变化不大,仅地下水流场局部水力坡度变大,地下水的整体流向仍然不变,仍有西南向东北径流。

(2)项目取水对堠皋强排井群水位水质变化影响分析。

堠皋强排井群位于东风富水地段西南 3 900 多 m 处,处于地下水径流方向的上游方向,两者分别位于金岭断层的两侧,中间有齐鲁石化供排水厂开采井群,最近的抽水井相距近 2 770 m,天然状态下,水力联系微弱,水位整体高于东风富水地段,水质相对较差,苯系物和氨氮含量超标。

通过对比增采前后不同降水情景下区域地下水水位线分布情况可以看出,除整体减缓了整个大武水文地质单元区域水位上升趋势外,未改变堠皋地段地下水流场形态,堠皋强排井正常强排情况下,增采不会引发强排井劣质水流向东风富水地段。

从东风富水地段和堠皋强排井历史开采情况(见表 9)分析,东风富水地段历史开采量均小于规划开采量 25 万 m^3/d,开采过程中,未对堠皋强排井产生影响,根据规划东风富水地段和供排水厂开采量将逐步减少,而堠皋强排井开采相对稳定,因此不会对堠皋强排井产生影响。

表 9　东风富水地段和堠皋强排井开采量统计　　单位:万 m^3/d

年份	东风水厂	堠皋强排井	供排水厂	年份	东风水厂	堠皋强排井	供排水厂
1987	16.15	1.18	3.59	2003	11.93	1.12	4.36
1988	17.03	1.20	5.59	2004	14.12	0.98	4.49
1989	18.86	0.23	8.21	2005	14.41	1.24	4.58
1990	18.00	0.34	8.02	2006	15.01	1.00	3.23
1991	17.59	0.48	8.51	2007	17.06	0.72	2.57
1992	19.23	0.54	9.24	2008	15.37	0.85	2.58
1993	19.85	0.58	9.47	2009	14.25	1.33	2.09
1994	18.01	3.50	7.60	2010	16.44	1.46	2.05
1995	20.04	0.74	9.88	2011	16.29	1.33	1.88
1996	22.61	0.96	10.00	2012	8.31	1.44	1.80
1997	22.83	1.09	9.48	2013	8.84	1.11	1.23
1998	21.86	1.10	10.12	2014	12.34	1.07	0.83

续表 9

年份	东风水厂	堠皋强排井	供排水厂	年份	东风水厂	堠皋强排井	供排水厂
1999	19.88	0.84	12.39	2015	18.68	1.21	0.73
2000	17.89	0.68	11.07	2016	17.61	1.00	0.70
2001	15.43	1.06	9.00	2017	14.25	0.89	1.19
2002	10.93	1.14	6.28	2018	10.86	1.29	2.50

从水质评价和地下水水质动态变化特征可以看出,东风富水地段水质较好,近 4 年各指标含量相对稳定,未检出堠皋强排井的特征污染物苯系物和氨氮,同水位一样,历史开采条件下,未对堠皋强排井水质产生影响,因此两者水质相关影响关系不大。

(3)取水井取水影响范围与最大降深分析。

通过对比增采前后第 10 年的不同降水情景下等水位线分布图,可以分析出增采引起的承压水位降落范围,以“三枯一丰”降水情景下的影响范围最大。“三枯一丰”降水情景下的影响范围见图 35,已经越过淄河至青州地界。

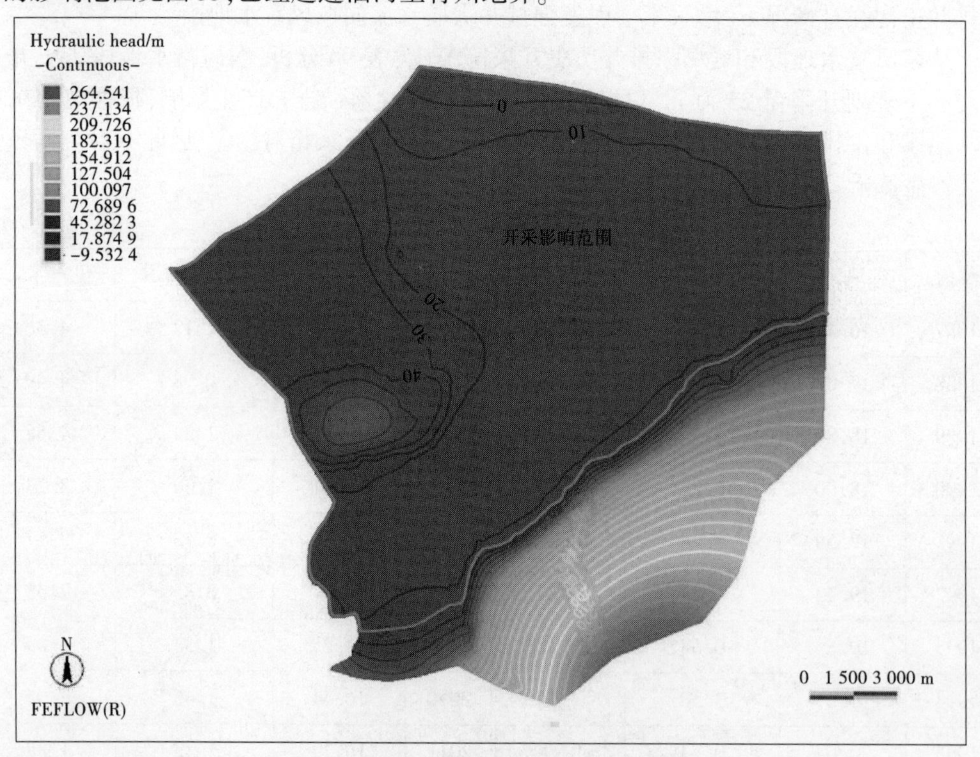

图 35 “三枯一丰”降水情景下的影响范围

因影响范围覆盖了整个东风水厂,故可将本次拟取水的水井概化成一“大口井”来计算降深,参数取值采用本模型调参后的数值,得到抽水降深历时曲线,见图 36。开采后,降深由 4.38 m 逐渐增大,开采至第 6 年时,总开采量由 10.96 万 m^3/d 降低为 9.24 万 m^3/d,降深减小,最大值出现在第 5 年(2024 年底),为 5.64 m,随着抽水时间的延续,降深逐渐趋于稳定,到第 11 年(2030 年底)时,基本达到稳定状态,降深在 4.90 m 左右。

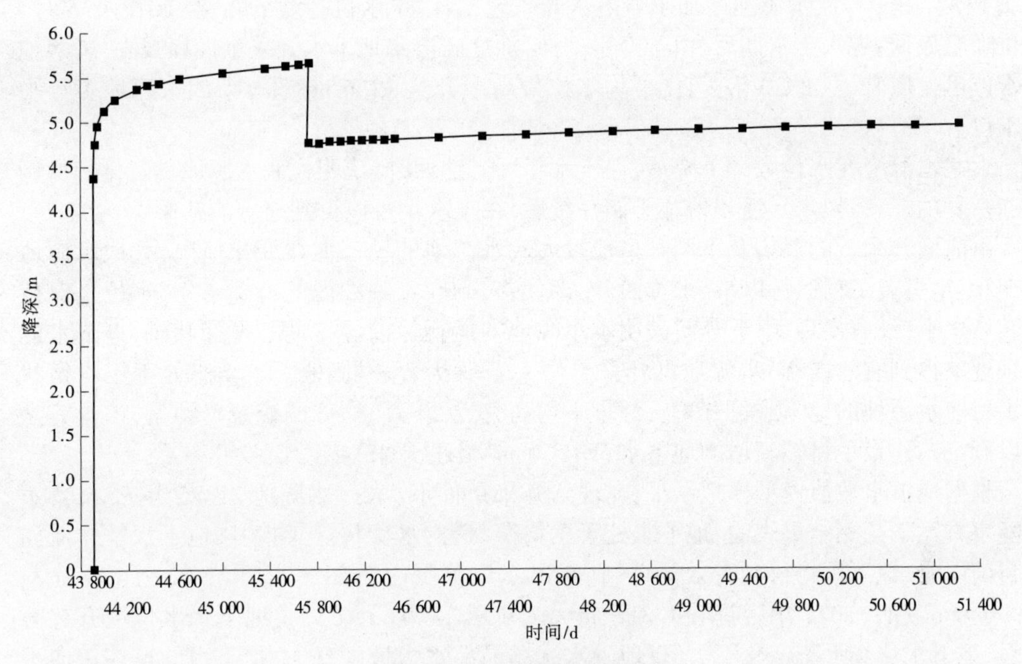

图36　取水井开采影响范围

4)模拟结论

在现状开采条件下(大武水源地21.85万m^3/d),不同降水方案下预测结果表明,地下水处于正均衡状态,水位将逐年抬升,地下水整体流向为自南向北,地下水将得到有效涵养;在东风水厂范围内2021年增采6.02万m^3/d(共10.96万m^3/d),2025年后新增4.3万m^3/d(共9.24万m^3/d)时,地下水水位上升趋势变缓,地下水流场形态变化不大,仅地下水流场局部水力坡度变大,地下水的整体流向不变,10年历史降水和平水年降水情景下,地下水系统处于正均衡状态,“三枯一丰”降水情景下,地下水系统处于多年动态平衡状态。

增采不会对堠皋强排井的水位和水质产生影响,强排井正常强排下,也不会对东风富水地段的水质产生影响。

因此,在东风水厂的增采方案是合理可行的,但应严格控制地下水开采量,尤其是在枯水年,要结合整个大武水文地质单元的实际情况统筹考虑,避免引起地下水水位的快速下降。

5　取水对水资源的影响

大武地区岩溶地下水水位年际变化存在着陡升缓降的特点,即在丰水年,接受大气降水和淄河(太河水库放水)的充沛补给后,水位迅速回升到高位,之后在平水年或连续枯水年,水位持续缓慢下降,在下一个水文周期到来后,水位再次重复陡升缓降的特点。近20年内,2000年枯水期,下降至-8.04 m,低于0 m天数为70 d;2 000年丰水期后,水位得到小幅回升;1999~2002年连续4个枯水年,2003年枯水期水位为-3.14 m,低于0 m天数为85 d;2003年丰水期开始,水位大幅回升,至2005年11月,水位达到55.52 m,之后水位持续下降,至2011年枯水期,水位下降,2011年丰水期后,水位小幅回升,自2013年

11 月以后,由于大武水源地增加了岩溶水开采量,岩溶水水位持续下降,至 2018 年 6 月,水位降至最低;进入丰水期后,由于降水丰沛,加之岩溶水地下水开采量大幅减少,岩溶地下水位迅速回升,至 2020 年 2 月,平均水位最高上升至 32.6 m,超过大武水源地多年平均水位。

大武水源地在水位大幅下降后,遇丰水年即迅速回升,说明大武水源地具备良好的调蓄和恢复功能,在枯水年适当地疏干储存量后,在丰水年可以得到充分的补偿。

由前面开采量的分析及不同开采地段大武水源地的动态曲线变化情况,大武水源地自 2001 年引黄工程运行以来,水位回升,即使在 2006 年临淄区的特枯水年,水位也保持在较高水平,没有出现大幅下降,表明本水源地的运行目前保持动态平衡状态,地下水的超采现象得到有效遏制,水源地可开采量略大于现状开采量,地下水动态处于正均衡状态。目前水源地的地下水可开采资源量平均尚有近 20 万 m^3/d 的剩余资源量,该量完全可以满足本建设项目拟新增的地下水 5.13 万 m^3/d 的开采量。

根据地下水数值模型模拟结果,在现状开采条件下(大武水源地 21.85 万 m^3/d),不同降水方案下预测结果表明,地下水处于正均衡状态,水位将逐年抬升,地下水整体流向为自南向北,地下水将得到有效涵养;在东风水厂范围内 2021 年增采 6.02 万 m^3/d(共 10.96 万 m^3/d),2025 年后新增 4.3 万 m^3/d(共 9.24 万 m^3/d)时,地下水水位上升趋势变缓,地下水流场形态变化不大,仅地下水流场局部水力坡度变大,地下水的整体流向不变,10 年历史降水和平水年降水情景下,地下水系统处于正均衡状态,“三枯一丰”降水情景下,地下水系统处于多年动态平衡状态。

近年来,淄博市组织清华大学、山东省地质调查院多次对大武水源地地下水环境进行专题研究,研究结果表明:大武水源地范围内存在齐鲁石化公司等众多化工企业,区域范围内地下水环境存在较高污染风险,为保护水源地地下水环境安全,大武水源地必须维持合理开采量和地下水水位,防止水位较高造成串层污染。淄博市自来水公司维持大武水源地合理的地下水开采量和地下水水位,既是工业用水的需求,也有利于大武水源地地下水的保护工作。

从本项目维持现状开采布局和公共供水覆盖范围来看,有利于水资源优化配置,符合最严格的水资源管理制度实施意见、“优水优用”的水资源开发利用原则。取水对区域水资源无不利影响。

6　保护措施

水资源的保护工作应严格执行《中华人民共和国水法》《中华人民共和国水污染防治法》等法律法规,本项目严格落实《淄博市大武水源地水资源管理办法》,加强大武水源地的保护管理。

为保证本建设项目用水需求,又能兼顾大武水源地其他工业企业及农业用水,保证工农业生产的持续发展,有效实施水资源保护措施是十分必要的。

根据《淄博市大武地下水富集区生态保护与修复规划》,将大武地下水富集区划分为核心区、生态修复区、控制区和缓冲区,共计 122.83 km^2,淄博市大武地下水富集区边界范围控制图见图 37。

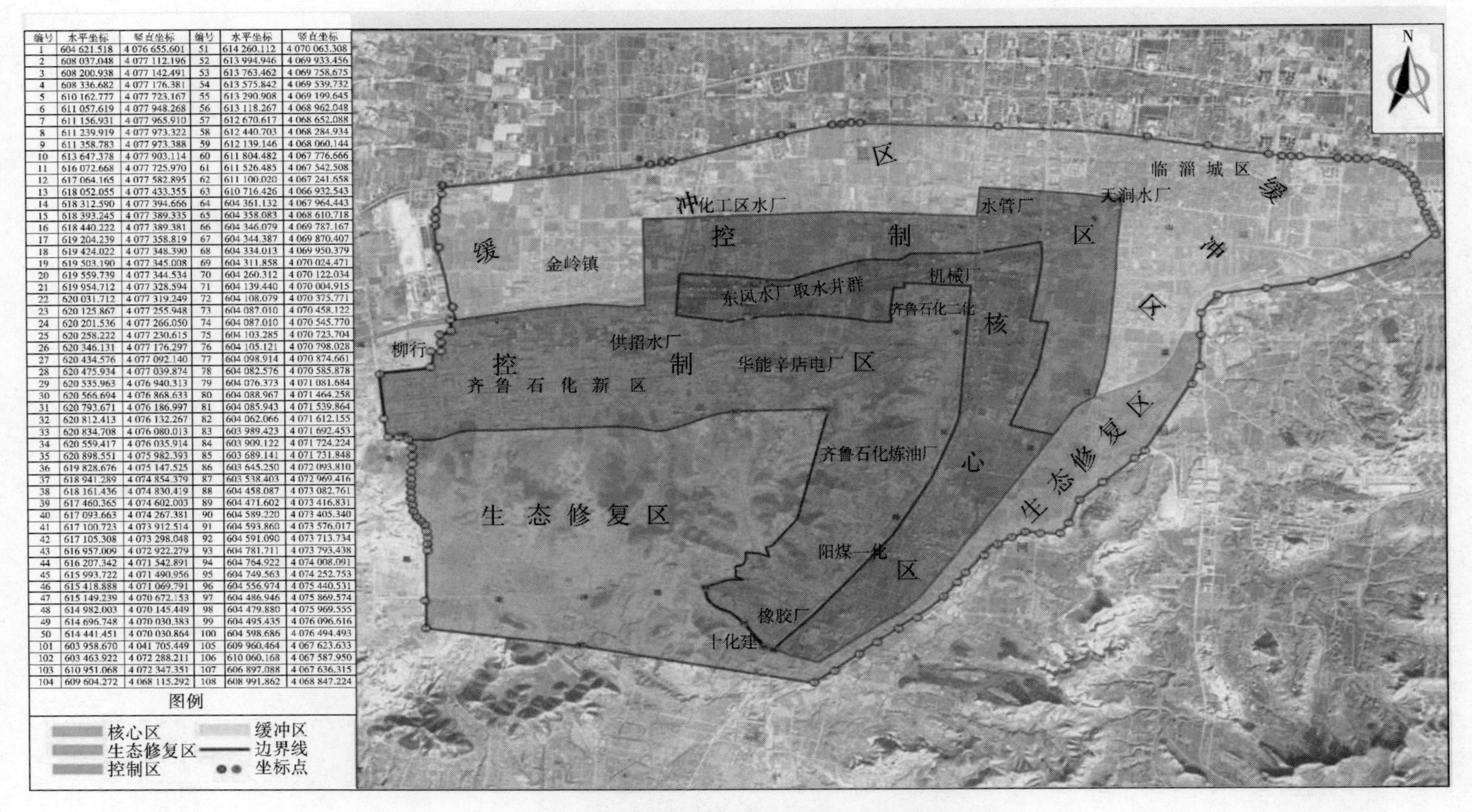

编号	水平坐标	竖直坐标	编号	水平坐标	竖直坐标
1	604 621.518	4 076 655.601	51	614 260.112	4 070 063.308
2	608 037.048	4 077 112.196	52	613 994.946	4 069 933.456
3	608 200.938	4 077 142.491	53	613 763.462	4 069 758.675
4	608 336.682	4 077 176.381	54	613 575.842	4 069 539.732
5	610 162.777	4 077 723.167	55	613 290.908	4 069 199.645
6	611 057.619	4 077 948.268	56	613 118.267	4 068 962.048
7	611 156.931	4 077 965.910	57	612 670.617	4 068 652.088
8	611 239.919	4 077 973.322	58	612 440.703	4 068 284.934
9	611 358.783	4 077 973.388	59	612 139.146	4 068 060.144
10	613 647.378	4 077 903.114	60	611 804.482	4 067 776.666
11	616 072.668	4 077 725.970	61	611 526.485	4 067 542.508
12	617 064.165	4 077 582.895	62	611 100.020	4 067 241.658
13	618 052.055	4 077 433.355	63	610 716.426	4 066 932.543
14	618 312.590	4 077 394.666	64	604 361.132	4 067 964.443
15	618 393.245	4 077 389.335	65	604 358.083	4 068 610.718
16	618 440.222	4 077 389.381	66	604 346.079	4 069 787.167
17	619 204.239	4 077 358.819	67	604 344.387	4 069 870.407
18	619 424.022	4 077 348.390	68	604 334.013	4 069 950.379
19	619 503.190	4 077 345.008	69	604 311.858	4 070 024.471
20	619 559.739	4 077 344.534	70	604 260.312	4 070 122.034
21	619 954.712	4 077 328.594	71	604 139.440	4 070 004.915
22	620 031.712	4 077 319.249	72	604 108.079	4 070 375.771
23	620 125.867	4 077 255.948	73	604 087.010	4 070 458.122
24	620 201.536	4 077 266.050	74	604 087.010	4 070 545.770
25	620 258.222	4 077 230.615	75	604 103.285	4 070 723.704
26	620 346.131	4 077 176.297	76	604 105.121	4 070 798.028
27	620 434.576	4 077 092.140	77	604 098.914	4 070 874.661
28	620 475.934	4 077 039.874	78	604 082.576	4 070 585.878
29	620 535.963	4 076 940.313	79	604 076.373	4 071 081.684
30	620 566.694	4 076 868.633	80	604 088.967	4 071 464.258
31	620 793.671	4 076 186.997	81	604 085.943	4 071 539.864
32	620 812.413	4 076 132.267	82	604 062.066	4 071 612.155
33	620 834.708	4 076 080.013	83	603 989.423	4 071 692.453
34	620 559.417	4 076 035.914	84	603 909.122	4 071 724.224
35	620 898.551	4 075 982.393	85	603 689.141	4 071 731.848
36	619 828.676	4 075 147.525	86	603 645.250	4 072 093.810
37	618 941.289	4 074 854.379	87	603 538.403	4 072 969.416
38	618 161.436	4 074 830.419	88	604 458.087	4 073 082.761
39	617 460.365	4 074 602.003	89	604 471.602	4 073 416.831
40	617 093.663	4 074 267.381	90	604 589.220	4 073 405.340
41	617 100.723	4 073 912.514	91	604 593.860	4 073 576.017
42	617 105.308	4 073 298.048	92	604 591.090	4 073 713.734
43	616 957.009	4 072 922.279	93	604 781.711	4 073 793.438
44	616 207.342	4 071 542.891	94	604 764.922	4 074 008.091
45	615 993.722	4 071 490.956	95	604 749.563	4 074 252.753
46	615 418.888	4 071 069.791	96	604 556.974	4 075 440.531
47	615 149.239	4 070 672.153	97	604 486.946	4 075 869.574
48	614 982.003	4 070 145.449	98	604 479.880	4 075 969.555
49	614 696.748	4 070 030.383	99	604 495.435	4 076 096.616
50	614 441.451	4 070 030.864	100	604 598.686	4 076 494.493
101	603 958.670	4 041 705.449	105	609 960.464	4 067 623.633
102	603 463.922	4 072 288.211	106	610 060.168	4 067 587.950
103	610 951.068	4 072 347.351	107	606 897.088	4 067 636.315
104	609 604.272	4 068 115.292	108	608 991.862	4 068 847.224

图37　淄博市大武地下水富集区边界范围控制

1. 核心区(面积 13.94 km^2)

大武地下水富集区的强径流带,原城市生活与工业集中开采区域划为保护的核心区,主要包括本建设项目、齐鲁石化公司等主要集中取水区域。该区域水量丰富、水质优良。核心区内禁止审批与供水、保护水源及环保治理无关的项目,现有企业逐步搬迁,2020 年 12 月 31 日以前完成搬迁。加强区域内生态修复、涵养水源。

建设项目属于供水企业,符合核心区内禁止审批与供水、保护水源及环保治理无关的项目的管理规定。

2. 生态修复区(面积 36.38 km^2)

该区域是裸露灰岩径流补给区和强渗漏径流补给区,主要是南部裸露灰岩山区和淄河路以东的淄河断裂带(俗称"淄河十八漏")主要补给径流区。这两个区域是大武地下水富集区的主要补给径流区,禁止审批与供水、保护水源无关的项目,现有企业逐步搬迁,2020 年 12 月 31 日以前完成搬迁。制定生态修复规划,实行生态修复,保护水源。

3. 控制区(面积 37.53 km^2)

核心区与生态修复区之间部分区域为控制区。该区域内不再新增化工及污染水源的项目;对原有的项目提升改造或转型;查清现有污染源,实行综合治理,杜绝产生新的污染源。

4. 缓冲区(面积 34.98 km^2)

该区域是大武地下水富集区中核心区、控制区和生态修复区以外的部分,主要位于大武地下水富集区北部边缘地段,主要指北部冲积扇平原和临淄城区等。缓冲区有污染威胁地下水的企业,实行转型或提升改造,杜绝产生新的污染源;对已污染的地下水,采取有效措施治理,确保水质明显改善。

应严格按照规划要求,对大武地下水富集区进行保护,实现大武地下水富集区水资源可持续利用与水生态系统良性循环,实现水资源的有效利用和科学保护,促进水资源的可持续利用,促进经济社会的可持续发展。